计算机科学与技术专业核心教材体系建设 —— 建议使用时间

课程系列	基础系列	电类系列	程序系列	系统系列	应用系列	选修系列
四年级下						
四年级上			软件工程综合实践	计算机体系结构	计算机图形学	机器学习 物联网导论 大数据分析技术 数字图像技术
三年级下			软件工程 编译原理		人工智能导论 数据库原理与技术 嵌入式系统	
三年级上			算法设计与分析	计算机网络		
二年级下			数据结构	计算机系统综合实践		
二年级上	离散数学(下)	数字逻辑设计 数字逻辑设计实验	面向对象程序设计 程序设计实践	操作系统		
一年级下	离散数学(上) 信息安全导论	电子技术基础	计算机程序设计	计算机原理		
一年级上	大学计算机基础					

面向新工科专业建设计算机系列教材

Web应用开发技术

微课版

白 磊◎编著

清华大学出版社
北京

内容简介

本书全面介绍Web应用程序的开发技术及实践方法。全书共17章，其中第1章简述Web应用程序的工作原理和基础知识，概要介绍全书内容和编排结构，此后章节分为客户端技术篇、服务端技术篇和技术拓展篇。

客户端技术篇包括第2～8章，着重介绍关于HTML、CSS、JavaScript、浏览器对象模型和文档对象模型的相关知识，同时也涉及Bootstrap和Vue.js框架的使用。

服务端技术篇包括第9～13章，主要介绍基于Node.js环境进行Web应用服务端程序开发的方法，也深入讨论了数据库交互、鉴权机制、服务端推送、应用部署等实践中常见的问题。

技术拓展篇包括第14～17章，其中，第14章介绍Vue.js单页面应用开发的方法，第15～17章进一步探索Web应用开发技术的更多应用领域，内容涉及移动端应用、微信小程序、桌面端应用的开发。

本书适合作为高等院校计算机类专业相关课程的教材，也可以作为读者自学Web相关开发技术的参考书。

图书在版编目(CIP)数据

Web应用开发技术：微课版/白磊编著. —北京：清华大学出版社，2023.9
面向新工科专业建设计算机系列教材
ISBN 978-7-302-64029-5

Ⅰ.①W… Ⅱ.①白… Ⅲ.①网页制作工具－程序设计－高等学校－教材 Ⅳ.①TP393.092.2

中国国家版本馆CIP数据核字(2023)第128192号

责任编辑：白立军 薛 阳
封面设计：刘 乾
责任校对：李建庄
责任印制：沈 露

出版发行：清华大学出版社
网 址：http://www.tup.com.cn，http://www.wqbook.com
地 址：北京清华大学学研大厦A座 **邮 编**：100084
社 总 机：010-83470000 **邮 购**：010-62786544
投稿与读者服务：010-62776969，c-service@tup.tsinghua.edu.cn
质量反馈：010-62772015，zhiliang@tup.tsinghua.edu.cn
课件下载：http://www.tup.com.cn,010-83470236
印 装 者：三河市龙大印装有限公司
经 销：全国新华书店
开 本：185mm×260mm **印 张**：24.5 **插 页**：1 **字 数**：599千字
版 次：2023年10月第1版 **印 次**：2023年10月第1次印刷
定 价：69.80元

产品编号：099408-01

出版说明

一、系列教材背景

人类已经进入智能时代，云计算、大数据、物联网、人工智能、机器人、量子计算等是这个时代最重要的技术热点。为了适应和满足时代发展对人才培养的需要，2017年2月以来，教育部积极推进新工科建设，先后形成了“复旦共识”“天大行动”和“北京指南”，并发布了《教育部高等教育司关于开展新工科研究与实践的通知》《教育部办公厅关于推荐新工科研究与实践项目的通知》，全力探索形成领跑全球工程教育的中国模式、中国经验，助力高等教育强国建设。新工科有两个内涵：一是新的工科专业；二是传统工科专业的新需求。新工科建设将促进一批新专业的发展，这批新专业有的是依托于现有计算机类专业派生、扩展而成的，有的是多个专业有机整合而成的。由计算机类专业派生、扩展形成的新工科专业有计算机科学与技术、软件工程、网络工程、物联网工程、信息管理与信息系统、数据科学与大数据技术等。由计算机类学科交叉融合形成的新工科专业有网络空间安全、人工智能、机器人工程、数字媒体技术、智能科学与技术等。

在新工科建设的“九个一批”中，明确提出“建设一批体现产业和技术最新发展的新课程”“建设一批产业急需的新兴工科专业”。新课程和新专业的持续建设，都需要以适应新工科教育的教材作为支撑。由于各个专业之间的课程相互交叉，但是又不能相互包含，所以在选题方向上，既考虑由计算机类专业派生、扩展形成的新工科专业的选题，又考虑由计算机类专业交叉融合形成的新工科专业的选题，特别是网络空间安全专业、智能科学与技术专业的选题。基于此，清华大学出版社计划出版“面向新工科专业建设计算机系列教材”。

二、教材定位

教材使用对象为“211工程”高校或同等水平及以上高校计算机类专业及相关专业学生。

三、教材编写原则

（1）借鉴 *Computer Science Curricula* 2013（以下简称CS2013）。CS2013

的核心知识领域包括算法与复杂度、体系结构与组织、计算科学、离散结构、图形学与可视化、人机交互、信息保障与安全、信息管理、智能系统、网络与通信、操作系统、基于平台的开发、并行与分布式计算、程序设计语言、软件开发基础、软件工程、系统基础、社会问题与专业实践等内容。

(2) 处理好理论与技能培养的关系,注重理论与实践相结合,加强对学生思维方式的训练和计算思维的培养。计算机专业学生能力的培养特别强调理论学习、计算思维培养和实践训练。本系列教材以"重视理论,加强计算思维培养,突出案例和实践应用"为主要目标。

(3) 为便于教学,在纸质教材的基础上,融合多种形式的教学辅助材料。每本教材可以有主教材、教师用书、习题解答、实验指导等。特别是在数字资源建设方面,可以结合当前出版融合的趋势,做好立体化教材建设,可考虑加上微课、微视频、二维码、MOOC等扩展资源。

四、教材特点

1. 满足新工科专业建设的需要

系列教材涵盖计算机科学与技术、软件工程、物联网工程、数据科学与大数据技术、网络空间安全、人工智能等专业的课程。

2. 案例体现传统工科专业的新需求

编写时,以案例驱动,任务引导,特别是有一些新应用场景的案例。

3. 循序渐进,内容全面

讲解基础知识和实用案例时,由简单到复杂,循序渐进,系统讲解。

4. 资源丰富,立体化建设

除了教学课件外,还可以提供教学大纲、教学计划、微视频等扩展资源,以方便教学。

五、优先出版

1. 精品课程配套教材

主要包括国家级或省级的精品课程和精品资源共享课的配套教材。

2. 传统优秀改版教材

对于已经出版、得到市场认可的优秀教材,由于新技术的发展,计划给图书配上新的教学形式、教学资源的改版教材。

3. 前沿技术与热点教材

反映计算机前沿和当前热点的相关教材,例如云计算、大数据、人工智能、物联网、网络空间安全等方面的教材。

六、联系方式

联系人：白立军

联系电话：010-83470179

联系和投稿邮箱：bailj@tup.tsinghua.edu.cn

面向新工科专业建设计算机系列教材编委会

2019 年 6 月

面向新工科专业建设计算机系列教材编委会

FOREWORD

前言

Web应用开发技术是目前应用最为广泛的计算机技术之一，相较于其他技术，Web应用开发技术涉及的知识点较多，综合性较强，它要求程序员对Web客户端(前端/浏览器端)技术、服务端(后端)技术、计算机网络知识等均有较熟练的掌握，并具备一定技术整合能力。初学者往往集中精力学习了某一部分知识后小有领悟，但应用到项目开发时却一头雾水，不知从何下手。

本书作者长年从事高校计算机专业Web应用开发相关课程的教学，同时也主持和参与了数十项实际项目的研发，深知对于初学者而言的困惑和技术难点，也熟悉目前的主流技术动向和实际项目开发中采用的通行实践方法。

因此，本书无论从全书的整体编排或是具体内容的讲解都力求分为基础、进阶、拓展三个层次展开：基础部分去繁就简，快速带领读者掌握必要的入门知识，领会基本“套路”，让程序先“跑”起来；进阶部分则引入稍有难度但实用的知识，或讨论实际项目开发中的做法；拓展部分则带领读者探索技术应用的更多可能性，启发读者更多的思考，让技术真正“活”起来。

当然，技术只是思想的载体，本书在内容编排上注重程序设计理念的塑造，从需求分析出发，理清实现思路，最后再落脚到技术实现，避免让读者一开始就迷失在技术细节的迷雾中。相信只要思路和方向正确，至于技术细节，在实践过程中读者也自可在本书中或通过其他途径找到答案。

实践是学习程序设计的重要环节，一些初学者只看书不练习，或是只听教师讲，课后不实践，最后脑子懂了，手却不会。因此，本书特意安排大量简单、实用而有趣的例程，读者可在学习过程中同步上机实践，将知识转化为能力。全书例程源码均实测可顺利运行，重点、难点部分配有视频讲解，可在线观看。

本书主要内容如下：

第1章简述Web应用程序的工作原理和基础知识，概要介绍全书内容和编排结构，此后章节分为客户端技术篇、服务端技术篇和技术拓展篇。

客户端技术篇包括第2～8章，其中第2、3、5章介绍HTML、CSS、JavaScript基础知识；第4、6章深入探讨CSS、JavaScript进阶技术；第7章介绍浏览器对象模型和文档对象模型，为开发实战夯实基础；第8章介绍被业界称为前端三大框架之一的Vue.js。

服务端技术篇包括第9～13章，其中第9章基于Node.js环境讲解服务端程序开发的基本原理和方法，第10～13章对实际项目中常涉及的数据库交互、鉴权机制、服务端推送、应用部署等问题进行深入介绍。

技术拓展篇包括第14～17章，其中第14章介绍Vue.js单页面应用开发的方法，第15～17章进一步探索Web应用开发技术的更多应用领域，内容涉及移动端应用、微信小程序、桌面端应用的开发。

资源下载

本书例程源代码及相关资源请扫描左侧二维码获取，书中所述“资源包”即指该附件。

本书配套视频请扫描书中对应位置二维码在线观看。

由于作者水平有限，书中难免有疏漏之处，敬请广大读者和同行给予批评指正。

白　磊
2023年8月

CONTENTS

目录

客户端技术篇

服务端技术篇

技术拓展篇

第1章

概　述

计算机应用程序通常可分为C/S架构(Client/Server,客户端/服务器)和B/S架构(Browser/Server,浏览器/服务器)。其中,C/S架构程序需要专门的客户端程序,如QQ、微信等。B/S架构程序则只需使用浏览器即可呈现用户界面、实现交互,Web应用程序(Web Application)即是典型的B/S架构程序。

Web应用程序通常存储于远程服务器,用户使用浏览器通过Internet或私有网络访问。常见的Web应用程序如在线商城、学校教务系统、图书借阅系统等。

严格来说,网站(Website)与Web应用程序并非同一概念,网站通常是指具有单一域名的一组相互链接的网页和相关资源的集合,更强调信息的展示;而Web应用程序更强调用户交互,为用户执行某些功能。但二者所使用的技术相同,Web应用程序常通过网站交付,而许多网站也都包含Web应用程序,日常表述时常混用。

随着智能移动设备(手机、平板电脑等)的普及,Web应用程序从传统的计算机端走进了移动端,响应式网页设计的概念被提出,以适应不同设备的屏幕特性和交互习惯,有时甚至要求移动设备优先。那些通过移动端浏览器访问的Web应用程序常被称作Web App,它其实是Web Application的缩写,但谈及Web App时往往更倾向于移动端应用。Web App由于受限于浏览器环境,不能充分调用底层操作系统与设备的功能,多数时候仅在视觉效果和交互方式上模仿原生App[①],用户体验有所欠缺。

2015年,Frances Berriman和Alex Russell创造了Progressive Web App(渐进式Web App,PWA)一词,用以描述利用现代浏览器新特性来提供类似原生应用程序体验的Web App。随后,谷歌、微软、苹果等公司纷纷推动PWA的发展,得益于浏览器与相关技术的支持,PWA可表现得更像是原生App,例如,离线使用、本地存储等,甚至可添加到主屏幕,以原生App同样的方式启动。

与此同时,移动端应用的另一种形态Hybrid App(混生/混合App)应运而生,它是Native App与Web App的结合,使用原生技术封装了用于呈现网页的容器[②],同时通过API(Application Program Interface,应用程序编程接口)为网页提

---

① 原生App(Native App)指使用原生技术开发的App,如Android平台基于Android SDK开发。

② Android平台为WebView,iOS、iPadOS平台为WKWebView,有时也使用WebView一词统称原生技术中用于呈现网页的组件。

供编程接口,令网页可间接地访问底层操作系统和设备资源。

本质上,各类小程序也可算作一类特殊的 Hybrid App,只是它们用于呈现网页的容器由相应的宿主提供,代码编写与 Web App 稍有不同。此外,小程序可通过 API 进一步利用宿主的生态资源,如微信小程序可通过 API 获取用户信息、发送微信服务消息等。

借助第三方框架,Web 应用开发技术也被用于桌面端应用程序的开发,如 Visual Studio Code、Facebook Messenger 等均使用此技术开发而成。

通过以上介绍,读者应大致了解了 Web 应用开发技术的用武之地,接下来从传统网站开发入手,开启学习之旅。本书拓展篇将简要介绍基于此技术进行 Hybrid App、微信小程序和桌面端应用程序开发的方法。

1.1 Web 应用程序工作原理

视频讲解

以一般网站为例,当用户在浏览器地址栏中输入网址后,浏览器将作为“代理”向网站服务端发送 HTTP 请求,网站服务端接收到请求后对请求内容进行解析和处理,并将处理结果以 HTTP 回应的形式返回给浏览器,最后浏览器解析回应的内容并转换为可视化界面,即用户看到的网页。平时上网的过程大致就是上述“请求-回应”的循环,请参看图 1.1。

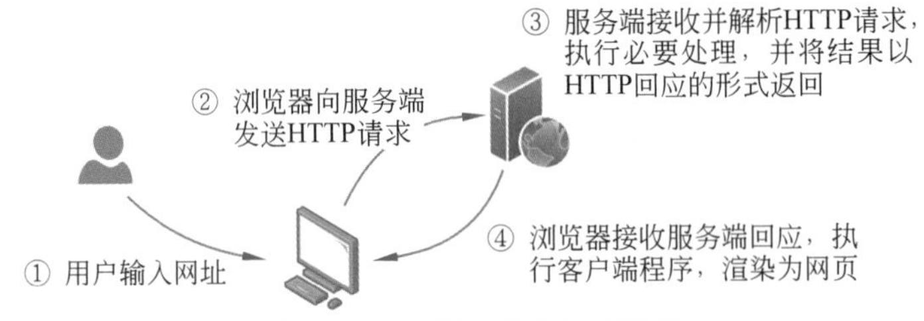

图 1.1 Web 应用程序工作原理

需要注意的是,浏览器端与服务端的通信过程总是由浏览器端先发起请求,再由服务端回应,即先请求再回应。但在一些应用场景中,需要在浏览器端未请求的情况下,由服务端主动发送消息,如业务办理状态提醒、实时聊天等,本书将在第 12 章讨论如何实现这项需求。

Web 应用程序通常由浏览器端程序和服务端程序两部分组成。

浏览器端,也称客户端、前端,直观地说,就是用户上网所使用的那台设备安装有浏览器。浏览器是 Web 客户端程序运行的容器,或者说浏览器为 Web 客户端程序提供了运行时环境(Runtime Environment)。

此外,浏览器还负责与服务端通信:向服务端发送请求(Request),以获取网页相关资源(网页代码、数据、图片、视频等),同时接收服务端回应(Response)。在发送向服务端的请求中,不止包含所请求资源的描述信息,还可能携带用户提交的数据。客户端与服务端通信时通常使用 HTTP 或 HTTPS。

服务端,也称为服务器端、后端,是网站程序所部署的一台或多台设备。服务端主要负责三方面的工作:接收客户端发来的请求;解析并处理客户端请求;将处理结果返回给客户端。通常,在处理客户端请求时,服务端程序可能需要与数据库交互,保存用户数据或从数据库提取所需的数据。

以下是谈论 Web 应用程序时常提到的一些术语,简要介绍以便后文叙述。

URL:Uniform Resource Locator,统一资源定位符,俗称网址或 Web 地址,它描述了 Web 资源在计算机网络上的位置以及检索机制。URL 是 URI(Uniform Resource Identifier,统一资源标识符)的子类。

Hypertext:超文本,是一种在计算机或其他电子设备上显示的文本,其中含有对其他可立即访问的文本和资源的引用(超链接)。网页即是万维网(World Wide Web)世界的超文本文档。

HTTP:Hypertext Transfer Protocol,超文本传输协议,是一种应用层协议,用于超文本信息的传输。目前广泛使用的版本包括 HTTP 1.1、HTTP 2,分别发布于 1999 年和 2015 年。2022 年 6 月,IETF[1] 正式发布 HTTP 3(RFC 9114)[2],舍弃了此前版本基于 TCP 的方案,改用基于 UDP 的 QUIC 协议实现,旨在达到更快的传输速度。

HTTPS:Hypertext Transfer Protocol Secure,安全超文本传输协议,是超文本传输协议的扩展。HTTPS 仍然使用 HTTP 通信,但使用 TLS(Transport Layer Security,传输层安全性协定)或 SSL(Secure Sockets Layer,安全套接层)令数据得到有效保护。

1.2　客户端技术

Web 应用程序客户端技术主要包括 HTML、CSS 和 JavaScript。在解释它们是什么之前,先直接看一段简单的网页代码(见图 1.2)。读者不妨用文本编辑器录入这段代码并保存,命名为 index.html,然后用浏览器打开它。网页中应会显示一个红色的按钮,用鼠标单击此按钮将弹出消息框,内容为“Hello World!”。

HTML文档　CSS　JavaScript

```
<!DOCTYPE html>
<html lang="en">
<head>
<title>Code-1.1</title>
<style>
  #btn { background-color: red;}
</style>
</head>
<body>
<button id="btn">Click Me</button>
<script>
  document.getElementById('btn').onclick = function () {
    alert('Hello World!')
  }
</script>
</body>
</html>
```

图 1.2　HTML 文档结构

图 1.2 中,除 CSS 和 JavaScript 代码外,其余均为 HTML 代码。其中,CSS 声明了按钮

① IETF:Internet Engineering Task Force,国际互联网工程任务组。

② 本书提及的 RFC 均指由 RFC Editor 发布的互联网技术文档,由多家互联网技术权威机构和独立提交者制作,每个文档均独立编号,包含许多知名且影响深远的标准、提案和信息性、实验性内容。

的背景色,JavaScript代码则实现监听按钮单击事件、弹出消息框的功能。

有了直观感受后,下面简要小结上述三项客户端技术的用途。

HTML:描述网页的内容、结构和其他一些特性。

CSS:描述网页上元素的外观特征,包括颜色、尺寸、位置等。

JavaScript:实现用户交互、网页元素操纵、与服务端通信等功能,是浏览器可直接解释执行的编程语言。

本书将在客户端技术篇详细介绍这三项技术,此处暂不展开。

1.3 服务端技术

如前所述,Web服务端程序的任务是与客户端对接,接收客户端请求,完成业务处理后,将结果返回客户端。因此,广义地说,只要能完成此任务的技术均可称作服务端技术,并不限定所使用的编程语言。

较早的服务端技术可追溯到出现于20世纪90年代的CGI(Common Gateway Interface,通用网关接口),可使用C/C++、Perl、Ruby、Python等编程语言实现。1996年,微软推出了ASP技术,并于此后更新了多个版本,主要使用VBScript编写程序。2000年,微软发布ASP.NET技术,可使用C++、C#、VB.NET等多种编程语言。1995年发布的PHP(Hypertext Preprocessor,超文本预处理器)也被广泛应用于各类网站的开发,拥有许多优秀的第三方框架。以Java为编程语言的Java Web技术同样拥有丰富的生态,如Struts2、Spring MVC等均是主流的Java Web框架。此外,诸如Ruby、Python等程序设计语言也衍生出了自己的Web框架。总之,服务端技术层出不穷、选择丰富,程序员可根据自己对某种技术的熟悉程度和偏爱自由选择。

2009年,Node.js的出现使得JavaScript不再只是运行于浏览器环境的脚本语言,同样也可用于服务端程序的开发。基于Node.js开发服务端程序在很大程度上抹平了切换前后端编程语言的障碍,承担网站开发任务的程序员可使用统一的JavaScript语言来编写前后端程序。此外,Node.js的非阻塞特性也令服务端程序的执行速度相较于其他技术更快。本书服务端技术篇将主要介绍基于Node.js进行Web服务端程序开发的方法。

1.4 开发工具

在正式开始学习具体技术之前,先来搭建基本的开发、调试环境。Web应用程序的开发环境和工具因选择的技术路线不同,需求也不尽相同,本节所述仅是众多选择之一,只为方便后续内容的讲解。

1.4.1 Chrome

常见Web浏览器包括IE、Edge、Firefox、Chrome、Safari、Opera等,但它们的内核基本都可归入Trident(IE6~IE10)、Gecko(Firefox)和WebKit三大阵营。目前,Chrome、Opera在WebKit内核的基础上拓展出了Blink内核。国内公司发布的各式浏览器也都基于上述内核二次开发而成。

对于网站前端程序员而言，为了让网页在不同内核的浏览器上均得到满意的运行效果往往是十分费神的事，在使用一些较新的特性时，应查询其浏览器兼容性。

截至 2021 年，谷歌公司发布的 Chrome 浏览器市场占有率超过 60%，Safari 约为 20%，其他浏览器的占有率则更低。因此，选择 Chrome 调试程序会更接近大多数用户的实际应用场景。此外，Chrome 拥有丰富的程序调试功能。本书示例将使用 Chrome 浏览器作为 Web 客户端程序的调试工具，请读者自行下载安装。

1.4.2 Visual Studio Code

Visual Studio Code（VSCode）是微软发布的开源、免费的代码编写工具，小巧却功能强大，原生支持 HTML、CSS、JavaScript 等网站开发技术，甚至可以通过安装插件的方式进行扩展，以支持更多的技术，如 C/C++、Python、Java 等，本书所有代码均使用 VSCode 编写和调试。当然，读者也可以选择其他集成开发环境（Integrated Development Environment，IDE），如 WebStorm、Eclipse 等，使用方便即可。

VSCode 可从官方网站下载安装，微软也提供了可直接在线使用的版本，连接 Internet 后使用浏览器访问即可，操作界面和使用方法与本地安装版本一致，只是部分插件使用受限。

建议本地安装 VSCode 后单击主界面左侧的“扩展”按钮，搜索并安装 Live Server 扩展（插件），以便后续章节代码的调试。

客户端技术篇

第2章

HTML 基础

HTML(Hypertext Markup Language,超文本标记语言)是用于描述 Web 文档结构和语义的标记语言,产生于 1991 年,此后经历数次修订和扩展。1996 年,HTML 3.2 成为 W3C(World Wide Web Consortium,万维网联盟)的推荐标准,自此 HTML 规范一直由 W3C 维护,1999 年末发布了 HTML 4.01。1998 年,W3C 成员决定停止发展 HTML,转而研究基于 XML 的等价物(XHTML),并于 2000 年发布 XHTML 1.0。虽然此后也发布了 XHML 2.0,但因其与早期的 HTML 和 XHTML 1.0 不兼容,并未被市场接纳,且已被放弃,所以在 HTML 5 正式发布前普遍使用的是 XHTML 1.0。

2006 年起,W3C 与 WHATWG(网页超文本应用技术工作组)合作发展 HTML 5,并于 2008 年共同发布了 HTML 5 工作草案。2014 年 10 月 28 日,HTML 5 完成标准化并作为 W3C 推荐标准发布。自 2010 年起,各大浏览器厂家便开始升级自己的产品以支持 HTML 5 的新特性,从此 HTML 5 规范得到了持续的完善和广泛应用。

HTML 5 是一个宽泛的概念,不只是一些 HTML 元素而已,还包括绘图画布、多媒体播放、地理定位、本地数据存储、多线程支持等。本章主要介绍 HTML 的基础知识和常用元素,其他内容将结合后续章节内容进行介绍。本书内容基于 HTML 5 标准,若无特别声明,书中提及的 HTML 均指 HTML 5。

前文多次提到 W3C,它是国际著名的标准化组织之一,由全球四百多个会员组织构成,致力于开发开放标准,以确保 Web 技术的长期发展。自 1994 年成立以来,已发布数百项影响深远的 Web 技术标准和实施指南。但因其发布的标准并无强制性,所以常被称作 W3C 推荐标准(W3C Recommendations)。

2.1 HTML 文档的基本结构

视频讲解

以下是一个的简单 HTML 文档的代码,可保存为 index.html 文件,使用浏览器打开即可看到效果。HTML 文档文件以 .html 或 .htm 为扩展名,通常将网站首页命名为 index.html。

```
<! DOCTYPE html>
<html>
```

```
  <head>
    <meta charset="UTF-8">
    <title>index</title>
  </head>
  <body>
    <p>Hello World</p>
  </body>
</html>
```

<!DOCTYPE html>是 HTML 5 文档的通用声明,所有 HTML 5 文档均应以此行代码开头。其余部分由<html>…</html>包裹,分为 head 和 body 两部分。

<html>元素被称作 HTML 文档的根元素(顶级元素),所有其他元素均置于其中。

head 部分含有页面的相关信息,能帮助其他软件(如浏览器、搜索引擎)更好地渲染和使用页面,此部分内容并不显示在网页中,称作 HTML 文档的元数据(metadata)。例如,上述代码中<title>元素定义了该网页的标题,它将呈现于浏览器标题栏或标签页标题位置;<meta charset="UTF-8">提示浏览器本文档内容使用 UTF-8 字符集编码,以避免在显示时出现乱码。

body 部分为正文,其中的内容将呈现于网页中,例如,上述代码将在网页中显示"Hello World"。

HTML 标签用于标记 HTML 元素的开始和结束,典型结构如下。

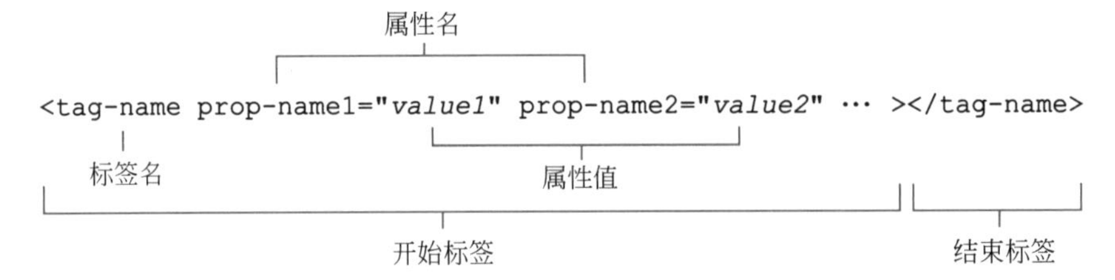

多数 HTML 标签包含一个开始标签和一个结束标签,其间可包含其他元素或什么也不包含,如上例中的<p>…</p>等,编写代码时应注意标签配对,保持代码按层次缩进是良好的编程习惯。

少数 HTML 元素为空元素,仅有开始标签,不应为空元素指定结束标签,如上例中的<meta>元素。按照 XHTML 标准,空元素的开始标签应是自闭合标签,例如<meta/>,但 HTML 5 无此要求。

HTML 文档中允许使用标准未定义的外部元素或自定义元素,例如<my-tag />,但必须有结束标签或使用自闭合标签。

HTML 元素可有零个或多个属性用于描述元素特征。多数属性使用"属性名=属性值"的形式表达,也有一部分属性仅有属性名,称作空属性。允许使用自定义属性,但应以 data- 开头,例如<img data-type="tree">。

HTML 标签名和属性名并不区分大小写,但一般使用全小写字母或 kebab-case 风格[①]。虽然很多时候程序员会在表述时混用 HTML 元素和 HTML 标签(标记)的称呼,但

① kebab-case 风格:使用短横线"-"连接单词,如 font-size。

应注意元素和标签并非同一概念，元素（element）是文档对象模型（DOM）的一部分，而标签（tag）用来标识元素的开始和结束[①]。

2.2　HTML 元数据

HTML 文档元数据即<head>…</head>中的内容，包含网页相关信息以帮助浏览器或其他软件更好地渲染和使用页面。表 2.1 列出了可用的 HTML 元数据。

表 2.1　HTML 元数据

元　数　据	描　　述
<base>	用于指定文档的根 URL，若省略则默认根 URL 为当前文档的 URL。 例如，`<img src="pic.png">`将默认显示当前 HTML 文档所在文件夹下的 pic.png，但若设定 `<base href="http://example.com/">`，则图片的 URL 为 http://example.com/pic.png
<title>	用于指定文档的标题，将显示在浏览器标题栏或标签页标题位置，只应包含文本
<style>	包含文档的样式信息，通常为 CSS 格式
<link>	用于链入外部资源，最常用于链入外部样式表或指定站点图标。例如， 链入外部样式表：`<link rel="stylesheet" href="index.css">` 指定站点图标：`<link rel="shortcut icon" href="favicon.png">`
<script>	用于定义客户端代码，通常包含 JavaScript 代码或链入外部 JavaScript 文件。例如， 直接包含 JavaScript 代码：`<script>alert("Hello")</script>` 链入外部 JavaScript 文件：`<script src="index.js"></script>`
<meta>	用于表示不能由其他元相关（meta-related）元素（base/title/style/link/script）表示的任何元数据。例如， 指定关键词：`<meta name="keywords" content="HTML,CSS">` 添加页面描述：`<meta name="description" content="程序设计">`

2.3　HTML 常用元素

本节介绍 HTML 文档中<body>…</body>部分常用的 HTML 元素。完整的 HTML 元素有近百个，篇幅所限不做全面介绍，作为初学者也没有必要了解所有 HTML 元素，熟练掌握本节内容基本上可应付多数网页代码的编写，待熟悉基本用法后，遇到不认识的 HTML 元素通常可根据标签名猜到其含义，若有必要再查阅资料即可。为便于学习和整理，表 2.2 集中列出了常用的 HTML 元素，请配合 2.6 节示例学习，完整源代码可从本书资源包中获取。

HTML 是用于描述 Web 文档结构和语义的语言，原则上不应涉及元素外观的描述。但由于历史原因，以前版本的 HTML 中包含一些仅表达外观特性的元素或属性，例如，<font>、<center>元素和<img>元素的 align、border 属性等。此类元素和属性已被淘汰，

① 浏览器并不会因为使用不规范的语法而报错，但遵循规范是良好的编程习惯。

表 2.2 HTML 常用元素

元　素	描　述
<p>	段落元素，创建网页中的一个段落
<h#>	标题元素，其中的 "#" 可取 1～6，分别创建 1～6 级标题
<img>	图像元素，用于将图像嵌入文档，此元素为空元素。 常用属性： • src 必需，指定待嵌入图像的 URL。 • alt 可选，图像的描述文字。若因某种原因图像无法加载时，浏览器将在页面上显示 alt 属性所指定的备用文本
<a>	锚元素，用于创建指向其他资源的超链接，单击则跳转到目标资源，常被称作超链接元素。 常用属性： • href 必需，指定锚元素所指向的 URL 或 URL 片段。不仅可以指向基于 Web 的文档，也可以是浏览器支持的任何协议，如 mailto、file、ftp、tel。 取值举例： 其他网站页面 http://example.com 本网站其他页面 ./other-page.html 文件下载① ./some-file.zip 发送电子邮件② mailto:someone@site.com 拨打电话③ tel:13012345678 本文档顶部 # 本文档中 id 为 sect1 的元素 #sect1 • target 可选，指定在何处加载所链接的资源，若取值为 _blank，则在新窗口加载
<div>	无特定语义，通常用作“纯粹的”容器对文档内容进行分组，以便应用样式或实现其他用途
<span>	无特定语义，通常用于编组元素，以便于应用样式或实现其他用途
列表元素	一组用于创建列表的元素的统称，包括： • <ul> 定义无序列表，语义上无序列表强调其列表项是顺序无关的，交换列表项顺序并不影响其含义的表达。 • <ol> 定义有序列表，语义上有序列表强调其列表项是顺序相关的，交换列表项顺序则所表达的含义不同。 • <li> 定义列表中的列表项
表格元素	一组用于创建表格的元素的统称，包括： • <table> 定义一个二维表格。 • <tr> 定义表格中的行，其父元素可为<table>、<thead>、<tbody>、<tfoot>。 • <td> 定义行中的单元格。 • <th> 定义表头中的单元格，其父元素必须为<tr>。 • <thead> 定义表头部分，可省略。 • <tbody> 定义表的主体部分，可省略。 • <tfoot> 定义表的汇总部分，可省略。 HTML 文档中表格各行/列的单元格数量应相同，若要“合并单元格”，可使用<th>、<td>元素的 colspan 或 rowspan 属性指定单元跨列或跨行

① 默认时 HTTP 回应头的 Content-Disposition 字段值为 inline，提示浏览器直接将内容呈现在网页中，但当该字段值为 attachment 或浏览器无法直接呈现时，单击此超链接将触发文件下载。

② 使用 mailto 协议时通常将打开本地默认的电子邮件收发软件，自动新建邮件并填入收信人邮箱地址。

③ 拨打电话功能仅移动端有效。

续表

元　素	描　述
<strong> <b> <em> <i>	语义上<strong>表达强调,<b>则表达吸引读者注意(bring attention to)。它们的内容通常以粗体显示,因此常被误认为是粗体元素(bold)。 语义上<em>表达需要着重阅读的内容,<i>则表达需要区别于普通文本的一系列文本,例如,术语、外文短语等。它们的内容通常以斜体显示,因此常被误认为是斜体元素(italic)。 实践中也常见将<b>理解为徽章(badge),而将<i>理解为图标(icon)来使用
 	在文本中插入换行符号,即产生换行效果,此元素为空元素。 切忌滥用此元素,例如,使用此元素将其他元素向下挤以进行排版

虽然浏览器出于兼容性考量仍然支持,但应避免使用。尽可能只使用 HTML 来表达页面结构和语义有助于保持客户端代码逻辑清晰,元素的外观特征更建议使用 CSS 来表达。

2.4　字符实体

网页中若要显示一些预留的字符,必须被替换成字符实体,否则不能正常呈现。例如,多于一个的空格将仅显示一个,小于号(<)和大于号(>)会被浏览器认为是标签的定界符而不输出。字符实体是 HTML 文档中表达字符的一种方式,并不属于 HTML 元素。

字符实体的语法格式为:

```
&entity_name;  或  &#entity_number;
```

例如:

- 　　不折行的空格(non-breaking space)。
- <　　小于号(less than)。
- >　　大于号(great than)。
- ¥　　元(¥)。
- A　　A(大写字母 A 的机内编码为 65)。

2.5　相对路径

编写网页代码时经常涉及 URL 的表达,例如,<img>元素的 src 属性和<a>元素的 href 属性。对于当前网站内资源,通常相对于当前网页的根 URL 指向的位置来描述资源所在的位置,称作**相对路径**。默认情况下,网页的根 URL 指向当前 HTML 文件所在位置。路径中"./"表示当前目录,"../"表示上级目录,"/"表示网站根目录。

下面以引用图片 avatar.png 举例:

- 图片在当前目录:　<img src="avatar.png">或<img src="./avatar.png">。
- 图片在上级目录:　<img src="../avatar.png">。
- 图片在子目录 sub 中:　<img src="sub/avatar.png">或<img src="./sub/avatar.png">。
- 图片在网站根目录:　<img src="/avatar.png">。

可以通过＜base＞元素来改变当前页面根 URL 的默认指向,参见 2.2 节关于＜base＞元素的介绍。除上述举例的图片资源外,涉及其他资源的 URL 表达时均可使用相对路径,不再赘述。相对地,通常将从磁盘驱动器根目录开始描述的路径称作绝对路径或物理路径,如 Windows 平台中 C:\windows\temp\avatar.png 和 Linux 平台中 /tmp/avatar.png 这样的路径表述方式,Web 应用程序开发中不建议使用绝对路径。

2.6 综合示例——HTML 常用元素

本节综合前面介绍的内容制作一个网页,熟悉 HTML 常用元素的用法。可先创建一个空文件夹并用 VSCode 打开,单击 VSCode 资源管理器中的“新建文件”按钮新建 HTML 文件(code-2.1.html),然后在右侧代码编辑区中输入一个感叹号(!),按 Tab 键即可快速完成 HTML 框架代码的编写,如图 2.1 所示。

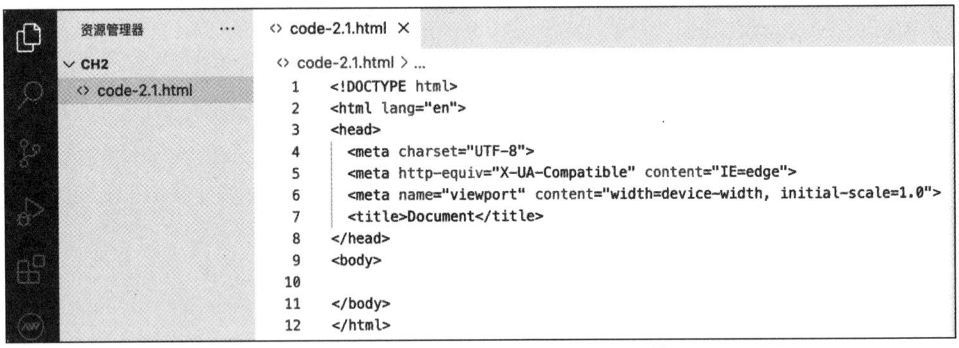

图 2.1 使用 VSCode 创建 HTML 文档

编辑并保存 HTML 文档为如下内容,代码中“＜!--……--＞”为 HTML 的注释,完整源码可从资源包中获取。

code-2.1.html

```
<!DOCTYPE html>
<html lang="en">
  <head>
    <meta charset="UTF-8"/>
    <meta http-equiv="X-UA-Compatible" content="IE=edge"/>
    <meta name="viewport" content="width=device-width, initial-scale=1.0"/>
    <title>code-2.1</title>
  </head>
  <body>
    <h1>HTML</h1>
    <a href="#bottom">转至页末</a>
    <p>
      HTML是用于描述 Web 文档<em>结构和语义</em>的语言,
      <strong>Tags</strong>用于定义元素。
    </p>
```

```
    <ul>
      <li>&lt;em&gt;元素：标记出需要用户着重阅读的内容</li>
      <li>&lt;strong&gt;元素：表示文本十分重要</li>
    </ul>
    <!--表格默认无边框,此处使用 border 属性指定边框宽度为 1 像素。
        但应注意 table 元素的 border 属性已被废弃,应避免使用！应使用 CSS 定义表格及单
        元格边框。-->
    <table border="1">
      <thead>
        <tr>
          <th colspan="2">音频和视频元素</th>
        </tr>
        <tr>
          <th>元素</th>
          <th>描述</th>
        </tr>
      </thead>
      <tbody>
        <tr>
          <td>audio</td>
          <td>用于在文档中嵌入音频内容</td>
        </tr>
        <tr>
          <td>video</td>
          <td>用于支持在文档内进行视频播放</td>
        </tr>
      </tbody>
    </table>
    <p>
      更多 HTML 元素的介绍可参阅
      <a href="https://developer.mozilla.org/zh-CN/docs/Web/HTML/Element">
        <img src="https://developer.mozilla.org/favicon-48x48.cbbd161b.png"/>
      </a>
    </p>
    <!--此处使用样式表创建一个与视窗同高的 div 元素,以便演示锚元素的页面内跳转效果 -->
    <div style="height: 100vh"></div>
    <a id="bottom" href="#">转至页首</a>
  </body>
</html>
```

使用 Chrome 浏览器打开 code-2.1.html 文件便可看到该网页的显示效果,如图 2.2 所示。建议安装 VSCode 的 Live Server 扩展①后,在资源管理器中右键单击 code-2.1.html,选择 Open with Live Server,如此网页便运行于 Live Server 所提供的本地服务器环境。若程序有修改,保存后浏览器中的页面将自动刷新,便于即时查看运行效果。同时,可借助 Chrome 开发者工具的 Elements 面板熟悉 HTML 元素②。

---

① 单击 VSCode 主界面左侧的“扩展”按钮,搜索 Live Server。

② Chrome 中选择“更多工具”→“开发者工具”菜单。

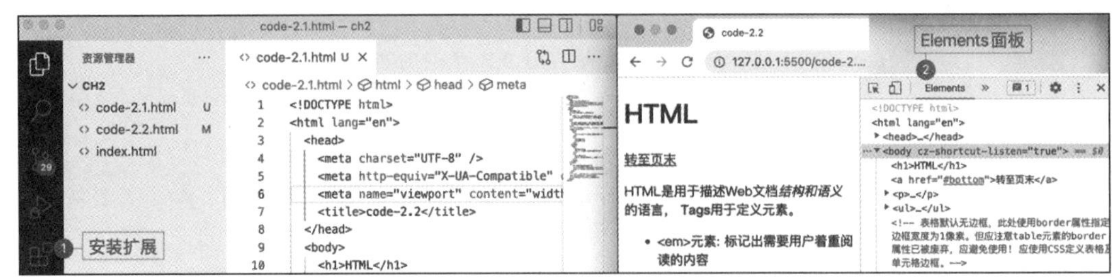

图 2.2 code-2.1.html 运行效果

2.7 HTML 表单元素

网页中的输入框、复选框、单选按钮、下拉列表、按钮等由 HTML 表单元素创建。

表单元素用于向服务端提交数据，但因目前还未介绍服务端技术，暂不能配合服务端程序演示表单元素的完整功能，读者可以粗略浏览或跳过本节内容，待学习到服务端技术相关章节时再返回本节仔细阅读。

表 2.3 集中列出了常用的表单元素，读者可结合 2.8 节综合示例学习。

表 2.3 常用表单元素

元 素	描 述
<form>	创建一个表单区域，其中包含输入框等交互控件，用于向服务端提交数据。 常用属性： • action 指定表单提交的目的地 URL。 • method 指定浏览器使用何种 HTTP 方法提交表单，取值为 get 或 post。 • enctype 当 method 属性值为 post 时指定表单数据的 MIME 类型(参看 9.3.3 节)
<input>	创建交互控件，以便接收用户的输入或选择。 该元素的 **type** 属性值在很大程度上决定了其工作方式，常用取值包括： • text 单行文本输入控件(单行文本框)，默认值。 • password 密码输入控件。 • number 数字输入控件，可进一步使用 min/max 属性指定可接收的最小值和最大值，step 属性指定递增/减量。 • checkbox 复选框控件。 • radio 单选按钮控件。 • file 文件选择控件。 • hidden 隐藏域控件，不显示在页面上，但其值仍会提交到服务端。 设置 type 属性值为 button/submit/reset 可创建按钮控件，但<button>元素提供了更强的功能和更丰富的特性，建议使用。 除以上所述外，type 属性值也可是 email/url/tel/range/image/color/date/time/week 等，请读者自行尝试其用途

续表

元　　素	描　　述
<textarea>	创建多行纯文本编辑控件，用于输入个人简历等较长文本，可呈现横向和纵向滚动条以容纳更多文本内容，常称作文本区。 用户输入的文本位于开始和结束标签之间，该元素仅可录入无格式文本，若需录入带格式文本（富文本，rich text），可选用第三方富文本编辑器。 常用属性： • rows　控件的可视文本行数。 • cols　控件的可视文本列数
<select>	创建选项菜单（下拉菜单）控件，其选项由<option>元素提供，用户可单选或多选。 常用属性： • multiple　能否同时选中多个选项。 • size　指定可视选项数，默认为 1，指定 multiple 时默认为 4
<datalist>	创建选项菜单控件，其选项由<option>元素提供。 注意该元素单独使用无效，需与<input>元素配合使用，参见 2.8 节示例
<option>	为<select>和<datalist>提供选项。 常用属性： • value　被选中时向服务端传输的值。 • selected　选项是否被选中。 • disabled　选项是否禁用
<optgroup>	创建选项分组，可包含一个或多个<option>以形成分组，其 label 属性为分组标题
<button>	创建按钮控件，按钮上的文字为开始标签与结束标签之间的文本内容。按钮控件通常用来触发客户端代码的执行或提交/重置表单。 常用属性： • type　指定按钮类型，可能的取值包括： -button　普通按钮，无默认行为，通常用于触发客户端代码的执行。 -submit　提交按钮，触发表单提交数据到服务端。 -reset　重置按钮，重置表单中所有控件为初始值。 • autofocus　是否在页面加载时自动获得焦点。 • disable　是否禁用按钮。 • form　指定与按钮关联的<form>元素。提交和重置按钮一般置于表单标签内，单击时则触发所在表单的提交/重置动作。HTML 5 中允许将按钮放置在表单标签之外，通过将按钮的 form 属性赋值为表单 id 以关联表单。 除以上属性外，允许设置提交按钮（type="submit"）的以下属性改变表单提交行为：formaction、formenctype、formmethod、formtarget、formnovalidate

对于<input>、<textarea>、<select> 这类可接收用户输入或选择的表单元素而言，有一些共同的属性，为便于学习将它们汇总于此，见表 2.4。

表 2.4　输入/选择类表单元素共同的属性

属　　性	描　　述
name	表单控件的名称，数据提交时的参数名
value	表单控件的值，数据提交时的参数值
required	是否为必填项

续表

属　　性	描　　述
readonly	是否可编辑,仅对输入类控件有效
disabled	是否被禁用,禁用时控件的值不会被提交
checked	是否被选中,仅对单选按钮和复选框有效
minlength	指定可输入的最小字符数,仅对输入类控件有效
maxlength	指定可输入的最大字符数,仅对输入类控件有效
placeholder	控件值为空时其中显示的内容,仅对输入类控件有效
autofocus	是否在页面加载时自动聚焦到此控件
autocomplete	是否可被浏览器自动填充

注意,required、readonly、disabled、checked、autofocus、autocomplete 这类属性为空属性,只要出现在元素中即表示生效,如下 3 种写法均表示禁用文本输入控件,但第 1 种为正确用法。

```
<input type="text" disabled>
<input type="text" disabled="true">
<input type="text" disabled="false">
```

2.8 综合示例——表单元素

本节综合演示 HTML 表单元素的使用方法,可将 code-2.2.html 的代码保存为 HTML 文件,在浏览器中打开查看运行结果(见图 2.3)。建议打开 Chrome 的开发者工具,仔细对照理解每个元素的用途。代码中出现了部分未介绍过的元素(fieldset/legend/label),请对比运行结果理解其用途。

code-2.2.html

```
<!DOCTYPE html>
<html lang="en">
  <head>
    <meta charset="UTF-8" />
    <title>code-2.2</title>
  </head>
  <body>
    <form id="form-user">
      <fieldset>
        <legend>基本信息</legend>
        <label for="name">姓名</label>
        <input id="name" name="name" minlength="2" max="10" autofocus />
        <br />
        <label>性别</label>
        <input type="radio" id="male" name="gender" value="male" checked />
```

```
    <label for="male">男</label>
    <input type="radio" id="female" name="gender" value="female" />
    <label for="female">女</label>
    <br />
    <label for="age">年龄</label>
    <input type="number" id="age" min="18" max="30" name="age" value="18" />
    <br />
    <label for="cellphone">手机号</label>
    <input type="tel" id="cellphone" name="cellphone" />
    <br />
    <label for="avatar">头像</label>
    <input type="file" id="avatar" name="avatar" />
    <br />
    <label for="city">所在城市</label>
    <select id="city" name="city">
      <option value="Beijing">北京市</option>
      <option value="ShangHai">上海市</option>
      <optgroup label="广东省">
        <option value="GuangZhou">广州市</option>
        <option value="ShenZhen">深圳市</option>
      </optgroup>
    </select>
    <br />
    <label for="myBrowser">爱用的浏览器</label>
    <input id="myBrowser" name="myBrowser" list="browsers" />
    <datalist id="browsers">
      <option value="Chrome"></option>
      <option value="Firefox"></option>
      <option value="Internet Explorer"></option>
      <option value="Opera"></option>
      <option value="Safari"></option>
      <option value="Microsoft Edge"></option>
    </datalist>
  </fieldset>

  <fieldset>
    <legend>喜爱的音乐风格</legend>
    <input type="checkbox" id="blues" name="music" value="blues" />
    <label for="blues">蓝调</label>
    <input type="checkbox" id="jazz" name="music" value="jazz" />
    <label for="jazz">爵士</label>
    <input type="checkbox" id="country" name="music" value="country" />
    <label for="country">乡村</label>
    <input type="checkbox" id="hip-hop" name="music" value="hip-hop" />
    <label for="hip-hop">嘻哈</label>
    <input type="checkbox" id="rock" name="music" value="rock" />
    <label for="rock">摇滚</label>
  </fieldset>

  <label for="intro">自我介绍</label>
  <br />
  <textarea id="intro" name="intro"></textarea>
</form>
```

```
        <br />
        <button type="submit" form="form-user">提交</button>
        <button type="reset" form="form-user">重置</button>
    </body>
</html>
```

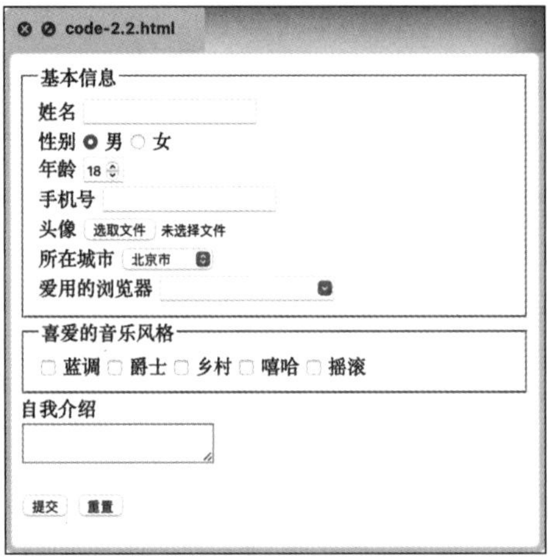

图 2.3　code-2.2.html 运行效果

示例中多次用到 id、name、value 属性，下面详细介绍。

id：元素的唯一标识，通常在客户端代码引用时使用。例如，上例中通过 id 属性将 label 元素与对应的交互控件关联起来，当用户单击 label 时关联的控件会获得焦点；提交/重置按钮根据 form 元素的 id 属性值绑定关联的表单。在 HTML 代码中应保证 id 属性值的唯一性，即不应出现多个元素 id 值相同的情况。我们还将在介绍 CSS 和 JavaScript 时用到它。

name：向服务端提交表单数据时，name 属性的值将用作参数名称。name 属性值也可作为单选按钮、复选框元素的分组依据，例如，name 值相同的多个单选按钮将被分为一组，形成互斥效果，用户仅可选择分组中的一项。

value：向服务端提交表单数据时，表单元素的 value 值将作为参数值传输到服务端。对于<select>元素，用户在页面中看到的是嵌在其中的选项<option>元素的文本内容，但表单提交后实际传输到服务端的却是相应<option>元素的 value。

2.9　小　　结

通过本章学习，我们看到 HTML 并不像其他程序设计语言(如 C、Java 等)一样强调逻辑控制，它更多地以标签的形式表达元素的语义和网页的层次结构。此外，也可以通过元数据向浏览器或其他软件传达页面的基本信息。

编写 HTML 文档代码时应注意开始标签与结束标签的配对以及代码的缩进，良好的编程习惯可很大程度上避免犯错，即使出现问题，好的编码风格也利于排错。

HTML 的语法结构并不复杂，但数量众多的元素和繁杂的属性配置常令初学者感到难以掌控。大可不必为之焦虑，即便是资深程序员也难以完全掌握，实践中也并非全都会用到。在掌握基本套路的基础上，开始做一些练习，写一些小项目，遇到不清楚的东西大胆猜测或翻阅资料，注意积累，编程能力很快就会有所提升。偶有实在难以理解的内容，只要不影响“主线剧情”的发展，暂时放一放，不必纠结，待将来编程经验丰富后说不定就茅塞顿开了。事实上，本章内容也刻意略过了一些细枝末节的问题。

第3章

CSS 基 础

使用 HTML 可完成网页内容的定义，并通过 HTML 标签的嵌套表达出页面元素的层次结构。但正如第 2 章示例中所看到的那样，只使用 HTML 完成的网页外观实在过于简陋，缺乏对元素大小、位置、间距、配色等外观特征的定义能力。虽然在早期的 HTML 版本中存在一些表达外观的元素或属性，但功能有限，更重要的是违背了内容与表现分离的设计理念，CSS(Cascading Style Sheets，层叠样式表，简称“样式表”)正为解决这一问题而生。

1996 年 12 月，CSS1 面市并成为 W3C 推荐标准，1998 年，W3C 发布 CSS2。自 1999 年起，W3C 便着手制定 CSS3 标准，直至 2011 年 6 月 CSS3 正式成为 W3C 推荐标准。虽然 W3C 于 2011 年 9 月开始着手设计 CSS4，但目前只有极少数特性被部分浏览器支持，因此 CSS3 是目前事实上的行业标准，本章内容将基于 CSS3 展开。

3.1 CSS 基本语法

视频讲解

下述代码中<h1>元素的 style 属性即为样式表，它提示浏览器将<h1>元素中的文字渲染为红色、斜体。

code-3.1.html

```
<!DOCTYPE html>
<html>
<head>
    <title>code-3.1</title>
</head>
<body>
    <h1 style="color: red; font-style: italic;">Hello World</h1>
</body>
</html>
```

如下所示，样式表由样式声明(declaration)构成，每个声明包含属性和属性值，中间使用冒号分隔，属性名一般使用 kebab-case 风格，即单词之间使用“-”连接。样式表中可有多个声明，以分号分隔。每个样式声明表达了元素的一个样式特征。

```
┌──── 声明 ────┐ ┌────────── 声明 ──────────┐
color: red; font-style: italic;
  |       |
 属性   属性值
```

如 code-3.1.html 直接将样式表放在元素 style 属性中的写法称作内联样式表。这种做法不便于代码的复用,例如,页面中有多个元素需要应用相同样式时,相同的样式代码就需要编写多次。

更好的做法是将样式表集中编写,以便复用,有如下两种方式。

(1) 将样式表集中置于文档的<style></style>标签内,称作内嵌样式表。

(2) 直接将样式表分离为一个独立文件,称作外部样式表。

内联样式表仅作用于其所在的元素,内嵌样式表可供同一页面内多个元素复用,而外部样式表则可被网站内多个页面所复用。相对而言,从代码的书写风格上看,内嵌样式表或外部样式表更利于内容与表现的分离(HTML 与 CSS 代码分离)。

3.2 引入外部样式表

假设有外部样式表文件 style.css,则可使用 link 和@import 两种方式将其引入当前 HTML 文档,参见下例。

code-3.2.html

```
<!DOCTYPE html>
<html>
  <head>
    <title>code-3.2</title>
    <!--外部样式表文件的 URL 使用相对路径表示,本例假设 style.css 文件位于当前 HTML 文
档所在文件夹 -->
    <!--下述两种引入外部样式表方式选用一种即可,此处仅为演示 -->
    <link rel="stylesheet" href="style.css" />
    <style>
      @import 'style.css';
    </style>
  </head>
  <body></body>
</html>
```

一般使用 link 方式引入外部样式表即可,其中,rel 属性提示浏览器引入的资源为样式表,href 属性值为外部样式表文件的 URL,一般使用相对路径表达。

视频讲解

3.3 CSS 选择器

无论使用内嵌样式表或是外部样式表,都面临如何表达样式对哪个/哪些元素生效的问题。CSS 选择器(CSS Selector)即为解决这一问题而生。

先看一个例子,在同一文件夹下创建两个文件 code-3.3.html 和 code-3.3.css。

code-3.3.html

```
<!DOCTYPE html>
<html>
  <head>
    <title>code-3.3</title>
```

```
    <link rel="stylesheet" href="code-3.3.css" />
  </head>
  <body>
    <h1>Red Title</h1>
    <p>This is blue text.</p>
  </body>
</html>
```

code-3.3.css

```
h1 { color: red; }          /* h1 标签内文字为红色 */
p { color: blue; }          /* p 标签内文字为蓝色 */
```

在浏览器中打开 code-3.3.html 应可看到一个红色的标题和一段蓝色的文字。

CSS 文件{…}中的内容为样式规则，语法如 3.1 节所述。置于{…}前的 h1、p 即为 CSS 选择器，它们分别选中页面中所有的<h1>和<p>元素。/ * … * / 为注释。

简单地说，在内嵌/外部样式表中，首先通过 CSS 选择器选中要修饰的元素，然后将{…} 内的样式规则应用到选中的元素上。

3.3.1　CSS 基本选择器

CSS3 中基本选择器共 6 类，表 3.1 中简要举例说明，读者可快速浏览，建立感性认识后再详细介绍每个选择器的具体用法。

表 3.1　基本选择器举例

名　称	举　例	说　明
通用选择器	*	选择页面内所有元素
类型选择器	p	选择页面内所有<p>元素
id 选择器	#avatar	选择 id 值为 avater 的元素，例如，<img id="avatar">
类选择器	.icon	选择所有 class 属性含 icon 类的元素，例如，<img class="icon">
伪类选择器	p:hover	指定鼠标位于<p>元素上方时该元素的样式，伪类选择器不可单独使用
属性选择器	[alt]	选择所有含 alt 属性的元素，例如，<img src="…" alt="…">

1. 通用选择器

通用选择器(universal selector)较简单，一个星号(*)即可，但它却能选中页面内所有元素。例如，* { color: red }可将页面内所有元素的文字颜色设置为红色。

2. 类型选择器

类型选择器(type selector)将选中页面内所有元素名(标签名)与选择器名称匹配的元素，有时通俗地称作“元素选择器”或“标签名选择器”。

code-3.4.html

```
<!DOCTYPE html>
<html>
  <head>
    <title>code-3.4</title>
```

```
    <style>
      p { color: red; }
    </style>
  </head>
  <body>
    <h1>标题呈现为默认的黑色</h1>
    <p>这段文字呈现为红色</p>
    <p>这段文字呈现为红色</p>
  </body>
</html>
```

3. id 选择器

id 选择器(id selector)形如#idname,其中,idname 为自定义值,它将选中页面中 id 属性值匹配的元素。

code-3.5.html

```
<!DOCTYPE html>
<html>
  <head>
    <title>code-3.5</title>
    <style>
      #p1 { color: red; }
    </style>
  </head>
  <body>
    <p id="p1">这段文字呈现为红色</p>
    <p>这段文字呈现为默认的黑色</p>
  </body>
</html>
```

id 属性值是元素的唯一标识,编写代码时应保证元素 id 值的唯一性。所以理论上说,id 选择器只能选中唯一的一个元素。

4. 类选择器

类选择器(class selector)形如.classname,其中,classname 为自定义值,它将选中页面中 class 属性值含有 classname 的元素。

code-3.6.html

```
<!DOCTYPE html>
<html>
  <head>
    <title>code-3.6</title>
    <style>
      .c1 { color: red; }
      .c2 { font-weight: italic; }
    </style>
  </head>
  <body>
    <p class="c1">这段文字呈现为红色</p>
    <p class="c1 c2">这段文字呈现为红色, 斜体</p>
    <p>这段文字呈现为默认的黑色</p>
  </body>
</html>
```

可以给一个元素同时指定多个“类”，各个类名之间使用空格分隔，如上例中的第 2 个段落。这里所说的“类”更多地表示“分类”的意思，并非面向对象程序设计语言中的“类”。

5. 伪类选择器

伪类选择器(pseudo-class selector)形如:pseudo-class，其中，pseudo-class 通常表达元素的特定状态。伪类选择器不可单独使用，必须与其他选择器结合，先由其他选择器选中元素，再使用伪类选择器表达该元素的特定状态。

code-3.7.html

```
<!DOCTYPE html>
<html>
<head>
  <title>code-3.7</title>
  <style>
    p:hover { color: red; }
  </style>
</head>
<body>
  <p>paragraph 1</p>
  <p>paragraph 2</p>
  <p>paragraph 3</p>
</body>
</html>
```

读者不妨实际验证一下上述代码，当鼠标移动到段落上方时，段落文字将切换为红色。表 3.2 列出了部分常用的 CSS 伪类。

表 3.2 部分常用 CSS 伪类

伪　类	描　述
:hover	鼠标移动到元素上方时的状态
:active	元素被用户激活时的状态，例如，使用鼠标按住元素时
:focus	元素获得焦点时的状态，例如，文本输入控件获得焦点时
:link	针对超链接元素，:link 为超链接未被访问过时的默认状态
:visited	针对超链接元素，:visited 为超链接被访问过的状态
:first-child	选中兄弟元素[①]中的第一个。例如，p:first-child 可选中 code-3.7.html 中的第 1 个段落
:last-child	选中兄弟元素中的最后一个。例如，p:last-child 可选中 code-3.7.html 中的第 3 个段落
:nth-child()	指定一个参数以描述元素在兄弟元素集合中的位置特征。例如， p:nth-child(2)　选中 code-3.7.html 中第 2 个段落 p:nth-child(odd)　选中 code-3.7.html 中第 1、3 个段落(奇数)，等价于 p:nth-child(2n+1) p:nth-child(even)　选中 code-3.7.html 中第 2 个段落(偶数)，等价于 tr:nth-child(2n) p:nth-child(2n+1)　选中 code-3.7.html 中第 1、3 个段落
:not()	对其他伪类取反。例如，p:not(:first-child) 将选中 code-3.7.html 中除第 1 个段落外的其余段落

① 拥有共同父元素的子元素之间互为兄弟元素。

此外,对于表单元素,以下伪类也非常有用::enabled、:disabled、:read-only、:blank、:checked、:valid、:invalid、:required。

例如,可借助 :checked 伪类指定复选框/单选按钮被选中时的样式。

利用好伪类选择器可令用户交互更加生动。

6. 属性选择器

属性选择器(attribute selector)形如 [attr-desc],其中,attr-desc 是属性特征的描述。以下示例中演示了部分属性选择器的使用方法。

code-3.8.html

```
<!DOCTYPE html>
<html>
<head>
  <title>code-3.8</title>
  <style>
    [title] { color: red; }                    /*拥有 title 属性*/
    [href="#section"] { color: green; }  /*拥有 href 属性,且 href 属性值为 "#section"*/
    [href*="code"] { color:orange; }     /*拥有 href 属性,且 href 属性值中含有 "code"*/
    [href$="com"] { color: grey; }        /*拥有 href 属性,且 href 属性值以 "com" 结尾*/
    [href^="https"] { color:greenyellow; }
                                   /*拥有 href 属性,且 href 属性值以 "https" 开头*/
  </style>
</head>
<body>
    <a href="#" title="Go Top">Top</a>
    <a href="#section">Section</a>
    <a href="./code-1.1.html">code</a>
    <a href="http://example.com">example.com</a>
    <a href="https://example.org">example.org</a>
</body>
</html>
```

前面提到,可以自定义 HTML 标签和属性,这些自定义的内容对于 CSS 选择器仍然有效。例如:

code-3.9.html

```
<!DOCTYPE html>
<html>
<head>
  <title>code-3.9</title>
  <style>
    my-tag { color: red; }
    [data-level] { color: green; }
  </style>
</head>
<body>
    <my-tag>My Tag</my-tag>
    <p data-level="1">Paragraph</p>
</body>
</html>
```

3.3.2　CSS 基本选择器的组合

3.3.1 节介绍的 6 类 CSS 选择器可以不同的方式组合在一起，以表达更丰富的含义，如表 3.3 所示。

表 3.3　CSS 选择器的组合方式

组合方式	含　义	举　例	
直接连接	并且	p.red	选择应用了.red 样式类的<p>元素
逗号连接	和	h1，p	选择<h1>元素和<p>元素
空格连接	后代	div span	选择<div>元素后代中的<span>元素
> 连接	直接子代	div > span	选择<div>元素直接子代中的<span>元素
+ 连接	相邻兄弟	p + span	选择在<p>元素后且与<p>元素是兄弟关系的<span>(紧邻)
~ 连接	一般兄弟	p ~ span	选择在<p>元素后且与<p>元素是兄弟关系的<span>(无须紧邻)

直接连接和逗号连接较容易理解，不做举例，以下对其余 4 种组合方式举例说明。

code-3.10.html 代码中在不同位置放置了<span>元素，若表 3.4 中选择器对相应位置的<span>元素有效则标注“√”，请结合代码，仔细对比。

表 3.4　选择器组合方式举例

	div span	div > span	p + span	p ~ span
A				
B	√	√		
C	√			
D	√	√	√	√
E	√	√		√

code-3.10.html

```
<!DOCTYPE html>
<html>
<head>
  <title>code-3.10</title>
</head>
<body>
  <span>A</span>
  <div>
    <span>B</span>
    <p><span>C</span></p>
    <span>D</span>
    <span>E</span>
  </div>
</body>
</html>
```

3.4 样式声明优先级

当多个样式声明都作用于元素的某个样式属性时,哪一个声明会生效呢?这就是本节要讨论的样式声明优先级。请考虑如下情形。

code-3.11.html

```
<!DOCTYPE html>
<html>
<head>
  <title>code-3.11</title>
  <!--./code-3.11.css 的内容为 p { color: red; } -->
  <link rel="stylesheet" href="./code-3.11.css">
  <style>
    p { color: green; }
  </style>
</head>
<body>
  <p style="color: blue;">段落 A</p>
</body>
</html>
```

上例中对于段落 A,同时有三个修饰文字颜色的样式声明,那么它到底呈现什么颜色呢?运行代码即可看到,段落 A 的文字为蓝色。在 Chrome 的开发者工具中,Elements 标签页下还可看到如图 3.1 所示的信息。

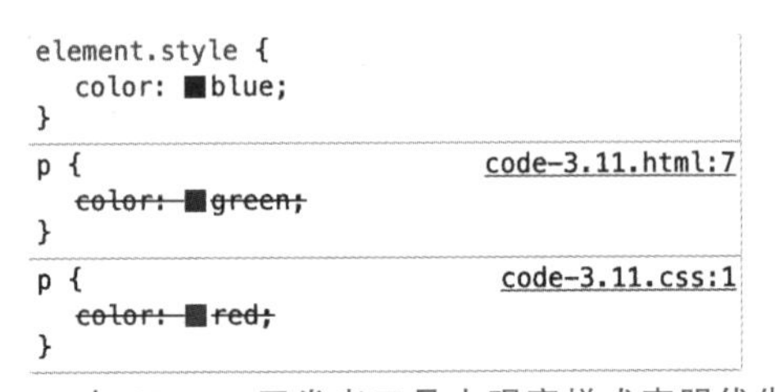

图 3.1 在 Chrome 开发者工具中观察样式声明优先级

从图 3.1 中可看到,三个关于文字颜色的样式声明均被浏览器解读了,只是内嵌样式表和外部样式表中的样式声明被覆盖了(带删除线),而最终生效的是内联样式表(element.style)中的声明(蓝色)。

除上述情形外,还有其他几种样式声明"冲突"的情况。以下是一般的优先级计算规则。

- 样式表类型:内联样式表优先级最高,内嵌/外部样式表书写位置靠后优先级更高。
- 选择器类型:id 选择器>伪类选择器>属性选择器>类选择器>类型选择器。
- 例外规则:若在样式声明中添加!important 则拥有最高优先级。

如果不是非常纠结于细节,那么可以简单理解为:CSS 选择器描述得越具体,优先级越高,越靠后的描述优先级越高。这其实也更符合人们的常规认知。

所以,当因为样式声明优先级问题导致代码并不如你想象那般运行时,不妨使用更多的限定以提高优先级。例如:ul li a {…} 和 p.c1 {…} 的写法多数情况下会优于 li a {…} 和 .c1 {…},也更符合程序设计中所谓作用域局部化的原则。

3.5　常用 CSS 属性

前文虽然讨论了那么多问题，但是我们一直在使用元素的颜色举例，没有涉及更多的样式属性，主要是不想把繁杂的问题都混在一起讨论，增加学习难度。本节将讨论丰富的样式属性，相信读者完成本节学习后定能把网页做得多姿多彩。

为节省篇幅，从本节起文中的代码仅保留核心部分，若要上机实践，请自行补足省略的部分。

3.5.1　颜色、方位与长度单位

样式属性中常涉及颜色、方位和长度的表达，为避免破坏后续章节内容的连贯性，一并在这里介绍。初学者可粗略浏览或跳过本节，待有需要时再回来研读，这样带着需求来学习效果会更好。

1. 颜色

CSS 中可以使用多种方式描述颜色，下面介绍常用的两种方式。

（1）命名色：CSS 标准中大约为一百多种颜色取了名字，这些颜色即称作命名色，如前文中多次使用到的 red、blue。

（2）**RGB 色**：使用红(R)绿(G)蓝(B)三个颜色分量组合出想要的颜色，表 3.5 列出了 RGB 色的表达语法。

表 3.5　RGB 色的表达语法

语　　法	描　　述
#RRGGBB[AA]	其中，RR/GG/BB/AA 为十六进制值(00 ～ FF)，分别表示红、绿、蓝和透明度，透明度分量省略则表示为不透明。例如： #FF0000(红色)、#FFFFFF(白色)、#FFFF00(黄色)、#FF000088(半透明红)
#RGB[A]	#RRGGBB[AA]的缩写形式，将每一位重复两次。例如： #F00= #FF0000，#369= #336699
rgb[a](R,G,B[,A])	函数形式表达，其中，R/G/B 为 0～255 的十进制整数，A 为 0～1 的小数。 例如：红色 rgb(255, 0, 0)，半透明红色 rgba(255, 255, 0, 0.5)

除上述两种表示颜色的方法外，CSS 还支持 HSL 和 HWB 颜色表示法。

- HSL 色：使用色调、饱和度、亮度定义颜色，更容易表达相近的几个颜色。
- HWB 色：使用色调、白度、黑度定义颜色。

2. 方位的表达

样式表中表达方位时所使用的值比较统一，此处一并介绍，如图 3.2 所示。

上、下、左、右分别为 top、bottom、left、right，水平方向居中为 center，而垂直方向居中则为 middle。若需要同时指定多个方位，先描述垂直方向再描述水平方向，例如，top left(左上)，bottom right(右下)。

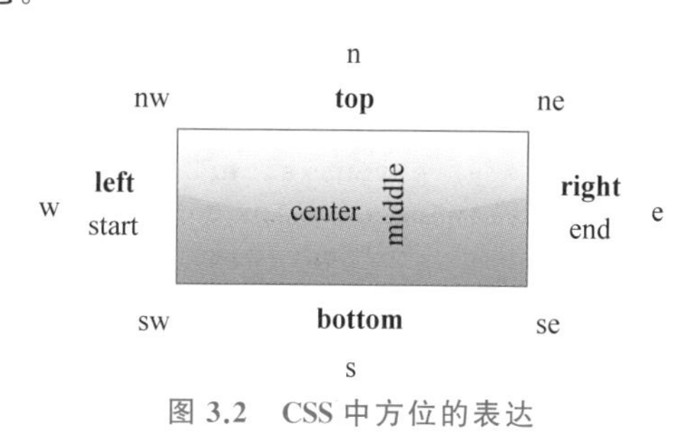

图 3.2　CSS 中方位的表达

当方向多于4个时,通常使用地图方位词,如n、e、s、w、ne、se、nw、sw分别表示上、右、下、左、右上、右下、左上、左下。

有时为贴近用户习惯,使用start、end表示文本的开始方向和结束方向。例如,中文环境用户自左向右书写,则水平方向start、end默认分别对应left、right。HTML元素的全局属性dir的取值决定了文本方向,默认值为auto(由浏览器确定),可能的取值还有ltr(left to right,自左向右)和rtl(right to left,自右向左,如阿拉伯语)。

3. 长度单位

在描述文字大小、元素尺寸等特征时常涉及长度的表示。CSS3中支持多种长度单位,表3.6列出了较常用的长度单位。

表3.6 CSS中的常用长度单位

单位	描述
px	像素,非公制单位,1px等于多少厘米与显示设备的屏幕密度和分辨率设置有关(参见4.11节)
em	当描述元素的文字大小(font-size)时,em是相对于父元素字体大小的倍数,而用于其他样式属性时则是相对于元素自身字体大小的倍数。 不同元素或处于不同容器内的元素,1em的实际长度可能不一致
rem	相对于网页基准字体大小的倍数。 假设网页基准字体大小为16px,则无论应用于哪个元素,1rem均为16px。 网页基准字体大小可由用户在浏览器选项中设置
%	通常根据父容器尺寸来确定,如40%
vw	浏览器视窗[①]宽度的1%。 若视窗宽度为1200px,则1vw= 12px,50vw即为视窗宽度的一半
vh	浏览器视窗高度的1%。 若视窗高度为800px,则1vh= 8px,50vh即为视窗高度的一半
vmin	vw和vh中的较小值。 若视窗大小为1200×800px,则1vmin= 8px
vmax	vw和vh中的较大值。 若视窗大小为1200×800px,则1vmax= 12px

以下示例演示了表3.6中长度单位的使用方法,运行效果如图3.3所示。

code-3.12.html

```
<div style="width: 50vw; height: 50vh;border: 2px solid black;">
  <div style="width: 60%; height: 40%;  background-color: grey;"></div>
</div>
<span style="font-size: 16px;">16px</span>
<span style="font-size: 1rem;">1rem</span>
<span style="font-size: 1em;">1em</span>
<h1 style="border: 1px dotted grey;">
  <span style="font-size: 16px;">16px</span>
```

① 浏览器视窗即呈现网页内容的区域。

```
  <span style="font-size: 1rem;">1rem</span>
  <span style="font-size: 1em;">1em</span>
</h1>
<h6 style= "border: 1px dotted grey;">
  <span style="font-size: 16px;">16px</span>
  <span style="font-size: 1rem;">1rem</span>
  <span style="font-size: 1em;">1em</span>
</h6>
```

从图 3.3 中可以观察到：

(1) 黑色方框的宽、高分别为 50vw、50vh，它的大小刚好是视窗的一半，灰色方块的宽、高分别为父容器的 60%和 40%。

(2) 无论在什么元素内，16px 的字都一样大，而 1rem 的字与 16px 的字一样大(浏览器设置的基准字号为 16px)。

(3) 在不同元素内(<h1>、<h6>)，1em 的文字大小并不相同，它们都是父元素字号的 1 倍大小，但<h1>元素的默认字号更大。

3.5.2 盒模型

盒模型(box model)是 CSS 中最重要的概念之一，浏览器渲染引擎在进行元素布局时会将元素理解为一个矩形盒子，如图 3.4 所示。

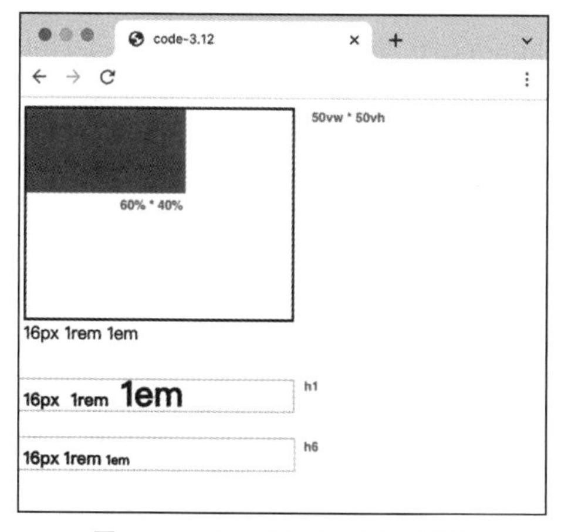

图 3.3　code-3.12.html 运行效果

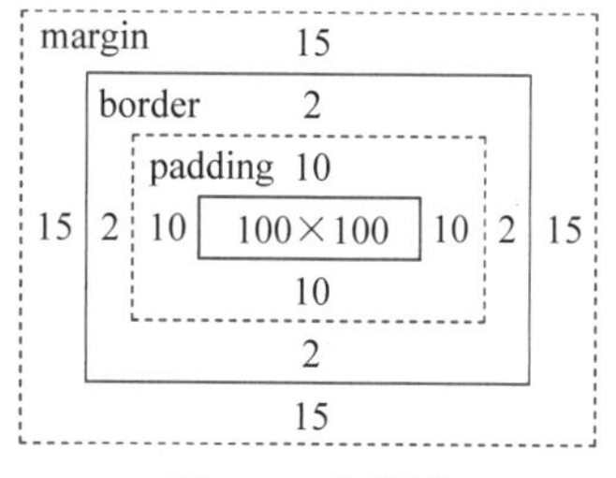

图 3.4　盒模型

从内至外由 4 个区域组成：内容区(content)、内边距(padding)、边框(border)、外边距(margin)，它们共同决定了元素的大小和相对位置。

以如图 3.4 所示盒模型为例，元素内容区的尺寸为 100×100px，内边距是内容区与元素边框之间的留白(空隙)，图中四个方向的内边距均为 10px；内边距之外即为元素的边框，图中四个方向的边框宽度均为 2px；边框之外的留白(空隙)即为外边距，它表达了当前元素和相邻元素之间的间距，图中四个方向的外边距均为 15px。

1. 元素宽度与高度

对于块级元素，如<p>、<div>等可以使用 width、height 属性设置其宽度与高度，或使用 min-width、max-width、min-height、max-height 指定宽度与高度的最小、最大值。对于行内元素,如<span>、<a>等,声明宽度与高度无效,它们的宽度和高度由元素的内容撑起来。关于块级元素与行内元素的区别参见 3.5.5 节。

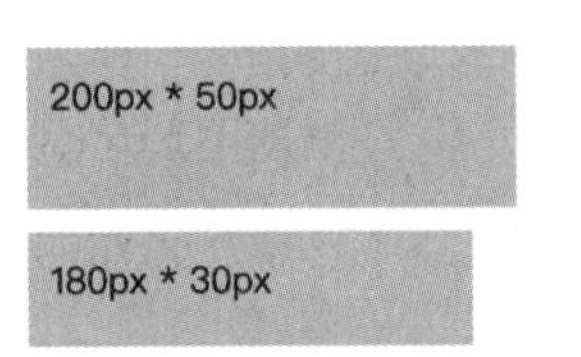

图 3.5 code-3.13.html 运行效果

默认情况下,宽度与高度的声明指的是内容区的宽度与高度,但当声明 box-sizing: border-box 时,宽度与高度的声明将应用到 border-box,即包含 content、padding 和 border。请参看 code-3.13.html 代码,两个<div>元素除 box-sizing 属性取值不同外,其余样式都相同,导致最终显示大小不同,如图 3.5 所示。

code-3.13.html

```
<style>
  div {
    width: 200px; height: 50px;
    padding: 10px; margin: 10px;
    background-color: #ccc;
  }
</style>
<div>200px * 50px</div>
<div style="box-sizing: border-box;">180px * 30px</div>
```

2. 边框

任何一个可视的元素均可分别设置上、下、左、右(top/bottom/left/right)四个方向的边框(border),而每个方向的边框又可分别设置其宽度、样式和颜色(width/style/color)。因此元素的边框有 12 个配置项,例如,border-left-width、border-left-style、border-left-color 等。其中,颜色和宽度的表达方式参见 3.5.1 节,边框样式常用取值包括 solid(实线)、dotted(由点构成的虚线)、dashed(由短线构成的虚线)等。需要注意的是,必须同时指定宽度、样式和颜色,元素的边框才会显示出来。

实践中常使用缩写形式,例如,border: 1px solid red; 表示元素四周均有 1px 宽的实线红色边框。

当然,也可以使用另外的缩写形式 border-width、border-style、border-color 分别表达四个方向边框的宽度、样式和颜色。此时,可为以上样式属性指定 1~4 个属性值,参见表 3.7。

表 3.7 边框样式值的缩写形式

属性值个数	含 义	举 例
1 个值	四个方向均相同	四个方向边框宽度均为 1px: border-width: 1px;
2 个值	上下边框取第 1 个值 左右边框取第 2 个值	上下边框红色,左右边框蓝色: border-color: red blue;
3 个值	上边框取第 1 个值 左右边框取第 2 个值 下边框取第 3 个值	上边框红色,左右边框绿色,下边框蓝色: border-color: red green blue
4 个值	按照上右下左顺序分别取值	上、右、下、左边框宽度分别为 1px 2px 3px 4px: border-width: 1px 2px 3px 4px

表 3.7 的内容较难清晰记忆,但若注意方位顺序为上、右、下、左,即从上开始,顺时针绕

一圈，同时兼顾对称原则，会相对容易记住。例如，当指定 3 个值时，按顺时针方向，将值分别赋给上、右、下三边，最后剩余左边框按对称原则取右边框值即可。请参见 code-3.14.html，运行效果如图 3.6 所示。

code-3.14.html

```
<span style="border: 1px solid grey;">Text</span>
<span style="border: solid grey; border-width: 0 2px;">Text</span>
<span style="border-bottom: 1px solid black;">Text</span>
```

Text　　Text　　Text

图 3.6　code-3.14.html 运行效果

从图 3.6 中可看到，为文本元素添加下边框可产生类似下画线的效果，而且比 3.5.4 节介绍的 text-decoration：underline 更美观（特别对中文而言），控制也更灵活，即可调整宽度、颜色和线条样式，还可通过内边距调整下边框与文字之间的间距。因此，在实践中需要为文字添加下画线效果时，常使用下边框。

3. 内边距

内边距（padding）即元素内容区与边框之间的留白（间隙），仅涉及内边距的宽度设置。可以分别指定上、下、左、右 4 个方向的内边距宽度，例如，padding-left：10px 设置左内边距为 10px，方位的表达请参见 3.5.1 节；也可使用缩写形式，指定 1～4 个值，例如，padding：10px 设置元素四周的 padding 均为 10px，请参见表 3.7。

仔细研读 code-3.15.html 代码，其运行效果如图 3.7 所示。

code-3.15.html

```
<div style="border: 2px dotted grey; width: 400px;">
  <span style="border: 1px solid grey; padding: 10px;">Inline1</span>
  <span style="border: 1px solid grey; padding: 10px 15px;">Inline2</span>
  <span style="border: 1px solid grey; padding: 10px 20px 30px;">Inline3</span>
  <span style="border: 1px solid grey; padding: 10px 20px 30px 40px;">Inline4</
span>
</div>
<div style="border: 2px dotted grey; width: 400px;">
  <p style="border: 1px solid grey; padding: 10px;">Block1</p>
  <p style="border: 1px solid grey; padding: 10px 15px;">Block2</p>
  <p style="border: 1px solid grey; padding: 10px 20px 30px;">Block3</p>
  <p style="border: 1px solid grey; padding: 10px 20px 30px 40px;">Block4</p>
</div>
```

图 3.7 中实线框为子元素＜span＞和＜p＞的边框，虚线框为容器＜div＞的边框，＜span＞为行内元素，＜p＞为块级元素（参见 3.5.5 节）。从图 3.7 中可观察到如下现象。

（1）对于行内元素，其内容区始终处于“行内”，而其 padding-top 和 padding-bottom 将以元素内容区边界为起点向上下延伸，垂直方向上其他元素的布局以“行”的垂直边界为参考。因此，可能出现元素上下边框被其他元素遮挡或叠到其他元素之上的情况（请为任意＜span＞元素添加样式 line-height：5em，再次观察运行效果）。

（2）对于块级元素，周围元素的布局将以元素盒模型（box）的边界为参考。

（3）块级元素内容区与右边框的间距并非完全是元素的 padding，图中 4 个块中的文字

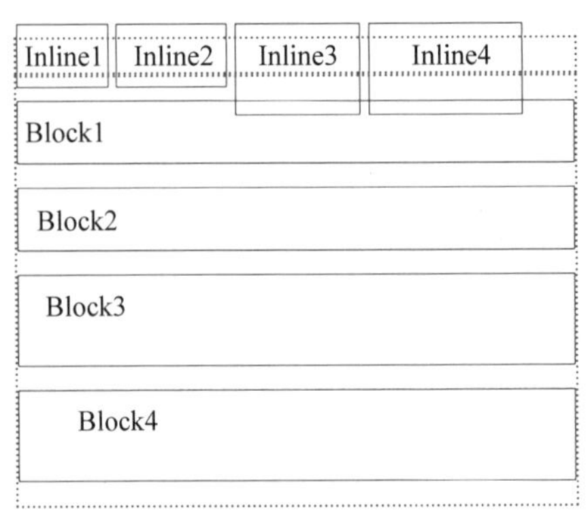

图 3.7 code-3.15.html 运行效果

右侧有大量留白,这是由于块级元素宽度自动延展引起的,而非 padding。

(4) 实践中若文字元素有视觉上的边界效果(如有边框或不同的背景色等),则常令水平方向的 padding 稍大于垂直方向 padding,这样会更美观。请对比 Inline1 和 Inline2 的 padding 值和显示效果。

4. 外边距

外边距(margin)即元素边框之外的留白(间隙),它将影响到元素与相邻元素之间的间距,也间接地影响了元素的位置。

与内边距类似,可以分别指定上、下、左、右 4 个方向的外边距宽度,例如,margin-top:10px 设置上外边距为 10px,方位的表达请参见 3.5.1 节;也可使用缩写形式,指定 1~4 个值,例如,margin:10px 20px 分别设置元素上下外边距为 10px,左右外边距为 20px,请参见表 3.7。

code-3.16.html 是外边距效果的演示代码,运行效果如图 3.8 所示。

code-3.16.html

```
<div style="border: 2px dotted grey; width: 400px;">
  <span style="border: 1px solid grey; margin: 10px;">Inline1</span>
  <span style="border: 1px solid grey; margin: 20px;">Inline2</span>
  <p style="border: 1px solid grey; margin: 10px;">Block1</p>
  <p style="border: 1px solid grey; margin: 20px;">Block2</p>
</div>
```

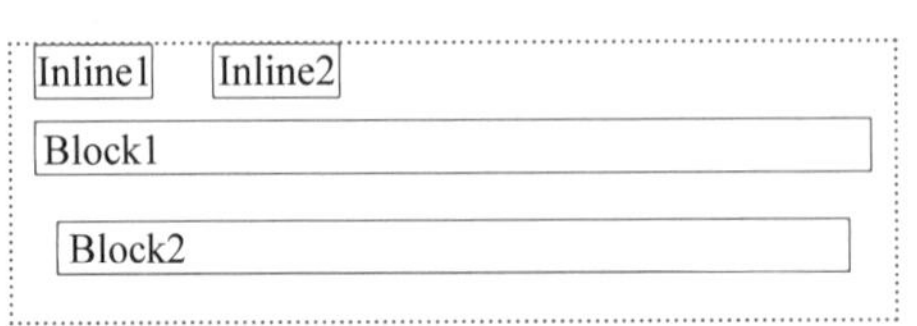

图 3.8 code-3.16.html 运行效果

图 3.8 中实线框为子元素<span>和<p>的边框,虚线框为容器<div>的边框,<span>为行内元素,<p>为块级元素。从图 3.8 中可观察到如下现象。

(1) 行内元素的 margin-top 与 margin-bottom 设置无效。

(2) 在一些特殊的情况下,外边距会折叠,也称外边距融合。例如,当元素垂直放置时(如图中 Block1 和 Block2),上下两个元素边框的垂直间距并非上面元素的 margin-bottom

和下面元素的 margin-top 之和，而是取较大值。图中 Block1 与 Block2 的边框垂直间距为 20px，而非 30px。

margin 属性一个较特别的用法是当块级元素的宽度确定时，设置该元素左右两边的 margin 值为 auto，可令该元素在父容器内水平居中，例如，<div style="width: 50px; margin: 0 auto"></div>。

3.5.3 元素背景

HTML 元素的常用背景样式如表 3.8 所示。

表 3.8　常用背景样式

样式属性	描　　述
background-color	为元素指定背景色，请参见 3.5.1 节关于颜色的表示方法
background-image	通过 url()函数指定元素背景图，或使用渐变函数产生渐变背景图。可指定多张背景图，此时它们会叠放在一起
background-repeat	背景图的尺寸小于元素尺寸时，背景图默认会沿水平方向和垂直方向重复，以铺满整个空间，可通过此属性设置背景图的重复方式。 该属性取值可以是 repeat、no-repeat、repeat-x、repeat-y、round、space。 可以给定一个值同时设置水平和垂直方向的重复方式，也可以给定两个值分别设置。例如，repeat 等价于 repeat repeat，而 repeat-x 是 repeat no-repeat 的缩写，repeat-y 同理
background-position	设置背景图的定位方式及偏移，参看下文例子
background-attachment	若元素滚动时，此属性决定背景图如何固定。scroll：相对于元素本身固定；fixed：相对于窗口固定；local：相对于内容固定

以下是上述背景样式属性的举例。

```
background-color: #EEE;
background-image: url("bg.png");
background-image: url("bg1.png"), url("bg2.png");       /* bg1.png 叠在 bg2.png 上 */
background-image: linear-gradient(45deg, red, blue);  /* 45°由红渐变至蓝 */
background-repeat: none;                              /* 背景图不重复 */
background-attachment: fixed;                         /* 背景图固定不滚动 */

/* 背景图定位, 默认对齐元素左上角 */
background-position: center;          /* 背景图在元素内居中 */
background-position: top right;       /* 背景图靠右上对齐 */
background-position: 10px 20px;       /* 背景图相对元素左上角右偏 10px,下偏 20px */
background-position: bottom 10px right 20px;
                                      /* 背景图相对元素右下角上偏 10px,左偏 20px */

/* 缩写语法 */
background: green url('bg.png') no-repeat;
```

注意如下细节。

- 背景色始终位于元素最底层，当指定多张背景图时，按书写顺序叠放。
- 背景图位置偏移值可为负数。
- 背景图和背景色覆盖元素边框内所有范围(含 padding 区域)。

背景图位置控制较灵活,且它总依附在元素底层,因此有时候需要在页面中显示图像时不一定必须使用<img>元素,用背景图可能会更方便。

3.5.4 文字样式

与文字相关的样式属性可粗略地分为字体修饰和文本修饰。通俗地说,字体修饰(font-*)与文字本身相关,而文本修饰(text-*)与文字周边相关,参见图3.9。以下分别详述每个文字样式属性的用途。

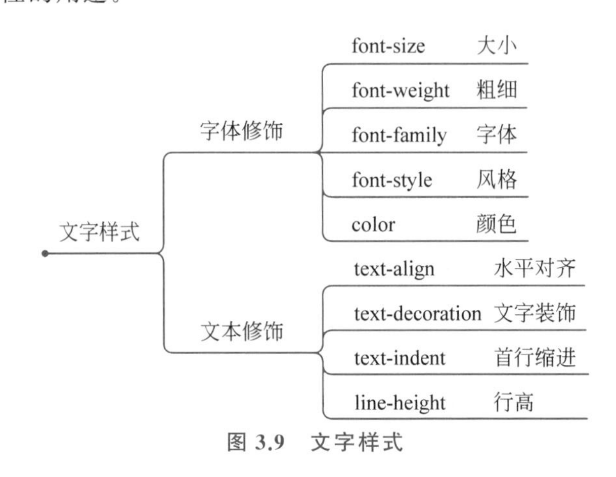

图3.9 文字样式

1. font-size

设置元素内文字的大小,如font-size: 14px; font-size: .8em;,可参见3.5.1节关于长度的表达方式。

多数浏览器的默认标准字号为16px,对于中文网页而言,16px的字稍显大,不太美观,对于一般段落内的文字可适当设置小些,如12~14px或0.8~0.9rem。

当然,文字的大小最好使用em/rem作为单位,这样在不同设备上或针对不同用户的系统配置,文字大小会更合适,用户体验更好。其他元素的大小/位置若要相对于邻近文字调整,也建议使用em/rem作为单位。

2. font-weight

设置元素内文字的粗细,可使用100~900的整百数值描述,数值越小则越细,默认值为400(normal)。也可指定为bold(粗体,等价于700),若取值bolder或lighter则可做相对调整。

例如:

```
font-weight: bold;(粗体)
font-weight: 200;(细体)
```

3. font-family

可通过font-family为元素中的文字指定一个或一组字体,例如:

```
font-family: Arial;
font-family: "Times new Roman", monospace, serif;
```

若指定多个字体,浏览器将按顺序尝试使用指定的字体显示文字,如果用户设备上未安装指定的某种字体，则尝试使用后一种字体。

遗憾的是，多数用户设备上安装的中文字体较少，一般仅有系统预装的几种字体，并且不同操作系统预装的字体可能不一样。因此，如果设计中文网页，一般很少设置字体，因为用户可能看不到预想的效果。

当然，也可以通过样式表配置从服务器端下载指定字体，此内容将在第 4 章讨论。

4. font-style

字体风格，常用取值包括 normal（正体）和 italic（斜体）。

5. color

定义元素中文字的颜色，如 color：red，请参见 3.5.1 节关于颜色的表示方法。

6. text-align

用于指定文本在元素内的水平对齐方式。

常用取值包括 left/right/start/end/center/justify，请参见 3.5.1 节关于方位的说明。

其中，justify 为两端对齐（分散对齐），对最后一行文字无效。

7. text-decoration

若要使用线条装饰文本，可用如下样式属性。

（1）text-decoration-line：线条类型，如下画线 underline、上画线 overline、删除线 line-through、无任何装饰 none。

（2）text-decoration-style：线条样式，如实线 solid、虚线 dashed、波浪线 wavy 等，默认为 solid。

（3）text-decoration-color：线条颜色，默认与文字同色。

一般使用缩写形式 text-decoration，例如：

```
text-decoration: underline;                /* 实线下画线 */
text-decoration: underline wavy red;       /* 红色波浪下画线 */
text-decoration: none;                     /* 常用于取消超链接默认的下画线 */
```

若为中文添加下画线，很少使用 text-decoration：underline（不美观），常使用下边框 border-bottom 替代。

8. text-indent

用于指定首行文字的缩进量，例如，text-indent：2em 指定首行缩进两个字符。

9. line-height

line-height 为文本的行高，可以直观地认为行高即是选中文字后，文本背景色块的高度，如图 3.10 所示。

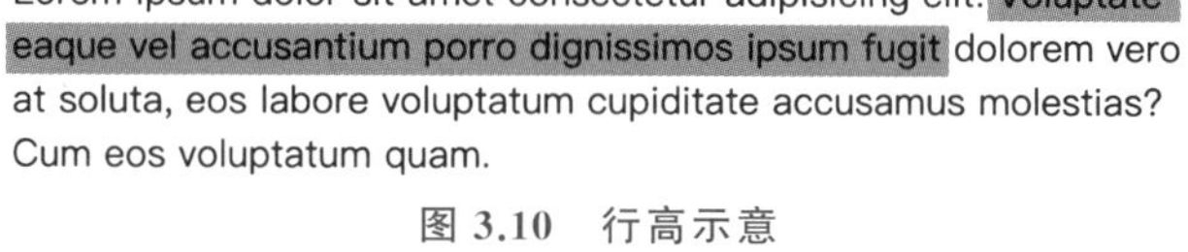

Lorem ipsum dolor sit amet consectetur adipisicing elit. Voluptate eaque vel accusantium porro dignissimos ipsum fugit dolorem vero at soluta, eos labore voluptatum cupiditate accusamus molestias? Cum eos voluptatum quam.

图 3.10 行高示意

值得注意的是，一行文字所占据的实际高度并非由 font-size 或 height 属性决定，而是由 line-height 决定。因此，当 line-height 值小于 font-size 值，两行文字将叠在一起。图 3.10 中的 4 行文字实际占据的高度为 line-height×4 。

line-height 属性在实践中常用于完成如下两项任务。

- 多行文字：调整行间距。例如，line-height：2em(2 倍行距)。
- 单行文字：设置文字垂直居中。将元素 line-height 值设置为与元素高度一致，单行文字将在元素内垂直居中。如下代码的显示效果如图 3.11 所示。

```
<h5 style="height: 50px; background: #DDD;">Title 1</h5>
<h5 style="height: 50px; background: #DDD; line-height:50px;">Title 2</h5>
```

图 3.11 单行文字的垂直居中效果

3.5.5 元素的显示模式

视频讲解

在 CSS 中可通过设置样式属性 display 来改变元素的外部和内部显示模式，外部显示模式决定该元素在 HTML 文档流中的表现(如 block/inline/inline-block)，内部显示模式则可控制其子元素的布局(如 grid/flex)。

本节将讨论 display 属性的常用取值：block/inline/inline-block/none。

关于 grid/flex，因其内容相对复杂，将在 3.5.6 节和 3.5.7 节分列主题介绍，其他针对特定元素的取值，如 table/table-row/table-cell/list-item 等不做讨论。

1. block

当元素的默认样式中 display 属性值为 block 时元素即表现出块级元素的特征，如 <p>、<div>、<ul>等，常称此类元素为**块级元素**(块元素)。直观地看，元素的外部显示模式为 block 时有如下特征：

- 若不指定 width 和 max-width 样式，元素会在水平方向上延展其宽度，以占满横向可用空间。
- 不与其他兄弟元素同处一行(总是独占一行)，因此常表现出元素前后的换行效果。

2. inline

当元素的默认样式中 display 属性值为 inline 时，元素即表现出行内元素的特征，如 <span>、<img>、<a>等，常称此类元素为**行内元素**(内联元素)。直观地讲，元素的外部显示模式为 inline 时有如下特征。

- 元素的宽度由内容撑开，并不会延展。
- 允许与其他兄弟"行内元素"同处一行。

需要注意的是，声明行内元素的宽、高相关样式(width/min-width/max-width/height/min-height/max-height)并无效果，margin-top，margin-bottom 也无效。通俗地说，行内元素的大小及实际占据的空间受所在的行限制。

3. inline-block

若声明 display：inline-block，元素将具备块级元素的特征，但布局仍处于行内。请参见下面的例子，运行效果如图 3.12 所示。

code-3.17.html

```
<!DOCTYPE html>
<html>
  <head>
    <title>code-3.17</title>
    <style>
      div { border: 2px dotted grey; width: 400px; }
      span {
        border: 1px solid grey;
        padding: 10px; margin: 10px;
        width: 150px; height: 50px;
      }
    </style>
  </head>
  <body>
    <div>
      <span>Inline1</span>
      <span>Inline2</span>
    </div>
    <div>
      <span style="display: inline-block;">
        Inline-block1
      </span>
      <span style="display: inline-block;">
        Inline-block2</span>
      </div>
  </body>
</html>
```

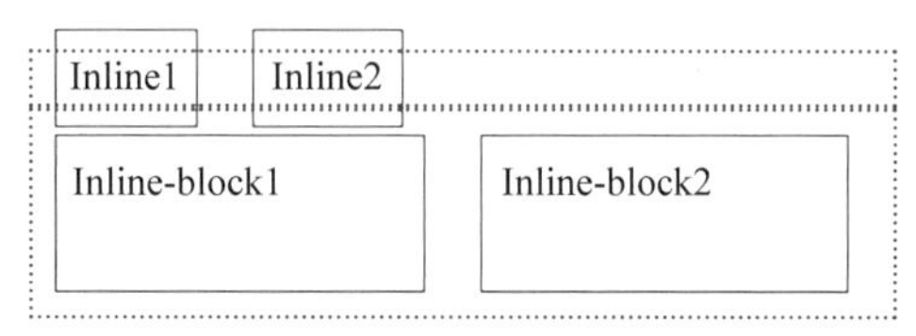

图 3.12　code-3.17.html 运行效果

从图 3.12 可看到，当 display 属性值为 inline-block 时，元素除仍处于“行内”外，其余特征均与块级元素相似，元素的宽、高、上下外边距的设置均有效，甚至还撑起了父容器（虚线框）的高度。

虽然可通过声明元素的 display 属性为 inline 或 inline-block 而将多个元素横向放置，但实践中不建议这样做，可以使用下文介绍的多种布局方案来完成此项任务。

4. none

若声明 display：none 时，元素及其子元素将不会被渲染，就像是元素不存在一样。实践中，经常使用 CSS 伪类或 JavaScript 脚本令元素的 display 属性值在 none 和其他取值之间切换，以实现元素显示、隐藏状态的切换。请参见示例 code-3.18.html，当鼠标移动到文字“Title”上方或离开时，文本段落将在显示与隐藏状态之间切换。

code-3.18.html

```
<style>
  p {
    display: none;        /* 初始时<p>元素不显示 */
    width: 400px; border: 1px solid #ccc; border-radius: 10px; padding: 1em 1.5em;
    text-align: justify;
  }
  h1:hover ~ p {
    display: block;       /* 鼠标处于<h1>元素上方时其后的<p>元素显示 */
  }
</style>
<h1>Title</h1>
<p>
  <!--  在 VSCode 中输入"lorem", 按 Tab 键可生成随机文本 -->
  Lorem, ipsum dolor sit amet consectetur adipisicing elit...
</p>
```

对于控制元素的显示/隐藏,还可使用 visibility 属性实现(取值 visible/hidden),只是它不会像 display: none 一样彻底将元素从文档流中移除,而仅是不显示。类似的效果也可用 opacity 属性控制元素的透明度实现,当 opacity: 0 时元素完全透明,而 opacity: 1 则不透明,结合过渡(transition)可实现淡入、淡出效果。不知读者是否有了实现弹出菜单的灵感,参见 4.10 节。

3.5.6 弹性框布局

弹性框(flex box,弹性盒子)是最常用的布局容器之一,它可将子元素按行或列进行摆放,同时还可灵活地控制子元素的对齐方式,或拉伸以填满容器空间,收缩以适应更小的空间。

显示设备的规格多种多样,为能让网页在不同设备上均完美呈现,需要令网页更具弹性,实现所谓的屏幕自适应,flex 布局在很多时候可以做到这一点。

1. 创建弹性框

CSS 中为元素声明 display: flex 或 display: inline-flex,即可将其转换为弹性框容器。默认情况下,容器中的子元素将自动呈水平方向排列,这是最快捷的将块级元素横向放置的方法。例如,code-3.19.html 的运行效果,如图 3.13 所示。

code-3.19.html

```
<style>
  .wrapper { width: 300px; border: 1px dotted grey; display: flex; }
  .wrapper >div { border: 1px solid grey; background-color: #ccc; padding: .5em; }
</style>
<div class="wrapper">
  <div>box1</div><div>box2</div><div>box3</div><div>box4</div>
</div>
```

box1	box2	box3	box4	

图 3.13 code-3.19.html 运行效果

在 CSS 标准发展的过程中，曾出现过多种弹性框的声明方法，如 display：box、display：flexbox，在 2012 年 W3C 发布的推荐标准中已将它们废弃，只是目前部分浏览器还在使用旧的语法。若没有特别的理由，不建议使用旧语法。

为便于学习，本书资源包中提供了一个学习弹性框布局的小工具(flex-learning-tool)，读者可使用它熟悉下文中介绍的各样式属性。

2. 布局方向与换行

默认情况下，弹性框容器(flex container)中的子元素(flex item)将按水平(行)方向依次排列。此时，将水平方向称作**主轴**(main axis)方向，其开始和结束位置分别称作主轴起点(main start)和主轴终点(main end)，垂直方向称作**交叉轴**(cross axis)方向，其开始和结束位置分别称作交叉轴起点(cross start)和交叉轴终点(cross end)，子元素总是沿主轴从起点向终点排列，如图 3.14 所示。

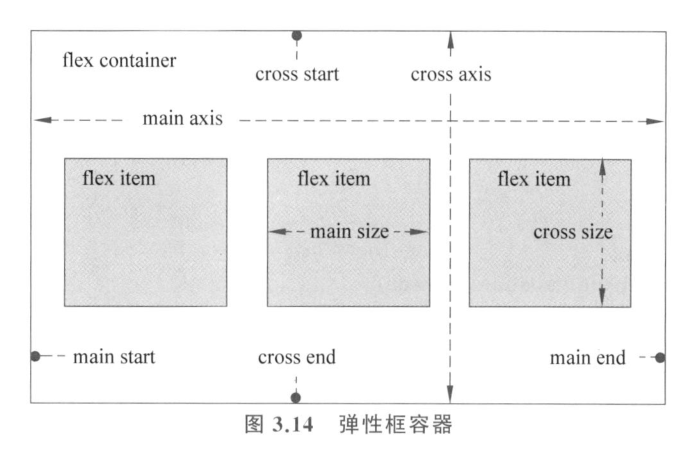

图 3.14　弹性框容器

样式属性 flex-direction 决定了主轴方向及起点位置[①]，可使用如下取值。

- row：默认值，主轴为水平方向，起点在左。
- row-reverse：主轴为水平方向，起点在右。
- column：主轴为垂直方向，起点在上。
- column-reverse：主轴为垂直方向，起点在下。

为便于理解，下文均以弹性框容器样式 flex-direction：row 为前提描述和举例。

样式属性 flex-wrap 决定了一条主轴上没有足够空间放置子元素时该如何处理，可使用如下取值。

- nowrap：默认值，不换行。
- wrap：换行，各行从交叉轴起点向终点方向排列。
- wrap-reverse：换行，各行从交叉轴终点向起点方向排列。

flex-direction 和 flex-wrap 可缩写为 flex-flow，默认值为 flex-flow：row nowrap。

3. 子元素对齐

为弹性框容器声明如下样式，可指定子元素在主轴和交叉轴方向的对齐方式。

(1) justify-content：主轴方向的对齐方式，可能的取值如下。

---

① 起点方向受文本方向影响，请参见 3.5.1 节关于方位的表达，本节按中文环境下的默认文本方向描述。

- flex-start：默认值,向起点方向对齐。
- flex-end：向终点方向对齐。
- center：居中。
- space-between：均匀排列子元素,首尾子元素分别贴紧主轴起点和终点。
- space-around：均匀排列子元素,子元素在主轴方向两侧的间距相等。
- space-evenly：均匀排列子元素,子元素之间及首尾子元素与容器间的间隔相等。

(2) align-items：单条主轴线时,交叉轴方向的对齐方式,可能的取值如下。

- stretch：子元素未限定交叉轴方向尺寸时将被拉伸到与容器相同的高度/宽度。
- flex-start：向起点方向对齐。
- flex-end：向终点方向对齐。
- center：居中。
- baseline：文字基线对齐。

请参见 code-3.20.html,运行效果如图 3.15 所示。

code-3.20.html

```
<style>
  .container {
    width: 400px; height: 100px; border: 1px dotted grey;
    display: flex;              /* 默认水平方向为主轴 */
    justify-content: space-between;
                                /* 均匀排列子元素,首尾子元素分别贴紧主轴起点和终点 */
    align-items: center;        /* 交叉轴方向(垂直方向)居中 */
  }
  .container >div {border: 1px solid grey; background-color: #ccc; padding: .5em 1em;}
</style>
<div class="container">
  <div>1</div><div>2</div><div>3</div><div>4</div>
</div>
```

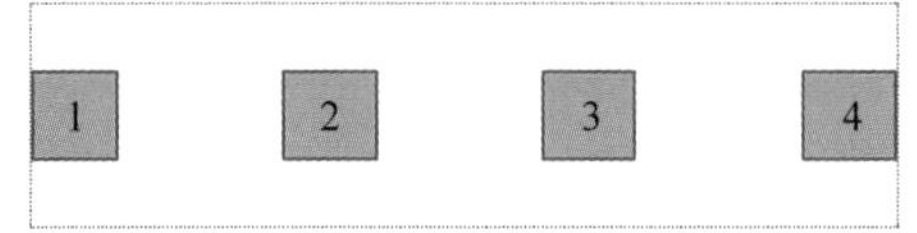

图 3.15　code-3.20.html 运行效果

当一条主轴上无法容纳所有子元素,且容器 flex-wrap 样式值为 wrap 或 wrap-reverse 时,子元素将换行,从而产生多条主轴,此时可使用 align-content 属性指定各主轴在交叉轴方向的对齐方式,可能的取值为 flex-start/flex-end/center/space-between/space-around/space-evenly/stretch,其含义请参见上述 justify-content 属性取值的描述(换作交叉轴方向)。

请参见下面的例子,运行效果如图 3.16 所示。

code-3.21.html

```
<style>
  .container {
```

```
    width: 400px; height: 200px; border: 1px dotted grey;
    display: flex; flex-wrap: wrap;
    justify-content: space-between;      /* 子元素在各自主轴上均匀排列 */
    align-content: space-evenly;         /* 各主轴在交叉轴方向上均匀排列 */
  }
  .container >div {
    border: 1px solid grey; background-color: #ccc; width: 30px; height: 30px;
  }
</style>
<div class="container">
  <div></div><!--此处共省略 30 个<div>元素 -->
</div>
```

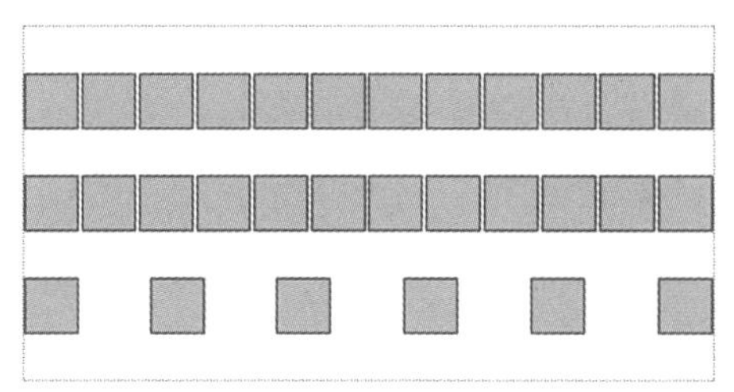

图 3.16 code-3.21.html 运行效果

不要将主轴与交叉轴理解为“线”，而是理解为“轨道”或“槽”，它们有自己的轨道宽度，子元素事实上是放置在主轴与交叉轴的轨道所围成的“轨道空间”里。无论主轴或交叉轴都可能不止一条。

请看下面的例子，运行效果如图 3.17 所示。

code-3.22.html

```
<style>
  .container {
    width: 300px; height: 200px; border: 1px dotted grey;
    display: flex; flex-wrap: wrap;
    justify-content: space-between;
    align-content: space-around;       /* 主轴轨道在交叉轴方向均匀分布 */
    align-items: flex-end;             /* 子元素在交叉轴方向靠下 */
  }
  .container >div { border: 1px solid grey; background-color: #ccc; color: #888; }
</style>
<div class="container">
  <div style="width: 90px; height: 40px;">1</div>
  <div style="width: 120px; height: 30px;">2</div>
  <div style="width: 60px; height: 50px;">3</div>
  <div style="width: 130px; height: 40px;">4</div>
  <div style="width: 70px; height: 20px;">5</div>
  <div style="width: 50px; height: 25px;">6</div>
</div>
```

对照图 3.17 可看到，换行后形成了两条主轴轨道，主轴轨道的宽度与轨道上最高的那个子元素高度相同，因此较矮的子元素可在交叉轴方向(纵向)上滑动，最高的那个子元素则无法在交叉轴方向滑动。align-items 属性值决定了子元素在轨道空间中沿交叉轴方向(纵向)的对齐方式。图 3.17 中共有 6 条交叉轴轨道，每条交叉轴轨道的宽度与子元素宽度相同，

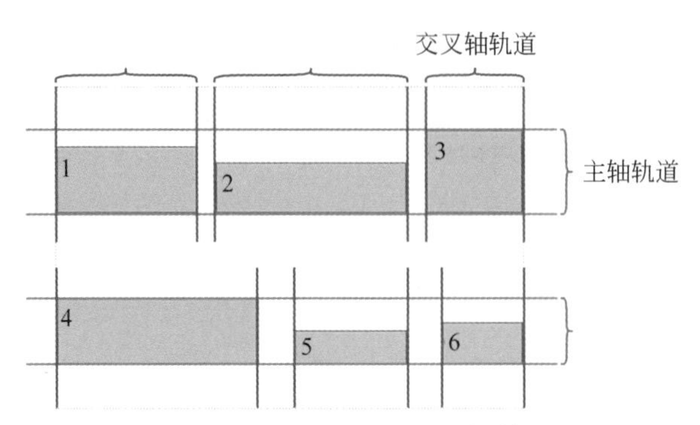

图 3.17 code-3.22.html 运行效果

因此 6 个子元素均无法在轨道空间内沿主轴方向(横向)滑动。

了解上述概念有助于理解和记忆对齐方向涉及的几个属性,它们由 justify、align 和 items、content 组合成 4 个样式属性: justify-items、justify-content、align-items、align-content。其中:

- justify:主轴方向的对齐方式。
- align:交叉轴方向的对齐方式。
- items:指定子元素在其轨道空间中的对齐或拉伸方式。
- content:调整轴线轨道的对齐或拉伸方式,涉及轨道之间间隙的调整,即 space-between、space-around、space-evenly。

此外,无论是对轴线轨道,还是子元素的调整,都涉及对齐方向(flex-start、flex-end、center)和拉伸(stretch)的设置。

弹性框中各个子元素处于独立的交叉轴轨道中(见图 3.17),而交叉轴轨道总与子元素同宽①,因此弹性框布局时 justify-items 属性无效。参见 3.5.7 节关于网格布局中子元素对齐的讨论。

若需单独指定某个子元素在交叉轴方向的对齐方式,可在该子元素上应用 align-self 属性,其可用取值与 align-item 相同,默认值为 auto,即继承父容器的 align-items 属性值。

4. 子元素的伸缩

在子元素上使用 flex-grow 属性可指定子元素如何利用父容器主轴方向的剩余空间。flex-grow 属性默认值为 0,当为子元素的 flex-grow 样式属性设定一个非 0 值时,各子元素将按比例在主轴方向上拉伸自己,以填满父容器。相反,若父容器主轴方向的空间不足以容纳子元素时,各子元素将按比例收缩自己,可使用 flex-shrink 属性指定收缩比例,默认值为 1。参见 code-3.23.html,执行效果如图 3.18 所示。

code-3.23.html

```
<style>
    .container {
      display: flex; border: 1px dotted black; margin: 10px 0;
    }
```

① 主轴为纵向时(flex-direction 取值为 column 或 column-reverse),交叉轴轨道高度与子元素高度相同。

```
    .container >div {
      border: 1px solid grey; background-color: #ccc; color: #888; width: 100px;
    }
  </style>
  <div class="container" style="width: 400px;">
    <div>1</div><div>2</div><div>3</div>
  </div>
  <div class="container" style="width: 400px;">
    <div style="flex-grow: 1;">1</div>
    <div style="flex-grow: 2;">2</div>
    <div style="flex-grow: 3;">3</div>
  </div>
  <div class="container" style="width: 200px;">
    <div style="flex-shrink: 1;">1</div>
    <div style="flex-shrink: 2;">2</div>
    <div style="flex-shrink: 3;">3</div>
  </div>
```

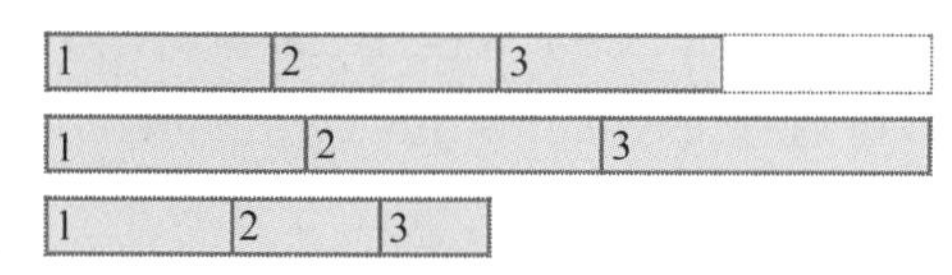

图 3.18　code-3.23.html 运行效果

图 3.18 中,第一组元素未设置 flex-grow 属性,默认为 0,即使父容器主轴方向有剩余空间,子元素宽度仍保持样式表中设置的 100px。第二组元素分别设置 flex-grow 值为 1,2,3,此时各子元素按照 1∶2∶3 的比例分配父容器主轴方向剩余空间。第三组元素分别设置 flex-shrink 值为 1,2,3,父容器宽度只有 200px,不足以容纳宽度为 100px 的 3 个子元素,此时子元素按 1∶2∶3 的比例收缩自己。

注意,上述比例 1∶2∶3 并非各子元素拉伸/收缩后的宽度比例,而是它们变化的比例。以第二组元素为例,每个子元素宽 100px,边框宽 1px,父容器剩余宽度＝400－(100＋2)×3＝94px,以 1∶2∶3 的比例计算,3 个子元素分别获得 16px、31px、47px 的剩余空间,因此拉伸后 3 个子元素宽度(含边框)为 118px、133px、149px(并非 1∶2∶3)。

此外,子元素上的 flex-basis 属性还定义了伸缩之前子元素占据的主轴空间大小,浏览器将以此为依据计算剩余空间,默认值为 auto,即取子元素本来的大小。

flex-grow、flex-shrink 和 flex-basis 可简写为 flex,默认值为 flex: 0 1 auto。也可声明 flex: auto,等价于 flex: 1 1 auto,而 flex: none 等价于 flex: 0 0 auto。

3.5.7　网格布局

3.5.6 节介绍的弹性框适用于将元素按一个方向排列,若换行将形成多行,弹性框容器无法控制不同行的子元素在纵向对齐(类似表格),此时网格即可派上用场。网格也是一种布局管理器,它可将多个子元素按二维表格方式布局。

为实现前述需求,传统的做法通常使用<table>元素进行布局,但<table>更应该用于表达语义,而非用于布局。

1. 创建网格

创建网格时,首先需要在容器元素上声明 display: grid 或 display: inline-grid,然后便可使用模板(grid-template-rows/grid-template-columns)来定义各行的高度或各列的宽度。当我们向容器中添加子元素时,网格容器会优先根据模板来创建行/列,若无法从模板获取信息,则将采用自动(auto)的方式创建。

例如,容器样式声明为 display: grid; grid-template-columns: 50px 100px,然后向网格中添加 3 个子元素,网格便会根据模板定义将空间划分为两列,列宽分别为 50px 和 100px,但样式表中缺少关于“行”的模板信息,此时就将以“自动”的方式创建出两行以容纳 3 个子元素,而每行的高度由子元素高度确定。

在设定行/列模板(grid-template-rows/grid-template-columns)时,除了可以使用常规长度单位外,也可使用 fr 单位表示容器空间有剩余时该如何分配。另外,minmax()函数可用于指定大小范围,repeat()函数则可用于快速生成配置。

例如,声明 grid-template-columns: 50px 1fr 2fr 1fr 2fr 表示模板为 5 列,第 1 列宽度为 50px,然后将容器剩余的可用横向空间按 1:2:1:2 的比例分配给其余 4 列,也可写为 grid-template-columns: 50px repeat(2, 1fr 2fr)。而若要将容器平均分为 10 列,则可声明为 grid-template-columns: repeat(10, 1fr),repeat()函数简化了声明。

对于自动创建的行/列,可通过 grid-auto-rows/grid-auto-columns 属性指定其度高/宽的计算方式。同样,除使用常规长度单位外,也可使用 fr 表示分配比例,使用 minmax()函数指定大小范围。

例如,grid-auto-rows: 50px 1fr 表示自动创建的奇数行高度为 50px,偶数行则按相同比例平分容器剩余的可用纵向空间。注意,若容器未指定高度,则其高度是由子元素撑起来的,此时使用 fr 单位并无效果。

默认网格行/列之间是紧密贴在一起的,若需要设定间距,可使用 row-gap/column-gap 属性,可简写为 gap,例如,gap: 10px 20px 等价于 row-gap: 10px; column-gap: 20px;。

请参见 code-3.24.html,运行效果如图 3.19 所示。

code-3.24.html

```
<style>
  .container {
    width: 400px; height: 200px; border: 1px solid black;
    display: grid;
    grid-template-columns: 20px repeat(2, 1fr 3fr);
    grid-auto-rows: 10px minmax(20px, 50px);
    gap: 5px;
  }
  .container >div { background-color: #ccc; }
</style>
<div class="container">
  <div></div><!--此处共省略 30 个<div>元素 -->
</div>
```

2. 子元素对齐

网格中的子元素若不指明其大小,默认将会被拉伸(stretch)以填满所在的单元格(见图 3.19),此时并不存在对齐问题。但当设定子元素尺寸且小于单元格大小时,则面临子元素在单元格内的对齐问题。

与弹性框类似,网格容器也存在“轴”的概念,只是称谓上将行方向的轴称作行轴,而将列方向的轴称作列轴。其实，我们直接将行轴、列轴分别理解为主轴、交叉轴，将利于后续内容的掌握。注意，网格容器的“主轴”永远是水平方向。下文将直接使用“主轴/交叉轴”的称呼，若有必要请参见 3.5.6 节。

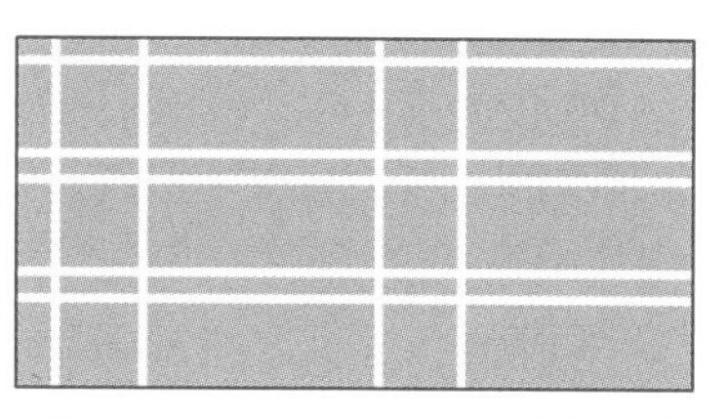

图 3.19　code-3.24.html 运行效果

前文提到，轴事实上更像是轨道，在网格中更加明显。网格中的每一行即为一条主轴轨道，而每一列则为一条交叉轴轨道，子元素即是处在各条主轴轨道与交叉轴轨道围成的轨道空间（单元格）中。

因此，当需要将子元素在水平方向（主轴方向）对齐时使用 justify-items 属性，而垂直方向（交叉轴）对齐时则使用 align-items 属性。以上两个属性的默认值均为 auto，即让浏览器自动决定，当未限定子元素尺寸时自动拉伸以填满单元格。

justify-items 和 align-items 属性的可用取值包括：auto、start、end、center、stretch、baseline、first baseline、last baseline。

上述取值的含义请参见 3.5.6 节，不再赘述。细心的读者可能发现在弹性框布局中，向轴线起点/终点对齐使用的是 flex-start 和 flex-end，而此处使用 start、end。这其实是一个历史遗留问题，W3C 正在努力将对齐方式的取值统一，例如，将向轴线起点/终点对齐统一为 start/end，只是还暂时保留了 flex-start/flex-end，它们只可用于弹性框布局。浏览器出于兼容性的考量，目前两种写法均可。

在网格中，轴线轨道的位置已被 grid-template-rows、grid-template-columns、grid-auto-rows、grid-auto-columns 这些属性确定了，所以没有 justify-content 和 align-content 属性。

3. 子元素跨列与跨行

若需要实现类似合并单元格的效果，可在子元素上使用 grid-row-start 和 grid-row-end 指定其跨越多行，使用 grid-column-start 和 grid-column-end 指定其跨越多列。

例如，指定单元格从第 1 列跨越至第 3 列的起始位置，即横向合并 1、2 两个单元格，可声明 grid-column-start：1；grid-column-end：3，简写为 grid-column：1/3，或更直观地写为 grid-column：1/span 2。

请参见如下示例，运行效果如图 3.20 所示。

code-3.25.html

```
<style>
  .container {
    width: 300px; border: 1px solid black;
    display: grid; grid-template-columns: repeat(3, 1fr); row-gap: 5px; column
-gap: 5px;
  }
  .container >div { background-color: #ccc; padding: 1em; }
  .box1 {
    grid-column: 1/3;
  }
  .box2 {
    grid-column: 3;
    grid-row: 1 / span 2;
  }
```

```
</style>
<div class="container">
  <div class="box1">box1</div>
  <div class="box2">box2</div>
  <div>box3</div>
  <div>box4</div>
</div>
```

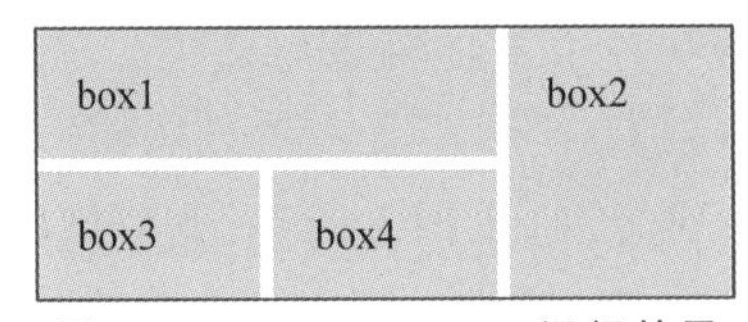

图 3.20 code-3.25.html 运行效果

视频讲解

3.5.8 元素定位

CSS 中的 position 属性决定了元素在 HTML 文档中的定位方式,取值如下。

- static:默认值,元素处于正常的文档流中。
- relative:元素相对于自身原本的位置偏移。
- absolute:元素相对于最近的非 static 定位的祖先元素定位。
- fixed:元素相对于浏览器视窗定位。
- sticky:元素按正常文档流定位,但页面滚动到指定阈值时,元素不再跟随滚动。

所谓"文档流",可通俗地理解为网页上的元素按书写顺序从容器左上角的源点流出,自左向右、自上而下地排列,元素处于同一个平面上。换句话说,元素会尽可能地向容器左上角的源点靠拢,除非文档流平面上有其他元素抵住它。这就是默认的 static 定位效果,元素处于正常文档流中。

下面依次介绍其余 4 种定位方式。

1. relative

一般而言,当需要对元素进行小范围的位置调整时会使用 relative 定位方式。

如图 3.21 所示,使用 relative 定位时,元素将相对"原本位置"的边界进行偏移,此时需要搭配 left/top/right/bottom 四个属性来指定偏移量。以 left 为例,当取值为正数时元素将向右偏移,取值为负数则向左偏移。所谓"原本位置"即元素取默认的 static 定位方式时的位置。

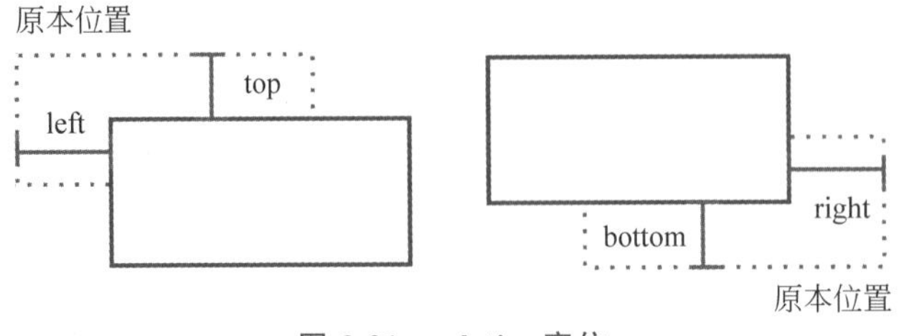

图 3.21 relative 定位

当然,若仅声明 position: relative,而不指定任何偏移量,元素将仍处在原本该在的位置。相对于下文将要介绍的其余 3 种定位方式,relative 定位方式并不会将元素移出文档流。

2. absolute

若采用 absolute 定位方式，元素将相对于最近的非 static 定位祖先元素的边界（边框内沿）进行定位，如图 3.22 所示。

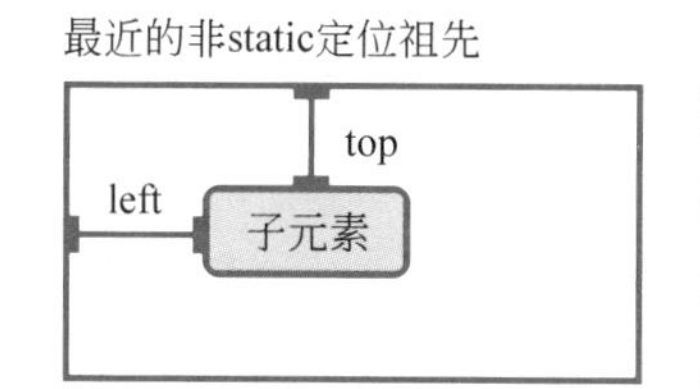

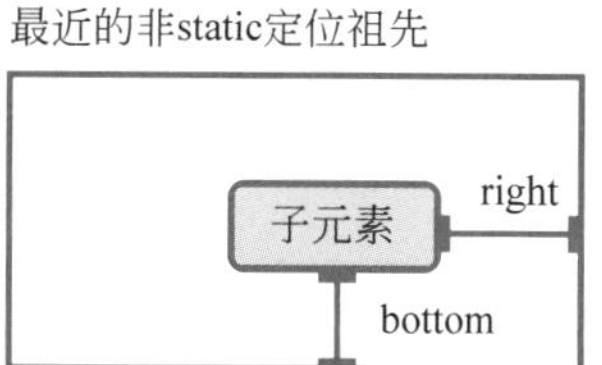

图 3.22　absolute 定位

同样，使用 absolute 定位时，需要搭配 left/top/right/bottom 四个属性来指定子元素相对于父元素边界的偏移量。请参见 code-3.26.html，运行效果如图 3.23 所示。

code-3.26.html

```
<style>
  #parent {
    width: 220px; height: 120px; border: 1px solid black;
    position: relative;         /* 父元素设置为非 static 定位 */
  }
  #child {
    background-color: #ccc; width: 70px; height: 40px;
    position: absolute;
    left: 30px;
    top: 20px;
  }
</style>
<div id="parent">
  <div id="child">child</div>
</div>
```

需要特别注意的是，使用 absolute 定位时，不可简单理解为子元素相对于父元素边界定位，也并非相对于浏览器视窗边界定位，而是相对于“最近的非 static 定位祖先元素”的边界进行定位。

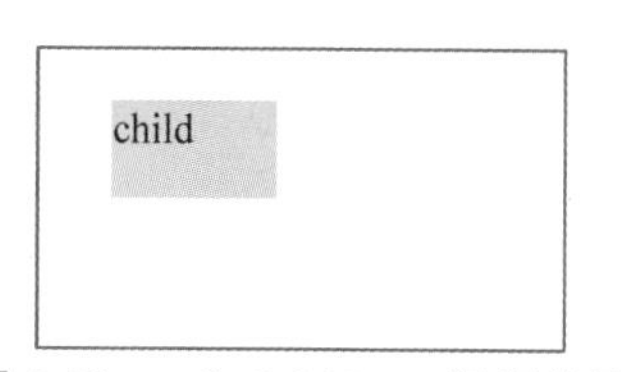

图 3.23　code-3.26.html 运行效果

元素在使用 absolute 定位时会沿着自己的“家族链”向上层寻找最近的非 static 定位祖先，而默认情况下，所有元素的 position 属性值均为 static，这往往导致元素最终只能相对于<body>元素来确定位置。因此，元素使用 absolute 定位时默认看到的效果是元素相对于浏览器视窗定位，加之 absolute 一词意为“绝对”，于是许多程序员将其误解为“绝对定位”，即根据 left/right/top/bottom 属性给定的“绝对坐标”定位，这是错误的理解。

在实践中，使用 absolute 定位的目的通常是让子元素相对于上层容器定位，例如，在功能图标右上角放置一个小红点以提示新消息（参见 4.6 节），此时一定记得更改上层容器元素的 position 属性为非 static 值。通常，若无其他合适的 position 属性值可选，可使用 relative，但不设置任何偏移量，这样上层容器元素将仍处在原本的位置。

absolute定位方式将令元素脱离文档流,即不再占据原先它在文档流中的位置,这将导致文档流中的后续元素位置前移,若父元素的宽、高是由该子元素“撑”起来的,那么同样会导致父元素坍缩。

3. fixed

fixed定位方式可令元素相对于浏览器视窗(viewport)进行定位(见图3.24),且不随页面一起滚动,常用于制作固定于页面两侧的“对联广告”,这才是真正意义上的“绝对定位”。此外,fixed定位方式同样会让元素脱离文档流。

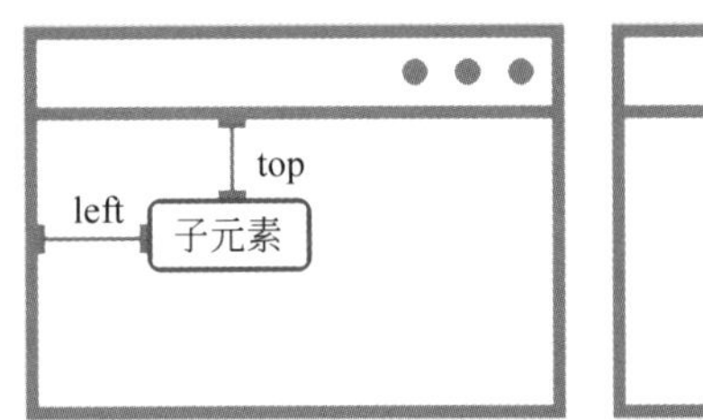

图3.24 fixed定位

有意思的是,若不限定子元素的大小,且同时设定left、top、right、bottom四个样式属性,子元素将会被拉伸,此时若配合子元素适当的背景色设置,即可实现网页中常见的遮罩效果。请参见如下示例,运行效果如图3.25所示。

code-3.27.html

```
<style>
  #mask {
    position: fixed; left: 0; right: 0; top: 0; bottom: 0;
    background-color: rgba(0, 0, 0, 0.8);
    display: flex; justify-content: center; align-items: center;
  }
  #dialog {
    background-color: #eee; border-radius: 8px;
    padding: 0.5em 1.5em; box-shadow: 0 0 30px #569CD6;
  }
</style>
<!--遮罩层 -->
<div id="mask">
  <div id="dialog">
    <h3>Welcome to my world!</h3>
  </div>
</div>
<!--网页正文 -->
<p>Lorem ipsum dolor sit amet consectetur adipisicing elit...</p>
```

上述效果也可在遮罩层上使用{left: 0, top: 0, width: 100vw, height: 100vh;}实现。同理,配合absolute定位,使用此方法可实现针对某个局部区域的遮罩。

4. sticky

sticky定位方式可认为是relative和fixed的结合,一般情况下,sticky定位的元素会像其他元素一样跟随文档一起滚动,但当滚动到指定的阈值时,它就会转换为类似fixed定位的效果,固定在浏览器视窗中,此时元素将脱离文档流。请参见如下示例。

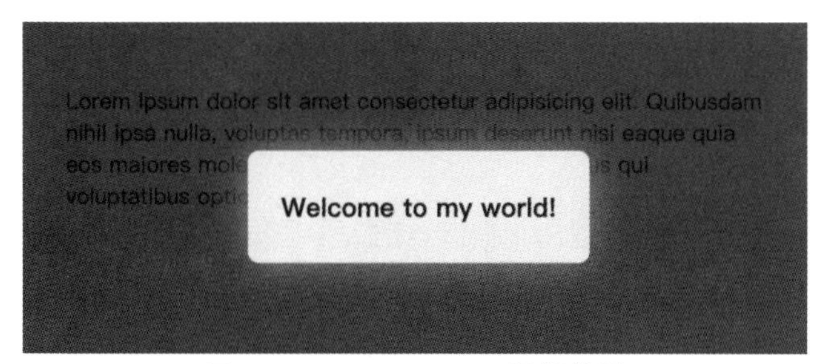

图 3.25 code-3.27.html 运行效果

code-3.28.html

```
<style>
  #page {
    width: 320px; max-height: 400px;
    overflow: scroll;            /* 内容超出容器高度时产生滚动条 */
  }
  h1 {
    position: sticky; top: 0px;
    background-color: #555; color: #eee; font-size: 18px; padding: .3em;
  }
  p { text-align: justify; }
</style>
<div id="page">
  <h1>Title1</h1>
  <p>Lorem ipsum dolor sit amet consectetur adipisicing elit...</p>
  <h1>Title2</h1>
  <p>Obcaecati vitae quisquam eveniet nam ex neque...</p>
  <h1>Title3</h1>
  <p>Lorem ipsum dolor sit amet consectetur adipisicing...</p>
  <p>Lorem ipsum dolor sit amet consectetur adipisicing elit...</p>
</div>
```

在浏览器中打开上述页面，当上下滚动时，标题会随其他文本一起滚动，但会在 top：0px 处固定住。动态效果无法截图展示，请读者自行编码体验，或直接从资源包中获取源代码。

sticky 定位常用于滚动列表标题的定位，类似微信好友列表中的分组标题定位。

3.5.9 元素浮动

很长时间以来，元素浮动被用于让块级元素横向摆放，这也是所谓 DIV＋CSS 排版方案中的常用技术。但现在使用 flex/grid 等布局管理器更加实用，不过作为一种流行的技术，还是让我们花少许时间学习一下。

所谓元素浮动，即在元素上声明 float：left 或 float：right，以让元素脱离文档流，并靠容器的左侧或右侧依次排布，从而实现元素横排的效果。请参见 code-3.29.html，运行效果如图 3.26 所示。

code-3.29.html

```
<style>
```

```
  #container { width: 250px; border: 1px solid black; background-color: #eee; }
  #container > .box {
    width: 50px; height: 50px; margin: 0px 10px;
    background-color: #ccc; text-align: center;
  }
  .fl { float: left; }
  .fr { float: right; }
</style>
<div id="container">
  <div class="box fl">1</div>
  <div class="box fl">2</div>
  <div class="box fr">3</div>
</div>
```

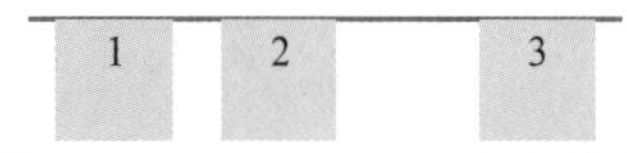

图 3.26 code-3.29.html 运行效果

在 code-3.29.html 代码中,将容器 #container 中的1,2 两个子元素向左浮动,而第 3 个子元素向右浮动,从而使 3 个块级子元素在水平方向排列。但需要特别注意的是,若父容器并未指定高度(父容器高度由子元素撑起),浮动将令子元素脱离文档流,而导致父容器"坍缩"(图中的黑色直线由父容器的上下边框合并而成)。继而,父容器的背景也无法覆盖子元素区域(注意 #container 中的背景设置)。

这样的效果通常是无法容忍的,一般有以下两种解决方案。

方案(1)在容器内最后一个子元素之后放置<div style="clear: both"></div>,以清除浮动。

方案(2)为容器添加样式 overflow: hidden。

请参见 code-3.30.html,运行效果如图 3.27 所示,这是多数时候下我们想要的效果。

code-3.30.html

```
<style>
  #container {
    width: 250px; border: 1px solid black; background-color: #eee;
    overflow: hidden;        /* 此处使用方案(2) */
  }
  #container > .box {
    width: 50px; height: 50px; margin: 0px 10px;
    background-color: #ccc; text-align: center;
  }
  .fl { float: left; }
  .fr { float: right; }
</style>
<div id="container">
  <div class="box fl">1</div>
  <div class="box fl">2</div>
  <div class="box fr">3</div>
  <!--若使用方案(1)则在此处添加<div style="clear: both;"></div>-->
</div>
```

以上两种方案在现有的案例中均有程序员在使用,不过相较于使用弹性框实现相同的效果,多少有些累赘。

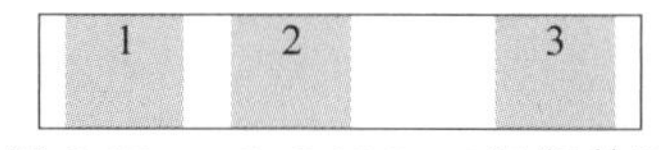

图 3.27　code-3.30.html 运行效果

3.5.10　元素的叠放层次

当元素叠放时会带来一个新的问题,即元素叠放层次的设置。默认情况下,元素将按代码书写顺序,依次堆叠,但可使用样式属性 z-index 改变元素的叠放层次。

z-index 属性默认值为 0,其值越大,元素越靠上层。注意,一般而言,元素应脱离文档流后设置 z-index 属性才会有效。若仅是通过 margin 负偏移等方式令元素叠放,此时通过设置 z-index 改变叠放层次并无效果。请参见如下示例,运行效果如图 3.28 所示。

code-3.31.html

```
<style>
  #container { width: 200px; display: flex; justify-content: space-between; }
  #container div { width: 50px; height: 50px; }
  .dark { background-color: black; }
  .grey { background-color: grey; }
  .set-to-back { z-index: -1; }
</style>
<div id="container">
  <!--第一组方块:使用 relative 定位,负向偏移叠放 -->
  <div>
    <div class="dark"></div>
    <div class="grey set-to-back" style="position: relative; left:20px; top:-20px;"/>
  </div>

  <!--第二组方块:使用 margin 负向偏移叠放, z-index 无效 -->
  <div>
    <div class="dark"></div>
    <div class="grey set-to-back" style="margin-left: 20px; margin-top: -20px;">
</div>
  </div>
</div>
```

在图 3.28 中,两个方块的默认叠放次序应该是灰色方块在上,黑色方块在下,从运行效果可看到,第一组元素的叠放次序通过设置 z-index 属性做了交换,而 z-index 设置对第二组元素无效。

图 3.28　code-3.31.html 运行效果

3.5.11　其他属性

为不影响行文的逻辑性,前文有意"遗漏"了一些常用的 CSS 属性,它们并不复杂,本节简要介绍。

1. 鼠标形状

使用样式表属性 cursor 可指定鼠标悬浮于元素上方时呈现的外观,默认值为 auto,由浏览器根据悬停位置的内容决定指针样式,如悬停于网页中文字上方时通常为"I"字形。

以下是几个常用的鼠标指针样式,其余样式可查阅在线文档。

- point：手指，如鼠标悬浮于超链接上方时的样式。
- default：箭头，默认指针样式。
- move：四个方向的箭头，提示元素可被移动。
- wait：程序繁忙，一般为沙漏样式。
- *-resize：各方向的箭头，其中，"*"为 col、row 或地图方位词，如 ne-resize 为指向右上的箭头，通常提示用户可向右上拖曳以改变元素尺寸。
- zoom-in、zoom-out：放大、缩小样式。

2. 列表样式

列表元素一般指无序列表<ul>和有序列表<ol>。CSS 属性 list-style-type 可用于指定列表项前的项目符号样式，例如，默认时无序列表项前会自动显示一个实心圆点(disc)，使用此属性可替换为其他样式外观；list-style-image 属性可将项目符号替换为指定的图像；list-style-position 用于设置项目符号的位置。

以上三个属性可简写为 list-style，具体每个属性可用的取值请读者自行查阅其他资料，不再赘述。

在实践中，通常将以相同模式呈现的成组元素理解作列表，例如，产品信息列表、菜单项、新闻标题列表等。换言之，列表元素在网页设计中很常用，但默认的列表样式并不美观，此时常将默认的列表样式去除(list-style：none)，而换作其他自定义样式。

下面的示例实现了一个网页中常见的导航菜单，运行效果如图 3.29 所示。

code-3.32.html

```
<style>
  menu {
    list-style: none;            /* 取消列表项的默认效果 */
    display: flex; border: 1px solid grey; border-radius: 10px; padding: 0px 10px;
  }
  menu li a {
    display: inline-block; padding: 15px 30px; text-decoration: none; color: black;
  }
  menu li a:hover { background-color: brown; color: white; }
</style>
<menu id="menu">
  <li><a href="#">HOME</a></li>
  <li><a href="#">BLOG</a></li>
  <li><a href="#">PHOTO</a></li>
  <li><a href="#">HELP</a></li>
</menu>
```

HOME BLOG PHOTO HELP

图 3.29 code-3.32.html 运行效果

上述代码中的<menu>元素在 HTML 4 中被弃用，因此目前多数网站在实现菜单时通常使用<ul>元素。但 HTML 5.1 中<menu>重新被推荐，相对而言此处使用<menu>更符合语义，但需关注浏览器兼容性。

3. 默认样式

默认样式即元素样式的初始值，一些默认样式可直观地被观察到，例如，超链接的下画线外观、列表项前面的项目符号等。但另一些却不那么显而易见，例如，多数块级元素均有默认的外边距(margin)和内边距(padding)，而＜body＞元素也有默认 8px 的外边距，在排版时它们可能会产生一些不必要的间隙，此时要留意元素默认样式。

当为元素声明样式时，初始值即被覆盖，若需还原可指定样式属性值为 initial。

4. 样式属性计算值

样式属性计算值(computed value)即浏览器经计算得到的样式值，它最终决定了元素的外观特征。例如，当代码中声明 width：50% 时，浏览器会根据父容器实际尺寸进行计算，继而将其转换为以像素(px)为单位的计算值。而当元素的某一样式属性被多次声明时，浏览器也会根据样式优先级关系，最终确定生效的样式值。

在 Chrome 浏览器开发者工具的 Elements→Computed 面板中可观察到每个元素的样式计算值。

5. 继承属性

当未指定样式值时，部分样式属性将使用与父元素相同的样式属性计算值，这些样式属性可归类为继承属性。例如，color 属性即为继承属性，当为＜body＞元素声明 color：red 时，页面中多数元素均会继承此属性值，而使得网页中的文字均呈现为红色。若需主动声明某一样式属性使用父元素样式计算值，可指定其值为 inherit。

3.6 综合示例

视频讲解

本节将以如图 3.30 所示的网页为例，讨论网页制作的一般步骤与方法。

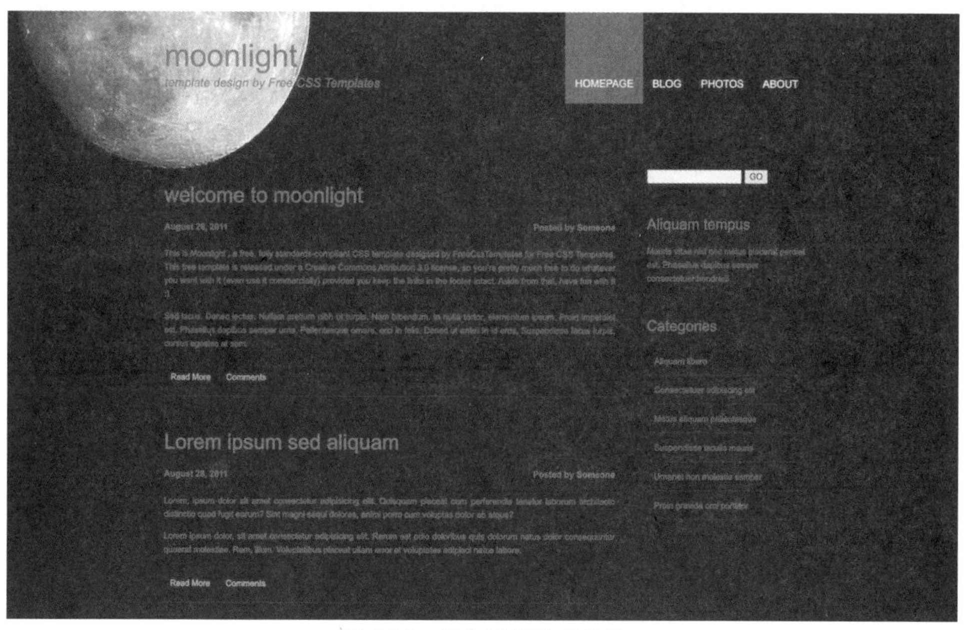

图 3.30 综合示例完成效果

若已有如图 3.30 所示的设计图,接下来要如何将其转换为网页呢? 作为初学者,最好先画一个草图,进行版块划分,再进入编码阶段。

3.6.1 页面版块划分

版块划分即分析清楚页面由哪些版块构成,以及各版块的层次关系。划分版块时一般遵循以下两个基本原则。

(1) 从宏观到微观,逐层细化。

(2) 确保兄弟版块之间的位置关系要么横向排列,要么纵向排列。

根据以上原则,对页面进行如图 3.31 所示的版块划分。篇幅所限,图中仅展示了①~③层次的划分方法,读者可依此方法逐层细化,直至版块内仅有最简单的元素,如一张图片或一段文字。

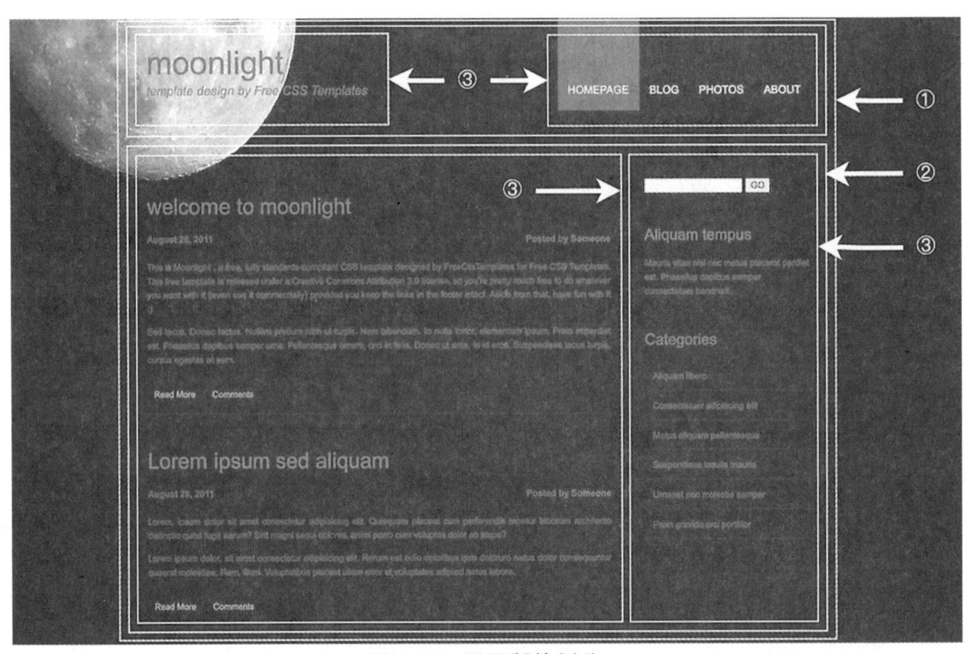

图 3.31 页面版块划分

在实践过程中,可能会将上述 3 层版块划分为如图 3.32(左)所示的样子,这是错误的做法。图 3.32(左)中第②层次版块间的位置关系过于杂乱(违反原则 2),同时也违反了原则 1,这样会给后期编写代码带来麻烦。若遇到这样的情况,可按如图 3.32(右)所示增加一个层次(图中的粗线框)。

3.6.2 编写代码

当完成页面版块划分后,就可以开始编写网页代码了。编码时对照版块框图,由外至内,按如下步骤逐层进行。

(1) 将版块图中的"框"转换为 HTML 代码中的＜div＞,直至最内层元素。注意版块之间的嵌套关系应表现为＜div＞(容器)的嵌套。同时适当兼顾语义,例如,当进行到最内层的"标题"时,即可换用＜h1＞元素替代＜div＞元素。

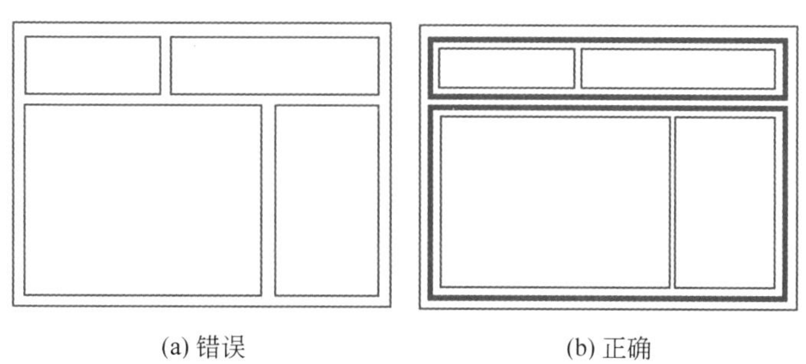
(a) 错误　　(b) 正确

图 3.32　版块划分简图

(2) 同步编写 CSS 代码，对容器元素的大小和位置进行控制，对文本等内容参照设计图进行修饰。

以上述 3 层版块为例，代码如下，运行效果如图 3.33 所示。为便于阅读，code-3.33.html 将 HTML 和 CSS 写在一个文件中，实践中最好将 CSS 分离到外部样式表文件。

code-3.33.html

```
<!DOCTYPE html>
<html>
<head>
  <title>Moonlight</title>
  <style>
    body {
      margin: 0px;
    }
    #page {
      /* 限定正文区为 1000px，以保证在最低 1024*768 分辨率显示器下页面不出现水平滚动 */
      width: 1000px;
      /* 当元素宽度确定时，设置左右 margin 为 auto 可使元素水平居中 */
      margin: 0px auto;
    }
    #header { display: flex; justify-content: space-between; align-items: flex-end; }
    #nav { margin: 0px; padding: 0px; }
    #content { display: flex; justify-content: space-between; margin-top: 30px; }
    #main { width: 700px; }
    #sidebar { width: 250px; }
    /* 以下代码只为展示各版块的边界和嵌套情况，实际编码时应删除 */
    div, ul { border: 1px solid black; min-height: 50px; min-width: 200px; }
  </style>
</head>
<body>
    <div id="page">
        <div id="header">
            <div id="title"></div>
            <ul id="nav"></ul>
        </div>
        <div id="content">
            <div id="main"></div>
            <div id="sidebar"></div>
        </div>
    </div>
```

```
</body>
</html>
```

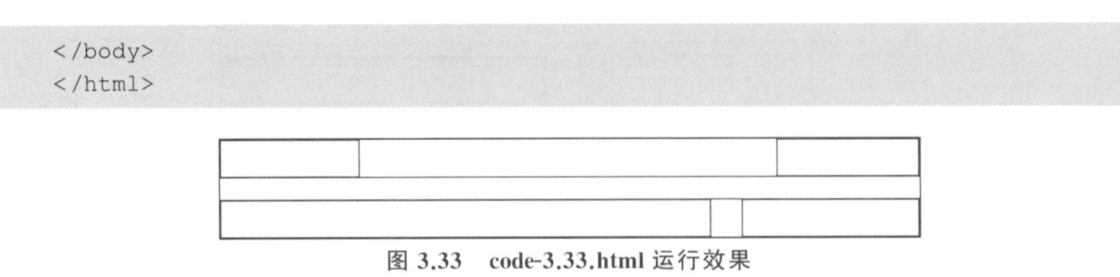

图 3.33　code-3.33.html 运行效果

篇幅所限,不便在此列出本例的所有源代码,请参阅资源包中的 code-3.34.html 和 code-3.34.css,也可扫描 3.6 节标题旁的二维码观看完整开发过程。

网页的版块划分和编码并无绝对的正确答案,只要遵循基本原则即可。使用 CSS 选择器时,若该元素在页面中是唯一的,选用 ID 选择器(如 #page)最为直接。而对于页面中以相同模式多次出现的版块,使用类型选择器(如.post)则代码的复用性更高。此外,注意 CSS 代码对照框图按从上至下、从外至内的层次编写,有助于保证代码逻辑清晰,必要时可写入更多注释。熟练掌握方法后,可直接对照设计图逐层编写代码,省去画版块框图的步骤。

3.7 小　结

本章首先介绍了 CSS 的基本语法结构以及样式表分类(内联/内嵌/外部样式表),在使用内嵌/外部样式表时须使用 CSS 选择器,本章介绍了 6 类基本选择器:通用/类型/ID/类/伪类/属性选择器,以及它们的 6 种组合方式。

总体而言,CSS 主要解决两类问题:元素的修饰和布局。关于元素修饰问题,本章介绍了背景样式、文字样式、边框样式等知识;为解决元素布局问题,本章介绍了盒模型,其中的 margin 和 padding 属性在一定程度上可影响元素位置,在传统网页排版方案中这是核心技术。此外,显示模式(display)也决定了元素布局方式,而此后介绍的弹性框(flex)、网格(grid)、元素定位(position)、浮动(float)、叠放层次(z-index)等主题均关注的是元素布局(定位)问题。

综合示例演示了如何对网页进行版块划分,以及最终如何转换为 HTML 和 CSS 代码。

熟练运用以上技术,基本上可满足多数项目需求。但网页制作是一项综合任务,本章仅专注于技术实现,若要更加得心应手,读者还须关注色彩搭配、布局设计、素材处理等知识。平日上网时多观察和分析见到的那些“漂亮”网页,站在开发者的角度思考它们如何配色和布局?如何划分版面?最终如何编码实现?相信读者的技术会很快得到提高。Chrome 的开发者工具无论对于初学者或是经验丰富的程序员均是学习和编码的得力帮手,可以充分利用。

第4章

CSS 进 阶

掌握前两章内容后，相信读者已可完成一些常规网页制作任务。本章锦上添花，补充介绍几个实用而炫酷的CSS样式和功能，然后讨论项目实践中常涉及的响应式布局、CSS预处理器、前端UI框架等话题。

4.1 圆角效果

默认情况下，网页中的元素均为直角矩形，通过声明 border-radius 属性可改变元素边框的形状，图4.1展示了几种使用 border-radius 属性实现的效果，代码见 code-4.1.html。事实上，在第3章的示例代码中，也多次使用过此样式属性。

border-radius 是 border-top-left-radius、border-top-right-radius、border-bottom-right-radius、border-bottom-left-radius 的缩写，也就是说，可以分别设置元素四个角的样式，而每个角可给定1个半径值，此时将确定一个圆形，也可给定以"/"分隔的两个半径值以确定一个椭圆，圆或椭圆与元素边框的交集构成了元素的圆角效果。请参看如下代码，运行效果如图4.1所示。

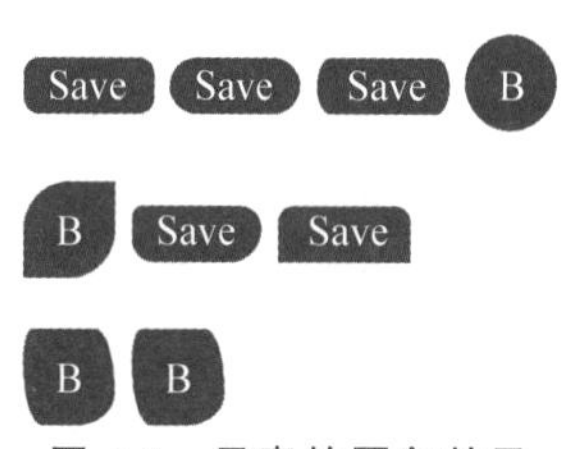

图 4.1　元素的圆角效果

code-4.1.html

```
<style>
  div { margin: 1em 0; }
  button, span { border: none; background-color: brown; color: white; }
  span { width: 30px; line-height: 30px; text-align: center; display:
inline-block; }
</style>

<!--四个角相同值 -->
<div>
  <button style="border-radius: 5px;">Save</button>
  <button style="border-radius: 1em;">Save</button>
  <button style="border-radius: 1em/2em;">Save</button>  <!--椭圆 -->
  <span style="border-radius: 50%;">B</span>
</div>
```

```
<!--四个角不同值,左上、右上、右下、左下顺序,兼顾对称性  -->
<div>
  <span style="border-radius: 50% 0;">B</span>
  <button style="border-radius: 1em 2em 3em;">Save</button>
  <button style="border-radius: 5px 5px 0 0;">Save</button>
</div>
<div>
<!--以下两种写法等价 -->
  <span style="border-radius: 5px 10px 20px / 1em 2em">B</span>
  <span style="
    border-top-left-radius: 5px 1em;
    border-top-right-radius: 10px 2em;
    border-bottom-right-radius: 20px 1em;
    border-bottom-left-radius: 10px 2em;
  ">B</span>
</div>
```

4.2 阴影效果

CSS 属性 box-shadow 可为元素添加阴影(投影)效果,语法格式如下,其中各属性值含义见表 4.1。

```
box-shadow: [inset] offset-x offset-y [blur-radius] [spread-radius] color
```

表 4.1 box-shadow 属性值

属 性 值	含 义
inset	可选值,默认阴影在边框外,即阴影向外扩散。 使用 inset 关键字将使阴影落在盒子内,看起来就像是内容被压低了
offset-x	阴影在水平方向的偏移量,正值向右偏移
offset-y	阴影在垂直方向的偏移量,正值向下偏移
blur-radius	可选值,阴影的扩散半径,值越大,模糊面积越大,阴影越大越淡。 不能为负值,默认为 0,此时阴影边缘锐利
spread-radius	可选值,取正值时,阴影扩大;取负值时,阴影收缩。默认为 0,阴影与元素同样大
color	阴影的颜色

类似地,CSS 属性 text-shadow 可为文本添加阴影(投影)效果,语法格式如下,各属性值含义与表 4.1 中同名属性值相同。

```
text-shadow: offset-x offset-y [blur-radius] color
```

上述 box-shadow 和 text-shadow 均可同时指定多个样式值,使用逗号分隔,以将多种阴影效果应用于一个元素上,请参看如下代码,运行效果如图 4.2 所示。由于印刷问题,无法完全展示阴影细节,读者可从资源包获取完整源代码,查看实际运行效果。

code-4.2.html

```
<style>
```

```
  body { font-size: 14px; }
  span { display: inline-block; margin: 0.5em;}
  p { padding: 1em; max-width: 380px; text-align: justify; }
  .box { background-color: brown; color: white;  padding: 0.5em 1em; }
  .text { font-size: 24px; }
  .s1 { box-shadow: 3px 3px 5px #888; }
  .s2 { box-shadow: -3px -3px 5px #888; }
  .s3 { text-shadow: 3px 3px 3px #444; }
  .s4 { text-shadow: 1px 1px 2px blue, 0 0 1em red; }
  .panel {
    box-shadow: inset 0 -3em 3em rgba(0,0,0,0.1),
                0 0 0 2px white,
                0.3em 0.3em 1em rgba(0,0,0,0.3);
  }
</style>

<span class="box s1">box-shadow</span>
<span class="box s2">box-shadow</span>
<span class="text s3">text-shadow</span>
<span class="text s4">text-shadow</span>
<!--以下段落中的文字内容省略 -->
<p class="panel">Lorem …</p>
```

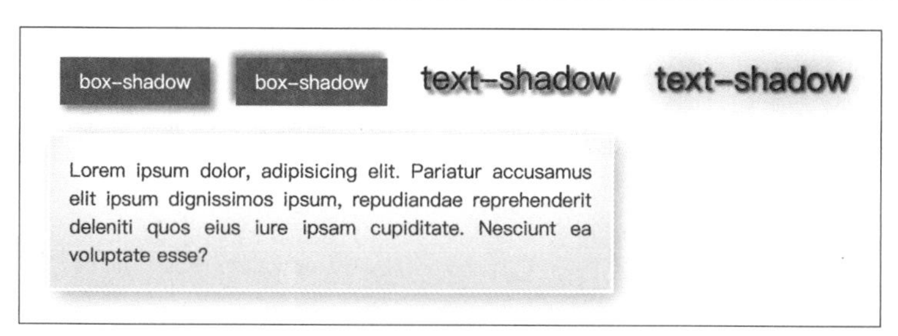

图 4.2　code-4.2.html 运行效果

4.3　溢　出

本节讨论的溢出(overflow)问题是指当容器无法容纳其中的内容时,浏览器该如何处理?涉及两种情况:内容剪裁(overflow)和文本剪裁(text-overflow)。

对于 overflow 属性可用的取值如下。

- visible:默认值,超出父容器的内容不会被剪裁。
- auto:由浏览器决定,若内容被剪裁则显示滚动条。
- scroll:无论内容是否被剪裁,都始终显示滚动条。
- hidden:超出父元素的内容将被剪裁,不显示滚动条。

请参看如下代码,运行效果如图 4.3 所示。

code-4.3.html

```
<style>
  #wrapper { width: 900px; display: flex; justify-content: space-between; }
```

```
  p {
    width: 200px; height: 100px;
    border: 1px solid grey;
    padding: 0.5em; font-size: 14px;
  }
</style>
<div id="wrapper">
  <!--以下段落中的文字内容省略，请自行添加 -->
  <p style="overflow: visible;">Lorem …</p>
  <p style="overflow: auto;">Lorem …</p>
  <p style="overflow: scroll;">Lorem …</p>
  <p style="overflow: hidden;">Lorem …</p>
</div>
```

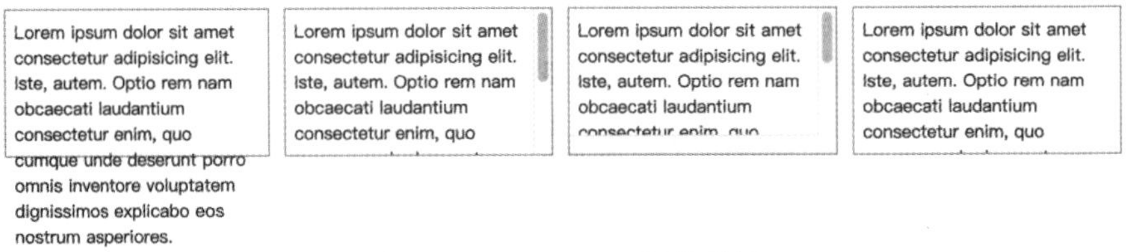

图 4.3　code-4.3.html 运行效果

若需要分别指定水平/垂直方向的溢出处理方式，可使用 overflow-x/overflow-y，或为 overflow 属性指定两个值，如 overflow：auto scroll。

样式声明 overflow：hidden 可用于子元素浮动时，避免父容器"坍缩"，参见 3.5.9 节。

对于文本内容，若声明 text-overflow：clip 表示超出部分的文本直接剪裁，不再显示。也可使用 text-overflow 属性设定当文本被剪裁时显示省略号，请参看如下代码，运行效果如图 4.4 所示。

code-4.4.html

```
<style>
  #wrapper {
    width: 500px;
    display: flex; justify-content: space-between; align-items: flex-start;
  }
  p { border: 1px solid grey; margin: 0 0.5em; padding: 0 0.5em; font-size: 12px; }

  /* 仅显示 1 行，文本被剪裁时显示省略号。以下 3 个样式声明需同时使用 */
  .ellipsis { overflow: hidden; white-space: nowrap; text-overflow: ellipsis; }

  /* 最多显示 2 或 3 行，文本被剪裁时显示省略号。仅 webkit 内核的浏览器可使用如下样式 */
  .ellipsis-2-lines, .ellipsis-3-lines {
    overflow: hidden; display: -webkit-box; -webkit-box-orient: vertical;
  }
  .ellipsis-2-lines { -webkit-line-clamp: 2; }
  .ellipsis-3-lines { -webkit-line-clamp: 3; }
</style>
<div id="wrapper">
  <!--以下段落中的文字内容省略，请自行添加 -->
  <p class="ellipsis">Lorem …</p>
```

```
    <p class="ellipsis-2-lines">Lorem …</p>
    <p class="ellipsis-3-lines">Lorem …</p>
</div>
```

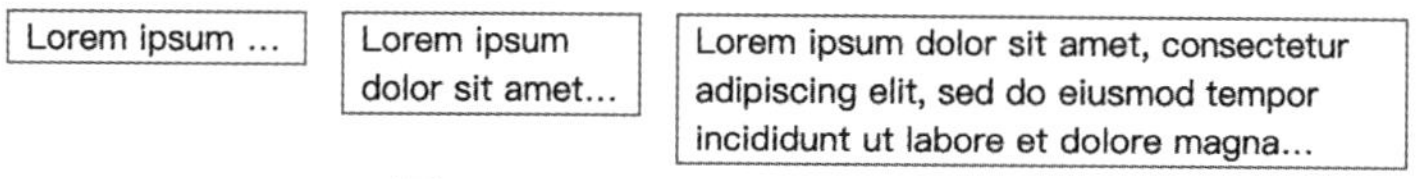

Lorem ipsum ...

Lorem ipsum dolor sit amet...

Lorem ipsum dolor sit amet, consectetur adipiscing elit, sed do eiusmod tempor incididunt ut labore et dolore magna...

图 4.4 code-4.4.html 运行效果

在 code-4.4.html 中使用了诸如 -webkit-box-orient 的样式属性，这些以“-”开头的样式仅针对某种内核的浏览器可用，并非 W3C 推荐标准。-webkit- 为供应商前缀，表示针对 webkit 内核浏览器，常见的还有 -moz-、-ms-，分别表示 Mozilla(Firefox)、Microsoft(IE)。

4.4 CSS 自定义属性

目前为止，我们学习的所有样式属性值均是指定为一个确定的值，类似常量，如 color: red，这似乎并没什么问题。但如果将来想把所有网页中所有的红色改作粉红色，势必要打开样式表文件逐一修改，非常麻烦！

CSS 自定义属性(也称作 CSS 变量或级联变量)允许使用“变量”来存储样式属性值，然后使用 var()函数来引用它。以下为 var()函数的语法：

```
var(custom-name [,value])
```

其中，custom-name 为 CSS 自定义属性名，必须以“--”开头；value 为备选值，若前述自定义属性不存在则使用此值，可指定多个备选值，使用逗号分隔。

由于印刷问题，无法展示不同颜色的显示效果，请读者运行 code-4.5.html 查看效果，实际显示的文字颜色应如代码中所注。

code-4.5.html

```
<style>
  :root {
    --red: #B71C1C;        /* 深红 */
  }
  .content {
    --red: #FF80AB;        /* 粉红 */
    --blue: #50C2F7;       /* 浅蓝 */
  }
</style>

<span style="color: var(--red);">深红</span>
<span style="color: var(--blue, blue);">蓝色</span>
<div class="content">
  <span style="color: var(--red);">粉红</span>
  <span style="color: var(--blue, blue);">浅蓝</span>
</div>
```

code-4.5.html 中：root 伪类表示网页的根元素，上述代码可理解为将 --red 指定为全局作用域变量(全局变量)，也可使用其他 CSS 选择器指定变量作用域，如上述代码中 .content 选择器限定了其中定义的粉红和浅蓝只在 class="content"的容器内有效。

使用 var()函数引用 CSS 自定义属性可有效提升代码的灵活性和复用性,在许多第三方前端 UI 框架中常使用此方法定义颜色、文字大小、间距值等,以便程序员在二次开发时可轻松地更改网站的配色、字号等整体风格。当然,在项目实践中使用上述方法,也有利于保证整个网站的风格统一。

注意:var()函数在 CSS3 之前的版本或 IE 浏览器中不被支持。

4.5 calc()函数

CSS 的 calc()函数允许在声明 CSS 属性值时执行一些计算,其参数可为加/减/乘/除表达式。若将 cal()与 var()结合,可在一定程度上替代此前需要使用 JavaScript 才能完成的任务。

如下代码中,calc()函数在无论浏览器视窗宽度为多少时,始终为页面容器(#page)左右两边分别留出 50px 的留白。

code-4.6.html

```
</style>
  #page {
    width: calc(100vw - 50px * 2);
    min-height: 100px; margin: 0 auto; background-color: grey;
  }
</style>

<body>
  <div id="page"></div>
</body>
```

4.6 伪 元 素

CSS 的伪元素(Pseudo-elements)允许我们访问元素中的某一部分或引用源文档中不存在的内容。

下面结合例子来理解,请参看 code-4.7.html 中的注释,运行效果如图 4.5 所示。

code-4.7.html

```
<style>
  p { width: 400px; }
  p::first-letter { font-size: 3em; }        /* 访问段落首字母 */
  p::first-line { font-weight: bold; }       /* 访问段落首行 */
  .rmb::before { content: '¥'; }             /* 生成源文档中原先不存在的内容,并引用 */
  .rmb::after  { content: '元'; }            /* content 属性定义伪元素中的内容 */

  button { position: relative; }

  /* 按钮右上角的红点 */
  button::after {
    content: '3';
```

```
    display: inline-block;
    position: absolute;
    right: -0.6em; top: -0.6em;
    width: 1.2em; height: 1.2em;
    border-radius: 50%;
    line-height: 1.2em; font-size: 12px; text-align: center;
    color: white; background-color: red;
  }
</style>
<p>Asperiores saepe facere quaerat quod delectus odio pariatur...</p>
<div class="rmb">
  <input type="number">
</div>
<br>
<button>Message</button>
```

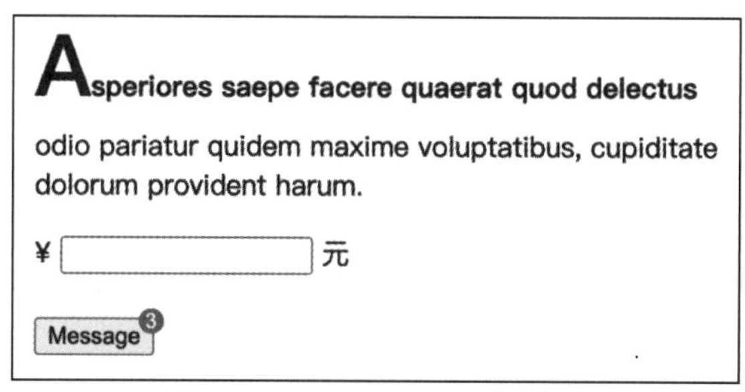

图 4.5　code-4.7.html 运行效果

上例展示了伪元素的常见用法：引用元素的特定部分，如首字母(::first-letter)或首行(::first-line)；在元素的特定位置添加内容(::before、::after)，如输入框前后的内容和按钮右上角的小徽章。需要特别注意的是，伪元素是行内元素(display:inline)，因此若需指定其 width/height 属性，应更改其 display 属性值，不可为默认的 inline(参看 3.5.5 节)。

此外，伪元素引用的是元素中的一部分内容，而非整个元素，如段落中的第一个字母或第一行文字。这与伪类选择器(pseudo-class selector)不同，伪类选择器引用的是符合特定条件的整个元素，如 :first-child 选择的是兄弟中第一个元素，而非元素的一部分。

在 CSS2 中伪元素采用单冒号前缀语法，与伪类相同，如 :before。自 CSS 2.1 之后伪元素改用双冒号前缀，如 ::before，但多数浏览器仍支持旧语法，所以偶见一些代码中还存在使用单冒号的伪元素写法。若无特殊原因，伪元素应正确使用双冒号语法。

4.7　矢量图标

矢量图标即使用特殊的字体在页面上呈现图标(见图 4.6)，相较于使用图片，有如下优点。

- 文件小，加载和渲染更快。
- 可如文字一样使用 CSS 设置颜色、大小、阴影等。
- 矢量图标缩放后不会像普通图片一样变得模糊。

目前，知名的矢量图标库有 Font Awesome、Glyphicons、Ionicons、Themify icon 等，也

可通过阿里妈妈 MUX 打造的交流平台(iconfont)收集字体图标。图 4.6 展示的即是部分 Font Awesome 字体图标。

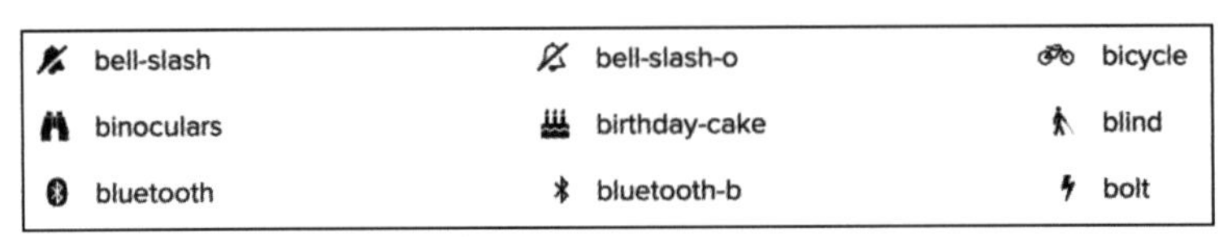

图 4.6 Font Awesome 字体图标

读者可自行搜索并下载矢量图标库文件,下文以 Font Awesome 矢量图标库为例,解压缩后通常包含样式表文件和字体文件(见图 4.7),其中,*.min.css 为经压缩处理的 CSS 文件,适用于生产环境,开发环境可使用 *.css 文件以方便调试。

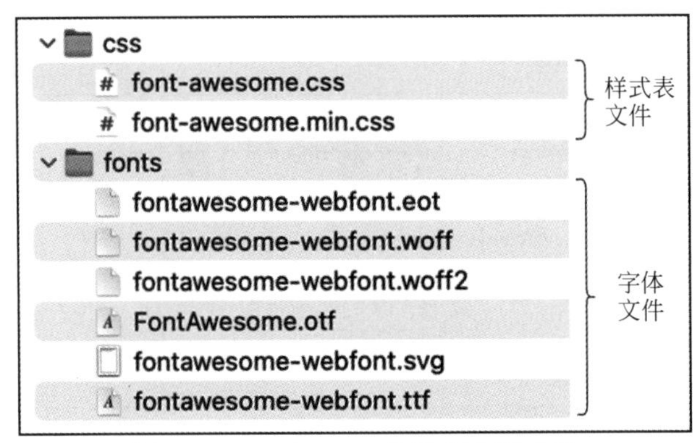

图 4.7 Font Awesome 字体图标库文件

打开上述 font-awesome.css 文件,可看到类似如下代码(节选)。

```
@font-face {
  font-family: 'FontAwesome';
  src: url('../fonts/fontawesome-webfont.eot?v=4.7.0');
}
.fa { display: inline-block; font: normal normal normal 14px/1 FontAwesome; }
.fa-edit:before {  content: "\f044"; }
```

代码包含以下三部分。

(1) @font-face {…}: 引入字体文件,并命名字体为 FontAwesome。

(2) .fa {…}: 定义 .fa 样式类,以使用上述字体,网页中若需使用该字体,需先为元素声明使用此样式类。

(3) .fa-edit:before {…}: 定义 .fa-edit 样式类的伪元素,此处指定了具体要呈现的图标。

当需要在网页中呈现上述 fa-edit 图标时,在文档中嵌入如下代码即可。

```
<link rel="stylesheet" href="font-awesome.css">     <!--此处应修改为实际路径 -->
<i class="fa fa-edit"></i>
```

本质上,矢量图标就是一个特殊外形的文字,因此可使用适用于文字的样式属性对其进行修饰,如调整大小、改变颜色等。

上例中使用<i>元素呈现图标,这是实践中常用的做法,此时<i>元素更多地被理解为 icon，而非它原本的语义。

其余矢量图标库的使用方法类似，读者可自行尝试。

4.8 过渡与动画

本节讨论两种实现动态效果的方法：过渡和动画，它们的基本原理相似，当元素的样式发生变化时，由浏览器自动补足关键帧之间的变化效果。二者的主要区别在于，过渡需要由事件触发，而动画无须事件触发即可自行播放。此外，动画可定制的效果更丰富。

4.8.1 过渡

下面的示例演示了一个简单的过渡(Transition)效果：当鼠标移动到按钮上方时，按钮将逐渐变大，且由矩形变为椭圆，鼠标移开后又逐渐恢复原来的样子，如图 4.8 所示。

code-4.8.html

```
<style>
  button {
      padding: 1em; border: 1px solid grey; font-size: 1em;
      border-radius: 0.5em;
      transition: all 1s;       /* 由 hover 状态切换回来的过渡 */
    }
    button:hover {
      font-size: 2em;
      border-radius: 50%;
      transition: all 1s;       /* 切换至 hover 状态的过渡 */
    }
</style>
<button>Hover Me</button>
```

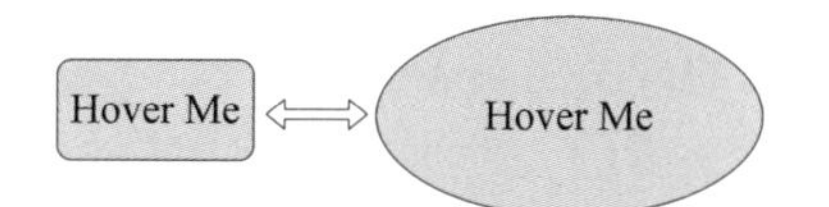

图 4.8 code-4.8.html 运行效果

声明过渡的完整语法如下，其中各属性取值含义见表 4.2。

```
transition: property duration[ timing-function][ delay]
```

表 4.2 transition 样式属性值

属 性 值	含 义
property	需要应用过渡效果的样式属性，可使用如下值。 • all：在所有有变化的样式属性上均使用过渡效果。 • none：无过渡效果。 • prop-name：仅在名称为 prop-name 的样式属性上应用过渡效果。
duration	变化过程持续时间，以秒(s)或毫秒(ms)为单位，持续时间越长，变化过程越慢

续表

属 性 值	含 义
timing-function	变化过程速度函数,可使用以下预设值或函数。 • linear:匀速。 • ease:默认值,缓慢 → 急剧加速 → 逐渐变慢。 • ease-in:缓慢 → 逐渐加速直至结束。 • ease-out:快速 → 逐渐减速直至结束。 • ease-in-out:缓慢 → 加速 → 接近尾声时减速。 • 使用 steps()、linear()或 cubic-bezier()函数自定义变化速度
delay	过渡开始前的延迟时间,以秒(s)或毫秒(ms)为单位。 例如,鼠标悬停或离开元素上方时,延迟指定时长后开始变化

可以为元素同时指定多个过渡效果,使用逗号分隔即可。请自行修改 code-4.8.html 中的 transition 样式声明为如下代码,运行并查看效果。

```
transition: font-size 1s cubic-bezier(.29, 1.01, 1, -0.68),
            border-radius 1s ease-in-out;
```

值得注意的是,过渡必须由事件触发,如上例中由鼠标悬停/离开事件触发,因此无法让元素在页面加载时即呈现过渡效果。此外,过渡也无法一次触发后自动多次执行,除非反复触发。

4.8.2 动画

相对过渡而言,动画(Animation)可定制的特性更加丰富,编程步骤如下。

(1) 使用 @keyframes name{…} 定义动画的关键帧规则,即定义动画从开始至结束各关键阶段的样式,其中,name 为 @keyframes 规则的名称。

(2) 使用 animation 属性引用上述关键帧规则,并设置动画效果,如下是声明 animation 属性的完整语法,其中各属性值的含义见表 4.3。

```
animation: name duration[timing-function][delay][iteration-count][direction]
[fill-mode][play-state]
```

表 4.3 animation 样式属性值

属 性 值	含 义
name	@keyframes 规则名称
duration	变化过程持续时间,以秒(s)或毫秒(ms)为单位,持续时间越长,变化过程越慢
timing-function	变化过程速度函数,可使用以下预设值或函数。 • linear:匀速。 • ease:默认值,缓慢 → 急剧加速 → 逐渐变慢。 • ease-in:缓慢 → 逐渐加速直至结束。 • ease-out:快速 → 逐渐减速直至结束。 • ease-in-out:缓慢 → 加速 → 接近尾声时减速。 • 使用 steps()或 cubic-bezier()函数自定义变化速度
delay	动画开始前的延迟时间,以秒(s)或毫秒(ms)为单位

续表

属性值	含义
iteration-count	正整数，动画重复的次数，若需无限循环播放可指定为 infinite
direction	动画的播放方向，可使用如下预设值。 • normal：默认值，正向播放，多次重复播放时每次均从头播放。 • alternate：交替播放，多次重复播放时，奇数次正向播放，偶数次反向播放。 • reverse：反向播放，每次均从结束位置开始反向播放。 • alternate-reverse：反向交替播放，多次重复播放时，奇数次反向播放，偶数次正向播放
fill-mode	指定动画播放完成后的状态，可使用如下预设值。 • none：默认值，动画播放完后还原为元素最初的样式。 • forwards：动画播放完后保留最后一帧样式。 • backwards：类似 none，但在延迟期间应用第一帧样式。 • both：类似 forwards，但在延迟期间应用第一帧样式
play-state	动画状态，可根据此值判定动画是否正在播放，也可通过赋值改变动画的暂停/运行状态，可用取值：running/paused

以下示例实现了四个小球相互追逐的动画效果，如图 4.9 所示。

code-4.9.html

```
<style>
.ball {
  position: absolute;
  width: 10px; height: 10px; border-radius: 50%;
  background-color: #ccc;
  opacity: 0.2;
  /* 引用@keyframes 定义的动画关键帧,"move"为@keyframes 规则名称 */
  animation: move 2s ease-in-out alternate infinite both;
}
.b1 { animation-delay: 0ms; }
.b2 { animation-delay: 200ms; }
.b3 { animation-delay: 400ms; }
.b4 { animation-delay: 600ms; }

/* 定义动画的关键帧规则 */
@keyframes move {
  0%   { left: 0px;   }              /* 第 1 帧样式,"0%"也可写作"from" */
  50%  { opacity: 1;  }              /* 动画进行至一半时的样式 */
  100%{ left: 200px; }               /* 最后 1 帧样式,"100%"也可写作"to" */
}
</style>

<div class="ball b1"></div>
<div class="ball b2"></div>
<div class="ball b3"></div>
<div class="ball b4"></div>
```

注意：在 @keyframes 规则中!important 关键字将被忽略。

虽然截至 2021 年，animation 仍仅为 W3C 的草案，但主流浏览器均已支持。若为兼容

图 4.9 code-4.9.html 运行效果

Firefox 浏览器,可添加供应商前缀 -moz-。

目前有许多第三方的动画库,如 Animate.css、vivify 等,可方便地引入自己的项目中使用。

4.9 变 换

CSS 中的 transform 属性可用于对元素进行变换,包括旋转(rotate)、缩放(scale)、倾斜(skew)、平移(translate)。若结合前节所述的过渡和动画,可实现相当炫酷的效果。

除倾斜外,其余三种变换均涉及二维和三维变换效果,因此有必要先明确网页中的三维空间坐标系(见图 4.10),当涉及角的大小时,可使用的单位包括:度(deg)、百分度(grad,360deg= 400grad)、弧度(rad,360deg= 2π rad)、圈(turn,360deg= 1turn)。左手拇指顺坐标轴箭头方向,其余四指自然弯曲的方向为正数,反之为负数。

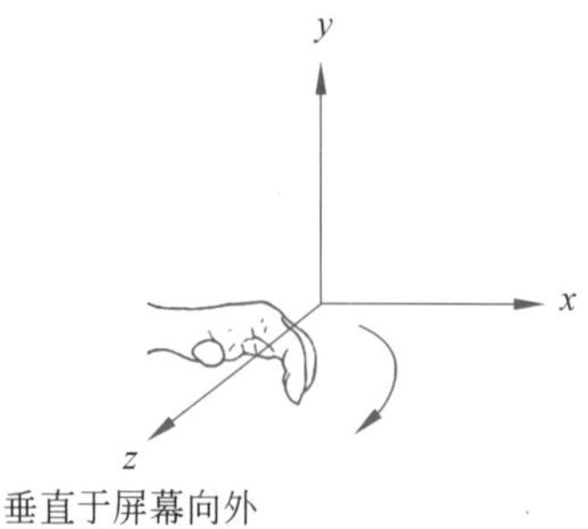

图 4.10 网页中的三维空间坐标系

默认时,元素的几何中心点为坐标原点,我们看到的是元素在空间中变换后投影到屏幕上的效果,但当使用 perspective()函数建立透视空间后,如 perspective(200px),此时相当于将眼睛置于距屏幕 200px 的位置观察,可看到元素产生的畸变,若距离更近,畸变将更加明显。一部分变换需要在透视空间中才可看到效果。

建议读者从资源包中获取本节各示例的代码,运行后观察效果。示例中添加了过渡,当鼠标悬停或离开时,“卡片”将在初始状态和变换后状态之间变化,看起来更直观。

4.9.1 旋转

旋转(rotate)涉及二维平面上的旋转和三维空间中的旋转(见图 4.11),可使用如下取值函数。

rotate(angle)、rotateX(angle)、rotateY(angle)、rotateZ(angle)、rotate3d(x, y, z, angle)

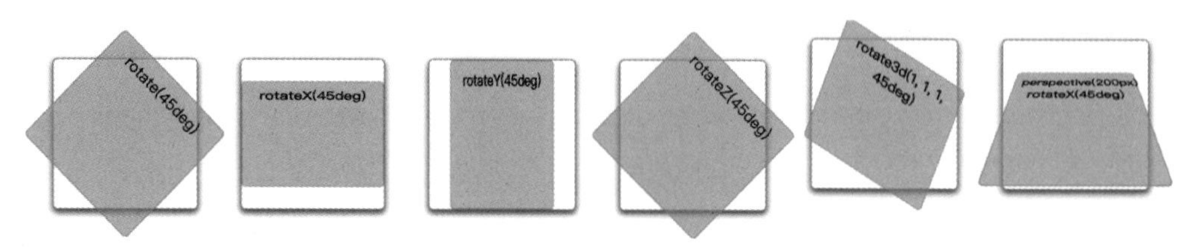

图 4.11 旋转效果

可想象为一张正方形的“卡片”绕不同坐标轴旋转。

rotate(angle)、rotateZ(angle)为二维平面上的旋转,即绕 z 轴旋转,二者等效。

rotateX(angle)、rotateY(angle)分别让元素绕 x、y 轴旋转角度 angle。

rotate3d(x, y, z, angle)函数中，前 3 个参数分别为 x、y、z 方向的矢量，第 4 个参数为旋转角度。可理解为从坐标原点(0, 0, 0)射出一道光到点(x, y, z)，元素绕光线旋转角度 angle。因此，rotate3d(1, 0, 0, angle)等价于 rotateX(angle)，因为点(1, 0, 0)就在 x 轴上，从坐标原点(0, 0, 0)至点(1, 0, 0)的连线方向即是 x 轴正方向，所以 rotate3d(1, 0, 0, angle)相当于绕 x 轴旋转角度 angle。

当元素在三维空间中旋转后，观察位置将影响实际看到的效果，就像我们将一个物体置于眼前不同距离时，看到的效果也不一样。默认时，浏览器并未建立透视空间，即使元素进行三维旋转，我们看到的只是元素旋转后在屏幕上的投影，如图 4.11 中 rotateX(45deg)，感觉上是元素只是被压缩了。但对比最后一图，在透视空间中观察，其实元素确实绕 x 轴旋转了 45°，从而产生了视觉上的畸变，且随观察位置更靠近屏幕，畸变将更明显。

不妨运行 code-4.10.html 的代码实际观察一下，静态效果如图 4.11 所示，但当鼠标悬停或离开"卡片"时，它将在初始状态和旋转状态之间变化，看起来更直观。

code-4.10.html

```
<!DOCTYPE html>
<html>
<head>
  <title>code-4.10</title>
  <style>
    body { margin: 50px; }
    .box {
      width: 150px; height: 150px; display: inline-block; margin: 20px;
      border: 1px solid #aaa; border-radius: 5px;
      box-shadow: 0px 3px 6px rgba(0, 0, 0, 0.5);
    }
    .box >div {
      background-color: rgba(0, 220, 244, 0.6); text-align: center;
      border: 1px solid #3cf; border-radius: 5px;
      box-sizing: border-box; width: 150px; height: 150px; padding: 0.5em;
      transition: transform 2s;
    }
    .box >div:hover {
      transform: initial !important;
      transition: transform 2s;
    }
  </style>
</head>
<body>
  <div class="box">
    <div style="transform: rotate(45deg);">rotate(45deg)</div>
  </div>
  <div class="box">
    <div style="transform: rotateX(45deg);">rotateX(45deg)</div>
  </div>
  <div class="box">
    <div style="transform: rotateY(45deg);">rotateY(45deg)</div>
  </div>
```

```
    <div class="box">
      <div style="transform: rotateZ(45deg);">rotateZ(45deg)</div>
    </div>
    <div class="box">
      <div style="transform: rotate3d(1, 1, 1, 45deg);">rotate3d(1, 1, 1, 45deg)</div>
    </div>
    <div class="box">
      <div style="transform: perspective(200px) rotateX(45deg);">
          perspective(200px)<br>rotateX(45deg)
      </div>
    </div>
  </body>
  </html>
```

4.9.2 缩放

缩放(scale)即将元素沿指定的轴线方向放大或缩小(见图 4.12),包括如下取值函数。

scale(n)、scale(x, y)、scaleX(x)、scaleY(y)、scaleZ(z)、scale3d(x, y, z)

其中,n 为 *xoy* 平面上的整体缩放比例,x、y、z 分别为不同轴向的缩放比例,scale(n) 与 scale(n, n)等效。

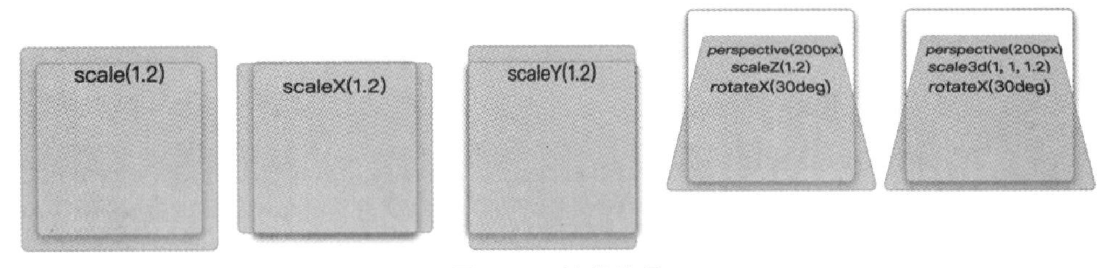

图 4.12 缩放效果

需要注意的是,网页上的元素并没有厚度,当元素沿 *z* 轴方向缩放时无法拉伸/压缩其厚度,所以看不到效果。此时需要建立透视空间,并且将元素向屏幕内/外倾斜一个角度,例如,绕 *x* 或 *y* 轴旋转,才能看到效果,请参看图 4.12 中的最右侧两图,scaleZ(1.2) 等价于 scale3d(1, 1, 1.2),即沿 *z* 轴方向放大 1.2 倍。

将 code-4.10.html 中 HTML 部分的代码改为如下内容,运行后即可看到如图 4.12 所示效果。读者可以从资源包中获取本例完整代码。

code-4.11.html

```
<div class="box">
  <div style="transform: scale(1.2);">scale(1.2)</div>
</div>
<div class="box">
  <div style="transform: scaleX(1.2);">scaleX(1.2)</div>
</div>
<div class="box">
  <div style="transform: scaleY(1.2);">scaleY(1.2)</div>
</div>
<div class="box">
  <div style="transform: perspective(200px) scaleZ(1.2) rotateX(30deg);">
    perspective(200px) scaleZ(1.2) rotateX(30deg)
```

```
    </div>
</div>
<div class="box">
  <div style="transform: perspective(200px) scale3d(1, 1, 1.2) rotateX(30deg);">
    perspective(200px) scale3d(1, 1, 1.2) rotateX(30deg)
  </div>
</div>
```

4.9.3　倾斜

倾斜(skew)变换可令元素沿 x/y 轴方向倾斜(不可沿 z 轴方向倾斜),如图 4.13 所示,包括如下取值函数。

skewX(angle)、skewY(angle)、skew(x-angle, y-angle)

倾斜变换可想象为左、右手分别拉住元素左上角和右下角向相反方向拉扯/挤压。

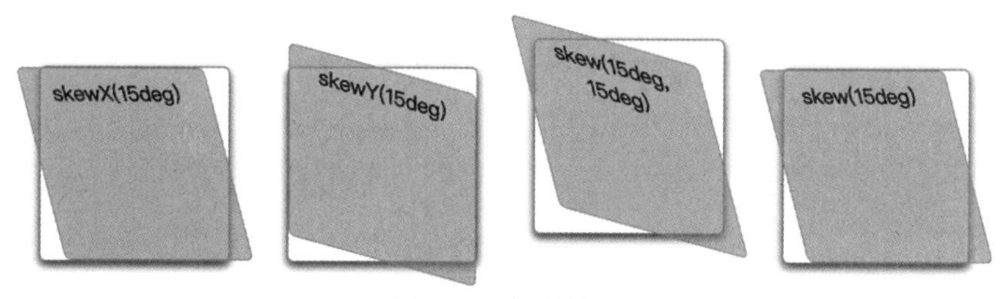

图 4.13　倾斜效果

将 code-4.10.html 中 HTML 部分的代码改为如下内容,运行后即可看到如图 4.13 所示效果。读者可以从资源包中获取本例的完整代码。

code-4.12.html

```
<div class="box">
  <div style="transform: skewX(15deg);">skewX(15deg)</div>
</div>
<div class="box">
  <div style="transform: skewY(15deg);">skewY(15deg)</div>
</div>
<div class="box">
  <div style="transform: skew(15deg, 15deg);">skew(15deg, 15deg)</div>
</div>
<div class="box">
  <div style="transform: skew(15deg);">skew(15deg)</div> <!--等效于 skewX(15deg) -->
</div>
```

4.9.4　平移

平移(translate)变换并不改变元素形状,仅将元素沿指定方向移动,包括如下取值函数。

translateX(x)、translateY(y)、translate(x, y)、translateZ(z)、translate3d(x, y, z)

当元素沿 z 轴方向平移时,需要建立透视空间才能看到效果。

将 code-4.10.html 中 HTML 部分的代码改为如下内容,运行后即可看到如图 4.14 所示效果。读者可以从资源包中获取本例的完整代码。

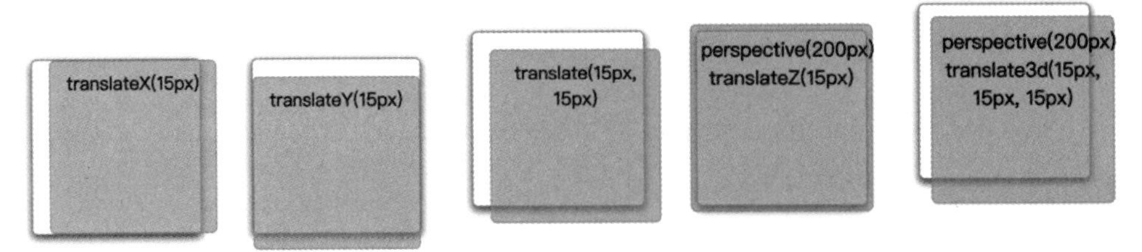

图 4.14　平移效果

code-4.13.html

```
<div class="box">
  <div style="transform: translateX(15px);">translateX(15px)</div>
</div>
<div class="box">
  <div style="transform: translateY(15px);">translateY(15px)</div>
</div>
<div class="box">
  <div style="transform: translate(15px, 15px);">translate(15px, 15px)</div>
</div>
<div class="box">
  <div style="transform: perspective(200px) translateZ(15px);">
      perspective(200px) translateZ(15px)
  </div>
</div>
<div class="box">
  <div style="transform: perspective(200px) translate3d(15px, 15px, 15px);">
      perspective(200px) translate3d(15px, 15px, 15px)
  </div>
</div>
```

视频讲解

4.10　综合示例——弹出式下拉菜单

本节制作一个炫酷的弹出式下拉菜单，尽量把新学习的知识用上。

读者不妨先从资源包中获取代码，查看运行效果后（见图 4.15），对照效果尝试自己完成，必要时再参看下文的代码。

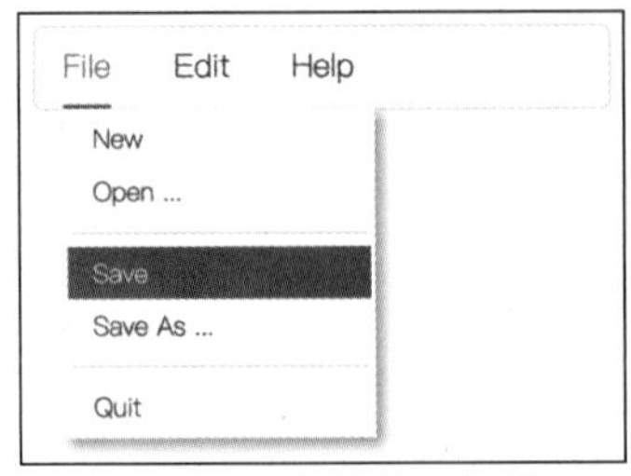

图 4.15　下拉菜单运行效果

首先，对照效果图编写如下 HTML 文档代码。

code-4.14.html

```
<!DOCTYPE html>
```

```
<html>
<head>
  <title>code-4.14</title>
  <link rel="stylesheet" href="./code-4.14.css">
</head>
<body>
  <menu class="main">
    <li>
      <a href="#">File</a>
      <menu class="sub">
        <li><a href="#">New</a></li>
        <li><a href="#">Open ...</a></li>
        <li class="separator"></li>
        <li><a href="#">Save</a></li>
        <li><a href="#">Save As ...</a></li>
        <li class="separator"></li>
        <li><a href="#">Quit</a></li>
      </menu>
    </li>
    <li>
      <a href="#">Edit</a>
      <menu class="sub">
        <li><a href="#">Copy</a></li>
        <li><a href="#">Cut</a></li>
        <li><a href="#">Delete</a></li>
      </menu>
    </li>
    <li>
      <a href="#">Help</a>
      <menu class="sub">
        <li><a href="#">About</a></li>
      </menu>
    </li>
  </menu>
</body>
</html>
```

HTML 代码较简单,不做过多解释。CSS 代码如下,请参看其中的注释。

code-4.14.css

```
body {
  margin: 50px; font-size: 14px; font-weight: 200;
  --highlight: #03A9F4;          /* 定义高亮颜色变量 */
}
a { text-decoration: none; color: #555; }
menu { list-style: none; padding: 0; margin: 0; }

/* 主菜单 */
menu.main {
  display: flex;
  position: relative;
  border: 1px solid #eee; border-radius: 5px; padding: 0 1em;
}
```

```
menu.main >li >a {
  display: inline-block;
  margin-right: 2em; font-size: 1.1em; padding: .5em 0;
  /* 事先为主菜单文字添加透明(transparent)下画线,鼠标悬停时切换为高亮色 */
  border-bottom: 2px solid transparent;
  transition: all .3s;
}

/* 鼠标悬停时切换主菜单项颜色及下画线颜色 */
menu.main >li:hover >a {
  color: var(--highlight);
  border-bottom-color: var(--highlight);
  transition: all .3s;
}

/* 子菜单面板 */
menu.sub {
  position: absolute;          /* 子菜单面板应脱离文档流,以避免干扰主菜单布局 */
  z-index: 999;                /* 子菜单应置于顶层,以盖住网页其他内容 */
  min-width: 150px; padding: 2px;
  box-shadow: 3px 3px 6px #ccc;
  background-color: white;
  font-size: 0.9em;
  opacity: 0;                  /* 初始时子菜单面板完全透明 */
  transform: translateY(20px);
                     /* 事先将子菜单面板下移 20px,子菜单弹出时还原,产生动态效果 */
  /*
    子菜单面板并未消失(仅为透明),鼠标划过子菜单面板区域时会错误地弹出子菜单。
    因此,使用如下样式阻止鼠标事件,待子菜单正常弹出后取消。
    也可尝试将上一行换作 transform: rotateX(90deg) 或 rotateY(90deg),
    这样子菜单面板在初始时被"转平",同样可避免错误地触发子菜单面板弹出。
    鼠标悬停主菜单项时再转回 0°,效果也不错
  */
  pointer-events: none;
  transition: all .3s;
}

/* 鼠标悬停主菜单项时显示子菜单 */
menu.main >li:hover >menu.sub {
  opacity: 1;
  transform: translateY(0);
  pointer-events: all;         /* 子菜单显示时,重新监听鼠标事件 */
  transition: all .3s;
}

menu.sub a { display: block; padding: 0.3em 1em; }

/* 鼠标悬停子菜单项时的高亮效果 */
menu.sub a:hover { color: white; background-color: var(--highlight); }

/* 子菜单项之间的分隔条 */
menu.sub >li.separator { background-color: #eee; height: 1px; margin: 0.5em 2px; }
```

4.11　响应式网页设计

2010 年，Ethan Marcotte 提出了响应式网页设计（Responsive Web Design，PWD）理念，通俗地讲，即是设法让我们制作的网页能够适应不同的设备，在各种规格的屏幕上均可获得相对完美的显示效果。如图 4.16 所示为同一网页在不同设备上的显示效果。

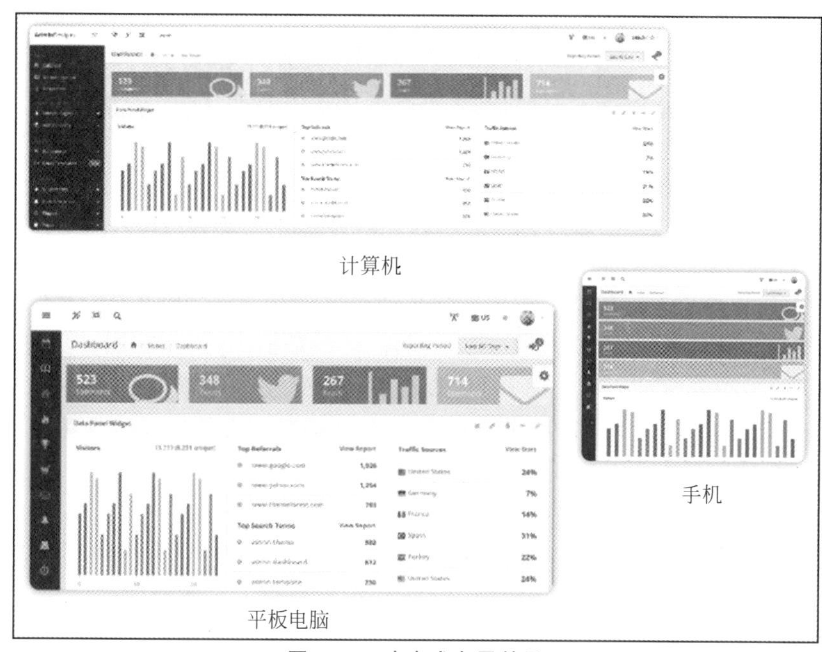

图 4.16　响应式布局效果

我们可能都有这样的经历：使用手机端浏览器查看一些网页时，页面布局几乎完全错乱，部分内容被遮挡。出现这种情况的主要原因是手机屏幕的规格与计算机屏幕不同，无法完美地呈现针对计算机端设计的网页。

为解决上述问题，一种做法是针对计算机端和手机端分别开发网站，这无疑将增加工作量。若增加成本可接受，这种做法当然也不错，毕竟“定制开发”的产品会更适合特定的设备，但这不在本节讨论的范畴，这里讨论的是使用同一套代码，尽可能地让网页在不同设备上完美呈现。

在介绍具体做法之前，有必要明确几个术语，分析产生上述问题的原因，这将有利于在实践中灵活地运用知识。

让我们从像素（pixel）这个构成计算机图像的最小单元讲起。像素（px）也常被用作单位来描述元素的尺寸，如文字的大小 16px，图片的尺寸 400×300px。那么 1px 等于多少厘米呢？这与显示设备的屏幕密度有关。

屏幕密度的单位为 dpi（dots per inch），即每英寸有多少个“点”，这里所说的“点”指的是构成画面的最小单元，即显示器的最小发光单元，又称设备像素或物理像素，为区别于平时所说的像素，本节将设备像素称作 dot。对于常见的三色显示来说，这一个“点”又由红、绿、蓝三个更小的单元组成。显示设备的屏幕密度越高，则代表它可将画面显示得越精细，如图 4.17 所示。

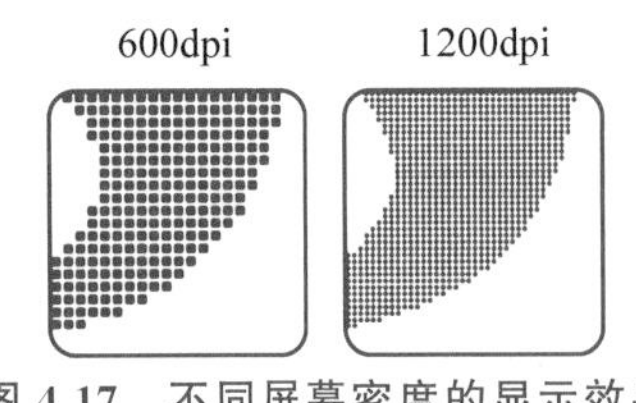

图 4.17 不同屏幕密度的显示效果

那么，是否 1px 就等于 1dot 呢？这得分场合，例如，一台常见的 25 英寸 4K 显示器，厂家标称其分辨率为 3840×2160px，此时即是按 1px＝1dot 来表述的，若找来一张 3840×2160px 的图片，在不缩放的情况下刚好可占满此屏幕。在此前提下，1dpi＝1ppi(pixels per inch，每英寸像素数)，因此厂家也常用 ppi 作为屏幕密度单位。

但事实上，如果按上述 1px 对应 1dot 的方式呈现画面，16px 大小的文字宽度大约只有 2.5mm，显然太小，不适合阅读。因此，计算机端操作系统通常有调整“屏幕分辨率”的功能，本质上是让用户选择使用多个 dot 来呈现一个像素，多数 4K 显示器的“推荐分辨率”为 1920×1080px，即 1px＝4dots。若依此设置，用户事实上是按 1920×1080px 的分辨率(即 1K)在使用这台显示器。现在我们明白了，所谓“调整屏幕分辨率”，其实是在调整 px 与 dot 之间的对应关系。读者不妨自行体验一下不同屏幕分辨率设置下的文字大小。

计算机端用户通常会将屏幕分辨率调整到适合阅读的大小，因此若仅制作供计算机端浏览的网页，无须过多考虑文字大小的问题，只需兼顾低屏幕分辨率下网页是否能够在横向完整呈现即可(不横向滚动)。很多网站将页面的主要内容区宽度限制在 1000px 左右，并基于此宽度进行页面布局，为的即是兼容低分辨率显示器。当然更好的做法是让页面布局更具弹性，以适配不同屏幕分辨率，下文讨论。

在移动端，为了让用户在手持近距离观看时感觉不到设备像素的颗粒感，屏幕密度通常比桌面显示器更高，而移动端操作系统按 1px 对应 1dot 的方式呈现画面，且无法调节。因此，若不加任何技术处理，网页元素在手机屏幕上看会小很多。换句话说，原先在计算机端 16px 大小的文字已可让用户清晰阅读，但若在手机端，为获得差不多大小的文字，需要将文字大小设置为 32px 或更大。这样既不直观，也很麻烦，因此在 Android 原生技术中建议使用 dp(device independent pixels，设备独立像素)为单位，底层平台自动将 dp 换算为 px。例如，160dpi 的屏幕，1dp＝1px；而 320dpi 的屏幕，1dp＝2px。对于文字甚至还引入了 sp 这样的单位，以进一步考虑用户在系统设置中对默认文字大小的调整，这样程序员就不用深陷屏幕密度的问题。可遗憾的是，CSS 中没有 dp，也没有 sp。

为解决移动端网页文字自动缩放的问题，理想视窗(ideal viewport)的概念被引入。浏览器根据屏幕密度自动计算出合适的缩放比例，即 **dpr**(device pixel ratio，设备像素比)，然后将程序员代码中以 px 为单位表述的尺寸乘以 dpr 呈现。例如，dpr＝3 时，16px 大小的文字在浏览器中实际呈现为 48px 大小。但此时网页实际可使用的视窗大小若以 px 为单位计，就变成了手机物理分辨率的 1/3，即理想视窗大小。通常以 160ppi 为基准，此时 dpr＝1，其余屏幕密度按比例换算，参看表 4.4。

表 4.4 不同屏幕密度下的设备像素比

屏幕密度/ppi	120	160	240	320	480	640
设备像素比/dpr	0.75	1	1.5	2	3	4

以 6.1 英寸，分辨率为 1170×2532px 的手机为例，其屏幕密度为 460ppi，浏览器取 dpr＝3，因此理想视窗大小为 390×844px。换言之，在这部手机上所有元素的尺寸将被放

大为 3 倍，而网页实际可用的布局空间宽度为 390px。

编写 HTML 代码时，通常在<head>…</head>部分添加如下元数据。

```
<meta name="viewport" content="width=device-width, initial-scale=1.0">
```

其中，device-width 即设备理想视窗宽度，initial-scale＝1.0 为冗余表达，只为兼容不同浏览器。若设置 initial-scale＝0.5，则页面布局宽度将是理想视窗宽度的 2 倍。

添加上述元数据后，浏览器便将页面布局空间调整为理想视窗大小，而页面中的所有元素将按比例放大。此时应注意，页面中的图片也将被放大，原先大小合适的图片，现在可能就超出屏幕显示范围了。因此，往往需要针对不同屏幕密度制作不同规格的图片，要求不高的情况下也可使用 CSS 进行缩放。

读者可在不同设备的浏览器中打开如下 HTML 文档，观察其中的文字是否适合阅读。

code-4.15.html

```
<!DOCTYPE html>
<html>
<head>
  <title>4.15</title>
  <meta charset="UTF-8">
  <meta name="viewport" content="width=device-width, initial-scale=1">
</head>
<body>
  <p>Hello World! 你好世界!</p>
  <script type="text/javascript">
    //输出当前显示视窗大小
    document.write('视窗大小:'
            +document.documentElement.clientWidth
            +' * '
            +document.documentElement.clientHeight
          );
  </script>
</body>
</html>
```

4.11.1 一般编码建议

前文大致了解了同一网页在不同屏幕上视觉体验不佳的原因，以下是关于响应式网页设计的一般建议。

（1）在 HTML 文档的<head>…</head>部分，添加元素数据：

```
<meta name="viewport" content="width=device-width, initial-scale=1.0">
```

（2）修饰文字相关元素时，尽量使用 em/rem 作为单位，文字周边元素的尺寸、位置相对于文字大小进行调整。

（3）尽量使用更具弹性的长度单位，如 %、vw、vh、vmin、vmax 等。

（4）根据容器大小，对图像进行适当缩放，如{ width：100%；height：auto }。

（5）使用 flex、grid 等弹性布局容器进行页面布局。

做到以上几点，网页将更有弹性，对不同显示设备的适应性也会更好。

但对于图像元素，简单地使用 CSS 进行缩放可能导致其变得模糊。若为迁就高屏幕密度设备统一使用大尺寸图片,对于低屏幕密度设备而言会造成不必要的宽带浪费。另外,从视觉风格上来说,桌面显示器可呈现更多图像内容,而手机屏幕更强调突出重点。因此,对于图像元素,更佳的做法是根据屏幕密度使用不同的图源(4.11.2 节介绍)。

此外,毕竟移动端浏览器的理想视窗宽度实在太小,多数手机竖屏使用时均在 500px 以内,为适配移动端屏幕,有时不得不改变页面的整体布局,甚至是元素的呈现方式,此时可使用媒体查询技术进行更大范围的调整(4.11.3 节介绍)。

4.11.2 响应式图像

1. 根据屏幕密度显示图像

HTML 5 中为<img>元素增加了 srcset 属性,用以根据屏幕密度使用不同的图源,如下例所示(源代码和图片资源可在资源包中获取)。

code-4.16.html

```
<!DOCTYPE html>
<html>
<head>
  <title>4.16</title>
  <meta charset="UTF-8">
  <meta name="viewport" content="width=device-width, initial-scale=1">
</head>
<body>
  <img srcset=" img/160@1x.png,
                img/320@2x.png 2x,
                img/480@3x.png 3x"
       src="img/640@4x.png">
</body>
</html>
```

示例中 srcset 属性分别指定了 3 个不同的图像文件,其中的 2x、3x 分别代表设备像素比(dpr),默认为 1。此时,若在 dpr=2 的屏幕上将显示 320@2x.png,而在 dpr=3 的屏幕上将显示图像 480@3x.png,若所列出的 dpr 值均不匹配,则显示默认图像 640@4x.png。

读者可使用 Chrome 浏览器访问 code-4.16.html,并开启开发者工具,按如图 4.18 所示步骤操作,观察在不同 dpr 时的显示效果。也可分别在计算机和手机上查看此网页,应会呈现不同的图像。

2. 根据屏幕宽度显示图像

以下代码将使浏览器根据视窗宽度决定使用最合适的图片文件。

code-4.17.html

```
<!DOCTYPE html>
<html>
<head>
  <title>4.17</title>
  <meta charset="UTF-8">
  <meta name="viewport" content="width=device-width, initial-scale=1">
</head>
<body style="margin: 0;">
```

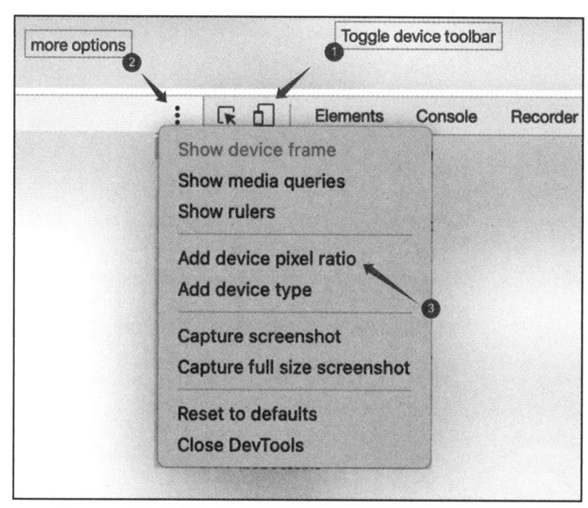

图 4.18 开启 Chrome 开发者工具 dpr 切换功能

```
    <img srcset="img/160@1x.png 160w,
                 img/320@2x.png 320w,
                 img/480@3x.png 480w"
        src="img/640@4x.png">
  </body>
  </html>
```

代码中 160w、320w、480w 提示浏览器此图像文件的实际宽度分别为 160px、320px、480px。当 dpr=1 时，改变视窗宽度可看到图源分别在视窗宽度为 160px 和 320px 时进行了切换。

但若 dpr≠1，则图像将被缩放，浏览器将根据 dpr 值，结合不同图片的宽度比例，决定切换图源的时机。以 dpr=2 为例，当视窗宽度由小变大的过程中，浏览器将分别在视窗宽度为 114px/196px 时切换图源，计算方法如下。

$$s=\frac{\sqrt{\text{higher}/\text{lower}}}{\text{dpr}}\times \text{lower}$$

其中，higher、lower 分别为所列图源宽度中两个相近的宽度值。以上例 160w 和 320w 的两幅图源为例：

$$s=\frac{\sqrt{320/160}}{2}\times 160\approx 114$$

读者不必过分关心浏览器切换图源的时机，只需明白使用 srcset 属性可为图像指定多个图源，属性值中的宽度值提示浏览器相应图源的实际宽度，浏览器会尽可能地做到图像显示清晰，同时又节省宽带资源。

实验中应注意，若逐渐缩小视窗宽度，浏览器并不会切换图源，这是因为浏览器已经下载了更大尺寸的图片文件，没必要再下载小尺寸图片，因此只有逐渐增加视窗宽度的过程中才可观察到浏览器切换图源的动作。

此外，上例中的图片始终以 100vw 的宽度显示（占满了屏幕横向空间），可以使用 sizes 属性结合媒体查询指定不同视窗宽度下的图片尺寸，实现更加灵活的布局，参看下例。

code-4.18.html

```
<!DOCTYPE html>
<html>
<head>
  <title>4.18</title>
  <meta charset="UTF-8">
  <meta name="viewport" content="width=device-width, initial-scale=1">
  <style>
    /* 媒体查询,视窗宽度大于 760px 时应用如下样式,将页面分作 2 列 */
    @media (min-width: 760px) {
      body {display: grid; grid-template-columns: 30vw 1fr; gap: 2em; }
    }
  </style>
</head>
<body>
  <img src="img/640@4x.png"
       srcset=" img/160@1x.png 160w,
                img/320@2x.png 320w,
                img/480@3x.png 480w"
       sizes="(min-width: 760px) calc(30vw -2em), calc(100vw -16px)"
  >
  <p>Lorem ipsum dolor sit, amet consectetur adipisicing elit...</p>
</body>
</html>
```

上述代码中涉及的关于“媒体查询”的知识可参见4.11.3节,此处重点关注sizes属性,上例中根据视窗宽度指定了两个不同的图像宽度:当视窗宽度大于760px时,图像显示宽度为calc(30vw−2em),即视窗宽度的30%减去2个字符宽度;当视窗宽度小于760px时,图像显示宽度为视窗宽度减去16px。浏览器将根据此计算值决定加载srcset属性中指定的哪一个图源文件。

结合样式表,用户可在不同设备上看到不同的页面布局,且浏览器将自动加载合适的图像,代码运行效果如图4.19所示。

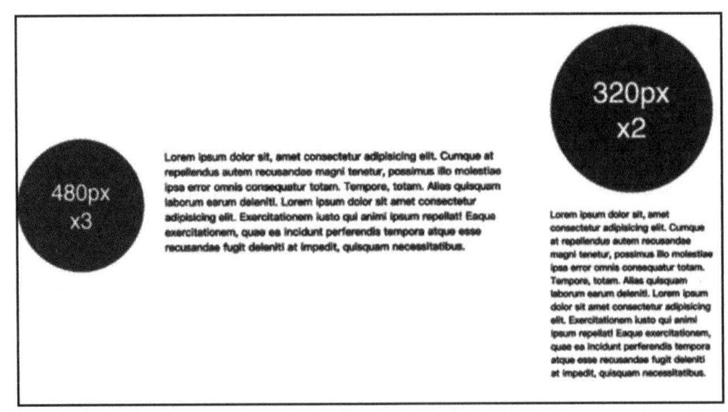

图4.19 code-4.18.html在不同视窗宽度时的显示效果

除上述图像自适应技术外,HTML 5中还可使用<picture>元素包含零个或多个<source>元素和一个<img>元素来为不同的场景提供图像版本,浏览器会选择最匹配的<source>元素,若无匹配的图源则选择<img>元素指定的图像,如下例。

```
<picture>
  <source media="(max-width: 200px)" srcset="img/160@1x.png">
  <source media="(min-width: 201px) and (max-width: 500px)" srcset="img/320@2x.png">
  <img src="img/640@4x.png">
</picture>
```

4.11.3 媒体查询

CSS 的@media 规则允许根据媒体特性指定不同的样式表，例如，为显示器和打印机指定不同的样式表，或根据浏览器视窗宽度指定不同的样式表，通常将这套技术称作媒体查询。

通过媒体查询技术可获取丰富的媒体特性，较常用的是以下三类场景。

1. 根据设备类型指定不同样式表

例如，希望网页在屏幕上显示时使用一种样式，而打印输出时则呈现另外的样式，这对实现简单的网页报表打印输出较为有用。此时，可将两种不同场景的样式表分别写作两个独立文件，如 screen.css、print.css，然后在引入外部样式表时指定媒体类型。

```
<link rel="stylesheet" src="screen.css" media="screen" />
<link rel="stylesheet" src="print.css" media="print" />
```

当然，也可在一个样式表文件中使用@media 规则，如下。

```
@media screen {…}
@media print {…}
```

2. 根据浏览器视窗宽度指定不同样式表

此类应用最为常见，例如图 4.19 所示的效果即是根据浏览器视窗宽度指定不同样式，从而实现不同屏幕上的布局变化。

以下示例中分别为 4 个视窗宽度范围指定了不同的样式，运行效果如图 4.20 所示。

code-4.19.html

```
<!DOCTYPE html>
<html>
<head>
  <title>4.16</title>
  <meta charset="UTF-8">
  <meta name="viewport" content="width=device-width, initial-scale=1">
  <style>
    p {
      background-color: brown; color: white; padding: 1em 2em;
      opacity: 0.1;
    }
    @media (max-width: 767px) { .xs { opacity: 1; } }
    @media (min-width: 768px) and (max-width: 991px) { .sm { opacity: 1; } }
    @media (min-width: 992px) and (max-width: 1199px) { .md { opacity: 1; } }
    @media (min-width: 1200px) { .lg { opacity: 1; } }
  </style>
</head>
<body>
```

```
    <p class="xs">超小屏幕(手机<768px)</p>
    <p class="sm">小屏幕(平板>=768px)</p>
    <p class="md">中等屏幕(桌面显示器>=992px)</p>
    <p class="lg">大屏幕(大桌面显示器>=1200px)</p>
  </body>
  </html>
```

运行上述代码并打开 Chrome 浏览器开发者工具,按图 4.20 中标注的操作方法观察不同视窗宽度下的显示效果。

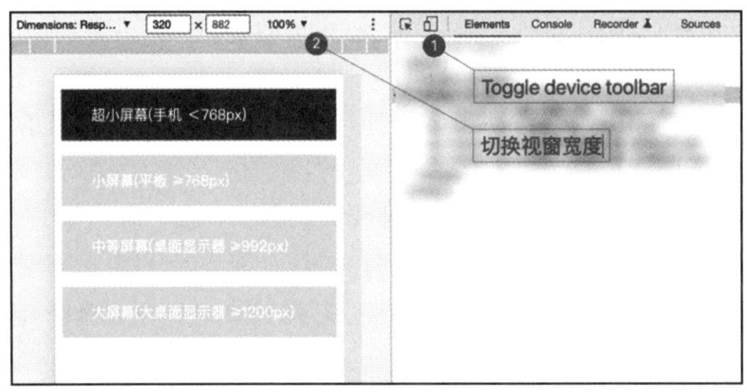

图 4.20 code-4.19.html 运行效果

3. 根据屏幕方向指定不同样式表

当手机/平板横屏使用时将获得更大的视窗宽度,此时可考虑将竖屏时纵向排列的元素水平摆放或做其他调整。媒体查询通过比较视窗的横、纵方向宽度以获知当前屏幕方向为横屏(landscape)还是竖屏(portrait),继而应用不同的样式。

请参看如下代码,运行效果如图 4.21 所示。可按图中标注的操作方法观察不同屏幕方向时的显示效果。

code-4.20.html

```
<!DOCTYPE html>
<html>
<head>
  <title>4.20</title>
  <meta charset="UTF-8">
  <meta name="viewport" content="width=device-width, initial-scale=1">
  <style>
    body { display: flex; }
    div  { background: brown; color: white; padding: 1em 2em; margin: 0.5em; }
    @media (orientation: landscape) {      /* 横屏样式 */
      body { flex-direction: row; }
    }
    @media (orientation: portrait) {       /* 竖屏样式 */
      body { flex-direction: column; }
    }
  </style>
</head>
<body>
  <div>Box1</div>
```

```
    <div>Box2</div>
    <div>Box3</div>
  </body>
  </html>
```

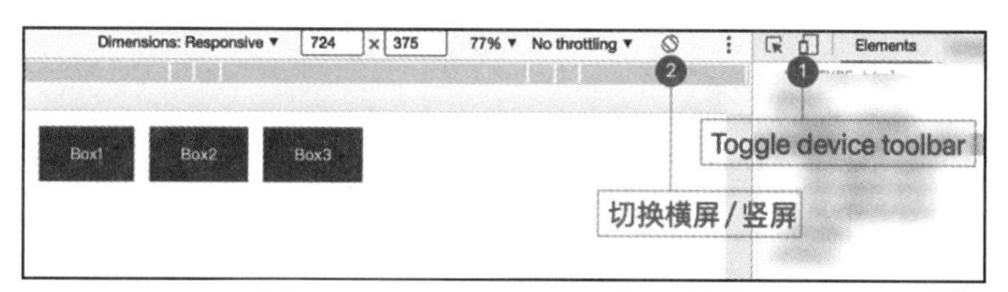

图 4.21　code-4.20.html 运行效果

以上仅简要举例介绍了媒体查询的几个常用场景，读者可参阅在线文档以了解媒体查询所支持的更多媒体特性。

本节集中讨论了响应式网页设计的相关技术，相对而言，这部分内容较为晦涩，涉及因素较多，代码调试也困难重重，初学者了解基本概念即可，未来实际项目中若有需要再做深入研究。目前主流的前端 UI 框架通常都对响应式网页设计方案进行了一些封装，使用起来较为方便。

4.12　前端 UI 框架

在实际开发中，常会基于第三方框架进行二次开发，这样一方面可节省时间和精力，更多地专注于具体业务的实现，另一方面，框架中成熟的实现方案也可帮助我们更加完美地完成开发任务。这里所说的框架（framework），可理解为别人针对某个领域已完成的“半成品”，程序员在此基础上继续工作，实现具体业务，最终交付产品。类比建筑领域，如果需要建一栋教学楼，框架更像是已建成的基础设施，房屋的架子已经搭建完成，我们要做的只是在此基础上进行完善和装修，最终交付功能齐备的教学楼。

在软件开发领域，几乎每项技术背后都有各式各样的框架可供选择，在熟悉基本技能后，适当使用框架可令开发过程更加轻松。本节重点讨论前端 UI 框架，即专注于 Web 应用程序前端用户界面实现的框架。目前流行的前端 UI 框架包括 Bootstrap、Semantic UI、UIKit、Foundation、Pure.css 等，也有国内公司发布的 ElementUI、Mint UI、Cube UI 等。其中，Bootstrap 是其中最为流行的框架之一，曾被许多第三方框架嵌入内核。

本节将以 Bootstrap 为例，介绍前端框架的一般使用方法，读者有了一定感性认识后，以此为基础学习其他框架必将事半功倍。

4.12.1　Bootstrap 入门

Bootstrap 最早可追溯到 2011 年发布的 1.0 版本，此后发展迅速，目前已更新至 5.1.3 版，本节以此版本为例进行讲解。

如前所述，框架事实上是对通用开发任务的封装，对于前端 UI 框架而言，自然包括对常用元素的风格化定制和组件的封装。因此，不止 Bootstrap，使用所有前端框架的第一步必然是引入其样式表，以获得风格化的元素，若还涉及更强的交互能力，通常还需引入框架提供的 JavaScript 代码。

以下示例简单演示了 Bootstrap 使用方法,运行效果如图 4.22 所示,读者暂不必过分在意代码的含义,感性认识即可。

code-4.21.html

```
<!DOCTYPE html>
<html>
<head>
  <title>4.21</title>
  <meta charset="UTF-8">
  <meta name="viewport" content="width=device-width, initial-scale=1">
  <!--引入 Bootstrap 的样式表 -->
  <link href="https://cdn.bootcdn.net/ajax/libs/
                        twitter-Bootstrap/5.1.3/css/Bootstrap.min.css" rel="stylesheet">
  <!--引入 Bootstrap 的 JavaScript 文件 -->
  <script src="https://cdn.bootcdn.net/ajax/libs/
                        twitter-Bootstrap/5.1.3/js/Bootstrap.min.js"></script>
  <style>
    body { font-size: 14px; }
    .card img { height: 100%; }
  </style>
</head>
<body>
  <div class="container my-4">
    <div class="row">
      <div class="col col-md-8 offset-md-2">
        <div class="card shadow">
          <div class="row g-0">
            <div class="col-md-4 col-lg-3">
              <img src="./img/jianjia.png" class="img-fluid rounded-start" alt="蒹葭">
            </div>
            <div class="col-md-8 col-lg-9 bg-light">
              <div class="card-body p-4">
                <h5 class="card-title">蒹葭</h5>
                <div class="my-4">
                  <p class="card-text">
蒹葭苍苍,白露为霜。所谓伊人,在水一方。溯洄从之,道阻且长。溯游从之,宛在水中央。
</p>
                  <p class="card-text">
蒹葭萋萋,白露未晞。所谓伊人,在水之湄。溯洄从之,道阻且跻。溯游从之,宛在水中坻。
</p>
                  <p class="card-text">
蒹葭采采,白露未已。所谓伊人,在水之涘。溯洄从之,道阻且右。溯游从之,宛在水中沚。
</p>
                  /div>
                  <p class="card-text"><small class="text-muted">『 先秦 无名氏 』
</small></p>
              </div>
            </div>
          </div>
        </div>
      </div>
    </div>
```

```
    </div>
  </div>
</body>
</html>
```

桌面端效果

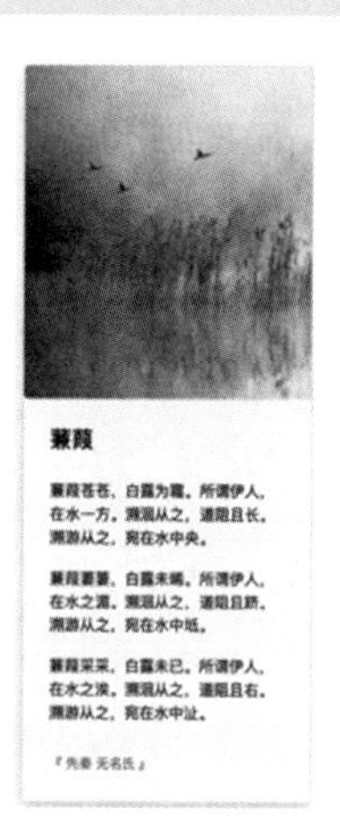

手机端效果

图 4.22　code-4.21.html 运行效果

从 code-4.21.html 可看到，几乎没写几行 CSS 代码，仅利用 Bootstrap 的预定义样式很快就构建出了如图 4.22 所示的网页，且实现了响应式布局，两幅截图分别为桌面端和手机端的显示效果。

使用 Bootstrap 时首先需要引入其 CSS 样式表文件，一般直接引入 CDN[①] 在线资源即可，参见代码中的<head>部分。虽然 Bootstrap 官方文档中推荐使用 jsDelivr 所提供的 CDN 资源，但国内访问偶有较大延迟，本书示例均使用 BootCDN，读者也可自行选用其他资源。当然，也可访问 Bootstrap 官网下载离线资源包，将其放入项目文件夹，本地引用即可。

因为 HTML 中代码的书写位置决定了其执行顺序，所以通常应将引入第三方资源的代码放置在自己的代码之前，毕竟我们是基于第三方的框架进行二次开发。上例中还引入了 Bootstrap 的 JavaScript 文件，但对于本例而言并非必需，只为演示。若项目中使用到对话框、下拉菜单、弹出式元素等交互式组件，则需要引入 JavaScript 文件。

通常，第三方的前端框架均会提供以下两个版本的文件。

- 未经压缩处理的源代码文件，如 Bootstrap.css，在开发阶段使用此版本更便于调试。
- 经压缩处理的源代码文件，如 Bootstrap.min.css（常有 min 字样），此版本的资源更适用于生产环境，其文件尺寸更小，可节省带宽，加载速度更快，但并不适合阅读。

项目开发完成后，也可使用第三方工具将自己编写的代码进行压缩，以加快加载速度。此外，前端代码均是被下载到客户端解释执行，并不像其他计算机语言一样进行编译，因此若出于保护源代码版权或其他目的，也可使用第三方工具进行“混淆”处理（多针对 JavaScript 代码），请参阅其他资料。

下面简要介绍 Bootstrap 所提供的通用样式和组件，读者可借此了解一般前端 UI 框架

---

① CDN：内容分发网络（Content Delivery Network/Content Distribution Network），利用最靠近用户的服务器，更快、更稳定地将资源分发给用户。

的功能和使用方法。

4.12.2 Bootstrap 布局类样式

一般 UI 框架中均包含预定义的布局类样式,它们大多封装 CSS 的媒体查询技术以提供响应式布局容器。

Bootstrap 中的 .container、.container-sm、.container-md、.container-lg 等样式类即用于将页面容器转换为响应性容器,在不同尺寸的屏幕上,该容器的宽度将有所不同。

栅格系统(grid)通常是前端 UI 框架进行响应式布局的核心,Bootstrap 将容器的横向空间分为 12 列,子元素可通过套用预定义样式实现灵活的布局,参看以下代码。

code-4.22.html

```
<!DOCTYPE html>
<html>
<head>
  <title>4.22</title>
  <meta charset="UTF-8">
  <meta name="viewport" content="width=device-width, initial-scale=1">
  <link href="https://cdn.bootcdn.net/ajax/libs/
                          twitter-Bootstrap/5.1.3/css/Bootstrap.min.css" rel=
"stylesheet">
  <style>
    .row h1 {
      background-color: brown; color: white; line-height: 2em; text-align:
center;
    }
  </style>
</head>
<body>
  <!--容器宽度在不同视窗宽度下并不相同 -->
  <div class="container border p-2 bg-light">
    <!--子元素横置, 分为 12 列,间距为 2 -->
    <div class="row g-2">
      <div class="col-xl-1 col-lg-2 col-md-3 col-sm-4"><h1>1</h1></div>
      <div class="col-xl-1 col-lg-2 col-md-3 col-sm-4"><h1>2</h1></div>
      <div class="col-xl-1 col-lg-2 col-md-3 col-sm-4"><h1>3</h1></div>
      <div class="col-xl-1 col-lg-2 col-md-3 col-sm-4"><h1>4</h1></div>
      <div class="col-xl-1 col-lg-2 col-md-3 col-sm-4"><h1>5</h1></div>
      <div class="col-xl-1 col-lg-2 col-md-3 col-sm-4"><h1>6</h1></div>
      <div class="col-xl-1 col-lg-2 col-md-3 col-sm-4"><h1>7</h1></div>
      <div class="col-xl-1 col-lg-2 col-md-3 col-sm-4"><h1>8</h1></div>
      <div class="col-xl-1 col-lg-2 col-md-3 col-sm-4"><h1>9</h1></div>
      <div class="col-xl-1 col-lg-2 col-md-3 col-sm-4"><h1>10</h1></div>
      <div class="col-xl-1 col-lg-2 col-md-3 col-sm-4"><h1>11</h1></div>
      <div class="col-xl-1 col-lg-2 col-md-3 col-sm-4"><h1>12</h1></div>
    </div>
  </div>
</body>
</html>
```

读者可自行实验,通过改变浏览器窗口宽度,可观察到页面中的元素将呈现不同的排列方式。代码中的 col-xl-1 表示该元素在超大(x-large)视窗宽度时占据此行 12 列中的 1 列,而 col-lg-2 表示在大(large)视窗宽度时占 2 列,其余样式类的作用类似。通常,涉及响应性布局的样式类均带有 xs、sm、md、lg、xl、xxl 等关键字,其含义见表 4.5。

表 4.5 Bootstrap 栅格系统的断点

关键字	视窗宽度	常见设备
xs	<576px	手机竖屏
sm	≥576px	手机横屏
md	≥768px	手机横屏,平板电脑竖屏
lg	≥992px	较老旧的桌面显示器,平板电脑横屏
xl	≥1200px	桌面显示器,电视
xxl	≥1400px	桌面显示器

上述栅格系统其实是对弹性框样式(display: flex)的封装,使用 margin 实现了各行/列间距(gutter,槽)的调整,并使用媒体查询分别定义了各种视窗宽度范围内的列宽样式类,读者若感兴趣,可借助 Chrome 开发者工具查看其样式表。在 Bootstrap 5 版本中还增加了 Grid 布局类,它是对网格样式(display: grid)的封装。

4.12.3 Bootstrap 基本元素样式

针对常用的 HTML 元素 Bootstrap 定义了大量样式,其中少部分直接使用类型选择器进行定义,因此只要代码中使用了相应的元素,即会呈现 Bootstrap 预设的外观,例如,文字排版相关的标题(h1～h6)、段落(p)等;大部分则定义为样式类,需要在代码中主动添加相应样式类声明,如图片、表格、表单元素、按钮等。code-4.23.html 展示了部分此类样式的使用,运行效果如图 4.23 所示。

code-4.23.html

```
<!DOCTYPE html>
<html>
<head>
  <title>4.23</title>
  <meta charset="UTF-8">
  <meta name="viewport" content="width=device-width, initial-scale=1">
  <link href="https://cdn.bootcdn.net/ajax/libs/
                    twitter-Bootstrap/5.1.3/css/Bootstrap.min.css" rel=
"stylesheet">
</head>
<body>
  <div class="container">
    <h2>Customer List</h2>
    <div class="input-group mb-3">
      <input type="text" class="form-control" placeholder="Recipient's
username">
      <span class="input-group-text">Search</span>
    </div>
    <table class="table table-striped">
      <thead>
```

```
        <tr>
          <th scope="col">#</th>
          <th scope="col">First Name</th>
          <th scope="col">Last Name</th>
          <th scope="col">Email</th>
          <th scope="col">Action</th>
        </tr>
      </thead>
      <tbody>
        <tr>
          <th scope="row">1</th>
          <td>Mike</td>
          <td>Otto</td>
          <td>mark@mdo</td>
          <td class="col-2">
            <button type="button" class="btn btn-sm btn-primary">Edit</button>
            <button type="button" class="btn btn-sm btn-danger">Remove</button>
          </td>
        </tr>
        <tr>
          <th scope="row">2</th>
          <td>Jacob</td>
          <td>Thornton</td>
          <td>jacob@fat</td>
          <td class="col-2">
            <button type="button" class="btn btn-sm btn-primary">Edit</button>
            <button type="button" class="btn btn-sm btn-danger">Remove</button>
          </td>
        </tr>
      </tbody>
    </table>
  </div>
</body>
</html>
```

图 4.23　code-4.23.html 运行效果

4.12.4　Bootstrap 工具类样式

对于文字大小、颜色、间隔、定位方式、对齐方式等常用的样式，前端 UI 框架通常将它们预定义为通用样式类，Bootstrap 也不例外。此类样式不针对某类特定元素，因此本节将它们归为工具类样式。表 4.6 举例一部分 Bootstrap 工具类样式，并不完整，主要目的是让读者体会此类样式的作用和用法，完整的说明请参阅 Bootstrap 官方文档。

表 4.6　Bootstrap 工具类样式举例

类　别	举　例
文本修饰	fs-1(1 号字)、text-primary(主题色文字)、text-center(文字水平居中)
元素背景	bg-primary(背景色)、bg-gradient(渐变背景)
元素边框	border(元素四周带边框)、border-1(边框宽度)、border-primary(边框使用主题色)
间距	m-3(元素四周 3 个标准间距的 margin)、px-1(水平方向 1 个标准间距的 padding)
显示方式	d-none(display: none)、d-flex(display: flex)
定位方式	position-relative(position: relative)、top-50(top: 50%)
元素阴影	shadow(常规阴影)、shadow-lg(较大的阴影)
Flex 属性	justify-content-between(justify-content: space-between)

相信通过表 4.6 的举例读者已能体会到,Bootstrap 将大部分常用样式进行了封装,定义为方便使用的样式类。

Bootstrap 的许多预定义样式中带有表 4.5 所列的断点关键字,例如 d-sm-none,它们可让我们方便地进行响应式布局;涉及尺寸的样式类通常以数值表示其相对于标准间距的倍数,例如,m-3(等价于 margin: 3em);涉及颜色的样式类则可直接使用预定义的情景颜色,如 text-primary(主题色文字),它们可帮助我们制作出配色风格统一的页面。

当然,熟悉上述工具样式类需花费很多时间和精力,但当我们熟悉后,可大幅提高编码效率。下面的例子中仅使用 Bootstrap 工具类样式即完成了快速排版,运行效果如图 4.24 所示。

code-4.24.html

```
<!DOCTYPE html>
<html>
<head>
  <title>4.24</title>
  <meta charset="UTF-8">
  <meta name="viewport" content="width=device-width, initial-scale=1">
  <link href="https://cdn.bootcdn.net/ajax/libs/
                          twitter-Bootstrap/5.1.3/css/Bootstrap.min.css" rel=
"stylesheet">
</head>
<body>
  <div class="container p-3">
    <div class="rounded shadow">
      <h4 class="px-3 lh-lg text-white bg-primary bg-gradient">Welcome</h4>
      <div class="p-3">
        <div class="text-muted lh-base">
          <p>Lorem, ipsum dolor sit amet consectetur adipisicing elit...</p>
        </div>
        <div class="border-top pt-2 d-flex justify-content-between align-
items-center">
          <small class="fst-italic fw-lighter">
            Post By<a href="#" class="text-decoration-none">Someone</a>
          </small>
```

```
          <div>
            <button class="btn btn-sm btn-light">Read more</button>
            <button class="btn btn-sm btn-warning">Subscribe</button>
          </div>
        </div>
      </div>
    </div>
  </div>
</body>
</html>
```

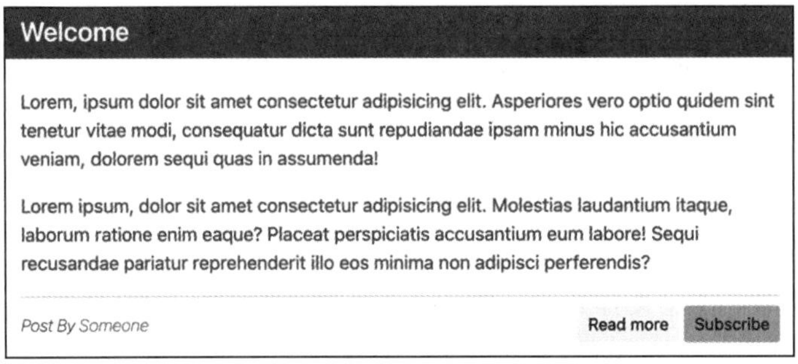

Welcome

Lorem, ipsum dolor sit amet consectetur adipisicing elit. Asperiores vero optio quidem sint tenetur vitae modi, consequatur dicta sunt repudiandae ipsam minus hic accusantium veniam, dolorem sequi quas in assumenda!

Lorem ipsum, dolor sit amet consectetur adipisicing elit. Molestias laudantium itaque, laborum ratione enim eaque? Placeat perspiciatis accusantium eum labore! Sequi recusandae pariatur reprehenderit illo eos minima non adipisci perferendis?

Post By Someone Read more Subscribe

图 4.24 code-4.24.html 运行效果

4.12.5 Bootstrap 组件

在 Bootstrap 中成组地定义一些样式类,通常组合起来使用,以呈现更为复杂的 UI 元素,如对话框、卡片、下拉列表等。它们往往由多个基本元素构成,Bootstrap 将此类复合元素称作"组件"。使用组件时,若其功能需要配合 JavaScript 代码方能实现(如"弹出式组件"),则需要引入 Bootstrap 的 JavaScript 库文件。下面以模态对话框为例演示 Bootstrap 组件的使用方法。

code-4.25.html

```
<!DOCTYPE html>
<html>
<head>
  <title>4.25</title>
  <meta charset="UTF-8">
  <meta name="viewport" content="width=device-width, initial-scale=1">
  <link href="https://cdn.bootcdn.net/ajax/libs/
                         twitter-Bootstrap/5.1.3/css/Bootstrap.min.css" rel=
"stylesheet">
  <!--引入 Bootstrap 的 JavaScript 文件 -->
  <script src="https://cdn.bootcdn.net/ajax/libs/
                         twitter-Bootstrap/5.1.3/js/Bootstrap.bundle.min.js">
</script>
</head>
<body>
  <!--模态对话框触发按钮 -->
  <button type="button" class="btn btn-primary"
          data-bs-toggle="modal" data-bs-target="#dialog">
    Launch Model Dialog
```

```
    </button>
    <!--模态对话框 -->
    <div class="modal fade" id="dialog" data-bs-backdrop="static" >
      <div class="modal-dialog">
        <div class="modal-content">
          <div class="modal-header">
            <h5 class="modal-title">Modal Dialog</h5>
            <button type="button" class="btn-close" data-bs-dismiss="modal"></button>
          </div>
          <div class="modal-body">Lorem ipsum dolor sit elit…</div>
          <div class="modal-footer">
            <button type="button" class="btn btn-secondary" data-bs-dismiss="modal">
              Close
            </button>
            <button type="button" class="btn btn-primary">Confirm</button>
          </div>
        </div>
      </div>
    </div>
  </body>
  </html>
```

从 code-4.25.html 中的代码可看到，Bootstrap 为模态框定义了一组以“model-”开头的样式类，组合使用这些样式类即可得到如图 4.25 所示的对话框。代码中还出现了很多以“data-bs-”开头的自定义属性，它们实现了相应的功能配置，例如，按钮属性 data-bs-toggle = "model"意为单击此按钮将触发模态框弹出，而 data-bs-target＝"＃dialog"则辅助说明了要弹出的模态对话框(id 值为 dialog)。

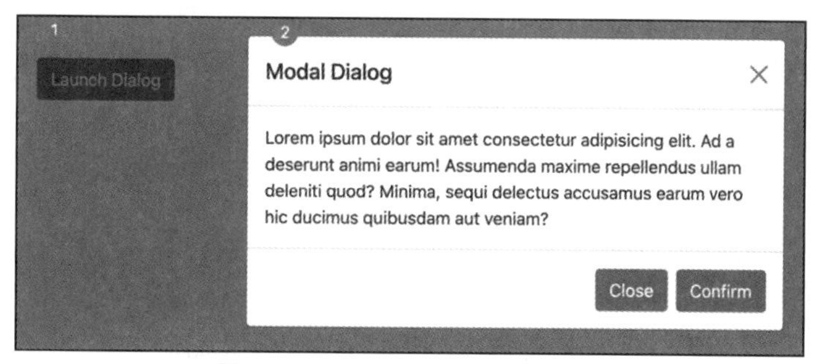

图 4.25　code-4.25.html 运行效果

模态对话框(model dialog)可通俗地理解为一旦其出现，用户必须进行响应，除模态对话框中提供的交互功能外，不可进行其他操作。模态对话框是一个通用的术语，并非 Bootstrap 所特有，类似的还有模态窗口等。

通过前面的例子可看到，虽然某些功能的实现需要 JavaScript 脚本支持，但是在 Bootstrap 的帮助下，我们并没有编写一行 JavaScript 代码。当然，对于一些个性化的功能，如单击 Confirm 按钮后的逻辑实现还是需要程序员自行完成的，我们将在第 5 章学习 JavaScript 的相关知识。

4.12.6 Bootstrap 图标库

在早期版本的 Bootstrap 中内嵌了 Glyphicons 矢量图标库，只需直接套用图标样式类即可呈现相应的图标。但在 4.0 之后的版本中，Bootstrap 创建了自己的官方图标库，提供了一千六百多个免费图标，读者可预览这些图标的显示效果，并获得相应样式类的名称。

若需使用 Bootstrap 图标，可下载离线包本地引用，也可直接使用 CDN 在线资源。下例演示了 Bootstrap 图标的使用方法，运行效果如图 4.26 所示。

code-4.26.html

```
<link href="https://cdn.bootcdn.net/ajax/libs/
                        twitter-Bootstrap/5.1.3/css/Bootstrap.min.css" rel=
"stylesheet">
<!--引入 Bootstrap 图标库 -->
<link href="https://cdn.bootcdn.net/ajax/libs/Bootstrap-icons/1.8.3/
                        font/Bootstrap-icons.min.css" rel="stylesheet">
<p class="fs-2">
  <i class="bi bi-cloud-drizzle"></i>
  <i class="bi bi-cloud-lightning"></i>
  <i class="bi bi-cloud-sun"></i>
  <i class="bi bi-sun"></i>
</p>
<div class="d-flex align-items-center">
  <i class="bi bi-heart-pulse-fill fs-1 text-danger heart"></i>
  <button class="btn btn-sm btn-outline-danger ms-5">
    <i class="bi bi-stars"></i>点赞
  </button>
</div>
```

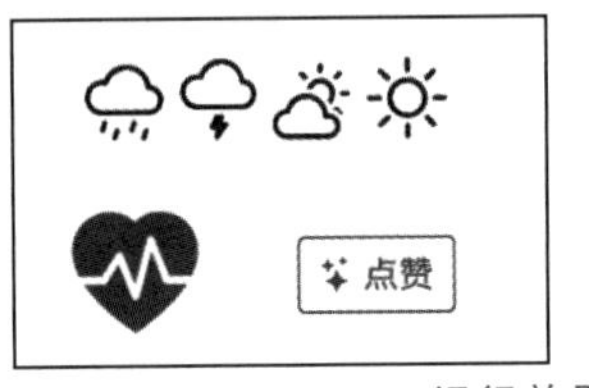

图 4.26 code-4.26.html 运行效果

代码中可看到，Bootstrap 图标的使用方法与 4.7 节所述的 Font Awesome 图标类似，首先套用 bi 样式类声明需要使用 Bootstrap 图标，后面的 bi-* 样式类说明了具体的图标名称。

此外，Bootstrap 允许程序员根据项目需求裁剪部分功能或进行个性化定制，例如，若 Bootstrap 的默认配色方案不符合项目风格，可自定义配色方案。此部分内容需要配合使用第三方构建工具，此处暂不做讨论，待有实际需求时，可结合本书后续章节介绍的知识深入研究。

本节以 Bootstrap 为例介绍了一般前端 UI 框架的作用和使用方法，不求详尽，只求能带领读者纵览此类框架的全貌，在今后的项目中若有用到，结合官方文档进行深入学习和实践即可。其余前端 UI 框架的使用方法和功能与 Bootstrap 大同小异，读者若想学习其他框架，可以本节目录为提纲。

我们目前并未学习 JavaScript，因此本节讨论的内容更多局限于主要进行 CSS 封装的 UI 框架，而广义的前端框架往往不止专注于 UI 元素的构建，它们还可能与其他框架结合，以实现更复杂的封装，将在第 8 章中讨论。

4.13　CSS 预处理器

目前为止，我们已经写了不少 CSS 程序，也学习了一些进阶技术，但不知读者有没有发现，CSS 的语法结构似乎有些别扭的地方，或者缺少了些实用的功能。

例如，当我们编写样式表文件时，很难表达样式规则之间的逻辑关系，代码量一旦达到一定规模，可维护性就直线下降，多数情况下只能靠程序员良好的代码风格来避免自己写的代码自己都看不懂的尴尬。请看下面的代码，节选自 4.10 节“弹出式下拉菜单”综合示例的样式表文件(code-4.14.css)。

```
menu {…}
menu.main {…}
menu.main >li >a {…}
menu.sub {…}
menu.sub a {…}
menu.sub a:hover {…}
```

上述代码已只留下 CSS 选择器部分，并且书写顺序努力体现了代码的层次关系，但我们似乎还得花点功夫才能完全厘清其逻辑关系，并且选择器中大量的重复代码不免增加了工作量(menu 重复了 6 次)。

如果能像下面这样的结构编写 CSS 代码该多好：首先，代码的层次关系被表达出来了，这与 HTML 元素的嵌套关系基本一致；其次，代码量少了许多。

```
menu {
  …
  &.main {
    …
    >li >a {…}
  }
  &.sub {
    …
    a {
      …
      &:hover {…}
    }
  }
}
```

那么这样的代码可以直接写在样式表文件中吗？很不幸，答案是否定的。因为浏览器只认识标准的 CSS 语法，上面的代码浏览器无法直接执行。这便是本节要讨论的 CSS 预处理器(CSS preprocessor)的功能。

CSS 预处理器，顾名思义即帮助程序员将上述非标准的 CSS 代码转换为浏览器支持的标准语法。这样程序员便可以使用更优秀的语法(CSS 扩展语言，CSS extension language)来轻松编写代码，然后通过自动化工具(预处理器)将其转译为浏览器支持的标准语法。

目前主流的 CSS 预处理器包括 Sass、Scss、Less、Stylus、PostCSS 等，它们大多功能相似，只是具体语法结构上有些差异，另外有些自身的特色。其中，Scss 可认为是 Sass 的升级版，摒弃了 Sass 的一些缺点，读者可在 Sass 官网找到关于 Scss 的文档，许多时候 Scss 和

Sass 两个名称会被混用。

以 Scss 为例,其支持的主要特性如下。

(1) 嵌套 CSS 规则,即类似上述代码中嵌套语法结构。

(2) 代码复用,包括以下几种途径。

① 变量:允许以"$"开头自定义变量,方便复用样式属性值,类似标准 CSS 中的自定义属性(参见 4.4 节)。

② 混合器:使用@mixin 标识符定义混合器,其中包含共用样式。当需要时使用@include 引用,支持传递参数。

③ 继承:类似面向对象语言中的继承机制,使用@extend 将父类样式混入。

(3) 模块化:将相对独立的样式写作单独的 Scss 文件,然后通过@import 导入。

(4) 扩展语法:Scss 在这方面更像是程序设计语言,它不仅支持数值、字符串、颜色值、List、Map 等数据类型,还支持算术、关系、逻辑运算和颜色运算,甚至可使用 @if、@else if、@for、@while 等控制指令。

下面以一个简单的例子演示 Scss 的功能和使用方法。

code-4.27.html

```
<!DOCTYPE html>
<html>
<head>
  <title>4.27</title>
  <meta charset="UTF-8">
  <meta name="viewport" content="width=device-width, initial-scale=1">
  <!--注意引入的是编译完成的 ".css" 文件-->
  <link rel="stylesheet" href="code-4.27.css">
<body>
    <div id="card">
      <h1>Hello Scss</h1>
      <p>Lorem ipsum dolor sit amet consectetur, adipisicing elit…</p>
    </div>
</body>
</html>
```

code-4.27.scss

```
//定义变量
$base-color: #c6538c;
$border-dark: rgba($base-color, 0.88);
$bg-color: #eee;

#card {
  font-size: 14px;
  margin: 50px;
  padding: .5em 2em;
  width: 400px;
  background-color: $bg-color;
  border: 1px solid $border-dark;
  border-radius: .5em;
  h1 {
```

```
    color: $base-color;
  }
  p {
    color: #666;
    line-height: 1.5em;
    //"&" 引用父选择器
    &:hover {
      color: $base-color;
    }
  }
}
```

注意,Scss 代码需要编译为标准 CSS 代码才可供浏览器执行,这里可借助 VSCode 的插件完成编译工作。打开 VSCode 的“扩展”面板,搜索“Live Sass Complier”,选择一个较新的版本安装。

完成 Live Sass Complier 插件安装后,单击 VSCode 底部状态栏中的 Watch Sass 按钮,这样便开启了 Live Sass Complier 对项目中.sass /.scss 文件的监听,它会将此两类文件自动编译为同名的 .css 文件,后期若代码有更改将自动编译。

至此,便可在浏览器中观察代码的运行效果,如图 4.27 所示。

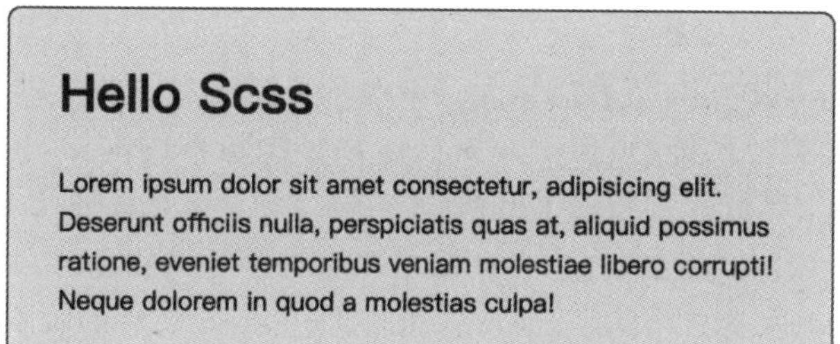

Hello Scss

Lorem ipsum dolor sit amet consectetur, adipisicing elit. Deserunt officiis nulla, perspiciatis quas at, aliquid possimus ratione, eveniet temporibus veniam molestiae libero corrupti! Neque dolorem in quod a molestias culpa!

图 4.27　code-4.27.html 运行效果

在项目文件夹下,Live Sass Complier 同时生成了一个同名的 .css.map 文件,它记录了 .scss 源码与 .css 代码的映射关系,打开 Chrome 开发者工具的 Elements 面板,可看到编译后的 CSS 代码与 Scss 源码的对应关系,便于调试。

本节以 Scss 为例介绍了一般 CSS 预处理器的功能和用法,篇幅所限并未深入,未来项目中若有用到,读者可参阅官方文档进行深入学习。也可尝试使用其他 CSS 预处理器,它们各有特色,但都在努力解决 CSS 标准的不足。当然,CSS 标准也在不断发展,原先需要借助预处理器才能使用的语法特性,未来可能已被 CSS 标准所支持。

项目实践中,可引入自动化构建工具完成非标准 CSS 代码的编译,届时可不再使用 Live Sass Complier 之类的扩展工具,请参见第 14.4 节。

第5章

JavaScript 基础

JavaScript 最早源自网景(Netscape)公司,1996 年,网景将 JavaScript 提交给 ECMA(前身为 European Computer Manufactures Association)进行标准化,1997 年 6 月,ECMA 以 JavaScript 语言为基础制定了 ECMAScript 标准规范 ECMA-262。

与 HTML 和 CSS 不同,前两者是 W3C 的推荐标准,而 JavaScript 是 ECMAScript 标准规范的实现。除 JavaScript 外,其他语言也实现了 ECMAScript 标准,如微软早期的 JScript,但因 JavaScript 最为著名,因此通常提到 ECMAScript 指的就是 JavaScript。

最初,JavaScript 更多是作为一种运行于浏览器中的小脚本语言,为程序员提供与浏览器交互的能力,但如今它已走出了浏览器的局限,也可运行于非浏览器环境,其应用领域远远超出了最初的范围。2015 年 6 月,ECMAScript 第 6 版发布(常简写作 ES6 或 ES2015),在此版本中有许多重大更新。目前多数情形下,若不特别声明,程序员口中的 JavaScript 指的即是 ES6 之后的版本,本书内容基于 ES6 讲解,也加入了一些 ES6 之后版本的内容。目前,ECMAScript 是一个相对活跃的标准,自 2015 年起,直至本书出版时,每年 ECMA 均发布了新的 ECMAScript 标准,目前通常使用年份作为版本号,如 2022 年 6 月正式发布的版本为 ECMAScript 2022。读者可随时关注新版本的变化,若运行环境支持,不妨大胆使用新的语法特性。

JavaScript 虽然在名称上与 Java 相似,但应注意 JavaScript 与 Java 语言有本质上的区别。其一,JavaScript 是一种解释型编程语言,简单地说,JavaScript 的代码会在程序运行时被 JavaScript 解释器(引擎)逐句解释为机器代码执行,Java 则是一种编译型的语言,它的源代码需要经编译器预编译才可执行。其二,JavaScript 是一种动态语言,同时也是一种弱类型语言,而 Java 是静态的强类型语言。当然,就程序设计语言本身来说,并无本质上的优劣之分,关键看应用场景。编译型语言因其预先编译往往带来更高的执行效率,静态语言可帮助程序员发现很多数据类型兼容问题。

如果读者有学习 C/C++/Java 的经验,会看到 JavaScript 的许多基本语法与它们相似,通常把这类语言称作"类 C 语言"。因此,本书并不打算按部就班地介绍 JavaScript,多数时候会引导读者换一个角度思考,从需求出发,从程序设计的理念来学习和理解。当然,即使读者从未接触过任何程序设计语言也不必担心,本书将由浅入深逐步展开，配合精心准备的示例，让读者学有所得。

图灵奖获得者 Niklaus Emil Wirth 曾写过一本书 *Algorithms + Data Structures = Programs*《算法+数据结构=程序》，这句话也成了计算机科学的名言。我们至少可从这句话中读出以下两个信息。

- 计算机程序处理的核心内容是数据，因此首先要解决的问题即是如何合理地表达和存储数据。
- 计算机程序按照一定的算法对数据进行处理，最终输出结果。

因为不同类型的数据在计算机内部有着不同的表达、存储、运算方式，因此发展出了“数据类型”的概念。计算机程序设计语言中，一般都包括如下基本数据类型。

(1) 数值型：如 1、-2、3.14，因内部存储机制的不同，数值型又被细分为定点数(integer，整数)和浮点数(float，小数)。根据存储空间大小的不同，以及是否表达负数，又可再细分为更多子类型。

(2) 字符型：如字母、汉字，狭义地指单个的字符(char)，广义地包含字符串(string)。

(3) 布尔型：只表达真(true)或假(false)。

为了使用方便，许多程序设计语言中还会支持更高级的数据类型，但通常由以上基本数据类型来表达。

如果数据项之间没有关系，则称作离散型数据，而进入计算机世界的数据之间往往是有关联的，为表达这种数据之间的关系，发展出了“数据结构”的概念，即定义一定的存储结构来表达数据之间的关系，同时定义针对不同数据类型和数据结构的运算/操作规则。

读到这里，读者也许会有这样的疑问：这与我们要学习的知识有何关系？如果读者有学习任何一门程序设计语言的经验，不妨将教材翻开对照一下，通常第一部分介绍的就是以上内容在具体程序设计语言中的实现：数据类型、变量、常量、数组、运算符……若是面向对象语言，也许会涉及一些常用的高级数据类型，如 String、Date，以及它们所支持的操作。这些概念其实就可归入上述三个层次：数据类型、数据结构、运算/操作规则。

计算机算法通过将多条语句按一定规则组合在一起以实现特定的功能，这便涉及程序设计语言中的控制语句。当需要解决的问题变得复杂时，为便于管理和复用，同时保持程序的可维护性，将相对独立的功能模块进行封装便形成了函数。而在面向对象程序设计语言中，又更进一步地将数据和功能逻辑封装为一个整体，即对象。

本章内容将围绕上述主题逐层展开，以下是总体规划，希望读者在学习技术细节的同时，也能理解这些技术所要实现的宏观目标。

5.1 节：介绍常用的数据类型、数据结构和声明方式。

5.2 节：深入讨论数据的存储方式。

5.3 节：介绍基本运算与操作规则。

5.4 节：介绍控制逻辑的表达，即控制语句。

5.5 节：讨论功能逻辑的封装，即函数的定义和使用。

5.6 节：进一步探讨数据与功能逻辑的封装，即对象和类。

视频讲解

5.1 数据类型与数据声明

5.1.1 基本数据类型

基本数据类型也称原始数据类型,其值被称作原始值。JavaScript 的基本数据类型包括：number、bigint、string、boolean、null、undefined 和 symbol。

1. number

JavaScript 中,无论是整数还是小数均按 number 类型处理,始终使用 IEEE754 标准中的 64 位双精度浮点数来表示。

- 表达范围：$\pm 1.797\,693\,134\,862\,315\,7\times 10^{308}$之间。
- 最小值：$\pm 5\times 10^{-324}$,可表达的最接近 0 的数。

对于整数,可安全表达的范围为 $\pm(2^{53}-1)$,超出此范围则不能精确表达,此时可使用 bigint 类型。

整数的字面量[①]可使用十进制、八进制(以 0 开头)或十六进制(以 0x 或 0X 开头)表示。例如,十进制数 14 可写作 14(十进制)、016(八进制)或 0xE(十六进制)。浮点数的字面量可直接使用十进制数表示,或使用科学记数法,例如,3.14、0.314e1、0.314E1。

以下为常用的 number 类型特殊值/常量。

- NaN：Not a Number,即从数据类型看该值属于 number 类型,但并非合法的数值。例如,执行 "A" * 2 的结果即为 NaN。
- Infinity/-Infinity：正/负无穷。
- Number.MAX_VALUE：$1.797\,693\,134\,862\,315\,7\times 10^{308}$(number 类型最大值)。
- Number.MIN_VALUE：5×10^{-324},最接近 0 的正数。
- Number.MIN_SAFE_INTEGER：$-2^{53}+1$,可安全表达的最小整数。
- Number.MAX_SAFE_INTEGER：$+2^{53}-1$,可安全表达的最大整数。
- Number.NEGATIVE_INFINITY：-Infinity,负无穷。
- Number.POSITIVE_INFINITY：Infinity,正无穷。

2. bigint

bigint 是 ES2020 新加入的基本数据类型,可以表达任意大小的整数,且不限制其所占用的字节数。bigint 字面量以字母 n 结尾,例如,3n、-5n。适用于 number 类型的运算大部分也适用于 bigint 类型,但注意表达式中不可混用 number 和 bigint,例如,3+3n 是错误的表达式,应做显式类型转换,如 3+number(3n)或 bigint(3)+3n。

3. string

JavaScript 中无论单个字符还是多个字符(字符串)都按 string 类型处理。string 类型的字面量必须使用单引号(')或双引号(")为定界符。

字符串字面量中若出现特殊字符,应使用反斜杠(\)进行转义,例如,\n(换行,New Line)、\r(回车,Carriage Return)、\'(单引号)、\"(双引号)。也可使用 \xXX 或 \uXXXX

① 字面量(literal,直接量)即程序中直接书写的值,如 18、3.14。

指定 Latin-1 或 Unicode 字符，其中，“X”为十六进制数值，如 \u000D(回车符)。

在 ES6 中增加了反引号(`)可用于定义字符串模板字面量，此时特殊字符无须转义，也可用于定义多行字符串。下面的代码展示了 He's often called "Johnny" 这样一个句子，分别使用单引号、双引号、反引号定义字面量的写法。

```
He\'s often called "Johnny"'
"He's often called \"Johnny\""
`He's often called "Johnny"`
```

4. boolean

布尔型(boolean)数据的取值只能为 true(真)或 false(假)，称作布尔值或逻辑数。

在布尔上下文[①]中，false、0、-0、0n(bigint 类型的 0)、""(空字符串)、null、undefined、NaN 均被认定为 false，这些值被统称作 **falsy**(假值)，其余情况均认定为 true，统称作 **truthy**(真值)。

5. null

null 表示无效的对象或地址引用。null 和 undefined 有时被统称为 nullish。

6. undefined

undefined 表示未赋初始值的变量，或未获得值的形式参数(形参)。

7. symbol

ES6 中新增的 symbol 类型用于表示唯一的、不可更改的值，使用 Symbol()函数创建。常可用作对象属性的键(key)或数据对象的唯一标识(id)。

5.1.2 数据声明

1. 变量

程序中若需要空间存储数据，可使用如下代码进行声明(declare)。

```
let x
```

以上代码声明了一个变量(variable)，x 为变量名。此时变量 x 并没有具体的值，它的值即为 undefined。之所以称作“变量”，是因为其值可以被更改。

作为弱类型的动态程序设计语言，JavaScript 中声明变量时无须明确数据类型，而变量具体的数据类型视其值而定。可看到如下代码中，随着程序逐行向下执行时变量 x 的值在变化，其数据类型也随之改变。

```
let x=3                    //x 值为 3, number 类型
x='Hello'                  //x 值变为'Hello', string 类型
x=true                     //x 值变为 true, boolean 类型
```

代码中的等号(=)意为赋值，即将等号右边的值赋给左边的变量，在声明变量时可以直接为其赋值(如上述代码第 1 行)。

“//…”为注释，若需要注释多行内容可使用“/*…*/”。此外，注意 JavaScript 是一种区分大小写的语言。

在 ES6 之前的版本中，声明变量使用关键词 var，例如，var x= 3，但 ES6 之后更建议使

① 布尔上下文(boolean context)：可理解为程序中需要使用布尔表达式的位置，如 if (…) 的“( )”内。

用 let，5.4.1 节将详细对比它们的区别。

接下来学习如何将 JavaScript 代码嵌入网页。请创建如下所示的 HTML 文件，并将 JavaScript 代码写入<script>…</script>标签内，浏览器加载页面时便会自动执行。

code-5.1.html

```
<!DOCTYPE html>
<html lang="en">
<head>
    <title>5.1</title>
    <script>
        let x=3
        console.log(x)                 //>>>3         (输出 x 的值)
        console.log(typeof x)          //>>>number    (typeof 取得变量 x 的数据类型)

        x='Hello'
        console.log(x)                 //>>>Hello
        console.log(typeof x)          //>>>string

        x=true
        console.log(x)                 //>>>true
        console.log(typeof x)          //>>>boolean
    </script>
</head>
<body>
    <p>请打开"开发者工具"切换至"Console"标签页</p>
</body>
</html>
```

以上代码中 console.log()用于向控制台输出信息，为便于理解，注释中以“＞＞＞”表示程序在此行向控制台实际输出的内容。

在浏览器中打开 code-5.1.html，并切换至开发者工具的 Console 标签页（控制台），便可看如图 5.1 所示的程序运行结果。

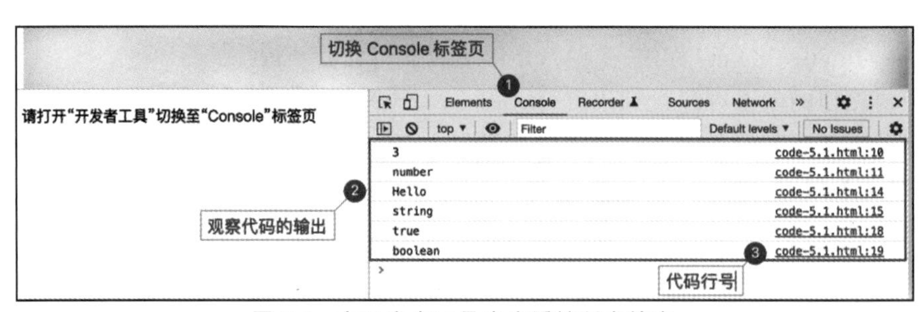

图 5.1　在开发者工具中查看控制台输出

更佳的做法是将 JavaScript 代码移至独立的 js 文件中（jscode.js），并使用<script>标签链入，代码如下。

```
<!DOCTYPE html>
<html lang="en">
<head>
    <!--./jscode.js 为外部 js 文件的相对路径  -->
```

```
    <script src="./jscode.js"></script>
</head>
<body></body>
</html>
```

为节省篇幅，若不特别说明，下文中的JavaScript代码请读者自行创建上述HTML文档框架进行实验。为便于阅读，多数情况下本书将HTML、CSS、JavaScript代码都写在一个HTML文件中，实践中建议将三者分离。

2. 常量

在一些情况下，为避免变量的值被更改，可将其声明为常量(constant)。

对于常量，一旦赋值则不可以重新赋值。例如，下面的代码使用关键词const定义了常量c并将其赋值为3，此后若再对常量c进行赋值程序将报错。

```
const c=3
c=4  //程序执行至此行将报错: Uncaught TypeError: Assignment to constant variable
```

因为常量不可重新赋值，所以声明常量时必须为其赋予初始值，如上述第1行代码。

常量与变量的区别仅在于其操作规则的限制(是否可重新赋值)，与数据类型以及数据的表达、存储方式无关。若无特别说明，本书关于变量的描述也同样适合于常量。

在程序设计语言中，标识符(identifier)用于为变量、变量、函数等命名，如前面示例中的x、c。JavaScript标识符命名规则与其他程序设计语言类似，可以由字母、数字、下画线(_)和$组成，但第一个字符不可以是数字，此外应避免使用语言自身的保留字(关键字)作为标识符，如let、const、if等。这里所说的字母和数字包括Unicode字符集中的所有字符，因此也可使用汉字，但不建议这样做。

JavaScript程序中变量名一般使用小驼峰命名风格，即第一个单词首字母小写，其余单词首字母大写，如userName、lastModified；常量名一般使用全大写的蛇形命名风格，如USER_KEY。

若读者有使用C/C++/Java等程序设计语言的经验，可能习惯于在每条语句末尾添加分号(;)，但JavaScript中，若语句置于不同行，则语句末尾的分号可以省略，当然有也无妨，这仅是风格问题，看团队要求或个人习惯而定。

多条let/const语句可合作一行，中间使用逗号分隔，例如：

```
let x=1, y, z=3.14
const c=3, d=4
```

5.1.3 常用引用类型

除5.1.1节介绍的基本数据类型外，JavaScript中其余类型均属于**对象类型**，也称作**引用类型**，其值被称作**引用值**。我们将在5.2节进一步探讨基本数据类型与引用类型的区别，本节介绍常用的几种引用类型。

1. 数组

数组(Array)用于封装有序的成组元素。数组字面量中使用中括号括起0个或任意多个组成数组的元素，其间使用逗号分隔，数组元素可以是任何数据类型，其个数称作数组长度，可通过访问数组对象的length属性获得。与其他强类型语言不同，JavaScript数组中各元素的数据类型可以不相同,请参看如下代码。

```
const arr0=[]                          //空数组,没有任何元素,长度为 0
const arr1=[1, 2, 3]                   //3 个元素均为 number 类型
const arr2=['zhangsan', true, 60.5] //3 个元素依次为 string, boolean, number 类型
```

当需要访问数组中的某个元素时,可使用元素的索引值(index,序号)来找到它,例如:

```
const arr=['A', 'B', 'C']
let a1=arr[1]                //程序运行至此,变量 a1 赋值为 'B'
arr[2]='X'                   //程序运行至此,arr 为 ['A', 'B', 'X']
arr[3]='Y'                   //程序运行至此,arr 为 ['A', 'B', 'X', 'Y'],
console.log(arr.length)      //>>>4(当前数组长度为 4)
arr=['D']                    //程序报错:arr 为常量,不可重新赋值
```

从上面几行代码至少可获得如下知识。

- 数组元素的索引值是从 0 开始的正整数,即例子中数组元素 'A'的索引值为 0。
- JavaScript 中的数组长度是可变的。
- 即便数组 arr 本身是常量,也可以改变数组中元素的值,但不可对 arr 本身重新赋值。

2. 对象

与数组不同,对象(Object)使用键值对(key-value pair)的形式封装数据,例如:

```
const boy={              //男孩对象
  name: '张三',           //姓名属性
  height: 1.7,           //身高属性
  weight: 65             //体重属性
}
```

上述 boy 即为对象,其封装了一个男孩的基本信息。大括号"{}"括住的部分描述了该对象特征:姓名、身高和体重。这些所谓的特征被称作对象的属性(property),其中,name、heigh、weight 为属性名,'张三'、1.7、65 为属性值,属性名与属性值之间使用冒号分隔,属性之间则使用逗号分隔。属性可以是任意数据类型,当然也包括对象类型。

不仅如此,还可以为对象 boy 增加一些功能逻辑,例如,计算并返回这个男孩的 BMI 值(体质指数=体重除以身高的平方)。请尝试运行如下代码,并观察其输出。

```
const boy={
  name: '张三',
  height: 1.7,
  weight: 65,
  //定义"方法",计算该男孩的 BMI 值
  getBMI() {
    //this 指代"这个男孩",this.weight 即这个男孩的体重
    return this.weight / (this.height * this.height)
  }
}

console.log( boy.name )          //>>>张三
console.log( boy.getBMI() )      //>>>22.49134948096886
```

上述代码中,getBMI() {…} 被称作"方法"(method),它封装了计算 BMI 的功能,getBMI 为方法名,方法名之后小括号"()"中的内容称作参数表(上例为空),再之后的{…}

部分称作方法体，是具体功能的实现。在对象的方法体中可使用 this 指代当前对象，因而 this.weight 即为当前男孩对象的体重，此处等价于 boy.weight。方法体中的 return 语句用于将计算结果返回。代码的最后两行分别通过访问 boy 对象的 name 属性和调用其 getBMI() 方法取得该男孩的姓名和 BMI 数值。

综上所述，对象使用“属性”对数据进行封装，而使用“方法”对功能进行封装，因此对象是数据和功能的封装体。

方法如果脱离了对象即是函数(5.5 节介绍)，在许多概念和语法上方法与函数是相通的，JavaScript 中也可以使用如下方式定义方法。

```
const boy={
  ...
  getBMI: function() {…}
}
```

这样看起来方法更像是对象的一个属性，只是该属性的值是一个函数。

在其他一些面向对象程序设计语言中(如 C++/Java 等)，若要构建对象必须先定义类(class)，然后再创建该类的实例，即对象。而从上面的例子可以看到，JavaScript 允许直接使用对象字面量定义对象，而跳过定义类的步骤。对象与类是面向对象程序设计语言中一个重要的话题，将在 5.6 节重点讨论。

3. Set 和 Map

Set 和 Map 是 ES6 新增的数据类型，它们在一定程度上像是数组和普通对象的补充，Set 用于存储一组唯一的元素，而 Map 以键值对的形式存储数据(以前通常使用对象)。

下面的例子演示了 Set 和 Map 的简单用法。

```
//此处基于数组构建 set 对象，也可不带参数，使用 new Set()语句构建空的 set 对象
const set=new Set([1, 2])
set.add(3)                                  //向 set 对象中添加新元素
console.log(set)                            //>>>{1, 2, 3}

//此处基于数组构建 map 对象，也可不带参数，使用 new Map()语句构建空的 map 对象
const map=new Map([['name', 'Johnny'], ['weight': 65]])
map.set('height', '1.7')                    //设置 height 属性为 1.7
console.log(map.get('name'))                //>>>Johnny(取得 name 属性值)
console.log(map.get('height'))              //>>>1.7(取得 height 属性值)
```

与数组不同，Set 中的元素是唯一的，因此可利用其进行去重操作。

对象的键(属性名)只可使用 string 或 symbol 类型，而 Map 的键可以使用任意类型，除此之外，在进行遍历、计数等操作时 Map 有一定优势，因此若只是为封装数据，可使用 Map 替代普通对象。

5.2 基本类型与引用类型

5.1 节中基本建立了数据类型的概念，也初步认识了一些常用的数据结构。在继续学习之前，有必要深入地讨论一下前文划分基本数据类型(基本类型、原始类型)与引用类型(对象类型)的依据到底是什么？明白这些原理将有助于掌握后续内容。

本节涉及一些暂未介绍的概念,若读者感到晦涩难懂可略读,但本节内容值得精读,后续章节中会适时指引读者返回本节学习。

程序设计语言中,基本类型所占用的空间大小是固定的。例如,JavaScript 中 number 类型的数值在内存中始终占用 8B(64 个二进制位),无论是存储一个 1 还是 2^{10},并且数值被直接存储于变量所指向的内存单元。

但程序中也免不了存储一些占用空间大小不固定的数据,如数组、对象等,它们所占用的内存空间大小可能因其包含的元素/属性的数量而不同,并且有可能随时变化。对于这些占用空间大小不固定的数据类型,其值不便直接存储于变量所指向的内存单元,而是被存储于动态分配的内存空间内,变量指向的内存单元中存放的却是值所在的动态空间地址。一些程序设计语言中将内存地址称作"指针"(如 C/C++语言),而 JavaScript 中称作"引用",相应地,此类数据被称作引用类型数据。图 5.2 展示了基本类型与引用类型数据的不同存储方式。

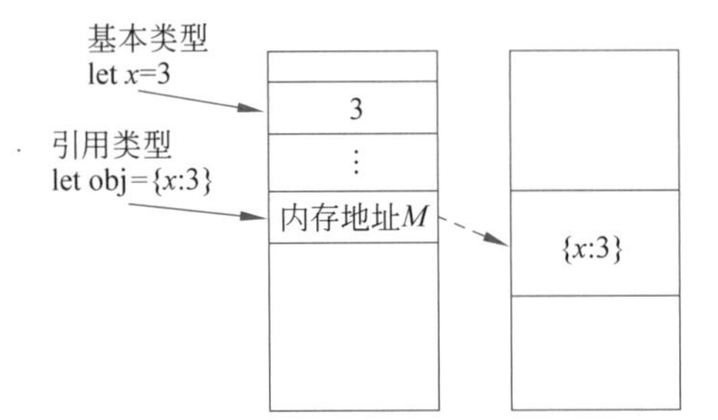

图 5.2 基本类型与引用类型数据的不同存储方式

赋值操作时,无论是基本类型或是引用类型,复制的都是变量所指向的内存单元内的值,做等值比较时,也是比较该值是否相等(即图 5.2 中左侧空间中的值)。请参看如下程序。

```
let x=3                       //基本类型 number
let obj={ x: 3 }              //引用类型 object

let x2=x                      //将 x 赋值给 x2
let obj2=obj                  //将 obj 赋值给 obj2

x2=4
obj2.x=4

console.log(x)                //>>>3     (x 的值未发生变化)
console.log(obj.x)            //>>>4     (obj.x 的值变成了 4)

console.log(x==x2)            //>>>false  (二者指向的内存单元内的值不相等)
console.log(obj==obj2)        //>>>true   (二者指向的内存单元中存有相同的内存地址)
```

观察上述代码的运行结果可看到,虽然 x2= x、obj2= obj 两行赋值语句让 x2 和 obj2 复制了原变量的值,但对于引用类型复制的只是指向对象实际存储空间的内存地址,因而 obj2 和 obj 通过相同的地址间接地引用了同一对象,此后对 obj2.x 属性值的更改其实也是在更改 obj.x 属性值,最后 1 行的等值比较结果也证明了这一点。图 5.3 呈现了上述代码执行结束时内存中的状态。

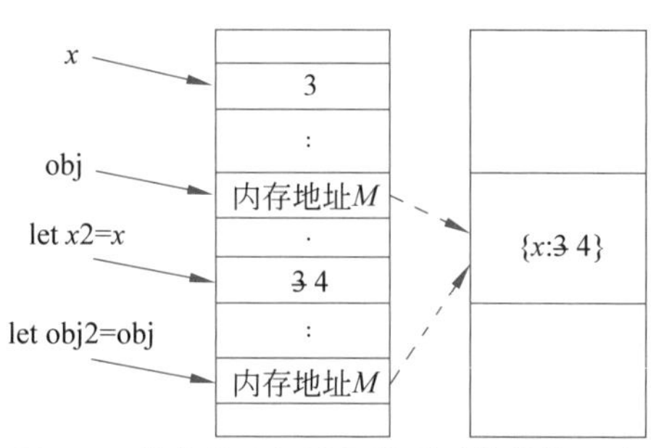

图 5.3　基本类型与引用类型赋值操作示意

在函数调用时，同样会因传递的参数类型不同（基本类型/引用类型），导致函数内部对值的更改所产生的影响也不同，请参看如下代码。

```
let x=3
let obj={ x: 3 }

function foo(x2, obj2) {          //函数内分别对 x2 和 obj2.x 赋值
  x2=4
  obj2.x=4
}

foo(x, obj)                       //调用函数 foo,并将 x 和 obj 作为实参传入

console.log(x)                    //>>>3  (foo 函数内对 x2 的更改未影响到函数外的 x)
console.log(obj.x)                //>>>4  (foo 函数内对 obj2.x 的更改同样影响到 obj.x)
```

从此段代码的运行结果可看出，作为参数传递时，引用类型因为传递的是内存地址，所以函数内的形参 obj2 事实上与函数外的实参 obj 引用了同一对象，因此对 obj2.x 的更改同样影响了 obj.x 的值。基本类型变量作为参数传递时，传递的是变量值，因此 x2 与 x 是完全独立的复本，函数内对 x2 的更改并未影响函数外 x 的值。原理与前一示例类似。简而言之，作为参数传递时，基本类型传值，而引用类型传引用（传址）。

下面的例子中同样涉及基本类型与引用类型数据的复制问题，请读者尝试使用前面所述的原理解释程序的输出结果。

```
let arr=[3, {x : 3}]
let arr2=[arr[0], arr[1]]         //将数组 arr 中的两个元素复制到 arr2

arr2[0]=4                         //arr2[0]重新赋值对 arr[0]无影响
arr2[1].x=4                       //arr2[1].x 重新赋值同时也改变了 arr[1].x 的值

console.log(arr[0])               //>>>3
console.log(arr[1])               //>>>{x: 4}
```

在上述数组元素的复制过程中，arr2[1] 和 arr[1] 事实上指向了同一个对象（仅复制了内存地址），因此对 arr2[1] 的操作其实也是在操作 arr[1]。

通常将类似上例这样的复制过程称作浅拷贝，换言之，若在赋值、复制、参数传递等过程中仅复制了对象的引用（地址），并未产生新对象，则称作浅拷贝，相对地，若产生了新的对象复本则称作深拷贝。有时这两个术语也用作名词，例如上例中将 arr2[1] 称作 arr[1] 的浅

拷贝。

不知读者是否注意到,string 这样长度不固定的类型理应属于引用类型,事实上在多数程序设计语言中也确实如此,但 JavaScript 中 string 为基本数据类型。可以想象的是,JavaScript 中 string 类型的值同样被像引用类型一样存储到了动态空间,只是 JavaScript 解释器通过底层机制令其行为模式表现为基本类型的样子以便使用。遍查关于 string 类型的文档会发现,没有任何方法允许我们单独更改字符串内的某个字符(就像改变对象的属性值),所有针对字符串局部的变更都将产生一个新的字符串,而不是原地复用,这应是有意而为。请参看 5.3.2 节关于字符串操作的示例。

此外,基本类型的变量仅表达一个值(原始值),换言之,基本类型不像对象一样拥有属性和方法。但如下代码仍可正常执行,看上去无论是 number 类型的 x 或是 string 类型的 str 都是对象(拥有属性和方法)。

```
const x=27                      //number
console.log(x.toString(16))     //>>>1b(调用 toString()方法,输出 x 的十六进制值)

const str='Johnny'              //string
console.log(str.length)         //>>>6(访问 length 属性,取得 str 的长度)
console.log(str.indexOf('n'))   //>>>3(调用 indexOf()方法,取得'n'首次出现的位置)
```

这是因为除 null 和 undefined 外,其余基本数据类型在 JavaScript 中均有对应的包装类型,如 Number、String、Boolean、BigInt、Symbol。在程序运行时,若试图访问原始值的属性或方法,JavaScript 解释器会临时创建一个对应的包装类对象以便使用,用后立即销毁。

很多时候原始值与包装对象之间的转换是悄然进行的,JavaScript 解释器尽量让程序员无感,但还是应该明确地知道它们之间的差别,以免掉入陷阱。请仔细研读如下代码,x 为 string 类型(基本类型),而 y 为 String 类型(对象类型)。

```
let x='foo'
let y=new String('foo')
console.log(typeof x)                     //>>>string
console.log(typeof y)                     //>>>object
console.log(x==y)                         //>>>true(值相等)
console.log(x===y)                        //>>>false(值相等但数据类型不同)
```

视频讲解

5.3 基本运算与操作

5.3.1 运算符

JavaScript 中多数运算符为二元运算符,即涉及两个运算数,如 +(加法运算符),也有少量一元运算符和三元运算符。若无未特殊说明,下文介绍的均为二元运算符。

大多数运算符一看便知其含义,因此本节仅做简要分类说明,若读者有其他程序设计语言的基础,仅需重点关注有差异的部分即可。

1. 算术运算符

算术运算符用于对数值类数据进行计算,见表 5.1。

表 5.1　算术运算符

运　算　符	描　　述
+、-、*、/	加、减、乘、除运算。 JavaScript 中除运算并非整除，如：3/2 结果为 1.5
%	求余数运算，如：5%2 结果为 1
* *	求幂运算，如：2 * * 3 结果为 8
++、--	自加、自减运算（一元运算符）。 x++等价于 x=x+1，x--等价于 x=x-1

其中，需要注意的是 ++ 和--运算符，它们为一元运算符，仅涉及一个运算数，可写在运算数的前面或后面，但含义不同，请看下面的代码。

```
let x=0, y=0
console.log(x++)            //>>>0    (先取 x 的值做输出，再自加)
console.log(++y)            //>>>1    (先自加，再取 y 的值做输出)
console.log(x)              //>>>1
console.log(y)              //>>>1
```

从上面的代码可看到，虽然无论将++写在运算数前或后，最终变量 x 和 y 的值均因自加操作而变成 1，但是++写在运算数后时是先取当前值，再进行自加，而写在运算数前时则是先进行自加，再取值，自减运算类似。

2. 关系运算符

关系运算用于判定两个运算数之间的关系，运算结果为布尔值（boolean 类型），见表 5.2。

表 5.2　关系运算符

运　算　符	描　　述
>、<、>=、<=	关系比较运算，大于、小于、大于或等于、小于或等于
==	对于基本数据类型，判定其值是否相等。 对于对象类型，判定两个运算数是否为同一个对象（参看 5.2 节）
!=	与== 逻辑相反
===	值相同，并且数据类型也相同则结果为 true，否则为 false
!==	值不同，或者数据类型不同则结果为 true，否则为 false
in	判定对象是否拥有某个属性
instanceof	判定对象是否是某个类的实例。 若 instanceof 左边为基本数据类型则始终返回 false

下面是表 5.2 中关系运算符的举例。

```
console.log(3 >5)                   //>>>false
console.log(3 >=3)                  //>>>true

console.log(2 >12)                  //>>>false
console.log('2' >'12')              //>>>true
```

```
console.log(3==3)                     //>>>true
console.log(3===3)                    //>>>true
console.log(3=='3')                   //>>>true
console.log(3==='3')                  //>>>false

const a={ id: 1 }
const b={ id: 1 }
console.log(a==b)                     //>>>false

const point={x : 1, y: 2}
console.log('x' in point)             //>>>true

console.log(point instanceof Object) //>>>true
console.log('foo' instanceof String)  //>>>false (左边为基本数据类型,始终返回 false)
```

注意：JavaScript 关系比较运算(>、<、>=、<=)的运算数可以是任意数据类型,但比较运算只能对数值和字符串进行。也就是说,若运算数不是数值或字符串,首先将被转换为数值或字符串,若无法成功转换将始终返回 false。经过转换后,若运算数中一个为数值,另一个为字符串,字符串将被转换为数值(空字符串转换为 0);若运算数为两个字符串,则逐字符比较它们在 UTF-16 字符集中对应的数值。

3. 条件运算符

条件运算符(?:)是 JavaScript 中唯一的三元运算符,语法结构为 condition? ifTrue: ifFalse,其中 condition 为布尔表达式,若 condition 计算结果为 truthy 则取 ifTrue 表达式的值,否则取 ifFalse 表达式的值。例如:

```
let x=4, y=5
console.log(x >y ? x : y)          //>>>5     (输出 x,y 中的较大值)
console.log(x<y ? x : y)           //>>>4     (输出 x,y 中的较小值)

let x=1, s=''
console.log(x ? 'A' : 'B')         //>>>A     (x 为 truthy)
console.log(s ? 'A' : 'B')         //>>>B     (s 为 falsy)
```

4. 逻辑运算符

JavaScript 中的逻辑运算与其他程序设计语言有较大差异,请读者注意!

在其他程序设计语言中,逻辑运算通常针对两个逻辑数(布尔值)进行运算,其结果也为逻辑数。但 JavaScript 中逻辑运算可针对任何数据类型,其运算结果也不一定是逻辑数,请看表 5.3,同时参考 5.1.1 节 boolean 类型介绍中关于 truthy 与 falsy 的说明。

表 5.3 逻辑运算符

运算符	描述
&&	逻辑与运算。执行"短路"运算,若左侧表达式为 falsy 则立即返回左侧表达式的求值结果,右侧表达式不再进行计算,否则输出右侧表达式的计算结果
||	逻辑或运算。执行"短路"运算,若左侧表达式为 truthy 则立即返回左侧表达式的求值结果,右侧表达式不再进行计算,否则输出右侧表达式的计算结果
!	逻辑非运算,一元运算符,将表达式转换为布尔值并取反

以下示例中逻辑运算的运算数均为布尔值,与其他程序设计语言无异。

```
let x=5, y=4, z=3
console.log(x >y && y >z)        //>>>true      (true && true)
console.log(x >y && z >y)        //>>>false     (true && false)
console.log(z >x || z >y)        //>>>false     (false || false)
console.log(!(x >y))             //>>>false     (!true)
```

下面是利用逻辑运算进行一些相对特殊的操作。

(1) 使用“&&”运算尝试访问可能不存在的对象属性。

例如,如下代码在不确定用户信息中是否包含地址(address)的情况下获取街道信息(street)。表达式中,&& 左侧任意一个对象为空则输出 undefined,而不会导致程序报错。

```
const user1={ address: { street: 'Wall Street'} }
const user2={ }

const street1=user1 && user1.address && user1.address.street
const street2=user2 && user2.address && user2.address.street

console.log(street1)                //>>>Wall Street
console.log(street2)                //>>>undefined

//user2 对象无 address 属性,若使用以下代码获取街道信息将导致程序报错
street2=user2.address.street
```

对于上述需求,使用下文介绍的可选链运算符更简洁。

(2) 使用“||”运算取得第 1 个“有效值”,例如以下代码中若 x 为 truthy,则 result 取 x 值,否则若 y 为 truthy,则取 y 值,否则取 z 值。

```
let result=x || y || z
/* 等价于如下代码 */
let result
if(x) result=x
else if (y) result=y
else result=z
```

注意:按以上的方式取“有效值”时,若所需的“有效值”包含 0、空字符串等 falsy 值则将被忽略。对于此需求,使用下文介绍的空值合并运算符更合适。

(3) 使用“!”运算将任意类型的值强制转换布尔值,例如:

```
console.log(!x)              //当 x 为 falsy 时输出 true,否则输出 false
```

5. 位运算符

位运算又称二进制运算符,它们将运算数按 32 个二进制位进行操作,见表 5.4。

表 5.4　位运算符

运　算　符	描　　述
<<	左移位(最低位补 0)
>>	右移位(最高位补符号位的值)
>>>	无符号右移位(最高位始终补 0)
&、|、^、~	按位与、或、异或、取反

请参看如下示例。

```
console.log(5<<1)              //>>>10
console.log(5 >>1)             //>>>2
console.log(-5 >>1)            //>>>-3
console.log(-5 >>>1)           //>>>2147483645

console.log(5 & 2)             //>>>0
console.log(5 | 2)             //>>>7
console.log(5 | 1<<1)          //>>>7
console.log(5 ^ 2)             //>>>7
console.log(~ 1)               //>>>-2
```

6. 字符串运算符

当“+”运算符两端的运算数为字符串时,“+”为字符串连接运算符(非算术运算符),表示将两个字符连接起来,形成一个新的字符串。例如:

```
console.log('A' +'B')          //>>>AB
console.log('A' +3)            //>>>A3    (数值 3 被隐式转换为字符串'3'后再连接)
```

对于常见的字符串拼接任务,可使用反引号(`)定义字符串模板,并在其中可使用“${ }”插入表达式。例如:

```
let name='Johnny', age=18, isBoy=true
let greeting=`My name is ${name}, I'm ${age} years old, I'm a ${isBoy?'boy':'girl'}.`
console.log(greeting)      //>>>My name is Johnny, I'm 18 years old, I'm a boy.
```

7. 空值合并运算符

ES2020 新增的空值合并运算符“??”表示若左侧表达式为 null 或 undefined(统称 nullish)则取右值,否则取左值。多数时候它比前述使用“||”取“有效值”的方式更合理,请对比如下代码的输出。

```
let x=0, y=null

console.log(x ?? y)                //>>>0
console.log(x ??y ??100)           //>>>0

console.log(x || y)                //>>>null
console.log(x || y || 100)         //>>>100
```

8. 可选链运算符

ES2020 新增的可选链运算符“?.”用于安全地访问对象中可能不存在的属性。

下面的例子演示了在不确定用户信息中是否包含地址(address)的情况下获取街道信息(street)。

```
const user1={ address: { street: 'Wall Street'} }
const user2={ }

street1=user1?.address?.street
street2=user2?.address?.street
console.log(street1)              //>>>Wall Street
console.log(street2)              //>>>undefined
```

```
//user2 对象无 address 属性，若使用以下代码获取街道信息将导致程序报错
street2=user2.address.street
```

9. 赋值运算符

赋值运算符“=”表示将等号右边的表达式计算结果赋给等号左边的变量或常量，如：let x=3+2。

编写程序时经常会遇到需要将变量与另一运算数做某种运算后再将结果写回原变量的情况，例如 x=x+2，为简化书写，可将其写作 x+=2，类似地，x=x−2 等价于 x−=2。

在 JavaScript 中类似以上形式的赋值运算符还包括如下一些，请读者结合前述内容理解并编程实验：+=、−=、*=、/=、%=、<<=、>>=、>>>=、&=、|=、^=。

ES2021 标准中新增了如下三个赋值运算符。

&&=　　举例：x &&= y，当 x 为 truthy 时将 x 赋值为 y

||=　　举例：x ||= y，当 x 为 falsy 时将 x 赋值为 y

??=　　举例：x ??= y，当 x 为 nullish 时将 x 赋值为 y

5.3.2 基本操作

本节将分类介绍 JavaScript 中针对常用数据类型的基本操作，也会涉及 ES6 之后加入的部分语法结构。在缺少编程经验和实际需求的情况下，本节内容不免有些空洞，对于初学者而言粗略浏览即可，遇到难以理解的地方可暂时跳过，其内容可作为后续编程实践的参考，带着需求来寻找答案会更有实效。

1. 数据类型转换

常用数据类型之间的转换在许多时候是隐式地自动完成的。例如，表达式 3+'foo' 中数值 3 将隐式地自动转换为字符串'3'。

(1) 若需显式地转换数据类型，对于数值、字符串、布尔型可分别使用 Number()、String()、Boolean()函数进行，例如：

```
let x=Number('3')          //3
let y=Number('3.14')       //3.14
let s=String(3)            //'3'
let b=Boolean(3)           //true    (truthy 转换为 true)
```

注意：以上方法的转换结果与调用对应包装类的构造函数得到的结果并不相同，请参看如下代码。

```
const x=Number('3')
const y=new Number('3')
console.log(typeof x)          //number    (x 是基本数据类型 number)
console.log(typeof y)          //object    (y 是对象类型)
console.log(x==y)              //true      (二者值相等)
console.log(x===y)             //false     (数据类型不一致)
```

(2) 所有对象均可调用自身的 toString()方法取得其字符串描述，例如：

```
let i=3
let s1=i.toString()               //'3'     (不可写作 3.toString())
```

```
let s2=[1, 2, 3].toString()          //'1,2,3'
let s3=new Date().toString()         //当前系统时间的字符串描述
```

(3) 数值型数据转换字符串时,除以上途径外,还有如下方法可用,详见示例中的注释。

```
let i=365
//toString(radix) 用于将十进制整数转换为其他进制,其中 radix 为进制的基数(2~36 的整数)
let s1=i.toString(2)            //'101101101'          (365 的二进制)
let s2=i.toString(8)            //'555'                (365 的八进制)
let s3=i.toString(16)           //'16d'                (365 的十六进制)
let s4=i.toString(36)           //'a5'                 (365 的三十六进制)

let pi=3.1415926
let s5=pi.toFixed(3)            //>>>'3.142'           (保留 3 位小数)
let s6=pi.toPrecision(3)        //>>>'3.14'            (保留 3 位精度)
let s7=pi.toExponential(3)      //>>>'3.142e+0'        (科学记数法表示)
```

(4) 全局函数 parseInt(str[,radix])和 parseFloat(str)可分别从字符串中解析得到整数和浮点数,其中 str 为字符串。parseInt()函数也可用于将非十进制整数转换为十进制数,radix 为 2～36 的整数,表示进制的基数。例如:

```
let x1=parseInt('3')                //3
let x2=parseInt('5px')              //5
let x3=parseInt('16d', 16)          //365

let x4=parseFloat('3.14')           //3.14
let x5=parseFloat('18.25kg')        //18.25
```

(5) Object.fromEntries()方法可将键值对列表转换为一个对象,相反 Object.entries()方法可将对象转换为键值对列表。例如:

```
let arr=[['foo', 'bar'], ['baz', 42]]
let obj=Object.fromEntries(arr);          //{ foo: "bar", baz: 42 }
let arr2=Object.entries(obj)              //[['foo', 'bar'], ['baz', 42]]
```

2. 数值操作

JavaScript 的内置对象 Math 中封装了与数值计算相关的常量和函数,表 5.5 列出其中常用的部分。

表 5.5 Math 常用属性与方法

属性/方法	描述
Math.PI	圆周率 π,3.141592653589793
Math.E	自然常数 e,2.718281828459045
Math.sin(x)	返回 x 的正弦值,x 为弧度值
Math.cos(x)	返回 x 的余弦值,x 为弧度值
Math.pow(x, y)	返回 x 的 y 次幂,等价于 x ** y
Math.sqrt(x)	返回 x 的平方根
Math.log(x)	返回 x 的自然对数

续表

属性/方法	描　述
Math.log2(x)	返回 x 以 2 为底的对数
Math.log10(x)	返回 x 以 10 为底的对数
Math.round(x)	返回 x 四舍五入后的整数值
Math.ceil(x)	返回 x 向上取整后的值
Math.floor(x)	返回 x 向下取整后的值
Math.trunc(x)	返回 x 的整数部分
Math.random()	返回 0～1(不含 1)的伪随机数
Math.max(x, y, …)	返回多个数值中的最大值
Math.min(x, y, …)	返回多个数值中的最小值

下面举例说明。

```
//三角函数，注意实参应为弧度值，1 弧度=π/180
console.log(Math.sin(90 * Math.PI / 180))    //>>>1          (90°的正弦值)
console.log(Math.cos(45 * Math.PI / 180))    //>>>0.707…     (45°的余弦值)

//幂运算
console.log(Math.pow(2, 3))                  //>>>8          (2³, 等价于 2 ** 3)
console.log(Math.pow(9, 0.5))                //>>>3         (9⁰·⁵, 等价于 Math.sqrt(9))
console.log(Math.pow(2, -1))                 //>>>0.5        (2⁻¹)

//对数运算
console.log(Math.log(Math.E))                //>>>1          (自然对数)
console.log(Math.log2(8))                    //>>>3          (2 为底的对数)
console.log(Math.log10(100))                 //>>>2          (10 为底的对数)

//舍入
console.log(Math.round(Math.PI))             //>>>3          (四舍五入)
console.log(Math.round(Math.PI * 100) / 100) //>>>3.14       (保留 2 位小数)
console.log(Math.ceil(Math.PI))              //>>>4          (上取整)
console.log(Math.floor(Math.PI))             //>>>3          (下取整)

//伪随机数
console.log(Math.random())                   //>>>0~1 的伪随机数
console.log(Math.random() * 100)             //>>>0~100 的伪随机数
console.log(Math.random() * 10 +20)          //>>>20~30 的伪随机数

//求最大/最小值
console.log(Math.max(1, 2))                  //>>>2
console.log(Math.min(1, 2, 3, 4, 5))         //>>>1
```

3. 字符串操作

除 5.3.1 节提到的字符串连接运算和字符串模板语法外，其余针对字符串的操作均被封装为 String 的属性和方法，表 5.6 节选了其中较常用的部分。

表 5.6 字符串的常用方法

方法	描述
charAt(index)	返回 index 位置的字符。 index 应为 0～length－1 之间的整数,超出范围则返回空字符串
indexOf(key[,from]) lastIndexOf(key[, from])	返回子串 key 第一次/最后一次出现的位置。 from 为搜索起始位置(可选,默认 0)
includs(key[, from])	判定是否包含子串 key,返回布尔值。 from 为搜索起始位置(可选,默认 0)
startsWith(key) endsWith(key)	判定字符串是否以 key 开头/结尾,返回布尔值
replace(key, newstr) replaceAll(key, newstr)	替换子串,参见 6.1.3 节
match(regex) matchAll(regex)	查找子串,参见 6.1.3 节
substring(begin[, end]) slice(begin[,end]))	返回从 begin 到 end 之间的子串①。 end 为可选参数,默认为字符串长度 length
split([separator[, limit]])	字符串分隔,参阅 6.1.3 节
trim() trimStart() trimEnd()	删除字符串两端/开头/末尾的空白字符。 其中,空白字符包含所有空白,如空格、tab 等,以及行终止符
padStart(len, pad) padEnd(len, pad)	在字符串前/后填充指定字符串 pad,直至达到 len 指定的长度
toUpperCase() toLowerCase()	将字符串转换为大写/小写

以下对表 5.6 提及的部分方法举例说明。

```
let str='JavaScript'

console.log(str.length)                  //10  (字符串长度)

//取得指定位置的字符
console.log(str.charAt(1))               //>>>a
console.log(str[1])                      //>>>a

//查找/搜索判定
console.log(str.indexOf('S'))            //>>>4
console.log(str.includes('Script'))      //>>>true
console.log(str.startsWith('J'))         //>>>true
console.log(str.endsWith('J'))           //>>>false

//替换
console.log(str.replace('a', 'x'))       //>>>JxvaScript  (替换第 1 个'a'为'x')
console.log(str.replaceAll('a', 'x'))    //>>>JxvxScript  (替换所有'a'为'x')
```

① 由于历史原因,对字符串取子串的方法曾出现过多个版本:substr()/substring()/slice(),虽然还有浏览器支持 substr(),但已被废弃,相对而言,slice()较 substring()更方便。

```
//取子串
console.log(str.substring(4))      //>>>Script
console.log(str.substring(4, 100)) //>>>Script (若结束位置大于 length 则取 length)
console.log(str.substring(-6))     //>>>JavaScript (参数为负时取 0)
console.log(str.slice(4))          //>>>Script
console.log(str.slice(4, 100))     //>>>Script
console.log(str.slice(-6))         //>>>Script(参数为负数时 +length, 即从后往前数)

//分隔
console.log('192.168.0.1'.split('.'))          //>>>['192', '168', '0', '1']

//填充
console.log(str.padStart(20, '.'))             //>>>.........JavaScript
console.log(str.padEnd(20, '.'))               //>>>JavaScript.........

console.log(str)                               //>>>JavaScript
```

注意：string 为基本数据类型，所有变更字符串的操作均返回新的字符串，并不会改变原字符串。上例虽然对第 1 行声明的变量 str 进行了一系列的操作，最终并未改变该变量的值，请关注上例最后 1 行的输出，参看 5.2 节。

4. 数组操作

数组是使用 JavaScript 编程时使用极频繁的数据类型，拥有丰富的预定义方法，表 5.7 归类整理了其中较常用的部分，读者可粗略浏览，了解其功能，实践中该表内容可作参考。

表 5.7　数组的常用方法

属性/方法	描　述
push(element, …) unshift(element, …)	将一个或多个元素添加到数组的末尾(push)/开头(unshift)。 返回该数组的新长度
pop() shift()	删除数组的最后一个(pop)/第一个(shift)元素。 返回该元素的值
splice(start[, count[, element, …]])	删除从 start 位置开始的 count 个元素，可同时在删除位置插入一个或多个新元素，此方法会改变原数组。返回被删除元素组成的数组
filter(callback[, thisArg])	过滤出符合条件的元素组成新数组返回，此方法不改变原数组。 请参看表后关于 callback 函数的说明
indexOf([element, from]) lastIndexOf(element[, from])	查找给定元素 element，from 为查找的起始位置(默认 0)。 返回其第一次/最后一次出现的位置，若找不到则返回 −1
find(callback[, thisArg]) findLast(callback[, thisArg])	返回符合条件的第一个/最后一个元素，若无匹配则返回 undefined。 请参看表后关于 callback 函数的说明
findIndex(callback[, thisArg]) findLastIndex(callback[, thisArg])	返回符合条件的第一个/最后一个元素的位置，若无匹配则返回 −1。 请参看表后关于 callback 函数的说明
includes(element[, from])	判定数组中是否包含一个指定的元素 element，返回布尔值

续表

属性/方法	描　述
every(callback[, thisArg])	判定是否所有元素均符合条件,返回布尔值,若为空数组返回true。 请参看表后关于callback函数的说明
some(callback[, thisArg])	判定是否至少一个元素符合条件,返回布尔值,若为空数组返回false。 请参看表后关于callback函数的说明
forEach(callback[, thisArg])	遍历数组,对每个元素执行一次给定的函数callback。 请参看表后关于callback函数的说明
map(callback[, thisArg])	返回由原数组中每个元素都调用一次callback函数后的返回值组成的新数组。请参看表后关于callback函数的说明
reduce(reducer[, initialValue]) reduceRight(reducer[, initialValue])	reduce()对数组中的每个元素按序执行reducer函数,每次执行reducer函数会将先前的计算结果作为参数传入,最后将结果汇总为单个返回值。请参看表后关于reducer函数的说明。 reduceRight()与reduce()类似,但从右向左进行
sort([comparator])	使用原地排序算法对数组元素排序,默认将元素按字符串排序。若指定比较函数comparator则使用自定义规则,请参看表后说明
concat(arr1, arr2, …)	返回由两个或多个数组的元素组成的新数组,不会更改原数组
slice([begin[,end]])	返回begin和end之间元素的浅拷贝组成的新数组,包含begin(默认0),不包含end(默认length),不会更改原数组
join([separator])	返回数组所有元素由给定分隔符separator连接而成的字符串

表5.7中filter()、find()、every()等方法的参数中提及的callback()函数为回调函数,JavaScript解释器在执行相关函数时会自动遍历所有数组元素并调用callback()函数,同时将当前遍历到的元素、该元素的索引值,以及原数组作为参数传入。对于查找、过滤、判定操作,callback()函数须返回布尔值以说明当前元素是否符合条件;对于map()方法,callback()函数应返回当前元素转换(映射)后的新值。下面分别以filter()和map()方法举例。

```
const arr=[1, 2, 3, 4, 5, 6]                //原数组

//调用原数组的 filter()方法过滤出所有奇数
//JavaScript 解释器自动遍历原数组所有元素,并回调 callback()函数
//callback()函数的 3 个参数分别为 value: 当前遍历到的元素;index: 当前元素的索引值;
//array: 原数组
const odds=arr.filter(function callback(value, index, array) {
  return value %2==1                        //回调函数返回布尔值,表明该元素是否须保留
})
console.log(odds)                           //>>>[1, 3, 5]

//调用原数组的 map()方法返回原数组元素的平方组成的新数组
const squares=arr.map(function callback(value) {   //可省略其余未使用的参数
  return value * value                      //返回当前元素的平方
})
console.log(squares)                        //>>>[1, 4, 9, 16, 25, 36]
```

表 5.7 中 reduce()、reduceRight()方法通常用于汇总数据，JavaScript 解释器会在遍历到每一个数组元素时调用参数中的 reducer()函数，同时传入此前的汇总值、当前元素值、当前元素索引值及原数组的引用。reducer()函数的返回值将作为新的汇总值。下面的例子演示了使用数组对象的 reduce()方法计算数组元素的合计值。

```
const arr=[1, 2, 3, 4, 5, 6]

//调用原数组的 reduce()方法计算合计值
//JavaScript 解释器自动遍历原数组所有元素，并回调 reducer()函数
//reducer()函数的 4 个参数分别为：
//previousValue: 此前的汇总值; value: 当前遍历到的元素; index:当前元素索引值;
//array: 原数组
const sum=arr.reduce(function reducer(previousValue, value, index, array) {
  return previousValue +value              //返回此前汇总值与当前值的和
}, 0)                                      //0 为初始时的汇总值

console.log(sum)                           //>>>21
```

表 5.7 中 sort()方法用于对数组元素排序，默认将数组元素按字符串排序[①]。若需要自定义排序规则，可为该方法传入 comparator()函数，JavaScript 解释器会多次调用该函数，并传入数组中的两个元素，comparator()函数通过返回值提示此两个元素的大小关系，从而实现自定义规则排序。下面的例子分别演示了使用默认规则和自定义规则排序的结果。

```
const arr=[1, 2, 11, 3, 35, 4]

//使用默认规则排序，将数组元素按字符串排序
const sort1=arr.sort()
console.log(sort1)                     //>>>[1, 11, 2, 3, 35, 4]

//自定义规则排序，将数组元素按数值从小到大排序(升序)
//comparator()函数的两个参数为数组中的两个元素
//comparator()函数返回负数表示 a 更小，返回正数表示 a 更大，返回 0 表示 a 和 b 相等
const sort2=arr.sort(function comparator(a, b) {
  return a-b                           //a 更小时返回值为负数
})
console.log(sort2)                     //>>>[1, 2, 3, 4, 11, 35]
```

篇幅所限，表 5.7 中其余方法不再举例，请读者自行实验。

5. 日期操作

JavaScript 中使用 Date 类型存储日期(包含时间部分，对象类型)，实际存储的是 UNIX 时间戳(UNIX Time Stamp)，即自 1970/01/01 00:00:00 UTC 以来的毫秒数(整数)[②]。

日期对象可使用如下几种方法创建。

- new Date()：以当前系统时间构建日期对象。
- new Date(dateStr)：参数 dateStr 是一个表示日期的字符串。

---

① 比较两个字符串的大小时，将逐字符比较它们在 UTF-16 字符集中对应的数值。

② UTC：协调世界时，又称世界统一时间，世界标准时间，UTC 相当于本初子午线(即经度 0°)上的平均太阳时，过去曾用格林尼治标准时(GMT)来表示。简单地说，UTC 就是北京时间减去 8 小时。

- new Date(timeStamp)：参数 timeStamp 为 UNIX 时间戳。
- new Date(year, month, date, hours, minutes, seconds, ms)：其中参数分别为年、月、日、时、分、秒、毫秒。
- new Date(date)：参数 date 为另一个日期对象，相当于深拷贝。

处理日期型数据时需要特别注意时区问题。例如，当使用字符串形式来描述时间时，可能习惯于使用如 2022/04/01 14:25:18.134 这样的形式，但该字符串中缺少时区信息，若代码在身处不同国家的用户浏览器中运行，使用上述字符串构建日期对象将得到不一致的时间，解释器将理解为当地时间。因此，有必要在表示日期的字符串中明确时区信息，如'Fri, 01 Apr 2022 06:25:18 GMT'。

相对而言，ISO 格式(ISO 8601 Extended Format)的日期字符串更简洁直观：YYYY-MM-DDTHH:mm:ss.sssZ，其中，以"T"分隔日期和时间部分，"Z"结尾，使用 UTC 时区。在与服务器端或其他程序传递日期型参数时可转换为 ISO 格式字符串(isoStr)，接收方通过解析 isoStr 得到正确的时间。

```
/*
  以下几种写法在中国标准时间时区执行等价
  使用日期字符串：
    new Date('2022/04/01 14:25:18.134')
    new Date('2022-04-01 14:25:18.134')
    new Date('Fri, 01 Apr 2022 06:25:18 GMT')
    new Date('2022-04-01T06:25:18.134Z')
  使用 UNIX 时间戳：
    new Date(1648794318134)
*/
let date=new Date(2022, 3, 1, 14, 25, 18, 134)

console.log(date)              //>>>Fri Apr 01 2022 14:25:18 GMT+0800 (中国标准时间)
console.log(Number(date))     //>>>1648794318134, UNIX 时间戳
console.log(date.getTime())  //>>>1648794318134, UNIX 时间戳
```

表 5.8 是日期对象的可用方法。

表 5.8　日期对象的可用方法

方　法	描　述
getFullYear()	返回年份的整数值
getMonth()	返回月份的整数值，0～11(1～12 月)，注意 1 月为 0
getDate()	返回日期为一个月中的哪一天(1～31 日)
getDay()	返回星期数，0～6(星期日为 0)
getHours()	返回小时
getMinutes()	返回分钟
getSeconds()	返回秒
getMilliseconds()	返回毫秒

续表

方 法	描 述
getTime()	返回 UNIX 时间戳
toLocaleString()	转换为当地时间并返回其字符串描述
toLocaleDateString()	转换为当地时间并返回其日期部分的描述
toLocaleTimeString()	转换为当地时间并返回其时间部分的描述
toUTCString()	转换为字符串,使用 UTC 时区
toISOString()	转换为 ISO 格式的字符串: YYYY-MM-DDTHH:mm:ss.sssZ

以下代码对表 5.8 中提及的方法举例说明。

```
const date=new Date('2022-04-01 14:25:18.134')

console.log(date.getFullYear())          //>>>2022
console.log(date.getMonth())             //>>>3              (注意 4 月为 3)
console.log(date.getDate())              //>>>1
console.log(date.getDay())               //>>>5              (星期五)
console.log(date.getHours())             //>>>14
console.log(date.getMinutes())           //>>>25
console.log(date.getSeconds())           //>>>18
console.log(date.getMilliseconds())      //>>>134
console.log(date.getTime())              //>>>1648794318134  (UNIX 时间戳)

//上述时间 3 天后
const after3Days=new Date(date.getTime() +3 * 24 * 60 * 60 * 1000)
console.log(after3Days)                  //>>>Mon Apr 04 2022 14:25:18 GMT+0800

console.log(date.toLocaleString())       //>>>2022/4/1 14:25:18
console.log(date.toLocaleDateString())   //>>>2022/4/1
console.log(date.toLocaleTimeString())   //>>>14:25:18
console.log(date.toUTCString())          //>>>Fri, 01 Apr 2022 06:25:18 GMT
console.log(date.toISOString())          //>>>2022-04-01T06:25:18.134Z
```

以上仅展示了日期对象的常用取值方法(getter),对应的赋值方法(setter)也可用,如:setFullYear()、setMonth()等,请读者自行实验。

日期/时间的处理往往比较烦琐,建议借助第三方工具,如 Moment.js。

6. 展开语法

ES6 的展开语法使用"..."(三个点)将对象属性或可迭代对象展开,这对于对象或数组的复制,或函数调用时传递参数特别方便,请看下面的示例。

```
const arr=[1, 2, 3, 4, 5]
const obj={name: 'Johnny', age: 18}

const clone=[...arr]
const arr2=['foo', ...arr, 'bar']
```

```
const obj2={...obj, weight: 56}

console.log(clone)          //>>>[1, 2, 3, 4, 5]
console.log(arr2)           //>>>['foo', 1, 2, 3, 4, 5, 'bar']
console.log(obj2)           //>>>{name: 'Johnny', age: 18, weight: 56}
```

若遗漏“...”运算符其结果大相径庭,请注意对比上、下两段程序输出结果的不同。

```
const arr=[1, 2, 3, 4, 5]
const obj={name: 'Johnny', age: 18}

const clone=[arr]
const arr2=['foo', arr, 'bar']
const obj2={obj, weight: 56}

console.log(clone)          //>>>[[1, 2, 3, 4, 5]]
console.log(arr2)           //>>>['foo', [1, 2, 3, 4, 5], 'bar']
console.log(obj2)           //>>>{obj: {name:'Johnny', age:18}, weight:56}
```

展开语法常被误用于“深拷贝”,如上例中使用展开语法复制的复本 clone,此时若执行 clone[0]=0 并不会影响到原数组中 arr[0] 的值,因此许多初学者误以为通过上述代码实现了数组的深拷贝。但其实是因为原数组中的元素都是基本类型数据 number,所以产生了这样的效果,读者不妨将原数组元素换作对象(引用类型)进行实验即会发现使用展开语法得到的新数组中的元素事实上与原数组中元素是同一个,即浅拷贝复本,请参看 5.2 节。

7. 解构赋值

下面的代码中欲将数组 arr 和对象 obj 中的每个元素/属性提取出来,分别放到不同的变量中,操作很麻烦。若数组元素或对象属性较多将更加烦琐。

```
const arr=[1, 2, 3]
const obj={name: 'Johnny', age: 18}
let x=arr[0], y=arr[1], z=arr[2]
let name=obj.name, age=obj.age
```

ES6 的解构赋值可轻松地完成上述任务,请看下面的示例。

```
const arr=[1, 2, 3]
const obj={name: 'Jackie', age: 68}
let [x, y, z] =arr
let {name, age}=obj
```

对于数组解构,若需要跳过部分元素,可留空,但逗号不可省略。

```
const arr=[1, 2, 3]
let [x, , y] =arr           //跳过第 1 个元素(2)
console.log(x, y)           //>>>1 3
```

前面的例子中对象解构后所使用的变量名(name, age)必须与原对象属性名相同,若需重命名可使用如下写法。

```
const obj={name: 'Jackie', age: 68}

//提取 name 属性并使用 firstName 作为变量名, 对象中不存在的属性(weight, familyName)
//可指定默认值
```

```
let { name: firstName, age: years, weight=70, familyName: lastName='Chan'} =obj

console.log(firstName, lastName, years, weight)       //>>>Jackie Chan 68 70
```

此外，借助解构赋值还可方便地实现元素的交换。

```
let x=1, y=2
console.log(`x:${x}, y:${y}`)                    //>>>x:1, y:2

//借助数组解构赋值进行交换
//临时构建了一个数组[y, x]
{ [x, y]=[y, x] }
console.log(`x:${x}, y:${y}`)                    //>>>x:2, y:1

//借助对象解构赋值进行交换
//临时构建了一个对象{x, y}，等价于 {x: x, y: y}
{ ({x: y, y: x}={x, y}) }
console.log(`x:${x}, y:${y}`)                    //>>>x:1, y:2
```

解构赋值时若有未指明的剩余元素/属性，可使用"…"运算符将剩余元素/属性组成新的数组/对象，如下例。

```
let arr=[ 1, 2, 3, 4, 5 ]
let [ firstItem, ...restItems ]=arr
console.log(firstItem)               //>>>1
console.log(restItems)               //>>>[2, 3, 4, 5]

const obj={name: 'Jackie', age: 68, weight: 70}
const {name, ...restProps}=obj
console.log(name)                    //>>>Jackie
console.log(restProps)               //>>>{age: 68, weight: 70}
```

5.4　控制语句

视频讲解

计算机程序的结构不外乎 3 种：顺序、分支、循环，它们实现了程序的基本控制逻辑，图 5.4 为 3 种结构的程序执行流程示意。

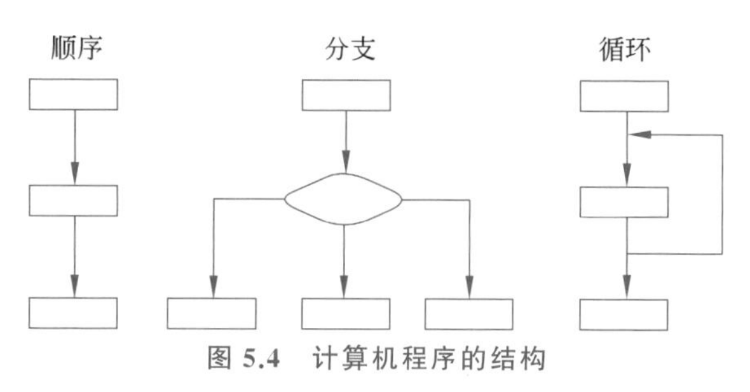

图 5.4　计算机程序的结构

顺序结构，即程序按书写顺序执行；分支结构则是在程序执行到某些步骤时根据当前的状态选择不同的分支继续往下执行；循环结构则让计算机反复执行指定的代码段，直至满足循环退出条件时才继续执行后续代码。分支语句包括 if、switch 两类，循环语句则包括 while、for 两类，分别在 5.4.2 节和 5.4.3 节详细介绍。在此之前先了解一个概念：语句块。

5.4.1 语句块

当需要将多行语句组合起来表达一定的功能逻辑时,可使用{ }将语句括起来,形成一个语句块,例如:

```
{
  let x=3
  console.log(x)
}
```

语句块中声明的变量/常量,其作用域(生命周期)仅限于当前语句块内。

```
let x='foo'

{
  let y='bar'
  console.log(x)                //>>>foo
  console.log(y)                //>>>bar
}

console.log(x)                  //>>>foo
console.log(y)                  //程序报错: y is not defined
```

从上面的代码中可看到,变量 y 的作用域(生命周期)仅限于当前语句块内,当程序执行到上述代码的最后一行,试图再次访问变量 y 即会触发程序报错,因为此位置已超出了变量 y 的作用域。而变量 x 的生命周期却从声明它的那一行语句起,一直延续到了程序结束,其间还延伸到子语句块内部,所以两次输出 x 的值均未触发程序报错。

若变量未声明在任何语句块内,如 x,那么它的作用域即为全局作用域。但事实上可以理解为在所有代码的最外面还有一个隐形的"{ }"。在后文引入模块化概念后会看到此处所谓的"全局"也并非真正的全局。

当语句块外声明的变量名称与语句块内变量名称冲突(相同)时,程序进入语句块后,外部声明的变量在语句块的词法作用域范围内将暂时失效(进入暂时性死区),直至程序退出语句块,而此时生效的变量是语句块内声明的变量,请看下面的例子。

```
//以下代码中使用不同字体标识了不同作用域范围内声明的 x
let x='foo'
console.log(x)              //>>>foo

{
  //若在此行写入 console.log(x), 执行时将报错:ReferenceError
  //因为在此处语句块外的变量 x 暂时失效,而语句块内的 x 还尚未初始化

  let x='bar'               //声明同名变量
  console.log(x)            //>>>bar  (输出语句块内定义的变量 x 的值)
}

console.log(x)              //>>>foo
```

声明于语句块内的变量因其作用域仅限于当前语句块内,因此可称作块级作用域变量或块级变量。

许多程序员认为 JavaScript 只有全局作用域和函数作用域，而没有块级作用域，这其实是过时的观点。在 2015 年 ES6 发布之前声明变量使用 var 语句(没有 let 语句)，只要不在函数内，所声明的变量其实都被挂载到了全局对象[1]的属性上。换句话说，只要不在函数内声明的变量均是全局变量。请参看如下代码，并与前一段代码对比。

```
var x='foo'
console.log(x)              //>>>foo
console.log(window.x)       //>>>foo  (使用 var 声明的变量其实是全局对象的属性)

{
  console.log(x)            //>>>foo
  var x='bar'               //此处的声明覆盖了此前的值'foo',请关注后续 3 个输出结果
  console.log(x)            //>>>bar
}

console.log(x)              //>>>bar
console.log(window.x)       //>>>bar
```

因此，在 ES6 发布前，“JavaScript 没有块级作用域”的说法确实是正确的，但 ES6 为 JavaScript 新增了两个重要的语句 let 和 const，也有了块级作用域的概念。现在应避免使用 var 语句造成变量作用域提升，而换作 let 语句，更符合变量作用域局部化原则。

5.4.2　分支语句

1. if 语句

人生充满选择，计算机程序也是如此，请看如下代码。

```
let isBoy=true

if (isBoy) {                    //如果是男孩
  console.log('Hi, boy~')       //>>>Hi, boy~
}
```

相信结合注释读者已能完全明白此段程序的逻辑。表 5.9 是 if 语句的 3 种语法结构。

表 5.9　if 语句的语法结构

语　　法	描　　述
if (condition) 　statement	condition：条件表达式 statement：条件表达式计算结果为 true 时执行的语句

if (condition)
　statement1
else
　statement2
	condition：条件表达式
	statement1：条件表达式计算结果为 true 时执行的语句
	statement2：条件表达式计算结果为 false 时执行的语句

① 浏览器环境中的全局对象为 window，Node.js 环境为 global，ECMAScript 2020 为协调不同运行环境中的全局对象名称的差异，引入了 globalThis，用于统一地指向全局对象。

续表

语　法	描　述
if (condition1) 　statement1 else if (condition2) 　statement2	condition1：条件表达式 1 statement1：条件表达式 1 计算结果为 true 时执行的语句 condition2：条件表达式 2 statement2：条件表达式 1 计算结果为 false，且条件表达式 2 计算结果为 true 时执行的语句

条件表达式即计算结果为布尔值的表达式，它是程序该往何处走的判定依据。

注意：条件表达式所处的位置为布尔上下文，许多特殊值会被认定为 true(truthy)和 false(falsy)，参看 5.1.1 节。

第一种语法结构已在本节开头举例说明。下面对第二种语法结构举例，下面的程序用于输出 x、y 两个变量中的较大值。

```
let x=5, y=3
if (x >y)
  console.log(x)          //>>>5
else
  console.log(y)
```

不妨为上面的代码添加"断点"，看一看程序是如何逐行执行的。请在第 1 行 JavaScript 代码之前插入 debugger 语句，如 code-5.2.html 所示。

code-5.2.html

```
<!DOCTYPE html>
<html>
  <head>
    <title>5.2</title>
    <script>
      debugger              //插入断点
      let x=5, y=3
      if (x >y)
        console.log(x)
      else
        console.log(y)
    </script>
  </head>
  <body></body>
</html>
```

在 Chrome 浏览器中打开 code-5.2.html，启动开发者工具，刷新页面可看到程序执行到 debugger 语句处便暂停，如图 5.5 所示。此时可单击图中标注②的任意一个按钮让程序继续往下逐行执行。

通过添加断点，跟踪代码执行过程，可以清楚地知道程序是如何执行的，对于初学者来说是重要的学习工具，也是调试程序的重要手段，应善加利用。本书后续内容将越来越复杂，遇到难以理解的地方，请读者设置断点，逐行跟踪程序执行，定会有所帮助。

下面的代码演示了 if…else if 语句的用法，程序根据 score 的值输出相应的等级，读者可更改变量 score 的值，并设置断点观察程序的不同走向。

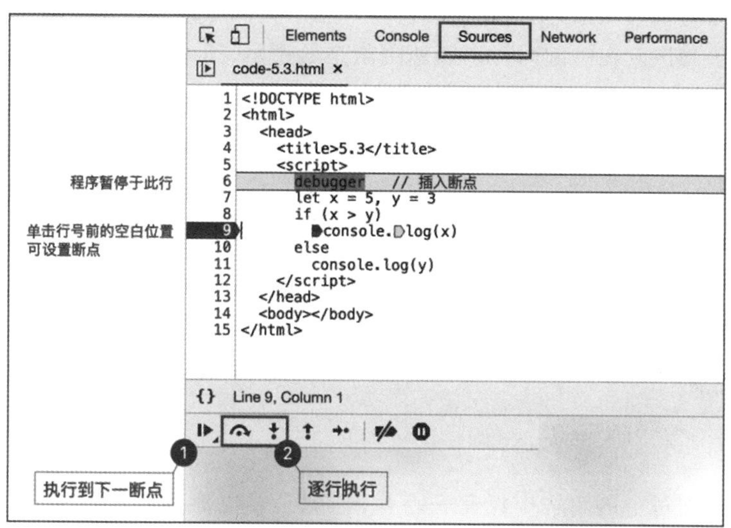

图 5.5 使用 Chrome 开发者工具调试 JavaScript 程序

```
let score=85

if (score>=90)          //score 大于或等于 90 时输出 A
  console.log('A')
else if (score >=80)    //score 不大于或等于 90,但大于或等于 80 输出 B
  console.log('B')      //>>>B
else if (score >=70)   //score 不大于或等于 90,不大于或等于 80,但大于或等于 70 输出 C
  console.log('C')
else if (score >=60)
        //score 不大于或等于 90,不大于或等于 80,不大于或等于 70,但大于或等于 60 输出 D
  console.log('D')
else                    //以上条件均不满足时输出 F
  console.log('F')
```

前面的例子中,if、else、else if 语句后若要执行多于一条语句应使用"{ }"将它们封装成语句块,例如:

```
let x=3, y=5
if (x<y) {
  console.log(x)
  console.log('x is smaller')
}
```

注意上、下两段代码表达的逻辑并不一样。

```
let x=3, y=5
if (x<y)
  console.log(x)
  console.log('x is smaller')
```

后一段代码中最后一行 console.log('x is smaller') 并未被包含在 if 条件成立时要执行的代码块中,因此无论如何更改变量 x、y 的值,将始终会被执行。读者可以将上述两个例子中 x 改为 5,y 改为 3,重新分别运行两段程序,可看到它们的输出结果并不一样。因此,无论语句块中仅有一行还是多行语句,始终使用 { } 将 if、else、else if 语句后要执行的代码括起来不失为较好的编码风格,至少在初学阶段不至于犯低级错误。

当多个 if 语句嵌套在一起时可以表达更复杂的逻辑,请参看下面的代码,用于输出 3 个数中的最小值。

```
let x=3, y=2, z=4
if (x<y) {
    //嵌套, 当 x<y 时进一步判断若 x<z 成立则输出最小值 x
    if (x<z) {
        console.log(x)
    }
} else if (y<z) {
    console.log(y)              //>>>2
} else {
    console.log(z)
}
```

上例的代码中每个语句块中仅有一行代码,似乎可以删除所有的大括号,变成如下的样式。

```
let x=3, y=2, z=4
if (x<y)
    if (x<z)
        console.log(x)
else if (y<z)
    console.log(y)
else
    console.log(z)            //>>>4
```

看上去不错,但是运行代码就会发现运行结果并不像想象的那样输出最小值 2,而是输出 4。这是因为 else 总是与离它最近的那个 if 配对,上述代码中使用不同的字体标识了配对情况。计算机语言中成对的元素通常均是如此,"}"同样与离它最近的"{"配对,第 2 章学习的 HTML 标签也是如此。良好的代码风格、适当的缩进、必要的()和{}均有助于我们避开编程的陷阱。

以上求最小值的程序仅为演示,使用 Math.min(x, y, z) 即可达成。

2. switch 语句

switch 语句又称多条件分支语句,下面以一段伪代码来解释它的用法和含义。

```
switch(n) {              //switch 语句块开始
  case c1:               //若 n===c1 执行此后的代码
    ...                  //其他代码
    break                //跳至 switch 语句块结尾
  case c2:               //若 n===c2 执行此后的代码
    ...                  //其他代码
    break                //跳至 switch 语句块结尾
    ...                  //可以有更多 case 语句
  default:               //若以上条件均不满足则执行此后的代码
    ...                  //其他代码
    break                //跳至 switch 语句块结尾
}                        //switch 语句块结尾
```

程序在运行时将从上往下依次判定 n 是否等于(===)c1,c2,…,若判定结果为 true,

则执行相应 case 语句之后的代码，否则进行下一项判定；若所有 case 之后的值（c1，c2，…）均不等于（!==）n，则执行 default 之后的代码；若程序在 switch 语句块中执行到 break 语句则立即跳转至 switch 语句块结尾处。

下面的例子中首先随机抽取一个 1～3 的整数，然后根据此整数值做不同的输出。

```
//随机抽取 1~3 的整数
let x=Math.ceil( Math.random() * 3)
console.log(x)                         //输出随机得到的数
switch(x) {
  case 1:
    console.log('x is one')
    break
  case 2:
    console.log('x is two')
    break
  default:
    console.log('x is three')
    break
}
```

读者可反复执行上面的代码，可看到程序根据随机得到的 x 值进行了不同的输出，若 x 值为 3 则执行 default 之后的代码，输出 x is three。

依据程序逻辑，代码中的 default 部分可以缺失，也不一定要将 default 部分写在最后。但要特别注意的是，绝大多数情况下，每个 case/default 之后均应该有一个 break 语句，否则程序执行的逻辑往往是错误的。例如，下面的代码中令 x= 1，同时删除了 case 1：之后的 break 语句，运行程序会发现既输出了 x is one，也输出了 x is two。

```
let x=1
switch(x) {
  case 1:
    console.log('x is one')              //程序会执行到此行
  case 2:
    console.log('x is two')              //程序也会执行到此行
    break
  default:
    console.log('x is three')
    break
}
```

所以在前面的叙述中，我们强调判定条件成立时将执行相应 case 语句"之后"的代码，而不仅是"与下一个 case 之间"的代码。读者可尝试删除上述代码中所有 break 语句，会发现代码中 3 条 console.log() 语句都会被执行到。

前面提到绝大多数情况下，缺少 break 语句程序都有逻辑错误。下面举两个例子说明少数省略 break 语句的情形。

① 假如需要编写一个自动升级程序，根据用户当前程序版本 version 决定如何进行升级。多数情况下升级操作将逐版本进行，例如目前最新版本为 3，而用户的版本是 1，那么会先升级到第 2 版，再升级到第 3 版。下面的程序演示了升级过程，代码中的 switch 语句刻意不使用 break。

```
//用户持有的版本号为 version,最新版本为 3
switch(version) {
  case 1:
    //执行版本 1 → 2 的升级过程
  case 2:
    //执行版本 2 → 3 的升级过程
}
```

② 在不同情况均需要执行相同的代码时,可将多个 case 语句连续写在一起(中间没有 break)。

```
//随机产生 1~5 的数
let x=Math.ceil(Math.random() * 5)
console.log(x)                              //输出随机得到的数
switch(x) {
  case 1:
  case 2:
    console.log('x is 1 or 2')
    break
  case 3:
  case 4:
    console.log('x is 3 or 4')
    break
  default:
    console.log('Others')
    break
}
```

读到这里,可能读者有这样的想法,上面的代码能否写作下面的样子?

```
//随机产生 1~5 之间的数
let x=Math.ceil( Math.random() * 5 )
console.log(x)                              //输出随机得到的数
switch(x) {
  case x<3:
    console.log('x is 1 or 2')
    break
  case x<5:
    console.log('x is 3 or 4')
    break
  default:
    console.log('Others')
    break
}
```

当然,上面"改造"后的代码也可以执行,并不会报错,但在逻辑上是错误的,运行程序会发现,无论 x 取到了什么值,程序都只会输出"Others"。这是怎么回事呢?

本节开头强调了一件事:JavaScript 解释器会使用 switch()语句括号中表达式的计算值按顺序与后续的 case 语句进行逐个比对,判断它们是否"相等",若相等则执行相应 case 之后的代码,并且这里的相等指的是"===",即不仅值相等,数据类型也要一致。

上面的代码中 case 语句之后的表达式(如 x<3)在计算之后值为布尔类型(boolean),这样的值至少在数据类型上是不可能与变量 x 的数据类型(number)一致的,所以 switch 中

所有 case 条件都不符合，最终无论 x 值是多少都只会执行 default 部分。

不过，上一段的分析似乎给了一个思路，如果把上面代码中 switch(x)改为 switch(true)，是否逻辑就正确了呢？读者不妨自己尝试。

虽然编写代码时，switch 语句中的每个 case/default 部分都应有适当的缩进，这是良好的编码风格，但是并不意味着两个 case 之间或 case 与 default 之间的代码就是一个“代码块”。事实上，除非主动使用“{ }”定义代码块，否则 switch 语句后的“{ }”括住的整个部分都属于同一个代码块。请看下面的示例。

```
let n=1
switch(n) {
  case 1:
    let y=1
    break
  case 2:
    let y=2     //Uncaught SyntaxError: Identifier 'y' has already been declared
    break
}
```

上述程序无法运行，有语法错误，因为不可以在同一个代码块中声明两个同名的变量 y。换句话说，switch(n) {…} 大括号之间的代码属于同一语句块。

5.4.3 循环语句

1. while 语句

while 语句用于构建循环结构，它可令程序执行重复的动作，语法结构如下。

```
while(condition)
  statement
```

其中，condition 为条件表达式，它表达循环的条件，即什么情况下程序反复循环运行。程序执行到 while 语句时会计算 condition 的值，若为 true 则执行构成循环体的 statement，然后回到 while 语句开始的位置再次计算 condition 值，若仍为 true 则再次执行 statement，如此反复，直至 condition 计算结果为 false 则不再循环，而是跳过 statement 部分继续向后执行。statement 可以是一条语句，也可以是一个语句块，在其中若程序执行时遇到 **break** 语句，则退出循环体。

请看下面的例子，用于计算 1+2+3+4+5 的结果。

```
let sum=0              //sum 用于存储当前累计的和，初始为 0
let i=1                //i 为当前要累加的数，从 1 开始
while(i<=5) {          //若 i<=5 则执行循环体内的代码
  sum +=i
  i++
}
console.log(sum)       //>>>15
```

这段程序当然也可以写作下面的样子。

```
let sum=0, i=1
while(true) {                    //循环条件始终为 true
```

```
  sum +=i
  i++
  if (i >5) break       //循环 5 次后,i 将变成 6,此时退出循环体
}
console.log(sum)        //>>>15
```

读者不妨设置断点,逐行跟踪程序执行,体验一下循环过程。

在写循环结构的程序时,须注意退出循环的条件。也就是说,程序一定要在某个时机主动退出循环,否则程序将形成“死循环”无法向后继续执行。

在循环体中也可以使用 **continue** 语句令程序直接跳转到 while 位置。例如,下面的例子演示了计算 1～10 中的奇数和,即 1+3+5+7+9。

```
let sum=0, i=0
while(i<10) {                //当 i 大于或等于 10 时结束循环
  i++
  if (i %2==0) continue      //若当前的 i 值除以 2 的余数等于 0, 说明此数为偶数
                             //此时不再执行下一句 sum+=i, 而是跳转到 while 位置继续执行
  sum +=i
}
console.log(sum)             //>>>25
```

若程序第一次执行到 while()时条件表达式计算结果为 false,则循环体内的代码将一次也不会被执行。也就是说,在此特定的情况下,while 语句循环体内的代码并没有执行机会。

如果需要确保循环体内的代码至少被执行一次,则可使用 **do…while** 循环。下面的例子同样用于计算 1+2+3+4+5 的结果。

```
let sum=0, i=1
do {
  sum +=i
  i++
} while(i<=5)           //当 i 小于或等于 5 时回到 do 的位置继续循环,否则结束循环
console.log(sum)        //>>>15
```

do…while 循环中同样可以使用 break 语句跳出循环,也可使用 continue 语句让程序跳转到 while 位置继续执行(注意不是跳转到 do 的位置)。

循环结构让计算机周而复始地按相同的模式去处理类似的事情,而处理的步骤就封装在循环体内,程序多次循环执行时运行的代码是相同的,仅是其中涉及的数据在变化,这才使得每次循环都有新的意义,循环最终也才有机会退出。在此,请读者再次体会本章开篇说的“计算机程序处理的核心内容是数据”这句话,本质上是数据在主导程序的运行方式。

2. for 语句

for 语句同样用于构建循环结构,在 ES6 中 for 语句有 3 种形式: for、for…of 和 for…in,下文逐个介绍。

(1) **for** 循环,语法结构如下。

```
for(initialize; test; increment)
  statement
```

它等价于如下语句结构。

```
initialize
while(test) {
  statement
  increment
}
```

简言之，在循环开始前首先会计算一次 initialize 表达式，然后计算 test 表达式的值，若为 true 则进入循环体，执行其中的语句(statement)，然后计算 increment 表达式(通常 increment 会影响到 test 的计算结果)，最后程序回到循环开始位置再次计算 test 表达式的值，若为 true 则继续循环，否则结束循环。

请注意，initialize 表达式一定会在循环开始前计算一次(且一次)，test 表达式将在每次循环前计算以决定是否要继续循环，而 increment 将在每次循环后计算。

下面的代码同样用于计算 1+2+3+4+5 的结果，但使用 for 循环实现。

```
let sum=0                    //sum 用于存储当前累计的和，初始为 0
let i                        //i 为当前要累加的数
for(i=1; i<=5; i++) {
  sum +=i
}
console.log(sum)             //>>>15    (合计值)
console.log(i)               //>>>6     (变量 i 仍然有效)
```

上述代码中，变量 i 的作用仅限于在 for 循环内用于计数(通常称作循环变量)，但是当循环结束后变量 i 的生命周期并未结束，一直延续到了整个程序运行结束(参看最后一行代码的输出)。

这是非常不好的！应该让程序中的变量/常量的作用域尽可能地限制在它发挥作用的代码块内，即变量作用域局部化，否则可能污染其他代码的执行空间，引起不必要的麻烦。

对于上面的代码，最好写成如下的样子。

```
let sum=0                        //sum 用于存储当前累计的和，初始为 0
for(let i=1; i<=5; i++) {
  sum +=i
}
//console.log(i)                 //若尝试在此处输出 i 会报错，因为变量 i 已经被销毁
console.log(sum)                 //>>>15
```

上面的代码若将 let 换作 var 同样会违反变量作用域局部化原则，请参看如下代码。

```
let sum=0
for(var i=1; i<=5; i++) {            //将 let 换作 var
  sum +=i
}
console.log(i)                       //>>>6    (变量 i 未被销毁)
console.log(sum)                     //>>>15
```

for 语句()中的 3 部分均是可以省略的，例如：for(;test;)等价于 while(test)，而 for(;;)等价于 while(true)。至此，读者不妨再次复习 for()语句括号中的 3 部分分别表达什么意思，以及它们执行的时机和次数。未来可能会读到别人写的、很难理解的 for 循环代码，心中若有明晰的概念将有助于理解这些“难懂”的程序。

(2) **for…of** 循环，主要用于可迭代对象(迭代器)的遍历。可迭代指的是该对象实现了

可迭代协议,具体而言,即该对象定义了 Symbol.iterator 方法,其返回一个包含 next()方法的对象。

以下代码自定义了一个可迭代对象。

```
const iterator={
  [Symbol.iterator]() {
    return {
        i: 3,
        next(){
          if (this.i >0) {
            return {value: this.i--, done: false}
                                        //返回当前元素, done 为 false 表明未迭代完成
          } else {
            return {value: undefined, done: true}       //done 为 true 表示已迭代完
          }
        }
    }
  }
}
```

对于上述可迭代对象可使用展开语法对其执行展开操作,或使用 for…of 循环遍历,也可使用 Array 的 from()方法将其迭代结果转换为数组。

```
console.log(...iterator)                    //>>>3 2 1
for(let i of iterator) {
  console.log(i)                            //依次输出 3 2 1
}
console.log( Array.from(iterator) )         //>>>[3, 2, 1]
```

JavaScript 中数组、Map、Set、String 等类型均实现了可迭代协议,因此均可使用 for…of 循环进行遍历。对于数组,若不关心元素的索引值,使用 for…of 循环会更简洁,例如:

```
const arr=['a', 'b', 'c']
for(let i of arr) {                    //循环变量 i 为数组中遍历到的元素
  console.log(i)                       //>>>a b c
}
```

虽然迭代器可方便地转换为数组等类型,但相对而言,迭代器是“动态”的,即迭代器会在每次迭代时才去提取下一个元素(调用 next()方法),而不像数组事先已将所有元素准备好。若获取数据元素的过程比较耗费资源,使用迭代器并结合 for…of 循环就有机会在无需更多数据时终止此过程(break),以免浪费资源。

(3) **for…in** 循环,用于遍历一个对象的可枚举属性[①],包括继承而来的属性,但不包括 Symbol 属性。

下面代码中循环变量 prop 的值是每次遍历到的属性名,进一步使用 obj[prop] 可获得该属性的值。

---

① 可枚举属性:对象属性的 enumerable 描述符为 true 时称此属性为可枚举属性,参见 6.4 节。

```
const obj={name: 'Jackie', age: 68}
for (let prop in obj) {                          //prop 为属性名
  console.log(`${prop}=${ obj[prop] }`)          //>>>name=Jackie
                                                 //>>>age=68
}
```

数组也是对象，所以当然也可以使用 for…in 循环进行遍历，例如：

```
const arr=['a', 'b', 'c']
for(let i in arr) {
  console.log(i)              //>>>0 1 2     (注意循环变量 i 为索引值)
  console.log(arr[i])         //>>>a b c
}
```

对于 for…of 和 for…in 循环，多数时候其循环变量在循环体内仅作引用，无须重新赋值，此时更建议使用 const 声明，例如：

```
const arr=['a', 'b', 'c']
for(const i of arr) {
  console.log(i)
}
```

编写循环结构时，可能需要在循环体内声明变量/常量以暂存一些数据，例如：

```
for(let i=0; i<10; i++) {
  let x=1
  //… 其他代码
}
```

从程序的结构上看，上述 let 语句会被执行 10 次，变量 x 似乎会被声明 10 次，存储空间被分配了 10 份，势必造成内存空间浪费。出于这样的担心，一些程序员把上述代码改写成如下的样子，即把 let x 语句有意放置在循环体外。

```
let x=1
for(let i=0; i<10; i++) {
  //… 其他代码
}
```

事实上，这样的担心完全是多余的，解释器自会在底层处理好存储空间的分配问题。如果像上面代码中演示那样把仅在循环内使用的变量放到循环外声明，反而违反了变量作用域局部化原则。

5.4.4　异常的抛出与捕获

异常(Exception)是指程序运行过程出现的某种异常状况或错误的信号。JavaScript 中可以通过 throw 语句抛出异常，而通过 catch 语句捕获异常，然后采取必要的动作让程序从异常状况中恢复。

如下求解正方形面积的程序，若输入参数(边长)不合法，则使用 throw 抛出异常。

```
//let input=…    输入参数
let length=parseFloat(input)
if (Number.isNaN(length)) throw 'length must be a number'           //边长应为数值
if (length<=0) throw 'length must be a positive number'             //边长应为正数
console.log( 'Length=', length, ', Area=', length * length )        //输出计算结果
```

JavaScript 中 throw 语句可将任意表达式作为异常抛出，如对象、字符串、数值、布尔值等。传统的做法中通常使用 Error 对异常进行封装，如 throw new Error('…')，但这不是必需的。若需要在抛出的异常中携带更多信息，可封装为对象抛出。

使用 try/catch/finally 语句可捕获并处理异常，以使程序继续执行，语法结构如下。

```
try {
    //尝试执行可能抛出异常的代码,若遭遇异常则立即跳转至 catch 部分继续执行
} catch(e) {
    //捕获异常并进行处理,通过 catch 后括号中的参数可获取异常的详细信息
} finally {
    //无论程序执行过程是否发生异常,均会执行本语句块中的代码
}
```

其中，catch(e){ }和 finally{ }部分并非必需，可根据业务需要使用，catch 后的参数也可省略，如 catch{ }。但若程序抛出异常，而无相应的 catch 块做捕获和处理，程序将终止。

以下使用 try…catch…finally 语句封装上述求正方形面积的程序，并测试程序的执行结果。

```
let inputs=[-1, 'ABC', 5]                  //测试数据

for(const input of inputs) {               //依次测试以上 3 个输入值程序的执行结果
  try {
    let length=parseFloat(input)
    if (Number.isNaN(length)) throw 'length must be a number'
    if (length<=0) throw 'length must be a positive number'
    console.log( 'Length=', length, ', Area=', length * length )
  } catch(e) {
    console.error(e)                       //抛出异常时执行
  } finally {
    console.log('---------')               //始终执行
  }
}
```

运行以上程序可看到，一旦 try{ }部分抛出异常则程序立即转至 catch 部分，不再执行后续的语句，而 finally 部分的代码无论是否出现异常均会执行。

通常应将无论如何必须执行的代码写在 finally 语句块内，例如，与数据库交互的程序中，应将断开数据库连接的代码放在 finally 语句块中，以保证无论如何均断开数据库连接，以释放资源。

不要单纯地将异常理解为“错误”，很多时候将异常机制理解为模块之间交流的手段会更合适。

5.5 函　　数

5.5.1 函数的基本概念

当问题规模变大时，程序自然会变得复杂，难以编写，可维护性变差。生活中遇到这样的情况时，往往会把复杂的任务分解成小任务，然后逐个解决，当然如果小任务还是难以完成则继续分解。这就是软件工程中一个重要的思想：分而治之。

在程序设计领域，函数可认为是局部功能逻辑的封装体，即处理小任务的程序段的封装。当把局部功能都实现后，再通过函数间的相互调用将它们串起来，从而实现整体目标。

如图 5.6 所示，也可以把函数理解成生产流水线上的一环，生产原料(输入参数)从函数的一端进入，经过函数内部的处理，最终向外输出产品(处理结果)。

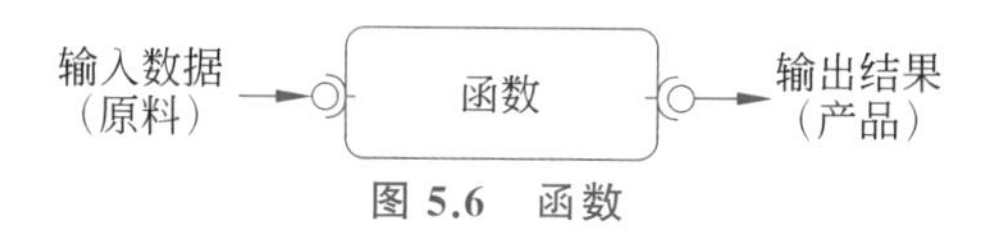

图 5.6　函数

至于函数内部如何工作，这当然需要编写代码来描述，但内部工作流程对于函数之外的世界来说无须关心。同样，函数内部的程序也不应该去关心外面的世界是什么样的。换句话说，函数就像一个盒子，它把处理某项任务的程序封装到盒子里面，唯一与外界交流的窗口(接口)就只有数据输入端和结果输出端。

下面直接来看一段程序。

```
//定义函数 getGreeting 用于返回一句问候语
//函数输入参数 name 用于接收"姓名"(原料)
function getGreeting(name) {                //{…}中的内容为函数体
  let hours=new Date().getHours()           //从当前系统时间中取得小时数
  let greeting                              //变量 greeting 用于暂存问候语
  //根据当前时间，准备问候语，暂存于变量 greeting
  if (hours<12) {
    greeting='Good morning'
  } else if (hours<18) {
    greeting='Good afternoon'
  } else {
    greeting='Good evening'
  }

  //将问候语拼接上函数的输入参数(姓名)，并返回结果(产品)
  return `${greeting}, ${name}`
}
```

上面的代码定义了名为 getGreeting 的函数，整段代码与图 5.6 有清晰的对应关系：入口参数 name 作为原料被送入函数，经过函数体内代码的加工，最后通过 return 语句将产品输出。“复杂”的处理逻辑被封装在函数体内部，其中变量 hours 和 greeting 也被牢牢地封装在函数体内部(函数作用域)，外界无法访问。

如何使用此函数呢？请看下面的代码。

```
//调用函数 getGreeting，传入原料(Johnny)
//并接收函数返回的结果存放常量 greeting
const greeting=getGreeting('Johnny')
console.log(greeting)                    //输出获得的问候语
```

从上面的代码可看到，作为“调用方”，无须关心函数内部的实现逻辑，只需将原料'Johnny'输送给函数 getGreeting()，然后接收函数输出的产品(返回值)即可。而作为被调方(函数内部的代码)也无须关心输入的原料是怎么构建出来的。不知读者是否感受到经过函数的封装，程序变得整洁而有条理。

code-5.3.html 是完整的程序，并在关键位置插入了断点(debugger 语句)，请读者尝试运行，并逐行跟踪代码执行过程，以完全弄明白程序是如何运行的。记得打开 Chrome 开发者工具，若需查看程序输出，请切换至 Console 面板。

程序运行到调用函数 getGreeting()那一行时，可跟踪进入函数内部，继续观察其执行过程，如图 5.7 所示。

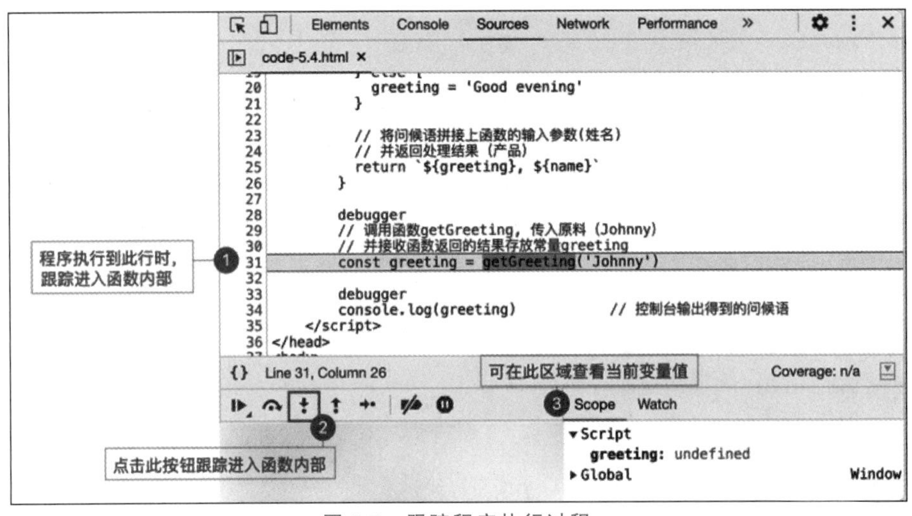

图 5.7　跟踪程序执行过程

code-5.3.html

```
html
<!DOCTYPE html>
<html>
<head>
    <title>5.3</title>
    <script>
        debugger
        //定义函数 getGreeting 用于返回一句问候
        //函数入口参数 name 用于接收"姓名"(原料)
        function getGreeting(name) {                //{…}中的内容为函数体
          debugger
          const hours=new Date().getHours()          //从当前系统时间中取得小时数
```

```
        let greeting                      //变量 greeting 用于暂存问候语

        //根据当前时间，准备问候语，暂存于变量 greeting
        if (hours<12) {
          greeting='Good morning'
        } else if (hours<18) {
          greeting='Good afternoon'
        } else {
          greeting='Good evening'
        }

        //将问候语拼接上函数的输入参数(姓名)
        //并返回处理结果(产品)
        return `${greeting}, ${name}`
      }

      debugger
      //调用函数 getGreeting，传入原料(Johnny)
      //并接收函数返回的结果存放常量 greeting
      const greeting=getGreeting('Johnny')

      debugger
      console.log(greeting)               //输出获得的问候语
    </script>
  </head>
  <body>
  </body>
  </html>
```

通过上面的例子，配合逐行跟踪执行，相信读者对函数是什么、函数存在的意义，以及函数是如何执行这些问题已有了感性认识。5.5.2 节将讨论 JavaScript 中关于函数的更多细节。

5.5.2　关于函数的更多细节

1. 定义函数和调用函数的基本语法

JavaScript 中定义函数的语法结构如图 5.8 所示。其中，function 为定义函数的关键词，函数名可自定义，参数表部分可有 0 个或多个参数，这里的参数称作形式参数（形参），函数体部分由实现具体功能的语句组成。

调用函数的语法结构如图 5.9 所示。其中，函数名后面小括号“()”中的参数称作实际参数（实参）。函数调用时实参值被传递给相应位置的形参，但应注意基本类型与引用类型参数传递时的差异，请参看 5.2 节。

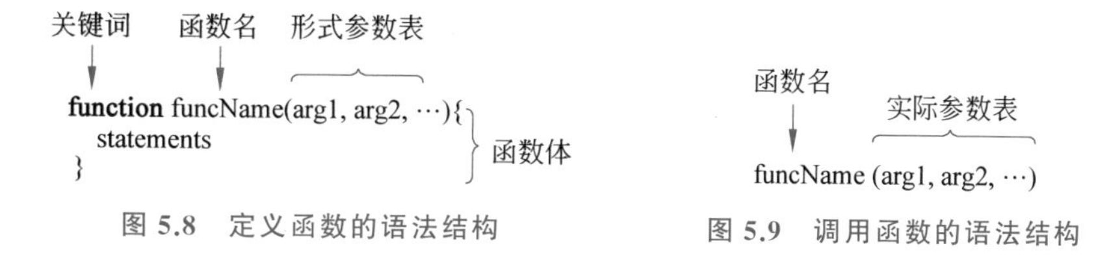

图 5.8　定义函数的语法结构　　图 5.9　调用函数的语法结构

2. 可变长的参数表

较特别的是,JavaScript 中调用函数时传入的实参数量并不一定必须与函数形参数量一致,请研读以下代码。

```
//定义函数 foo, 两个形参
function foo(a, b) {
  //...
}

foo()          //调用函数 foo, 传入 0 个实参, 形参得到的值: a=undefined, b=undefined
foo(1)         //调用函数 foo, 传入 1 个实参, 形参得到的值: a=1, b=undefined
foo(1, 2)      //调用函数 foo, 传入 2 个实参, 形参得到的值: a=1, b=2
foo(1, 2, 3)   //调用函数 foo, 传入 3 个实参, 形参得到的值: a=1, b=2,第 3 个实参被忽略
```

在函数体内部可以通过 arguments 对象取得实际传入的参数。

```
function foo() {
  for(arg of arguments) {
    console.log(arg)          //>>>'bar', 1, true
  }
}

foo('bar', 1, true)
```

3. 参数默认值

ES6 中可以为函数的形参指定默认值,调用函数时若未传入对应的实参,则该形参将使用默认值,请参看如下程序。

```
function foo(a='defaultA', b='defaultB', c) {
  console.log(a, b, c)
}

foo()                              //>>>defaultA defaultB undefined
foo('bar')                         //>>>bar defaultB undefined
foo('bar', 'foobar')               //>>>bar foobar undefined
foo('bar', 'foobar', 'baz')        //>>>bar foobar baz
```

需要注意的是,实参将按顺序传递给对应位置的形参,若未为形参指定默认值,且未在对应位置传入实参,则该形参值为 undefined。上例中调用函数 foo 时,若想仅为形参 c 传值,而 a、b 取默认值,则应在 a、b 对应位置传入 undefined(不可是 null),如下。

```
foo(undefined, undefined, 'baz')          //defaultA defaultB baz
```

4. 参数的解构

调用函数时,若传入参数为对象或数组,可使用解构语法进行参数解构,如下例所示,参阅 5.3.2 节关于解构赋值的介绍。

```
function foo({name, age}, [first, second]) {
  console.log(name, age, first, second)          //>>>Johnny 18 1 2
}

const obj={name: 'Johnny', age: 18, weight: 50}
const arr=[1, 2, 3]
foo(obj, arr)
```

5. 接收剩余参数

定义函数时，可在最后一个形参前添加“...”，以表示将多余的实参收集起来组成数组传给最后一个形参，如下例所示。

```
function foo(a, b, ...c) {
  console.log(a, b)                 //1 2
  console.log(c)                    //[3, 4, 5]
}

foo(1, 2, 3, 4, 5)
```

6. 省略 return

函数体内 return 语句并不是必需的（如上例），此时函数体内的代码执行完后将隐式地返回 undefined。当然也可在函数体内主动写入 return 语句（return 后无任何内容），表示立即终止函数内代码的执行并返回 undefined。

7. 用作数据的函数

JavaScript 中的函数实际上也是一个对象，既然如此，那么就可以将函数赋值给变量，或将其作为调用函数时的实参，请看如下例子。

```
function foo(msg) {
  console.log(msg)
}

let x = foo              //注意此处 foo 后没有括号，否则意为调用函数 foo()并将返回值赋给 x
x('call by x')           //x===foo，此处相当于调用 foo()

function bar(f) {        //形参 f 等待接收一个函数
  f('call by bar')       //调用接收到的函数 f
}

bar(foo)                 //将函数 foo 作为实参传递给 bar 函数的形参 f
```

运行以上程序可看到控制台依次输出：

```
call by x
call by bar
```

必要时请添加调试断点（debugger），逐行跟踪程序执行，以理解上述代码的执行方式。

有时也可以换一种方式定义函数，如下。

```
const foo=function(){
  //...
}
```

8. 匿名函数

上面代码中定义的函数并未为其命名，将这种未命名的函数称作匿名函数。常见的用法是临时定义一个匿名函数并作为实参传递给另一个函数使用，例如以下示例中调用函数 bar()时传递的实参。

```
function bar(f) {
  f()
```

```
}

bar(function(){              //此处调用函数 bar 时传入的参数即为匿名函数
  //...
})
```

9. 作用域链

JavaScript 允许在函数内再嵌套定义函数,通常将这种内嵌的函数称作闭包函数,如下例中的函数 bar()。

```
let x=1
function foo() {
  let x=2
  function bar() {
    let x=3
    console.log(x)              //>>>3
  }
  bar()
}

foo()
```

当 JavaScript 代码需要访问一个变量 x 时,将开始执行变量名解析过程,从离它最近的作用域查找 x,若找到则使用此变量值,否则将沿作用域链向上查找,直到找到 x,若到达顶层作用域仍未找到则报错(不同的运行时环境中 x 可能取值为 undefined)。因此,当在函数内定义的变量或函数的形参与上级作用域中变量名称相同时,上级作用域中的变量看上去像是被隐藏了。

上例中分别在顶层、foo()函数以及 foo()函数的内嵌函数 bar()中声明了变量 x,若程序执行至 bar()函数内的 console.log(x)语句,JavaScript 解释器将逐级向上查找变量 x,读者可尝试从内至外逐步删除代码中的 x 变量声明语句,观察输出的 x 值的变化。

5.5.3 闭包函数

看下面这段程序,虽然变量 gx 和函数 bar()均未在函数 foo()中声明/定义,但是在函数 foo()内部是可以直接访问它们的,换言之,在函数 foo()所处的作用域链中存在变量 gx 和函数 bar()。

```
let gx=1

function bar(){
  console.log('bar')
}

function foo() {
  console.log(gx)                 //>>>1
  bar()                           //>>>bar
}

foo()                             //调函数 foo()
```

在计算机科学中,将一段代码和它所处的作用域构成的综合体称作闭包。JavaScript

中所有的函数均可称作闭包,这似乎没什么特别的。通常明确地提及"闭包"这个术语时是在将一个函数定义在了另一个函数里面的情形,将内嵌的函数称作闭包函数,例如:

```
function idGenerator() {
  let id=0
  function getId() {                //闭包函数
    return id++                     //先返回当前 id 的值, 再自加
  }
  return getId                      //将内部的函数 getId()返回
}

const getId=idGenerator()           //得到了定义于 idGenerator()中的 getId()函数的引用

console.log(getId())                //>>>0
console.log(getId())                //>>>1
console.log(getId())                //>>>2
```

在上面这个例子中,定义于函数 idGenerator()中的内部函数 getId()被导出到了函数之外,顺带着也把 getId()所在的作用域中变量 id 的读取权限也导出了,这使得代码中的最后 3 行输出语句可以正常输出变量 id 的值。

细看之下会发现,变量 id 是 idGenerator()函数内部定义的局部变量,其作用域仅限于 idGenerator()函数内,按理说当函数 idGenerator()执行结束后变量 id 就应该被释放,但事实上并没有,代码中最后 3 行调用函数 getId()仍可正常取得并更新 id 的值。变量 id 因被导出的闭包函数所引用,生命周期得到了延续,它将直到常量 getId 的生命周期结束才会被销毁,对本例来说即是整个程序执行结束。

上例事实上实现了一个 ID 产生器,在函数 idGenerator()的外部,除可通过调用 getId()函数获得下一个 id 值外,没有任何其他途径可以随意读取或变更 id 值,这样就保证了每次取得的 id 值的唯一性。这个例子通过闭包函数将变量 id 转换成了"私有的静态变量"。

本节的例子仅为辅助理解闭包的含义和用途,实际项目中定义闭包函数的目的大多为实现外部函数局部逻辑的封装,而刻意地使用闭包特性实现类似上例特定功能的场景并不多见。

5.5.4 lambda 表达式

在 ES6 中新增了一种定义匿名函数的方式,称作 lambda 表达式,俗称箭头函数。

下面是一个"求矩形面积"的匿名函数。

```
function (a, b) {
  return a * b
}
```

可写作如下 lambda 表达式。

```
(a, b)=>{
  return a * b
}
```

其中,(a, b)部分相当于普通函数的形参表,而{…}部分相当于函数体。

特别地,若函数体内仅有一行 return 语句,则可省略{ }和 return,例如:

```
(a, b)=>a * b
```

更进一步,若有且仅有一个形参,则可省略形参表的括号(),例如:

```
n=>n * n          //求 n 的平方
```

注意,若形参表中无任何参数,则括号不可省略,例如:

```
()=>new Date().getDay()          //返回当前是星期几
```

当 lambda 表达式的返回值是对象字面量时,为避免语法错误,需要使用小括号将对象字面量括起来:

```
()=>({name: 'Johnny', age, 18})
```

lambda 表达式的其余语法与普通函数相似,只是应注意 lambda 表达式并没有普通函数中可用的 arguments 对象,若作为对象的方法则无法直接使用 this 指向当前对象,例如:

```
const person={
  myName: 'Johnny',
  introduce: ()=>{
    //本例中此处 this 将指向全局对象
    console.log('My name is ' +this.myName)          //>>>My name is undefined

    //程序报错,Uncaught ReferenceError: arguments is not defined
    console.log(arguments)
  }
}
person.introduce()
```

多数情况下,lambda 表达式用于替代逻辑简单的纯函数,如下代码中的 lambda 表达式用于过滤出数组中的奇数,请参阅 5.3.2 节数组操作中 filter()方法的示例

```
const arr=[1, 2, 3, 4, 5, 6]
//此处 lambda 表达式的返回值若为 1 则为奇数,而 1 在布尔上下文被认定为 true,即 truthy
const odds=arr.filter(v=>v %2)          //>>>[1, 3, 5]
```

5.5.5 函数的递归调用

读者若有学习计算机程序设计的经验,应对递归这个词并不陌生。一个函数内的代码调用自身函数,或多个函数之间相互调用形成一个"环",这在计算机科学中被称作递归。很多时候计算机程序均是以相似的模式螺旋式地向前推进,这让程序员得以用有限的代码描述"无限"的运算步骤。对初学者来说,递归程序往往不太容易理解,但一旦想明白常有醍醐灌顶的感觉,这对编写和理解程序大有裨益。本节想要借助递归程序讨论编写和使用函数时的一些理念。

如前所述,函数是一段程序(功能逻辑)的封装体,依照软件工程的理念,函数的编写应尽可能地做到"高内聚,低耦合",即函数内的代码应做到功能内聚而独立,尽可能地让一个函数只完成一项任务,若任务复杂则可分解为更多的子任务,使用子函数进行封装。较多初学者往往会因任务规模的增长而导致思路越来越混乱,最终无法将程序编写下去,此时不妨停止编码,重新整理思路,将任务有条理地分解,逐步细化反而事半功倍。而"低耦合"的原

则反映在函数的设计和编码中则主要指尽可能地让函数的封装像是一个盒子，它与外界的沟通仅通过入口的参数和出口的返回值来实现。

在一个项目中可能有很多功能模块/函数需要编写，也会调用很多别的模块/函数，但应努力做到如下两点。

(1) 如果正在调用一个函数，那么只需根据函数的接口定义，为它提供参数，然后等待接收结果即可，不应关心函数内部的实现逻辑。

(2) 如果正在编写一个函数，那么只应考虑如何根据输入参数，形成输出结果，不应过分关心和依赖外部的环境。

编写程序的过程中，可能会在调用方和被调方之间频繁切换角色，若随时能厘清角色的任务，势必可以保持思路清晰。

以求 n! 这样一个经典的例子来解释以上所述。站在函数编写者（被调方）的角度，假设要写一个函数 fact 实现 n! 的求解，那么首先确定输入参数应是 n，而返回值则是 n! 的计算结果，接下来需要考虑输入参数的合法性，即对输入参数进行校验，以避免后续的计算过程建立在一个错误的基础之上，因为不能假设未来的调用方一定会提供合法的输入。因此，函数可以有如下的框架。

```
function fact(n) {
  //本例以抛出异常等方式反馈调用方“参数不合法”，参见 5.4.4 节
  if (!Number.isInteger(n)) throw 'n must be an integer'
  if (n<1 || n >15) throw 'n must be between 1 and 15'

  //...
}
```

接下来考虑具体如何计算 n!，已知 n!=1×2×…×n，因此 1!=1，而 n!=n×(n−1)!

上面的式子中当计算 n! 时需要知道 (n−1)!是多少，而 fact()函数就是用于计算一个数的阶乘，因此调用函数 fact(n−1)即可得到 (n−1)!的计算结果，此时你是函数 fact()的“调用方”，不必考虑 fact(n−1)是如何计算的（虽然整段程序都是一个人在完成）。于是可得到如下程序。

```
function fact(n) {
  if (!Number.isInteger(n)) throw 'n must be an integer'
  if (n<1 || n >15) throw 'n must be between 1 and 15'

  if (n===1) return 1                //1!=1
  return n * fact(n -1)              //n!=n * (n-1)!
}
```

最后，使用几个用例进行简单测试，实际项目中可借助第三方测试框架进行单元测试。

```
function fact(n) {
  if (!Number.isInteger(n)) throw 'n must be an integer'
  if (n<1 || n >15) throw 'n must be between 1 and 15'

  if (n===1) return 1                //1!=1
  return n * fact(n -1)              //n!=n * (n-1)!
}
```

```
console.log(fact(-1))                //>>>n must be between 1 and 15
console.log(fact(3.14))              //>>>n must be an integer
console.log(fact(1))                 //>>>1
console.log(fact(5))                 //>>>120
console.log(fact(15))                //>>>1307674368000
console.log(fact(19))                //>>>n must be between 1 and 15
```

上述程序也可使用循环实现,计算理论已证明递归可替代循环,但因为函数调用时需要使用栈进行现场保存,如果递归深度过大,往往会导致栈溢出。因此,实践中并不是所有循环均可用递归替代。但递归程序往往比循环结构表现得更简洁,有时以递归方式编写的程序却难以使用循环实现,例如,汉诺塔问题:设有A、B、C三根柱子,A柱上有n个大小不等的盘,大盘在下,小盘在上(图5.10)。要求将所有盘由A柱搬至C柱,每次只能搬一个盘,且必须始终保证大盘在下,小盘在上,搬运过程中可以借助任何一根柱子。

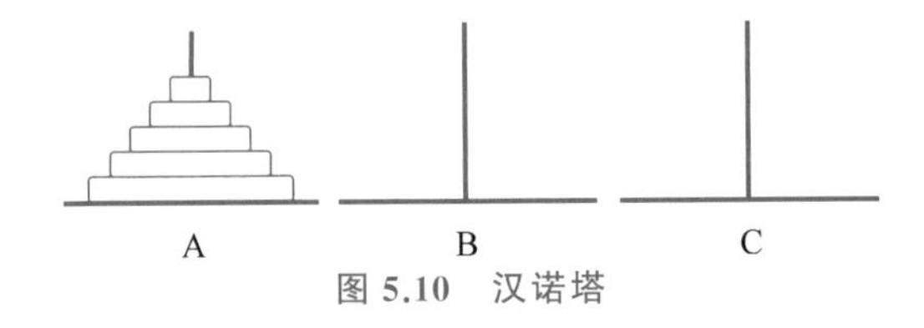

图5.10 汉诺塔

若将盘从小到大分别编号为1~n,那么这个问题即是要求解将n个盘从A搬到C的步骤(借助B)。

分析上面的描述可知有4个因素:n、A、B、C,考虑将搬运过程封装为函数move(n, from, to, temp),意为将n个盘从from搬到to,借助temp。因此,站在调用方的角度,整个问题调用函数move(n, A, C, B)即可得到解答。

换个角色,若你是move()函数的编写者该怎么做?若要将n个盘从A搬至C,借助B,那么需要以下3步(图5.11)。

```
move(n-1, A, B, C)          //① 将第n个盘之上的n-1个盘先从A搬到B,借助C
moveOne(n, A, C)            //② 单独搬动第n个盘,从A到C
move(n-1, B, C, A)          //③ 将B柱上的n-1个盘搬到C,借助A
```

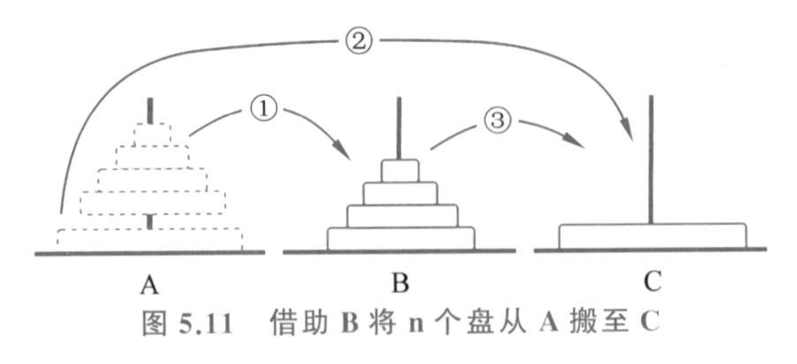

图5.11 借助B将n个盘从A搬至C

具体如何完成①、③步骤,调用move()函数即可,不用管细节,因为现在你是函数的"调用方"。

整理上面的描述,即可得到如下的程序(可将上面的A、B、C代入参数辅助理解,如注释所示)。

```
//将n个盘从from搬到to,借助temp
function move(n, from, to, temp) {          //move(n, A, C, B)
```

```
    if (n===1) {                              //若柱子上只有 1 个盘,直接搬即可
      moveOne(n, from, to)                    //moveOne(n, A, C)
    } else {
      move(n-1, from, temp, to)               //move(n-1, A, B, C)
      moveOne(n, from, to)                    //moveOne(n, A, C)
      move(n-1, temp, to, from)               //move(n-1, B, C, A)
    }
  }

  //单独将第 n 个盘从 from 搬至 to
  function moveOne(n, from, to) {         //控制台输出单独的第 n 个盘是如何搬的
    console.log(`将 ${n} 号盘从 ${from} 搬到 ${to}`)
  }
```

最后,以 5 个盘子为例测试程序,调用 move(5, 'A', 'C', 'B') 即可,以下是完整代码。读者不妨找手边的道具模拟整个搬运过程,n 个盘的最少搬动次数应为 2^n-1,即 5 个盘子最少搬动 31 次完成。

```
//将 n 个盘从 from 搬到 to, 借助 temp
function move(n, from, to, temp) {
  if (n===1) {
    moveOne(n, from, to)
  } else {
    move(n-1, from, temp, to)
    moveOne(n, from, to)
    move(n-1, temp, to, from)
  }
}

//单独将第 n 个盘从 from 搬至 to
function moveOne(n, from, to) {
  console.log(`将 ${n} 号盘从 ${from} 搬到 ${to}`)
}

//测试将 5 个盘子借助 B 柱从 A 柱搬至 C 柱
move(5, 'A', 'C', 'B')
```

不知读者是否有所心得?本节刻意以两个递归程序为例,目的是强化函数设计和编码的基本封装原则。对于如上两例,若在递归调用时试图深入了解下一级函数(被调方)的执行细节只会徒增烦恼。

5.5.6 全局函数

全局函数是在 JavaScript 环境中可以直接调用的预定义函数,它们是全局对象的方法。如 5.3.2 节使用过的 parseInt()和 parseFloat()均是全局函数。

除此之外,常用的全局函数还有:

- **setTimeout**(cb, ms[, args]):设定一个等候时长为 ms(毫秒)的定时器,时间到则调用一次指定的回调函数 cb,args 是传递给 cb 函数的可选参数。此函数返回值为定时器的 id,调用全局函数 clearTimeout(id)可取消此定时器。
- **setInterval**(cb, ms[, args]):设定一个周期为 ms(毫秒)的定时器,每次周期时间

到则调用指定的回调函数 cb,args 是传递给函数 cb 的可选参数。此函数返回值为定时器的 id,调用全局函数 clearInterval(id)可取消此定时器。

如下程序演示了 setTimeout()和 setInterval()的用法。

```
//程序开始执行后 3 秒触发回调函数
setTimeout(function(){
  console.log('3 seconds from program running')
}, 3000)

//每隔 1 秒输出当前系统时间
setInterval(function(msg){
  console.log(msg, new Date().toLocaleString())
}, 1000, 'Time')                            //'Time'为传递给回调函数的参数
```

setTimeout()和 setInterval()常被用于制作 JavaScript 动画(参看 7.2.2 节 code-7.6)、模拟程序的异步执行(参看 6.2 节)。

视频讲解

5.6 对象和类

5.6.1 对象

通俗地说,数据类型和数据结构解决了数据的封装问题,而函数的引入实现了功能逻辑的封装,对象可认为是二者的结合,即对象(object)是某个事物相关数据和功能的封装体。在面向对象程序设计中,对象的数据被称作属性(property),而功能的封装体(函数)被称作方法(method)。JavaScript 中对象的属性值可以是任何数据类型,也包括函数,因此也可把方法看作对象的特殊属性。

1. 使用字面量定义对象

对象字面量是使用逗号分隔的属性/方法的列表,包含在一个大括号“{ }”中。

例如,一只猫 Tom,它拥有名字(name)、体重(weight)等信息,这是它的数据(属性);它能吃东西(eat)、抓老鼠(catchMouse),这是它的功能(方法)。如下代码使用对象字面量定义了 cat 对象以描述这只猫。

```
const cat={
  name: 'Tom',                //name 属性
  weight: 5.8,                //weight 属性
  eat: function() {           //eat()方法
    //...
  },
  catchMouse() {              //ES6 之后版本支持以此语法结构定义对象的方法
    //...
  }
}
```

对象字面量中属性和方法名也可以使用字符串或使用“[ ]”括起来的表达式。例如:

```
const style='font-style'
const msg={
  'font-size': '16px',              //使用字符串作为属性名
```

```
  [style]: 'bold',                    //等价于 'font-style': 'bold'
  [1 +2]: 'three'                     //等价于 [3]: 'three'
}
```

有时可能需要将多个变量/常量组合成一个对象，允许使用如下简洁的写法。

```
const x=5, y=10, z=15
const point={x, y, z}              //等价于 const point={x: x, y: y, z: z}
```

2. 动态添加/删除对象的属性和方法

JavaScript 允许在运行时为对象动态地添加或删除属性和方法，参见下例。

```
const obj={name: 'Johnny', age: 18}

obj.weight=60                       //添加新属性 weight
obj.sleep=function() { }            //添加新方法 sleep()

delete obj.age                      //删除 age 属性
delete obj.sleep                    //删除 sleep()方法
```

3. 访问对象的属性和方法

一般使用“.”运算符来访问对象的属性和方法，也可使用“[ ]”括起的表达式。例如：

```
const style='font-style'
const msg={
  text: 'Hello',
  'font-size': '16px',
  [style]: 'bold',
  [1 +2]: 'three'
}

console.log(msg.text)              //>>>Hello      (也可写作 msg['text'])
console.log(msg['font-size'])      //>>>16px       (不可以写作 message.font-size)
console.log(msg[style])            //>>>bold       (不等价于 message.style)
console.log(msg[3])                //>>>three      (不可以写作 message.3)
```

在尝试访问可能不存在的属性和方法时，可使用“?.”运算符(5.3.1 节可选链运算符)。例如：

```
const cat={
  name: 'Tom'
}

//cat 有 mother 属性输出 mother.name,否则输出 UNKNOWN
//传统写法: console.log(cat.mother && cat.mother.name || 'UNKNOWN')
//?? 为空值合并运算符, 参见 5.3.1 节
console.log(cat?.mother?.name ?? 'UNKNOWN')        //>>>UNKNOWN

//cat 对象存在 eat()方法则立即调用, 否则忽略
cat.eat?.()
```

4. 对象的通用方法

在 JavaScript 的内置对象 Object 中定义了一些方法，它们对所有对象均适用，表 5.10 列出了较常用的几个，其中关于可枚举属性和更多内容请参阅 6.4 节。

表 5.10 对象的通用方法

方法	描述
Object.assign(target, source, …)	将一个或多个源对象的所有可枚举属性值覆盖到目标对象 target(浅拷贝),同时返回目标对象
Object.keys(target)	返回一个数组,包含对象自身的所有可枚举属性名。 ES6 之后建议使用 Reflect.ownKeys(target)
Object.values(target)	返回一个数组,包含对象自身的所有可枚举属性的值
Object.freeze(target)	冻结对象,被冻结的对象将不能做任何修改。 调用 Object.isFrozen(target)方法可知对象是否被冻结
Object.seal(target)	封闭对象,阻止添加/删除属性和方法,并将所有现有属性标记为不可配置。 调用 Object.isSealed(target)方法可知对象是否被封闭
Object.entries(target)	返回自身的所有可枚举属性键值对组成的数组,参见 5.3.2 节
Object.fromEntries(iteratable)	将一个键值对列表转换为一个对象,参见 5.3.2 节
obj.valueOf()	返回对象 obj 的原始值。
obj.toString()	返回对象 obj 的字符串描述,参见 5.3.2 节

下面的例子演示了表 5.10 中部分方法的使用。

```
const target={a: 1, b: 2}
const source1={b: 3, c: 4}
const source2={c: 5, d: 6}

//target 中与 source1 同名的属性值被覆盖
Object.assign(target, source1)
console.log(target)                        //{a: 1, b: 3, c: 4}

//source2 先与 source1 合并, 再覆盖到 target, 但不会影响 source1
Object.assign(target, source1, source2)
console.log(target)                        //{a: 1, b: 3, c: 5, d: 6}
console.log(source1)                       //{b: 3, c: 4}

//取得对象的可枚举属性名/值组成的数组
console.log(Object.keys(target))           //['a', 'b', 'c', 'd']
console.log(Object.values(target))         //[1, 3, 5, 6]

//strObj 为对象(String 类的实例), str 为原始值(基本数据类型 string)
//仔细阅读以下代码有助于理解对象与原始值的区别
const strObj=new String('foo')
const str=strObj.valueOf()
console.log(typeof strObj)                 //object
console.log(typeof str)                    //string
console.log(strObj==str)                   //true
console.log(strObj===str)                  //false
```

5. this 关键字

this 关键字在面向对象程序设计语言中承担着重要的作用,可理解为一个代词,用于指代某个对象。一般而言:

- 在普通函数中 this 指向全局对象。
- 在对象的方法中 this 指向该方法的宿主对象(参看 5.1.3 节)。
- 当 this 所在的函数/方法用作事件监听回调函数时,this 通常指向事件的目标元素(参看 7.2.1 节示例 code-7.5.js)。

比较容易犯错的是当 this 处于对象方法里的内嵌函数时,this 将指向全局对象,而非所在的对象。请对比如下程序中两个 this 所处环境的不同。

```
const cat={
  name: 'Tom',
  foo() {
    function inner() {
      console.log(this.name)       //>>>undefined  (浏览器环境 this 指向 window)
    }
    inner()
  },
  bar() {
    console.log(this.name)         //>>>Tom
  }
}
cat.foo()
cat.bar()
```

另一类实践中常见的错误是将函数或方法用作 setTimeout()、setInterval()等全局函数的回调函数时,this 指向全局对象,而非所在对象,例如:

```
const cat={
  name: 'Tom',
  cb() {
    console.log(this.name)
  },
  foo() {
    //指定对象方法为定时器的回调函数
    //此处 this.cb 有效, 但在 cb()函数内 this 并非指向当前对象
    setTimeout(this.cb, 10)          //>>>undefined, this 指向全局对象

    //指定内嵌函数为定时器的回调函数
    setTimeout(function(){
      console.log(this.name)         //>>>undefined, this 指向全局对象
    }, 10)
  }
}
cat.foo()
```

对于如上场景,可考虑使用临时变量传递 this 指代的对象,或使用 lambda 表达式作为回调函数。

```
const cat={
  name: 'Tom',
  cb() {
    console.log(this.name)
```

```
  },
  foo() {
    //使用临时变量传递 this
    let self=this
    setTimeout(function(){
      console.log(self.name)              //>>>Tom
      self.cb()                           //>>>Tom
    }, 10)

    //使用 lambda 表达式,参见 5.5.4 节
    setTimeout(()=>{
      console.log(this.name)              //>>>Tom
      this.cb()                           //>>>Tom
    }, 10)
  }
}
cat.foo()
```

6. call()和 apply()

JavaScript 中给所有函数均定义了两个方法：call()和 apply(),可像调用普通函数一样调用对象的方法,并且将指定的对象作为 this 值注入函数内。例如：

```
const person={
  firstName: 'Johnny',
  //对象的方法
  say1(lastName) {
    console.log('say1:', this.firstName, lastName)
  }
}

//普通函数
function say2(lastName) {
  //将 person 作为 this 注入时, this 指代 person
  console.log('say2:', this.firstName, lastName)
}

//call()应用于普通函数 say2()
//person 对象作为 this 值注入函数内
say2.call(person, 'Chen')                              //>>>say2:Johnny Chen

//call()应用于 person 对象的 say1()方法
//对象 {firstName: 'Jackie'} 作为 this 值注入 person.say1()方法内
person.say1.call({firstName: 'Jackie'}, 'Chen')      //>>>say1:Jackie Chen
```

使用同样的方法也可将 this 注入对象方法里的内嵌函数中。

```
const cat={
  name: 'Tom',
  foo() {
    function inner() {
      console.log(this.name)
    }
    inner.call(this)          //>>>Tom  (若直接调用 inner()则输出 undefined)
```

```
  }
}
cat.foo()
```

apply()函数的使用方法与 call() 类似，不同的是传递给函数的参数使用数组指定，例如：

```
say2.call(person, 'Chen')            //使用 call()
say2.apply(person, ['Chen'])         //改用 apply()
```

5.6.2 类

与其他面向对象语言一样，JavaScript 也允许先定义类，再实例化为对象。注意不要将本章所述的类与 CSS 中的样式类混淆，这里所谓的类(class)是对象的抽象，可理解为对象的描述(模板)。定义类之后，可通过实例化过程创建多个该类的实例(instance)，即对象。类在很多时候是实现高效、灵活的代码复用的重要手段。

早期版本的 JavaScript 并不像 Java、C++等面向对象语言支持真正的类，而是使用构造函数和原型对象来定义伪类(pseudo class)。例如，下面的代码中定义了一个 Circle 类，拥有一个实例属性 radius 和一个实例方法 getArea()，之后通过 new Circle()语句创建了两个 Circle 类的实例(对象)。

```
//Circle 类
function Circle(radius) {
  //this.radius 为实例属性, this 指向当前实例
  this.radius=radius
}

//定义实例方法
Circle.prototype.getArea=function() {
  return Math.PI * this.radius * this.radius
}

//实例化, 创建对象
const circle=new Circle(3)

//访问实例属性
console.log('Radius:', circle.radius)                //>>>Radius: 3
//调用实例方法
console.log('Area:', circle.getArea())               //>>>Area: 28.274333882308138

//创建另一个实例
const circle2=new Circle(10)
```

从上面的例子中可看到，JavaScript 中所谓的类事实上是使用 function 关键词定义的一个函数对象(原型对象)，而函数本身即是构造函数，此后可在原型对象的 prototype 属性上附加更多的属性和方法。这样的写法与 Java、C++等面向对象语言差异很大，很容易让初学者感到困惑。

在 ES6 及之后的版本中加入了较多的语法特性，使得 JavaScript 中定义类的语法结构越来越像其他面向对象语言，但本质上还是在使用原型对象。由于 JavaScript 自身特性的

限制,部分语法与实现方式尚有一些差异。本节后续内容均基于ES6或更新版本进行介绍。

1. 类的定义与实例化

如下代码演示了如何使用ES6语法定义前面例子中的Circle类并使用它。

```
//Circle类
class Circle {
  //声明实例属性,可给定默认值,如:radius=0
  //也可以不在此处"刻意"地声明radius属性,当构造函数中为this.radius赋值时将隐式地
  //声明此属性
  radius
  //构造函数
  constructor(radius) {
    this.radius=radius
  }
  //实例方法
  getArea() {
    return Math.PI * this.radius ** 2
  }
}

//实例化Circle类,得到对象。实参3将传递给构造函数的形参radius
const circle=new Circle(3)
//访问实例属性
console.log('Radius:', circle.radius)           //>>>Radius: 3
//调用实例方法
console.log('Area:', circle.getArea())          //>>>Area: 28.274333882308138
```

从上面的代码中可看到,ES6语法更加简洁、容易理解,也更像其他面向对象语言。注意上述class Circle{…}中属性和方法之间无逗号。

代码中首先使用class关键字定义了Circle类,此后即可使用new Circle()语句创建Circle类的实例,即对象。将类转换为实例(对象)的过程称作实例化。代码中的构造函数(constructor,构造器)是在实例化时被执行的函数,可接收任意个参数,通常执行一些初始化任务,若无必要也可省略。

代码中还声明了一个实例属性radius和一个实例方法getArea(),之所以称它们为实例属性和实例方法,是因为它们并不属于类,而是属于具体的实例(对象)。需要使用实例来访问它们,如tom.name、tom.sayHello(),而不能使用类来访问,如Cat.name、Cat.sayHello()是错误的写法。

2. 私有属性/方法

私有属性/方法,即仅可以在当前类的方法中访问的属性/方法。像Java、C++这样的传统面向对象语言均可将属性和方法声明为私有的,但在旧版的JavaScript中并无相应的语法特性支持,程序员通常使用下画线开头的标识符来命名属性和方法,以“提示”其私有性,但这并不能真正地做到私有化。

ECMAScript 2022标准允许在属性/方法名前加“#”以声明私有属性/方法,并且在语法层面上确实保障了其私有性,请参看如下代码,将上节例子中的radius声明为私有属性。

```
class Circle {
  //私有属性
```

```
  #radius
  constructor(radius) {
    this.#radius=radius
  }
  getArea() {
    return Math.PI * this.#radius ** 2
  }
}

const circle=new Circle(3)
console.log('Area:', circle.getArea())        //>>>Area: 28.274333882308138

//执行如下语句将报错，使用 circle.radius 也无法访问到实例的属性 radius
//circle.#radius=10
//console.log(circle.#radius)
```

私有方法的声明方法与私有属性类似，在方法名前加“#”即可，请读者自行实验。将属性和方法“私有化”可以有效避免对象的封装性被破坏，如上例中对 #radius 属性的读写均将触发程序报错。

3. setter 和 getter

JavaScript 中 setter 和 getter 本质上是实例方法，直观感觉却像是给对象添加了新的实例属性，可以像使用实例属性一样给此“属性”赋值和取值，请参看如下代码。

```
class Circle {
  #radius=0
  getArea() {
    return Math.PI * this.#radius ** 2
  }
  //getter
  get radius() {
    return this.#radius
  }
  //setter
  set radius(radius) {
    return this.#radius=radius
  }
}

const circle=new Circle()

//调用 radius 的 setter 方法
circle.radius=3
//调用 radius 的 getter 方法
console.log('Radius:', circle.radius)          //>>>Radius: 3

console.log('Area:', circle.getArea())         //>>>Area: 28.274333882308138
```

如上例所示，setter 和 getter 通常用于暴露私有属性的读写权限，当然也可实现更复杂的读写逻辑，但应注意 setter 和 getter 并没有真正地创建属性，仅是感觉上像是在使用普通的属性。上述语法结构也可用于对象字面量为对象直接添加 setter 和 getter 方法。

4. 静态属性和静态方法

静态属性和静态方法是属于类的属性和方法,而非属于实例,因此也称作类属性和类方法,必须使用类来访问,如 Number.MAX_VALUE、Math.sin()。需要注意的是,对于静态属性,无论创建了多少个实例,均只有一个副本。

如下代码演示了使用 static 关键字声明静态属性和静态方法。

```
class Circle {
  //静态属性
  static PI=3.14

  //静态方法
  static getArea(radius) {
    return Circle.PI * radius ** 2
  }
}

//访问静态属性
console.log('PI:', Circle.PI)                          //>>>PI: 3.14
//调用静态方法
console.log('Area:', Circle.getArea(3))                //>>>Area: 28.26
```

上述代码中 PI 并不是常量,JavaScript 不支持在属性前加 const 之类的做法,但使用 getter 可以实现此需求。

```
class Circle {
  static get PI() {
    return 3.14
  }
  static getArea(radius) {
    return Circle.PI * radius ** 2
  }
}

Circle.PI=99                                        //赋值无效
console.log('PI:', Circle.PI)                       //>>>PI: 3.14
console.log('Area:', Circle.getArea(3))             //>>>Area: 28.26
```

static 关键字也可置于私有属性和私有方法前,用于声明私有的静态属性和方法;若置于代码块前,则用于标识静态代码块,表示此代码块将在程序启动时自动执行一次,主要用于初始化计算逻辑复杂的静态属性。例如:

```
class Circle {
  //静态私有属性
  static #prop
  //静态代码块
  static {
    //… 经过计算确定#prop 的值 …
    Circle.#prop=1
  }
}
```

5. 继承

继承是面向对象语言中代码复用的重要机制,通过继承子类可复用父类的属性和方法,然后再进一步扩展自己的新特性。需要注意的是，子类实例同时也是父类的实例。

ES6 发布之前继承是通过原型链实现的，而现在使用 extends 关键字即可实现继承。

下面的例子中，Shape 为父类，定义了 x、y 两个属性和一个 coordinate 的 getter 方法用于返回 Shape 对象的坐标。子类 Circle 继承父类 Shape，于是自动拥有了父类中定义的属性和方法。此外，在子类 Circle 中还增加了 area 的 getter 方法，用于计算并返回面积。

```
//父类(形状)
class Shape {
  x; y;                                  //实例属性 x,y 坐标
  constructor(x, y) {
    Object.assign(this, {x, y})          //将形参数 x,y 值赋给实例属性 x,y
  }
  get coordinate() {                     //getter, 返回坐标
    const{x, y}=this                     //解构赋值,参见 5.3.2 节
    return {x, y}                        //返回坐标对象, 等价于{x: x, y: y}
  }
  print() {
    console.log('This is a Shape')
  }
}

//子类(圆)
class Circle extends Shape {             //使用 extends 继承 Shape 类
  radius                                 //新增的实例属性, 半径
  constructor(x, y, radius) {
    super(x, y)                          //构造函数中必须使用 super()调用父类构造函数
    this.radius=radius
  }
  get area() {                           //getter, 返回面积
    return Math.PI * this.radius ** 2
  }
  print() {                              //覆盖父类中定义的 print()方法
    console.log('This is a Circle')
    super.print()                        //调用父类中定义的 print()方法
  }
}


const circle=new Circle(3, 5, 10)
//输出坐标
console.log(circle.coordinate)           //>>>{x: 3, y: 5}
//输出面积
console.log(circle.area)                 //>>>314.1592653589793

circle.print()                           //>>>This is a Circle
                                         //>>>This is a Shape
```

注意上面代码中的两个细节：

(1) 若子类中定义了构造函数，则必须在子类构造函数中使用 super()方法主动调用父类构造函数，且应在访问实例属性/方法之前。ES6 中的继承机制将先构造父类对象，再在此基础上扩展出子类对象(与传统使用原型链实现继承不同)。

(2) super关键字也可用于在子类方法中调用父类方法,此时super指向父类对象,例如:super.print()。

JavaScript中面向对象机制的实现,在语法结构上与其他面向对象语言有不少差异,但关于对象、类、继承等基本概念(术语)的含义并无差别。本节涉及的内容与ES6之前的版本有较大差异,也是近年ECMAScript标准增补较多的部分,此后可能也会增加更多的语法特性,读者不妨随时关注ECMAScript标准的最新动态。

第6章 JavaScript 进阶

本章涉及 JavaScript 中相对高阶的内容，初学者可暂时跳过，在其余章节的学习过程中若需参考本章内容，书中的标注会指引读者回来进行深入学习。

6.1 正则表达式

实践中常需要执行一些字符串匹配任务，如判定用户输入的电子邮箱地址是否格式正确，密码是否符合规则等。这样的任务无法使用等值判定，因为需要判定字符组合是否满足指定的规则，而非判定字符串是否等于某个特定的值。

正则表达式(regular expression)是用于匹配字符串中字符组合的模式，通俗地讲，它是描述字符出现规律的表达式。正则表达式在许多语言环境中均被支持，语法大同小异。在 JavaScript 中可以借助正则表达式执行字符串的模糊匹配等任务。

下面是一个简单的例子，使用正则表达式找出字符串 str 中所有以 s 开头 e 结尾的单词。

```
const str='She sells sea shells on the seashore.'     //母串
const reg=/\bs\w+e\b/ig                                //正则表达式
console.log(str.match(reg))                        //>>>['She', 'seashore']
```

代码中 /\bs\w+e\b/ig 为正则表达式字面量，用于创建正则表达式对象。其中，\bs\w+e\b 为正则表达式的匹配模式(pattern)，描述此正则表达式需要匹配什么样的字符串，母串中与模式匹配的子串称作匹配项；i 和 g 均为匹配标志(flags)，i 表示不区分大小写，g 表示全局搜索，如图 6.1 所示。

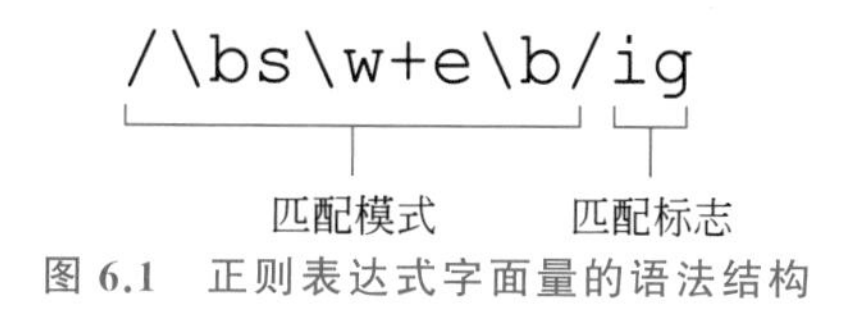

图 6.1 正则表达式字面量的语法结构

"全局搜索"指获取与给定模式匹配的所有子串(匹配项)。例如，上例中全局搜索结果为：She 和 seashore，若不使用匹配标志 g，则仅获取匹配的第一个结果 She。

以下是创建正则表达式对象的两种方式。

- 使用字面量：/pattern/flags。
- 使用构造函数：new RegExp("pattern", "flags")。

正则表达式中最令人困惑的莫过于匹配模式的语法，抽象且不易测试，因此本书提供了一个小工具，运行效果如图 6.2 所示，可直观地看到模式所匹配的内容，读者可使用它辅助本节的学习。

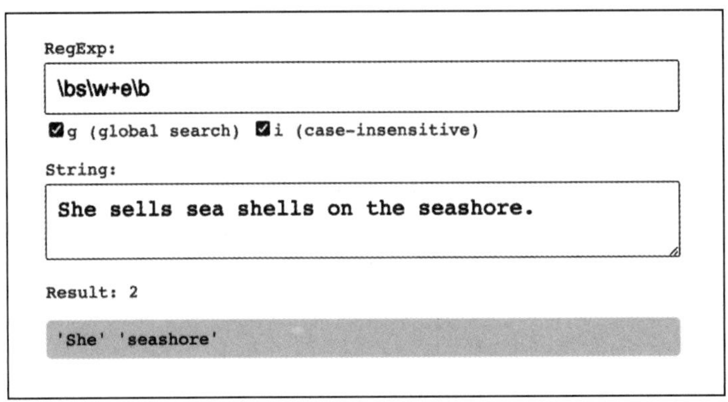

图 6.2 正则表达式测试工具

6.1.1 模式符号

模式符号，即正则表达式的匹配模式中支持的各种符号，以下详细介绍。

1. 字符类

字符类符号用于匹配各类字符，最简单的形式莫过于匹配字符本身，例如 a 表示匹配字母“a”，而 abc 则匹配字符串“abc”。上例正则表达式字面量 /\bs\w+e\b/ 中的 s 和 e 即表示匹配这两个字母本身。除此之外，匹配模式中使用预定义的符号匹配特定字符或一类字符，见表 6.1。

表 6.1 匹配模式中的字符类符号(节选)

符 号	含 义
.	匹配除行终止符之外的任何单个字符
\d	匹配任何一个阿拉伯数字字符，即 [0-9]
\w	匹配基本拉丁字母中的任何字母数字字符，即 [a-zA-Z0-9_]
\s	匹配单个空白字符，包括空格(space)、制表符(tab)等多种形式的空白
\n	匹配换行符
\r	匹配回车符
\xhh	匹配编码为 hh (2 位十六进制数)的字符，如 \x41 匹配 “A”
\uhhhh	匹配编码为 hhhh (4 位十六进制数)的 UTF-16 字符，如 \u6211 匹配 “我”

表 6.1 中 \d、\w、\s 若使用大写字母则表达相反的意思，如 \D 表示匹配非阿拉伯数字字符。对于模式符号中使用到的一些特殊字符，如 . * + ? - \ 等，如需表达匹配该字符本身，则应在前面加反斜杠(\)，例如 \. 表达匹配“ . ”本身，而 \\ 表示匹配反斜杠(\)。

2. 量词

量词符号用于表示要匹配的字符或表达式的数量，见表 6.2。其中，n 和 m 为 0 或正整数，且 n≤m。

表 6.2　匹配模式中的量词

符　　号	含　　义	举　　例	
*	匹配 0 次或任意多次	/ab*c/	匹配 ac、abc、abbc 等
+	匹配 1 次或 1 次以上	/ab+c/	匹配 abc、abbc 等
?	匹配 0 次或 1 次	/ab?c/	匹配 ac、abc
{n}	匹配 n 次	/ab{2}c/	匹配 abbc
{n,}	匹配 n 次以上	/ab{2,}c/	匹配 abbc、abbbc 等
{n,m}	匹配 n～m 次	/ab{2,3}c/	匹配 abbc、abbbc

默认情况下，正则表达式使用贪婪模式进行匹配，即匹配尽可能长的子串。例如，对于字符串 '<div><p>abc</p></div>'，正则表达式 /<.+>/ 将匹配整个字符串。

若仅是匹配如<div>或</div>的子串，则可在上述正则表达式的量词“+”后跟上“?”以表达使用非贪婪模式，即使用正则表达式 /<.+?>/ 的匹配结果为<div>，<p>，</p>，</div>。

3. 范围与分组

匹配模式中使用“|”或“[ ]”表示匹配范围，可枚举正则表达式欲匹配的字符/字符串。使用“( )”表示分组，当使用 match()或 matchAll()方法进行搜索时，与“( )”内的模式匹配的子串(分组捕获结果)可被存储起来，以备利用，参见表 6.3。

表 6.3　范围与分组符号

<table>
<tr><th>符　　号</th><th>含　　义</th><th colspan="2">举　　例</th></tr>
<tr><td>|</td><td>匹配 | 两侧的字符串</td><td>/ax|yb/</td><td>匹配 ax、yb</td></tr>
<tr><td>[ ]</td><td>匹配 [] 中枚举的字符。
可使用“-”表达一个范围，但若“-”出现在首尾则表示“-”本身</td><td>/a[xy]b/
/a[0-9]b/
/[a-zA-Z0-9_]/</td><td>匹配 axb、ayb
匹配 a0b、a1b、a3b 等
等价于 \w</td></tr>
<tr><td>[^]</td><td>匹配任何没有包含在 [ ] 中的字符</td><td>/[^abc]/</td><td>匹配除 a/b/c 外其余字符</td></tr>
<tr><td>( )</td><td>捕获组，匹配( )中的模式，并记住分组捕获结果</td><td>/a(x|y)b/</td><td>匹配 axb、ayb</td></tr>
<tr><td>(?<name>)</td><td>具名捕获组，匹配( )中的模式，并将分组捕获结果存储在匹配项的 groups 属性中，其中 name 为给定的属性名</td><td colspan="2">a(?<num>\d+)c　匹配 a18c 等
访问匹配项的 groups.num 属性可取得 18</td></tr>
<tr><td>(?:)</td><td>非捕获组，仅匹配( )中的模式，但不记住分组捕获结果。非捕获组的效率比捕获组和具名捕获组更高</td><td>/a(?:x|y)b/</td><td>匹配 axb、ayb</td></tr>
<tr><td>\n</td><td>n 为正整数，表示引用第 n 个分组的匹配项</td><td>/a(x|y)b\1/</td><td>匹配 axbx、ayby
注意：不匹配 axby 或 aybx</td></tr>
</table>

以下示例演示了使用正则表达式提取字符串中的数值和单位。

```
const str='10px 1em 30rem 50px';
const regex=/(\d+)([a-z]{2,})/ig       //匹配1个以上数字和2个以上字母组成的子串
const result=str.matchAll(regex)
for(r of result) {
  //r[0]为与正则表达式完整匹配的匹配项, r[1]、r[2]为分组捕获结果
  console.log(r[0], r[1], r[2])         //>>>['10px', '10', 'px']
                                        //>>>['1em', '1', 'em']
                                        //>>>['30rem', '30', 'rem']
                                        //>>>['50px', '50', 'px']
}
```

下面的代码完成了与上例类似的功能,但其中使用了具名捕获组。

```
const str='10px 1em 30rem 50px';
const regex=/(?<num>\d+)(?<unit>[a-z]{2,})/ig  //使用具名捕获组
const result=str.matchAll(regex)
for(r of result) {
  console.log(r.groups.num, r.groups.unit)  //分组捕获结果存储于匹配项的 groups 属性
}
```

4. 断言

断言用于表达匹配内容所处的特别位置,见表 6.4。

表 6.4 断言符号

符　号	含　义	举　例	
^	匹配母串的开头或多行模式下新一行的开头	/^a/	匹配母串开头位置的字母 a 如:abc 中的 a
$	匹配母串的结尾或多行模式下每一行的结尾	/a$/	匹配字母 a,且必须在母串结尾位置 如:dca 中的 a
\b	匹配单词边界	/\b[a-z]+\b/	匹配句子中由小写字母组成的单词 如:I am a boy. 中的 am、a、boy
\B	匹配非单词边界	/\Bon/	匹配 at noon 中的 on
x(?=y)	当 x 后为 y 时匹配 x	/\d+(?=px)/	仅当数字后有 px 时匹配此数字 如:12px 中匹配 12
x(?!y)	当 x 后不为 y 时匹配 x	/\d+(?!px)/	当数字后不是 px 时匹配此数字
(?<=y)x	当 x 前为 y 时匹配 x	/(?<=\d)px/	仅当 px 前为数字时匹配 px 如:12px 中匹配 px
(?<!y)x	当 x 前不为 y 时匹配 x	/(?<!\d)px/	仅当 px 前不是数字时匹配 px

除以上 4 类正则表达式模式符号外,可在正则表达式中使用 Unicode 属性转义(Unicode property escapes,ECMAScript 2018 新增)。根据 Unicode 规范,Unicode 字符除拥有唯一编码外,还具有其他属性,如字符所属的语言体系。下例演示了从一段文字中提取中文字符。

```
const reg=/\p{Script=Han}+/ug
const str='中文 Windows 操作系统'
console.log(str.match(reg))        //>>>['中文', '操作系统']
```

6.1.2 匹配标志

JavaScript 的正则表达式中可使用表 6.5 列出的 6 个匹配标志(flags)，这些参数可单独使用，也可按任意顺序组合在一起使用。

表 6.5 正则表达式匹配标志

标志	含义
g	执行全局搜索
i	不区分大小写
m	执行多行搜索
s	允许“.”匹配换行符
u	使用 Unicode 编码模式进行匹配
y	执行“黏性”(sticky)搜索，匹配从目标字符串的当前位置开始

6.1.3 应用场景

本节集中整理了正则表达式在 JavaScript 中可能的应用场景，它们大致可分作测试、查找、替换、分隔字符串 4 类，见表 6.6。其中，regex 为正则表达式对象，str 为待匹配的字符串(母串)。

表 6.6 使用正则表达式的方法

方法	描述
regex.test(str)	若 str 含有与 regex 匹配的子串返回 true，否则返回 false
regex.exec(str)	在 str 中搜索与 regex 匹配的第一个匹配项，若无匹配返回 null，否则返回一个数组，其中包含第一个匹配项和分组捕获结果。 若 regex 使用匹配标志 g 或 y，成功匹配的位置将被更新到 regex.lastIndex 属性，以便下次从此位置之后开始搜索，配合循环语句可进行全局搜索
str.search(regex)	返回 str 中与 regex 匹配的第一个匹配项的位置，无匹配则返回 −1
str.match(regex)	在 str 中搜索与 regex 匹配的子串，若无匹配返回 null，否则返回一个数组。 若 regex 使用匹配标志 g，数组中包含匹配的所有匹配项。 若 regex 不使用匹配标志 g，数组中包含匹配的第一个匹配项和分组捕获结果
str.matchAll(regex)	在 str 中搜索与 regex 匹配的子串，若无匹配返回 null，否则返回一个迭代器，每次迭代可获得一个数组，其中包含匹配项及分组捕获结果。请参见 6.1.1 节“范围与分组”示例，关于迭代器参看 5.4.3 节 for…of 循环的介绍。 此方法要求 regex 必须使用匹配标志 g，用于在全局搜索时捕获分组，若无此需求可使用上述 match()方法

续表

方　法	描　述
str.replace(pattern, replacement)	在str中寻找与pattern匹配的子串,并将其替换为replacement指定的值,返回替换后的新字符串,若无匹配则返回原字符串。 pattern可以是字符串,此时进行精确匹配,且仅替换第一个匹配项。 pattern也可是正则表达式,此时若无匹配标志g则仅替换第一个匹配项,若有匹配标志g则替换所有匹配项(与replaceAll()等价)。 replacement可以是字符串,此时使用replacement替换匹配项。 replacement也可是回调函数,每次找到匹配项时均会调用replacement函数,并传入匹配项,replacement函数的返回值用于替换匹配项
str.replaceAll(pattern, replacement)	与上述replace()方法类似,不同点在于此方法将始终替换所有匹配项,并且当pattern为正则表达式时必须使用匹配标志g
str.split(separator[,limit])	使用separator指定的分隔符将str分隔为数个片段,并返回由分片组成的数组。separator可以是字符串或正则表达式;limit为可选参数,用于限定返回的分片数量

视频讲解

6.2　程序的异步执行

计算机程序运行过程中,同步(synchronous)和异步(asynchronous)是两个相对的概念。假设有多个任务需要执行,如果后一个任务一定要在前一个任务完成后才执行,这样的执行方式称作同步模式;而异步模式则允许后一个任务与先前的一个或多个任务同时执行,无须等待先前的任务完成。

同步模式下多个任务可以在一个或多个线程中依次执行,但异步模式因多任务可能同时执行,所以需要多线程协作。图6.3分别展示了两种模式下①②③三个任务的执行顺序。

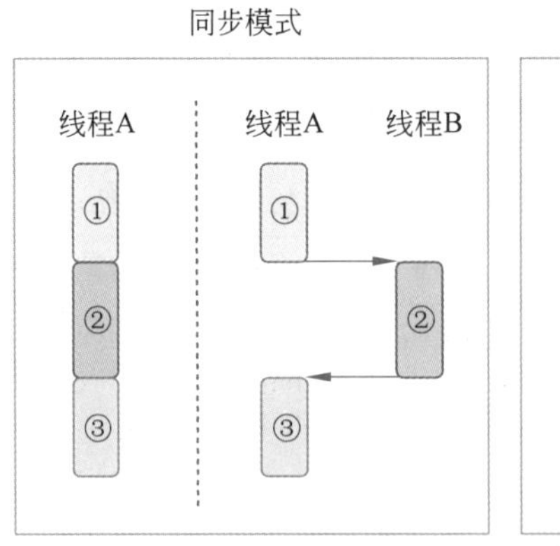

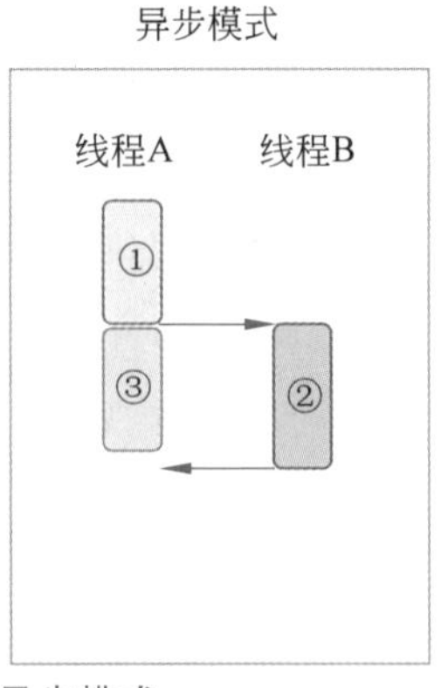

图6.3　同步模式与异步模式

图6.3中,如果任务②是一个非常耗时的任务,那么同步模式下任务②之后的任务将被阻塞,直至任务②完成后方可继续执行;而异步模式下任务②之后的任务可与其同时执行,避免了其后的任务被阻塞。但注意异步任务的返回时机并不确定,关键看它什么时候完成。

无论在浏览器环境,还是服务器端技术篇提到的Node.js环境中,JavaScript程序的解释和执行均是在单线程中进行的。这是否意味着JavaScript程序就只能以同步方式执行呢？严格来说是的！如果某一任务非常耗时，那么将导致后续任务被阻塞。

但注意浏览器和 Node.js 环境本身并非单线程，以浏览器为例其运行时环境中就包括 JavaScript 引擎线程、GUI(图形化用户界面)渲染线程、事件触发线程、定时器触发线程、异步 HTTP 请求线程等。所谓 JavaScript 程序运行于单线程中，指的是 JavaScript 引擎这个单一线程。对于一些典型的耗时任务，例如客户端程序与服务端的 HTTP 通信，浏览器将使用异步 HTTP 请求线程完成，再将结果反馈给 JavaScript 程序。

在浏览器环境中，JavaScript 引擎线程和 GUI 渲染线程是互斥的，即其中一个线程工作时另一个线程即会进入等待状态，不能同时工作。这主要是为避免 JavaScript 程序与渲染线程的冲突。例如，渲染线程正在绘制页面，JavaScript 程序却更新了 DOM 树，这将导致渲染结果与 DOM 不一致。因此，以上两个线程其中之一执行耗时任务时，另一个线程也会被阻塞。

下面以两段简短的程序来“模拟”程序同步执行与异步执行的不同效果。

```
function foo() {
  console.log('②')
  //while(true){}
}

console.log('①')
foo()
console.log('③')
```

执行上面的程序可看到输出依次是① ② ③，这很容易理解，但其中一个细节应关注到，主程序在调用 foo()函数后并没有立即向后执行，而是等待 foo()执行完成后才继续向后运行，这便是同步执行。若在上述代码中添加注释所示的 while 语句再次运行程序，将会看到 while 语句的死循环阻塞了主线程，导致其后的③无法输出。

接下来，使用定时器来模拟异步执行效果。

```
function foo() {                        //任务②
  console.log('②')
  //while(true){}
}

console.log('①')                        //任务①
setTimeout(foo, 100)
console.log('③')                        //任务③
```

执行这段程序可看到输出依次是① ③ ②，主程序在启动定时器后并未等待函数 foo()执行结束，而是直接继续向下运行，因此先输出③，再输出②。主程序和 foo()函数似乎在同时执行，程序的运行效果类似异步执行(参看图 6.3)。如果同样添加代码中注释的 while 语句，是否会阻塞主线程呢？答案是：会！因为函数 foo()仍是在 JavaScript 引擎线程中执行，只是其调用时机被定时器改变了。

这里不妨深入探讨一下 JavaScript 运行环境是如何做到在一个单线程中执行异步任务的。以上述程序为例，如图 6.4 所示，当程序执行到 setTimeout(foo,100)语句时定时任务被添加到定时器线程，定时时间到时，回调函数 foo()的执行任务(②)被添加到任务队列(Task Queue)，随后事件循环(Event Loop)机制在探测到 JavaScript 引擎线程空闲时将任务队列中的任务调入引擎线程执行。

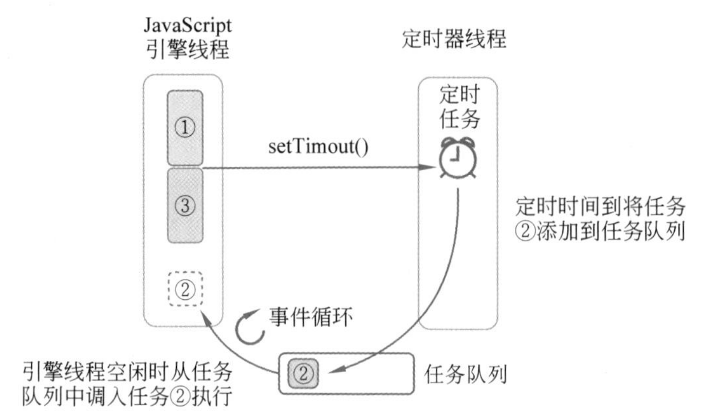

图 6.4 定时器任务调度

从如图 6.4 所示的过程可看出：添加到定时器线程(异步线程)中的是定时任务，而非回调函数 foo()的执行任务，回调函数的执行任务是由定时器添加到任务队列，最终由事件循环调入 JavaScript 引擎线程执行。也就是说，foo()函数并非在异步线程中执行，因此它里面的 while 死循环仍然会阻塞主线程。

很多时候人们会误解 setTimout()或 setInterval()函数将创建异步线程来执行回调函数，通过前面的原理分析应该明白事实上并非如此。它们只是改变了回调函数 foo()的执行时机，模拟出回调函数被异步执行的效果。回调函数本质上还是与主程序中的其他代码排着队以同步方式执行，也就是说，图 6.4 中的任务③同样会阻塞任务②。请参看如下程序。

```
let i=0, j=0

console.log('①')

//启动定时器每 20ms 触发一次
//共输出 10 个"③"
const timer=setInterval(()=>{
  if (j++<10)  {
    console.log('③')
  } else {
    clearInterval(timer)
  }
}, 20)

//启动定时器延迟 100ms 后开始执行
//共输出 10000 次"②"
setTimeout(()=>{
  while(i++<10000) console.log('②')
}, 100)

console.log('④')
```

运行上述程序可看到，调用 setInterval()后启动周期性定时器，每隔 20ms 输出一次“③”，输出了 5 次后(100ms)，setTimeout()定时器触发，进入 while 循环连续输出了 1 万次

“②”，有趣的是，在此期间，即便 20ms 的周期已到但并无“③”输出，而是等待 1 万次“②”输出完后才输出剩余的 5 次“③”。这就说明周期性定时器在 100ms 后触发的每个任务均被排在了 while 循环任务的后面，也说明了定时器回调函数的执行时间并非如设定的那般准确。换句话说，异步回调函数的执行时机要看 JavaScript 引擎线程是否空闲，还要看其在任务队列中的排队情况。

下文将使用定时器“模拟”异步任务，但请读者明白上述事实。

6.2.1　JavaScript 中的异步回调

如前所述，JavaScript 程序运行于单线程中，但事实上又有许多耗时任务必须异步执行，以免阻塞 JavaScript 引擎线程。例如，浏览器环境中的 HTTP 通信、Node.js 环境中读写文件、数据库交互等任务。这些异步任务都由相应的运行时环境使用异步线程执行后再将结果返回给 JavaScript 程序处理。

异步线程之间的通信有多种方式，但 JavaScript 程序大多以回调函数的形式接收异步执行结果。请看如下程序。

```
//使用定时器模拟异步任务,1 秒后调用 callback()函数
function asyncTask(callback) {
  setTimeout(()=>{
    callback(Math.random())                         //产生随机数由回调函数带回
  }, 1000)
}

//回调函数
function callback(num){
  console.log('异步任务回应: ' +num)
}

console.log('启动异步任务...')
asyncTask(callback)                                 //启动异步任务并将回调函数注入
console.log('继续执行其他任务...')
```

上述程序与 7.3.2 节讨论的 DOM 事件监听与处理很相似，这里的回调函数 callback()就像是事件监听处理函数，而异步任务中通过调用 callback()函数分发了事件，并带回数据。

对于初学者而言，很容易犯的一个错误是：试图直接从异步函数返回值中取得异步任务的执行结果，例如以下写法是错误的。

```
//错误写法
const num=asyncTask()
console.log('异步任务回应: ' +num)
```

调用异步函数 asyncTask()并不会立即得到结果，此函数的返回值是 undefined，真正的结果是通过回调函数带回，因此只能在回调函数中接收并处理返回值。

上面的示例简单地演示了异步回调的处理方法，应该还算容易理解。但现实的情况却是异步任务的执行可能触发多种状况，于是需要多个不同的回调函数来分别处理。有时多个异步任务之间可能还需要协同工作，例如下一个异步任务需要等待上一个异步任务执行

成功后方能启动。

以上复杂的现实状况往往令异步程序的编写变得困难,程序的可读性降低,例如程序可能是如下的样子。

```
asyncTask1(initParams, function success1(result1){
  asyncTask2(result1, function success2(result2){
    asyncTask3(result2, function success3(result3){
      …
    }, failureCallback)
  }, failureCallback)
}, failureCallback)
```

如果异步任务更多,将嵌套更深,更难以阅读,这通常被称为“回调地狱”。

6.2.2 Promise

为优雅地处理执行异步任务时的“回调地狱”问题,ES6中引入了Promise用于封装异步任务的执行结果和状态,其中Promise对象必须处于以下3个状态之一。

- pending:待定(初始状态),既没有被兑现,也没有被拒绝。
- fulfilled:已兑现(执行成功)。
- rejected:已拒绝(执行失败)。

以上fulfilled、rejected状态常统称为settled(已处决)。

在使用Promise时涉及两方面的工作:改造异步函数以返回Promise对象;使用Promise对象的相关方法,对异步任务的执行结果做相应处理,以下分别详述。

1. 使用Promise改造异步函数

若要使用Promise对异步函数进行封装,需要实例化一个Promise对象并将其返回。以下伪代码是使用传统回调函数方式实现的异步函数。

```
//使用传统方式定义异步函数
function asyncTask(params, successCallback, failureCallback) {
  if (…) {
    successCallback(result)        //执行成功时回调 successCallback()并带回结果
  } else {
    failureCallback(reason)        //执行失败时回调 failureCallBack()并带回原因
  }
}
```

若使用Promise对上面的异步函数进行封装,则可改写为如下形式。

```
//使用 Promise 定义异步函数
function asyncTask(params) {
  …
  return new Promise((resolve, reject)=>{
    if (…) {
      resolve(result)        //执行成功时将 promise 置为 fulfilled 状态,并带回结果
    } else {
      reject(reason)         //执行失败时将 promise 置为 rejected 状态,并带回原因
    }
  })
}
```

下面的例子演示了使用 Promise 封装一个异步函数，它将在指定延迟时间(delay)后返回消息，若 delay 参数为非法值则返回错误原因。

```
function asyncMsg(delay) {
  return new Promise((resolve, reject)=>{
    if (typeof delay !=='number' || delay<0) {
      //若 delay 非数值或为负数，则将 promise 置为 rejected 状态，并带回原因
      reject('Illegal delay parameter')
    } else {
      //否则在指定的延时后将 promise 置为 fulfilled 状态，并带回结果
      //可写作 setTimeout(resolve, delay, "It's OK")
      setTimeout(()=>{
        resolve("It's OK")
      }, delay)
    }
  })
}
```

对于一个异步函数，若需使用 Promise 封装，那么它应该返回一个 Promise 对象，Promise 的构造函数需要传入一个函数作为参数，此函数接收两个参数(resolve、reject)，并在函数体中执行相应任务，最终调用 resolve(result)函数将 Promise 对象置为 fulfilled 状态，表明异步任务执行成功，并带回执行结果，或调用 reject(reason)函数将 Promise 对象置为 rejected 状态，表明异步任务执行失败，并带回失败原因。

2. 使用 Promise 对象

通常使用表 6.7 中所列的 Promise 对象的实例方法对异步任务执行结果进行处理。

表 6.7 Promise 对象的实例方法

方法	描述
then(onFulfilled [, onRejected])	onFulfilled 和 onRejected 分别为 Promise 对象状态为 fulfilled 时的回调函数和状态为 rejected 时的回调函数。执行结果或失败原因将作为回调函数的第 1 个参数传入。onRejected 为可选参数
catch(onRejected)	onRejected 为 Promise 对象状态为 rejected 时的回调函数。 失败原因将作为回调函数的第 1 个参数传入
finally(onFinally)	Promise 对象状态为 fulfilled 或 rejected 时均会回调 onFinally 函数。执行结果或失败原因不会传入回调函数，它只是用于完成无论异步任务执行成功或失败后的善后工作

下面的例子结合上例的 asyncMsg()函数分别演示表 6.7 中 3 个方法的使用。

```
//>>>It's OK   (1s 后输出)
asyncMsg(1000).then(
  result=>{ console.log(result) },          //onFulfilled
  reason=>{ console.log(reason) }           //onRejected
)

//>>>Illegal delay parameter
asyncMsg(-1).then(
  result=>console.log(result),
```

```
    reason=>console.log(reason)
)

//无输出
asyncMsg(1000).catch(reason=>console.log(reason))
//>>>Illegal interval parameter
asyncMsg(-1).catch(reason=>console.log(reason))

//>>>Finally: fulfilled   (1s 后输出)
asyncMsg(1000).finally(()=>console.log('Finally: fulfilled'))
//>>>Finally: rejected
asyncMsg(-1).finally(()=>console.log('Finally: rejected'))
```

上述3个方法的结构与5.4.4节介绍的异常捕获非常相似,并且若Promise对象处于rejected状态而无相应的then(…, onRejected)或catch(onRejected)对失败状态进行处理将抛出异常。

以上3个方法均会返回新的Promise对象,因此可以使用"连缀"方式将它们串起来。

```
asyncMsg(-1)
.then(
    result=>console.log(result),          //onFulfilled
    reason=>console.log(reason)           //onRejected
)
.catch(reason=>console.log(reason))
.finally(()=>console.log('Finally'))
```

注意,若指定了then()方法的onRejected回调函数,那么无论此函数返回什么值均会使得then()方法返回的Promise对象状态为fulfilled(除非onRejected方法中抛出异常),因此上述代码中catch()部分的回调函数并未执行。

使用连缀写法也可用于对Promise中的结果进行多步骤的"链式加工"。例如,下面代码依次对promise对象中存储的结果进行+1和×2运算。

```
//构造1个fulfilled状态的Promise对象,结果为3
const promise=new Promise(resolve=>resolve(3))
promise
  .then(r=>r +1)
  .then(r=>r * 2)
  .then(console.log)     //>>>8
                 //.then(console.log)等价于.then(result=>console.log(result))
```

如果一段程序中有多个异步任务需要执行,而后一任务依赖于前一任务的执行结果,那么使用Promise封装,并使用连缀写法将在很大程度上让程序变得简洁,以下是前述"回调地狱"伪代码示例的改造结果。

```
asyncTask1(initParams)
  .then(result1=>asyncTask2(result1))
  .then(result2=>asyncTask3(result2))
  .then(result3=>{ … })
  .catch(failureCallback)
```

3. Promise类的静态方法

Promise类提供了表6.8所列的数个静态方法,用于快速构建Promise对象或跟踪多个

Promise 对象的执行状态和结果。

表 6.8 Promise 类的静态方法

静态方法	描述
resolve(value)	使用 value 封装一个 Promise 对象,其中: • 若 value 非 thenable 对象则直接使用此值,Promise 对象状态为 fulfilled。 • 若 value 为 thenable 对象则"跟踪"其解析后的值和状态。 所谓 thenable 对象即该对象拥有 then()方法,可以是一个 Promise 对象,也可以是任何拥有 then()方法的对象,如{ then: (resolve, reject)=> {…} }
reject(reason)	使用 reason 封装一个 rejected 状态的 Promise 对象
all()	若任何一个 promise 失败,则立即 reject,原因与失败的 promise 一致。 若所有 promise 都成功,则 resolve,返回值为各 promise 值组成的数组
allSettled()	当所有 promise 都处理结束时 resolve,返回值为对象组成的数组,其中存储了各 promise 的状态(status)和结果(value/reason)
any()	若任何一个 promise 成功,则立即 resolve,值与最先成功的 promise 一致。 若所有 promise 都失败,则 reject,值为一个 AggregateError 类型的对象,访问其 errors 属性可得到各 promise 的失败原因
race()	任何一个 promise 处理结束(无论成功/失败)则立即结束,其状态和值与最先结束的 promise 一致

Promise 类的 resolve()、reject()方法用于快速构建 Promise 对象,参看如下示例。

```
//使用普通值构建一个 fulfilled 状态的 Promise 对象
const promise1=Promise.resolve(1)
promise1.then(console.log)                              //>>>1

//使用 promise 对象(promise1)构建 Promise 对象
Promise.resolve(promise1).then(console.log)             //>>>1

//普通 thenable 对象(非 promise)
const thenable1={
  then: (resolve, reject)=>{
    resolve(1)
  }
}
//使用普通对象构建 Promise 对象
Promise.resolve(thenable1).then(console.log)            //>>>1

//普通 thenable 对象(非 promise)
const thenable2={
  then: (resolve, reject)=>{
    reject(2)                                           //注意此处使用 reject
  }
}
//使用普通对象构建 Promise 对象
Promise.resolve(thenable2).catch(console.log)           //>>>2
//构建 rejected 状态的 Promise 对象
Promise.reject('foo').catch(console.log)                //>>>foo
```

Promise 类的 all()、allSettled()、any()、race()方法用于跟踪多个 Promise 对象的执行

状态和结果,这 4 个方法均接收由待跟踪 Promise 对象组成的数组,并返回一个 Promise 对象。参见以下示例,建议读者分步测试每个方法的运行效果。

```
/*定义3个异步任务用于测试,其中任务 p1、p2 延迟指定时间后 resolve, p3 延迟指定时间后
reject*/
//异步任务 p1,1s 后 resolve
const p1=new Promise((resolve, reject)=>
  setTimeout(resolve, 1000, 'p1 fulfilled')
)

//异步任务 p2,3s 后 resolve
const p2=new Promise((resolve, reject)=>
  setTimeout(resolve, 3000, 'p2 fulfilled')
)

//异步任务 p3,2s 后 reject
const p3=new Promise((resolve, reject)=>
  setTimeout(reject, 2000, 'p3 rejected')
)

//所有 promise 都成功,则 resolve
Promise.all([p1, p2]).then(result=>{
  console.log(result)              //3s 后将输出 ['p1 fulfilled', 'p2 fulfilled']
})

//任何 promise 失败,则立即 reject
Promise.all([p1, p2, p3]).catch(result=>{
  console.log(result)              //2s 后将输出'p3 rejected'
})

//所有 promise 均处理结束时 resolve
Promise.allSettled([p1, p2, p3]).then(result=>{
  console.log(result)              //3s 后将输出三个任务的执行状态和结果
})

//任何一个 promise 成功,则立即 resolve
Promise.any([p1, p2]).then(result=>{
  console.log(result)              //1s 后将输出'p1 fulfilled'
})

//任何一个 promise 处理结束(无论成功/失败)则立即结束
Promise.race([p1, p3]).then(result=>{
  console.log(result)              //1s 后将输出"p1 fulfilled"
})
```

注意:以上 all()、allSettled()、any()、race()方法虽然可能导致返回的 Promise 对象立即处理结束,但不表示执行中的异步任务会立即终止。

6.2.3 async/await

6.2.2 节介绍的 Promise 对象在很大程度上提高了异步回调函数代码的可读性,但最终还是没有完全抛开“回调”,很多时候与人们正向的思维习惯有冲突,特别当调用多个异步函数,且每个异步函数都需要处理成功和失败两种可能性时,代码的逻辑仍然令人费解。因此

ECMAScript 2017 标准中加入了 async 和 await 两个操作符，它们让异步任务的处理变得轻松很多，代码更简洁、更容易理解。

async：将函数转换为异步函数，始终返回一个 Promise 对象，也可用于 lambda 表达式或对象的方法。例如：

```
//等价于 function foo() { return Promise.resolve(1) }
async function foo() {
  return 1
}
foo().then(console.log)                //>>>1

//若函数中抛出异常，则 promise 状态为 rejected
async function bar() {
  throw 'ERROR'
}
bar().catch(console.log)               //>>>ERROR
```

await：等待 Promise 封装的异步任务执行结果，若失败将抛出失败原因，await 必须置于 async 函数内。

```
//异步函数，延迟 delay 毫秒后返回 "done!"
function asyncMsg(delay) {
  return new Promise((resolve, reject)=>{
    if (delay<0 || typeof delay !=='number') {
      //非法参数，reject()
      reject('Illegal delay parameter: ' +delay)
    } else {
      //延迟 delay 毫秒后 resolve('done!')
      setTimeout(resolve, delay, 'done!')
    }
  })
}

async function call() {
  console.log(await asyncMsg(1000))     //>>>done!
  try {
    await asyncMsg(-1)                  //失败则抛出异常
  } catch(e) {
    console.log(e)                      //>>>Illegal interval parameter: -1
  }
}

call()
```

从上面的例子中可看到，async 和 await 确实令代码简洁了不少，特别是函数中有大量异步任务需要执行时，它们让代码看上去更“像”是同步执行。但 async 和 await 并不是 Promise 的替代品，它们更像是使用 Promise 时的语法糖，如 Promise.all()之类的方法无法使用 async/await 取代，上面代码中的 asyncMsg()函数也没法简单地使用 async 改写。

6.3 模块化实践

随着项目规模的增长,出于项目规划的需要;需要将不同功能的 JavaScript 代码分离到不同的 JavaScript 文件(模块)以降低代码之间的耦合。如何将项目代码进行模块化封装?如何避免将多个模块集成到同一运行环境时发生冲突?这便是本节讨论的内容。

先看下面的例子。两个独立的 JavaScript 文件中都声明了常量 x,index.html 中将它们整合到了一起,因为 x 被重复声明,所以发生了冲突。运行 index.html 将得到错误信息:Uncaught SyntaxError: Identifier 'x' has already been declared。

```
////以下代码位于 m1.js 文件
const x=1

////以下代码位于 m2.js 文件
const x=2

////以下代码位于 index.html 文件
<!DOCTYPE html>
<html lang="en">
<head>
  <title>Module Example</title>
  <script src="m1.js"></script>
  <script src="m2.js"></script>
</head>
<body></body>
</html>
```

模块(module),即是实现特定功能的一组属性和方法的封装,可以独立完成一些功能,拥有私有成员。早期的做法通常是使用立即执行的函数表达式(Immediately Invoked Function Expression,IIFE)进行封装,例如:

```
(function() {
  const PI=3.14
  function square(n) { return n * n }
  function getArea (radius) {
    return PI * square(radius)
  }
  //将模块 MyModule 挂载到全局对象上
  window.MyModule={
    getArea                          //导出 getArea()函数
  }
})()

console.log(MyModule.getArea(10))  //>>>314        (可调用模块导出的函数)
console.log(MyModule.PI)           //>>>undefined (无法直接访问模块未导出的变量)
```

这样做的好处是在立即执行函数内部可以定义和使用"私有成员",避免与模块外的代码耦合,同时可决定将哪些属性和方法导出。例如,以上代码中定义了一个模块,其中导出的 getArea()函数用于计算圆面积,模块内的其他变量和函数并未导出。

但这样的做法同样存在模块名(MyModule)与其他模块冲突的可能性,此外,模块的按需加载等问题也并未解决。

在 JavaScript 模块化探索的过程中，出现过多种规范(方案)。

- **AMD** (Asynchronous Module Definition)：RequireJS 在推广过程中对模块定义的规范化产出，使用异步模块加载策略，更适合用于浏览器端。
- **CMD**(Common Module Definition)：SeaJS 在推广过程中对模块定义的规范化产出，使用"懒加载"策略，更适合于浏览器端。
- **CommonJS**：Node.js 最初选择的模块化方案，使用同步加载策略，更适用于服务器端，参阅 9.1.4 节。
- **UMD**(Universal Module Definition)：严格地说，UMD 并不属于模块规范，它主要用来处理 CommonJS、AMD 的兼容问题，使得遵循不同规范的模块可以在同一运行环境下正常工作。

2015 年，ES6 标准中发布了"官方的"模块化方案(ECMAScript Module)，目前主流浏览器均已兼容此方案，在 Node.js 环境中 v12 以上版本也已逐步支持。可以预见，ES 模块化方案将逐步成为事实上的标准，本节将介绍 ECMAScript 模块化方案的编程方法。

6.3.1 export/import

ECMAScript Module 规范中每一个 .js 文件即为一个模块(module)，模块内的变量/常量/函数等均为模块的私有成员，模块外的代码无法直接访问。因此，若要向模块外"暴露"相应成员则须使用 export 导出，其他模块中需要时则使用 import 导入。

请看下面的例子。其中，code-6.1-util.js 和 code-6.1.js 分别演示了 export 和 import 的使用方法，code-6.1.html 为主程序，浏览器环境中需要在<script>标签中添加 type="module"属性，并且将程序部署到服务器环境方能正常运行(可使用 VSCode 的 Live Server 扩展，参见 2.6 节)。

code-6.1-util.js

```
//导出常量 PI
export const PI=3.14
//导出函数 getArea()
export function getArea (radius) {
  return PI * radius * radius
}
```

code-6.1.js

```
//导入 code-6.1-util.js 中定义的 PI 和 getArea()
//注意相对路径描述必须以 "/" , "./" 或 "../" 开头
import { PI, getArea } from './code-6.1-util.js'

console.log(PI)                        //>>>3.14
console.log(getArea(10))               //>>>314
```

code-6.1.html

```
<!DOCTYPE html>
<html>
<head>
```

```
    <title>6.1</title>
    <!--注意 type 属性 -->
    <script type="module" src="code-6.1.js"></script>
</head>
<body>
</body>
</html>
```

code-6.1.html 中无须引入 code-6.1-util.js，浏览器执行到 code-6.1.js 中的 import 语句时便会将其导入。

6.3.2 命名导出与默认导出

6.3.1 节 code-6.1-util.js 中演示的导出方式称作命名导出(named exports)，即使用指定的名称(PI、getArea)导出。

实践中若模块内有较多导出语句可能会显得混乱，可考虑使用“export {}”将需要导出的内容写在一起。此外，导出和导入时均可进行重命名，请参看如下例子。

util.js

```
const PI=3.14
function getArea(radius) {
  return PI * radius * radius
}

//以 export{}方式集中导出
export {
  PI,
  getArea as getCircleArea                    //使用 as 重命名导出的函数
}
```

main.js

```
//使用 as 重命名导入的属性
import { PI as π, getCircleArea } from './util.js'
console.log(π)                              //>>>3.14
console.log(getCircleArea(10))              //>>>314
```

当需要从一个模块导入的内容较多时，使用以上演示的 import 语句写法不免有些累赘，此时可考虑将模块所有命名导出的内容一起导入并封装为对象使用。

```
//导入所有"命名导出"内容，封装为 util 对象
import * as util from './util.js'

//访问 util 对象的属性和方法
console.log(util.PI)                        //>>>3.14
console.log(util.getCircleArea(10))         //>>>314
```

若采用命名导出的方式，对于模块的使用方 main.js 来说必须知道模块导出内容的名称。但若使用默认导出(default exports)则使用方无须了解导出内容的名称，每个模块只允许有一个默认导出。请参看如下示例。

utils.js

```
const PI=3.14
function getArea (radius) {
  return PI * radius * radius
}
export { PI }
//默认导出
export default getArea
```

main.js

```
import { PI as π } from './util.js'
//导入默认导出的内容
//等价于 import { default as getCircleArea } from './util.js'
import getCircleArea from './util.js'

console.log(π)                          //>>>3.14
console.log(getCircleArea(10))          //>>>314
```

6.3.3 模块的合并与动态加载

当项目中的模块越来越多时，要记住每一个模块的功能和导出名称不免有些困难，此时可将多个子模块聚合到一个模块中，以提供相对整洁的接口。

下面的代码分别将模块 A 中的所有命名导出和模块 B 导出的 foo 聚合在一起统一导出，使用时只需导出以下代码所在的模块，便相当于导入了模块 A 中的所有命名导出内容和模块 B 导出的 foo。

```
export * from './A.js'
export { foo } from './B.js'
```

当然，如果模块的代码写成下面的样子，就像是模块间的继承：此模块将 A 模块的所有内容导出，同时还扩展了两个新的导出内容，就像该模块继承了 A 模块一样。

```
export * from './A.js'
export const foo=1
export function bar() {…}
```

有时可能需要根据情况决定是否加载某个模块，此时可使用 import()函数动态加载模块，该函数将返回一个 Promise 对象。参看下面的例子。

```
import('/modules/myModule.js')
  .then((module)=>{
    //执行模块加载完成后的任务
  })
```

6.4 Reflect

Reflect(反射)机制在面向对象语言中往往提供一些 API，以便于程序员直接访问或操作类/对象本身的元数据(结构数据)，或以方法(函数)调用的形式执行一些类/对象相关的操作，这在编写抽象程度更高的程序时非常有用。

JavaScript 中的 Reflect 提供了一组静态方法，此前它们多定义于 Object 中，而现在被移至 Reflect，将来新增的接口也应该会附加到 Reflect 中。读者可结合 5.6 节学习本节内容。表 6.9 列出了 Reflect 的静态方法。

表 6.9　Reflect 的静态方法

静态方法	描述
construct(Target, args)	调用 Target 类的构造函数。 等价于 new Target(args)
defineProperty(target, prop, descriptor)	为 target 对象定义属性或更改属性描述，操作成功返回 true，若 target 不是对象则抛出异常。 prop 为欲定义或更改的属性，descriptor 为属性描述符。 基本等价于 Object.defineProperty()
deleteProperty(target, prop)	删除 target 对象的属性，成功则返回 true，若 target 不是对象则抛出异常。 等价于 delete target[prop]
apply(func, thisArg, args)	等价于 func.apply(thisArg, args)，func 为函数或对象的方法
get(target, prop[, receiver])	获取 target 对象的 prop 属性值。 如果指定了 receiver，并且 target 对象中指定了属性 prop 的 getter 方法，那么 receiver 为调用 getter 时的 this 值
set(target, prop, value[, receiver])	为 target 对象的 prop 属性赋值为 value。 如果指定了 receiver，并且 target 对象中指定了属性 prop 的 setter 方法，那么 receiver 为调用 setter 时的 this 值
has(target, prop)	判定 target 对象是否存在 prop 属性。 等价于 prop in target
ownKeys(target)	返回 target 对象包含的自身的所有可枚举属性组成的数组。 等价于 Object.keys(target)
getOwnPropertyDescriptor(target, prop)	取得 target 对象的指定属性 prop 的描述对象。 等价于 Object.getOwnPropertyDescriptor(target, prop)
getPrototypeOf(target)	获得 target 对象的原型属性，即 __proto__ 属性，若 target 不是对象，则抛出异常。 基本等价于 Object.getPrototypeOf(target)
setPrototypeOf(target, newProto)	设置 target 对象的原型，操作成功则返回 true。 等价于 Object.setPrototypeOf(target, newProto)
preventExtensions(target)	将 target 对象变为不可扩展，即不可添加新的属性，若操作成功则返回 true，若 target 不是对象则抛出异常。 基本等价于 Object.preventExtensions(target)
isExtensible(target)	判定 target 对象是否可扩展，返回布尔值。 等价于 Object.isExtensible(target)

下面的代码演示了部分静态方法的使用。

```
class Person {
    constructor(name) { this.name=name }
}
```

```
//实例化 Person
const johnny=Reflect.construct(Person, ['Johnny'])

//定义属性 age
Reflect.defineProperty(johnny, 'age', {value:  18, configurable: true})
//取得 age 属性值，等价于 console.log(jonny.age)
console.log(Reflect.get(johnny, 'age'))          //>>>18

//删除属性 age
Reflect.deleteProperty(johnny, 'age')
console.log(johnny.age)                          //>>>undefined

//等价于 johnny.age=20
Reflect.set(johnny, 'age', 20)

//输出所有可枚举属性的值
Reflect.ownKeys(johnny).forEach(prop=>{
    console.log(`${prop}: ${johnny[prop]}`)
})
```

JavaScript 中对象的每个属性都带有多个属性描述符，它们表明对象属性的一些特征，这些属性描述可通过调用 Reflect 的 getOwnPropertyDescriptor()方法取得，或调用 defineProperty()方法进行指定。表 6.10 列出了属性的所有描述符及其含义。

表 6.10　属性的所有描述符及其含义

属性描述符	含　义
configurable	值为 true 时表示该属性的描述能被改变，同时该属性可从对应的对象上删除，即可使用 delete 语句或 Reflect.deleteProperty()方法删除该属性
enumerable	值为 true 时表示该属性为可枚举属性
writable	值为 true 时表示该属性的值可被改变，此描述为 false 时属性为只读
value	属性的值，默认为 undefined
get	属性的 getter 方法，默认为 undefined
set	属性的 setter 方法，默认为 undefined

当以通常的方式为对象定义一个属性时，上述 configurable、enumerable、writable 均自动取值为 true，但当使用 Reflect.defineProperty()方法定义属性时，此 3 个属性描述的默认取值均为 false。

6.5　Proxy

Proxy 字面意思为“代理”，它可以更改某些操作的默认行为，为其增加一层操作逻辑，属于元编程(meta programming)，即对编程语言进行编程。请看下面的例子。

```
//要代理的目标对象
const target={ x: 0 }
```

```
//代理行为的处理器，其中的每个方法对应一种默认行为
const handler = {
  //代理赋值操作，此处 target 即为 obj
  set(target, propKey, value, receiver) {
    console.log(`Proxy setting property "${propKey}"`)
    //调用默认的赋值操作
    return Reflect.set(target, propKey, value, receiver)
  },
  /代理取值操作
  get(target, propKey, receiver) {
    console.log(`Proxy getting property "${propKey}"`)
    //调用默认的取值操作
    return Reflect.get(target, propKey, receiver)
  }
}

//创建目标对象 target 的代理
const proxy=new Proxy(target, handler)
proxy.x=1                    //>>>Proxy setting property "x"  (触发 setter)
console.log(proxy.x)         //>>>Proxy getting property "x"  (触发 getter)
console.log(target.x)        //>>>1    (原始目标对象 target 的 x 属性值也会改变)
```

运行上面的代码可看到，对 proxy 对象的属性赋值时将触发处理器的 set()方法，而取值时将触发 get()方法，这就有机会为默认的操作行为附加更多的功能逻辑。除上例演示的 set() 和 get()方法外，6.4 节中介绍的 Reflect 的每个静态方法均可被代理，请读者自行实验。

在 MVC/MVVC 框架中，Proxy 常用于对数据模型(model)进行封装，感知数据模型的变化以刷新视图(View)，在第 8 章介绍的 Vue.js 3.0 以上版本中即使用 Proxy 实现其响应性。当然也可以使用 Proxy 来封装数据库记录对应的数据模型，以实现数据模型与数据库记录之间的同步。

6.6 JSON

JSON(JavaScript Object Notation)是一种语法，用来序列化对象、数组、数值、字符串、布尔值和 null。

序列化(serialization)指是将编程语言中的数据转换为可以存储或传输的形式的过程，序列化的结果一般是字节流或字符流。相反，根据字节流或字符流逆向构建编程语言中数据的过程称作反序列化(deserialization)。

本节介绍的基于 JSON 语法的序列化产物为字符串形式，结构与 JavaScript 字面量极为相似。下面的例子展示了按照一般风格书写的 JavaScript 对象字面量以及它所对应的 JSON 格式字符串。

```
//JavaScript 对象字面量
{ id: 1, name: 'Johnny', isStudent: true, hobbies: ['swiming', 'basketball']}
```

```
//JSON 格式字符串
{"id":1,"name":"Johnny","isStudent":true,"hobbies":["swiming","basketball"]}
```

相较于 XML 或其他格式,JSON 格式数据冗余更小,目前各种技术中基本上都有相应的工具来实现 JSON 格式数据的序列化和反序列化。无论在浏览器或是 Node.js 环境中均提供了一个名为 JSON 的对象,它的 stringify()方法可用于将值转换为 JSON 格式的字符串(序列化),而 parse()方法则可用于解析 JSON 格式的字符串(反序列化),请参看下面的例子。

```
const obj={
  id: 1,
  name: 'Johnny',
  isStudent: true,
  hobbies: ['swiming', 'basketball']
}

//序列化
const json=JSON.stringify(obj)

//反序列化
const clone=JSON.parse(json)
```

上面的例子事实上实现了对象 obj 的深拷贝。

对于 JavaScript 程序员,JSON 语法使用起来非常亲切,但应注意表 6.11 所列出的区别。

表 6.11 JSON 语法与 JavaScript 字面量的区别

JavaScript 类型	JSON 语法
数值	禁止出现前导零;如果有小数点,则后面至少跟着一位数字
数组	最后一个元素后不能有逗号
对象	属性名称必须是双引号括起来的字符串,最后一个属性后不能有逗号
字符串	字符串必须用双引号括起来,只有部分字符会被转义,且禁止某些控制字符。Unicode 的行分隔符(\u2028)和段分隔符(\u2029)允许出现在 JSON 字符串中,但当作 JavaScript 解析时会抛出 SyntaxError 错误

第7章 浏览器对象模型与文档对象模型

JavaScript最初的用途即是在浏览器环境中实现前端逻辑、操纵网页元素、响应用户操作等。本章主要介绍浏览器对象模型(Browser Object Model,BOM)和文档对象模型(Document Object Model,DOM),有了它们JavaScript才能在浏览器端发挥更大的作用。

BOM是JavaScript程序与浏览器进行交互的接口,但它既没有标准的实现,也没有严格的定义,所以浏览器厂商可以自由地实现BOM。但主流浏览器均共同支持常见的几个对象,这也将是在本章要学习的内容之一。

DOM是W3C推荐的标准编程接口,它是与网页元素交互的接口。

无论是BOM还是DOM,它们均由多个对象组成。前文曾多次提到对象是数据和功能的封装体,因此可通过读取BOM中对象的属性获得浏览器的相关信息,或为BOM对象的属性赋值以改变浏览器的外观和行为模式,更可通过调用BOM对象的方法实现对浏览器的操控。同样,也可以通过DOM读取网页中元素的信息,或实现对网页中元素的控制。

本章还将介绍DOM中的事件机制,它是人机交互的重要桥梁,例如,当用户单击“保存”按钮时将触发按钮的单击事件,通过监听此事件调用相应事件处理函数,从而实现数据保存功能。

7.1 浏览器对象模型

浏览器对象模型(BOM)并无标准,但如图7.1所示的几个对象却被各主流浏览器所共同支持,本节将简介它们的作用与用法。

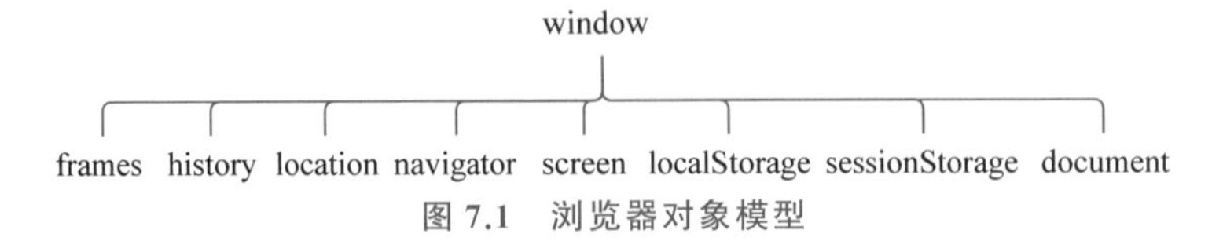

图7.1 浏览器对象模型

在浏览器环境中window对象被称作全局对象,它是浏览器对象模型的根,其余所有对象都是以window为根的这棵树上的结点。前面章节中曾使用过的许多对象和函数其实都是window对象的属性和方法,请看下面的例子。

```
function f() {
    window.console.log( window.parseInt('16px'))
}
window.f()
```

在浏览器环境中，上面这段代码是可以正常执行和输出的，这就说明 console 对象和 parseInt()函数其实是 window 对象的属性和方法，甚至声明的函数 f()最终也被“挂载”到 window 对象上成了它的方法。而 JavaScript 代码中全局对象这个“前缀” 可以省略，因而 window.console 也就写作 console，其余均如此。

图 7.1 中除 window 外，其余对象均是 window 对象的属性，其中 document 属性是本章另一重要内容“文档对象模型”(DOM)的根对象，从这个角度来说，DOM 事实上是 BOM 的一部分。

篇幅所限，本节仅简介 BOM 中各对象的常用属性、方法和事件，并做简单举例。读者掌握基本原理后，在项目实践中若有需要，查阅相关资料即可。

7.1.1　window

window 对象是浏览器窗口的模型，因此 window 对象的属性、方法和事件均与浏览器窗口相关。对于如 Chrome 这样的多标签页浏览器，这里所说的浏览器窗口指的是显示当前网页的标签页，而非整个浏览器程序。window 对象的常用属性和方法分别如表 7.1 和表 7.2 所示。

表 7.1　window 对象的常用属性

属　　性	描　　述
innerWidth innerHeight	浏览器窗口中内容区域的宽度和高度(含滚动条)
outerWidth outerHeight	浏览器窗口的外部宽度和高度
screenX screenY	浏览器窗口与屏幕左边界和上边界之间的距离
scrollX scrollY	浏览器窗口水平和垂直滚动条的位置
opener	在使用 open()方法打开的窗口中，通过此属性可获得打开当前窗口的那个窗口的引用
parent	父窗口的引用，参见 7.1.2 节
top	最顶层窗口的引用，参见 7.1.2 节

表 7.2　window 对象的常用方法

方　　法	描　　述
alert()	弹出警告对话框，包含一个“确定”按钮
confirm()	弹出确认对话框，包含“确定”“取消”按钮
prompt()	弹出输入对话框，包含一个输入框和“确定”“取消”按钮

续表

方　法	描　述
open()	打开一个新窗口，并在其中显示指定网页
close()	关闭当前窗口
print()	弹出系统打印对话框，打印当前窗口内容
scrollTo()	滚动到指定位置
setTimeout()	设定一个定时器，时间到则触发指定函数
clearTimeout()	清除 setTimeout()方法启动的定时器
setInterval()	设定一个周期性触发的定时器，每隔指定的时长触发一次指定函数
clearInterval()	清除 setInterval()方法启动的定时器

下面的程序要求用户输入"关键字"，然后在新窗口中打开百度执行搜索，其中演示表 7.2 中部分方法的使用[①]。

```
while(true) {
  const keyword=prompt('请输入搜索关键字')                    //弹出输入对话框
  if (keyword) {
    if (confirm('确认使用百度搜索?')) {                       //弹出确认对话框
      open("https://www.baidu.com/s?wd=" +keyword)   //在新窗口中打开页面
      break
    }
  } else {
    alert('必须输入搜索关键字')                                //弹出警告对话框
  }
}
```

7.1.2　frames

在 HTML 文档中使用<iframe>元素可在页面中嵌入框架(frame)，用于呈现其他 HTML 文档(子页面)，此时子页面犹如处在一个独立的浏览器窗口中(子窗口)，拥有自己完整的 BOM，子页面中可继续使用<iframe>元素嵌入自己的子页面。

在子页面的 JavaScript 代码中可通过 7.1.1 节提到的 parent 和 top 属性获得父窗口和顶层窗口的引用，而在父页面代码中则可通过 frames 属性获得子窗口组成的集合。

以下示例中 code-7.1.html 为父页面，在此页面中使用<iframe>加载子页面 code-7.2.html，并通过 frames[0]得到子页面的引用后调用其 print()方法以打印子页面内容，运行效果如图 7.2 所示。

code-7.1.html

```
<!DOCTYPE html>
<html>
```

① 浏览器可能会拦截弹出式窗口，选择"允许弹出式窗口"即可。

```
<head>
    <title>7.1</title>
</head>
<body>
  <h1>Parent</h1>
  <iframe src="./code-7.2.html" width="100px" height="50px"></iframe>
  <script>
    frames[0].print()
  </script>
</body>
</html>
```

code-7.2.html

```
<!DOCTYPE html>
<html>
<head>
    <title>7.2</title>
</head>
<body>
  <h2>Child Page</h2>
</body>
</html>
```

由于浏览器跨域策略的限制，本例需要运行于服务器环境下才能看到打印对话框弹出，可借助 VSCode 的 Liver Server 扩展将代码运行于服务器环境下实验(参看 2.6 节)。

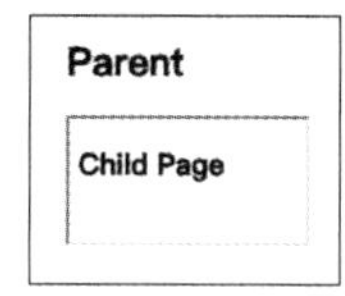

图 7.2 code-7.1.html 运行效果

7.1.3 history

从用户打开网站到离开的整个期间可称作一次会话(Session)，在此期间用户可能通过单击超链接、提交表单等操作在多个页面之间跳转，浏览器会自动记录用户的会话历史，通过单击浏览器的"前进"/"后退"按钮便可切换当前显示的页面。history 接口允许在 JavaScript 程序中访问浏览器的会话历史。history 对象的常用方法如表 7.3 所示。

表 7.3 history 对象的常用方法

方　法	描　述
back()	相当于单击浏览器"后退"按钮，等价于 history.go(－1)
forward()	相当于单击浏览器"前进"按钮，等价于 history.go(1)
go(delta)	加载历史记录中指定位置的网页，参数 delta 是相对于当前页面的偏移量 例如：前一页为 －1，后一页为 1

7.1.4 location

location 对象包含当前页面的 URL，可直观地理解为浏览器地址栏中的内容。

URL 的一般结构为 protocol://hostname[:port]/pathname[?search]＃hash，例如，http://localhost:8080/info/news?id＝1＃bottom。

location 对象的属性对应了 URL 中的各部分,见表 7.4。

表 7.4 location 对象的常用属性

属　性	描　述
href	完整的 URL,JavaScript 代码中若为此属性赋值可实现客户端页面跳转
origin	URL 中的 protocol://hostname[:port] 部分
protocol	协议,如 http、https
hostname	主机名,如 www.baidu.com、localhost、127.0.0.1
port	端口,若使用协议默认端口则可省略。 HTTP 默认 80 端口,HTTPS 默认 443 端口
pathname	URL 中的路径部分,如 index.html、sub/index.html、info/news
search	URL 中的查询参数部分,以"="分隔的键值对,多个参数使用"&"分隔 如 name=Johnny&age=18
hash	URL 中的片段标识符,参看 2.3 节中关于＜a＞元素 href 属性的介绍

location 对象的常用方法如表 7.5 所示。

表 7.5 location 对象的常用方法

方　法	描　述
reload()	重新加载当前文档
assign(url)	加载指定 URL 的文档,等价于给 href 属性赋值
replace(url)	用指定的 URL 替换当前页面。 与 assign()方法不同的是,使用 replace()替换的新页面不会被保存在会话的历史(history)中,即用户不能使用"后退"按钮转到此页面

7.1.5 navigator

navigator 对象包含关于浏览器的信息,也提供了一些实用的接口,但各浏览器对 navigator 特性的支持程度不一,差异较大,建议使用时关注浏览器兼容性。

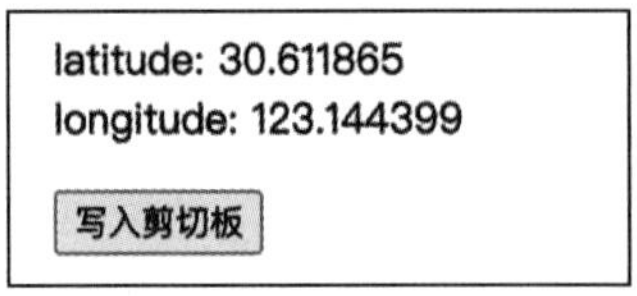

latitude: 30.611865
longitude: 123.144399
写入剪切板

图 7.3 code-7.3.html 运行效果

code-7.3.html 演示了使用 navigator 对象获取地理位置信息,以及将文本内容写入系统剪贴板两项操作,运行效果如图 7.3 所示。示例中运用了本章后续小节的知识,读者可完成 7.2 节学习后再返回详细研读。

由于浏览器的安全限制,本例须部署到服务器环境并使用 HTTPS 访问,可借助 VSCode 的 Live Server 扩展查看运行效果(参看 2.6 节)。

code-7.3.html

```
<!DOCTYPE html>
<html lang="en">
<head>
```

```
    <meta charset="UTF-8">
    <meta name="viewport" content="width=device-width, initial-scale=1.0">
    <title>7.3</title>
    <style>
      #panel { padding: .5em 1em 1em; }
      #loading { color: yellowgreen; }
    </style>
</head>
<body>
  <div id="panel">
    <p id="output"></p>                              <!--用于呈现输出消息 -->
    <p id="loading">正在获取当前地理位置...</p>     <!--进度提示 -->
    <button onclick="writeClipboard()">写入剪切板</button>
  </div>

  <script>
    //暂存输出消息的数组
    const result=[]
    //暂存页面上元素的引用，便于后续使用
    const output=document.getElementById('output')
    const loading=document.getElementById('loading')

    //将获取到的信息进行格式处理后存储到 result 数组中，并更新#output 的内容
    function addToResult(msg) {
      result.push(...Object.entries(msg).map(i=>i.join(': ')))
      output.innerText=result.join('\n')
    }

    //隐藏获取地址位置信息的进度提示
    function hideLoading() {
      loading.style.display='none'
    }

    //获取当前地址位置
    function getCurrentPosition() {
      //navigator.geolocation.getCurrentPosition(success, failure)
      //success: 成功回调函数
      //failure: 失败回调函数
      navigator.geolocation.getCurrentPosition(pos=>{
        const {latitude, longitude}=pos.coords     //取得返回值中的经度和纬度
        addToResult({latitude, longitude})
        hideLoading()
      }, ()=>{
        hideLoading()
        alert('获取位置失败')
      })
    }

    //将结果写入系统剪贴板
    function writeClipboard() {
      //navigator.clipboard.writeText(text).then(success, failure)
      //text: 写入剪贴板的文本
      //success: 成功回调函数
```

```
      //failure: 失败回调函数
      navigator.clipboard.writeText(result.join('\n')).then(()=>{
        alert('写入剪贴板成功')
      }, ()=>{
        alert('写入剪贴板失败')
      })
    }

    getCurrentPosition()          //页面加载时自动获取当前地理位置信息
  </script>
</body>
</html>
```

7.1.6 screen

screen 对象包含关于当前屏幕的信息,见表 7.6。

表 7.6 screen 对象的常用属性

属　性	描　述
availWidth	屏幕可用宽度
availHeight	屏幕可用高度

7.1.7 localStorage

localStorage 对象允许以键值对的形式将数据存储于客户端,所有同源的浏览器窗口可共享一个 localStorage 存储空间(参看 13.2 节)。localStorage 的一个典型的应用是用于保存用户的偏好设置。表 7.7 列出了 localStorage 对象的常用方法。

表 7.7 localStorage 对象的常用方法

方　法	描　述
setItem(key, value)	使用给定的 key 将 value 存储于 localStorage。 任何类型的数据都将使用字符串形式存储
getItem(key)	根据给定的 key 获取存储于 localStorage 中的值,若无相应 key 对应的值返回 null
removeItem(key)	从 localStorage 中移除指定键值对
clear()	清除 localStorage 中所有的键值对

以下代码演示了表 7.7 中各方法的使用。

```
//将键值对存储至 localStorage
localStorage.setItem('name', 'Johnny')
localStorage.setItem('age', 18)

//取得存储于 localStorage 中的值
let name=localStorage.getItem('name')
let age=localStorage.getItem('age')
```

```
console.log(name, age)          //Johnny 18

//移除指定键值对
localStorage.removeItem('age')
//移除 localStorage 中所有键值对
localStorage.clear()
```

上例仅演示了简单数据的存储，对于较复杂的结构化数据，可考虑使用 JSON 语法进行序列化处理后存储，参见 6.6 节。在 Chrome 浏览器开发者工具的 Application 面板中可查看当前存储于 localStorage 中的所有键值对，如图 7.4 所示。

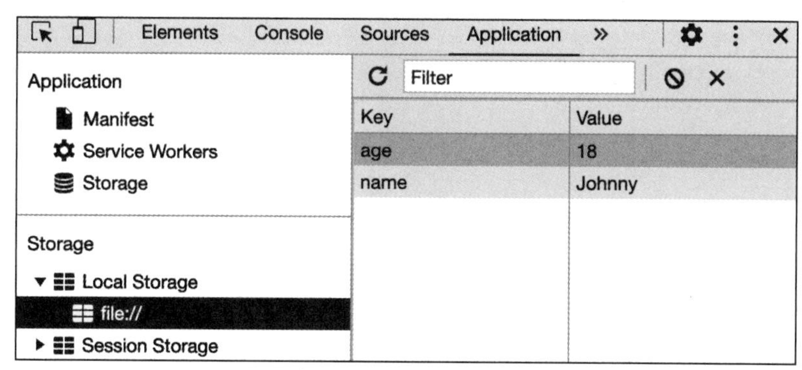

图 7.4　存储于 localStorage 中的键值对

7.1.8　sessionStorage

sessionStorage 与 localStorage 类似，以键值对形式将数据存储于客户端，所支持的方法与 localStorage 相同，请参看表 7.7。不同的是，sessionStorage 中的数据在页面会话结束后被自动清除，而 localStorage 中的数据可长期保存。

7.1.9　cookie

在浏览器环境中，document.cookie 也可用于数据的本地存储并可设置过期时间，请看如下代码（须在服务器环境运行）。

```
//1 天后过期
const maxAge=60 * 60 * 24
document.cookie="userName=Johnny; max-age=" +maxAge
console.log(document.cookie)
```

从上面的代码可看出，cookie 以字符串形式存储数据，因此当需要取得某一数据项的值时应编写代码进行解析。cookie 中存储的数据会在每次向服务端发送 HTTP 请求时自动携带，因此常用于存储和传递 token 或其他简短信息（参看 11.3 节）。

7.2　文档对象模型

视频讲解

HTML 文档加载过程中，浏览器将解析文档代码并构建对应的文档对象模型（DOM），该模型是以 document 对象为根的树状结构，网页中的每一个元素均是 DOM 树上的一个结点,沿着 DOM 树的各个分支便可以访问到网页中的所有元素。

document 对象是 HTMLDocument 类的实例,拥有丰富的属性和方法。下面以一个简单的例子引入,待读者有一定感性认识后再分主题详述。

code-7.4.html

```
<!DOCTYPE html>
<html lang="en">
<head>
    <meta charset="UTF-8">
    <meta name="viewport" content="width=device-width, initial-scale=1.0">
    <title>7.4</title>
    <!--注意添加以下 defer 属性 -->
    <script defer src="./code-7.4.js"></script>
</head>
<body>
  <button id="btn">Click Me</div>
</body>
</html>
```

code-7.4.html 中放置了一个按钮,id 属性值为 btn,使用<script>标签引入外部 js 文件 code-7.4.js。

code-7.4.js

```
//获得网页中 id 为 btn 的按钮的引用
const btn=document.getElementById('btn')
//为按钮注册单击事件处理函数
btn.onclick=function() {
  //改变<button>元素的文本内容
  this.innerText='Hello, DOM'
  //更改样式
  this.style.backgroundColor='yellowgreen'
}
```

code-7.4.js 中的代码首先使用 document 对象的 getElementById()方法获得 id 属性值为 btn 的按钮元素的引用,然后为按钮注册鼠标左键单击事件处理函数,此函数将在用户单击按钮时被调用。函数中 this 指向触发事件的对象,即按钮;通过为按钮的 innerText 属性赋值改变了按钮的文字内容;访问按钮的 style 属性取得样式表的引用,并为 backgroundColor 样式属性赋值,从而改变了按钮的颜色。code-7.4 运行效果如图 7.5 所示。

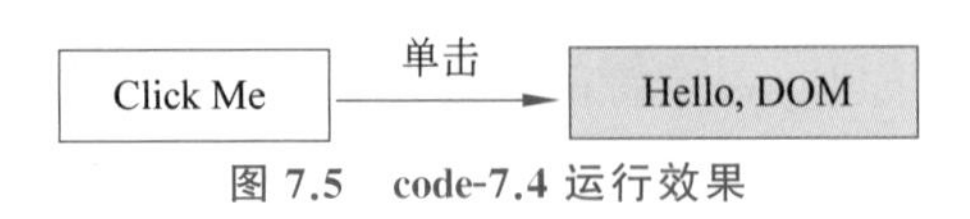

图 7.5 code-7.4 运行效果

在这个例子中,完成了如下 3 件事。

- 获得网页中元素的引用,7.2.1 节详述。
- 监听事件以触发相应操作,7.3 节详述。
- 设置元素样式,7.2.2 节详述。

7.2.1　获得元素的引用

要操控网页中元素，第一步自然是取得该元素的引用。表 7.8 列出了获得元素引用的常用方法。

表 7.8　获得元素引用的常用方法

方　法	描　述
getElementById(id)	返回 id 属性值与给定 id 匹配的元素的引用。 元素的 id 属性值应是唯一的，因此该方法应获得唯一元素的引用[①]
querySelector(cssSelectors)	返回与给定的 CSS 选择器或选择器组匹配的第一个元素的引用
querySelectorAll(cssSelectors)	返回与给定的 CSS 选择器或选择器组匹配的所有元素组成的集合

表 7.8 中的 3 个方法既可应用于 document 对象，在整个网页中搜索匹配元素，也可应用于某个元素（Element 对象），在该元素的后代中搜索匹配元素，若无匹配元素则返回 null，搜索过程将使用深度优先方式进行。表中 cssSelectors 为 CSS 选择器或选择器组的字符串表达，例如"p, div" 将匹配<p>或<div>。

下面的例子演示了 querySelectorAll()方法的使用，当单击页面中的各个<p>元素时相应段落的背景色将改变。

code-7.5.html

```
<!DOCTYPE html>
<html lang="en">
<head>
    <meta charset="UTF-8">
    <title>7.5</title>
    <script defer src="./code-7.5.js"></script>
</head>
<body>
  <p>Paragraph 1</p>
  <p>Paragraph 2</p>
  <p>Paragraph 3</p>
</body>
</html>
```

code-7.5.js

```
//获得所有<p>元素组成的 NodeList,类似数组但并非数组类型,详见 7.4.5 节
const paragraphs=document.querySelectorAll('p')

//遍历每一个<p>元素
paragraphs.forEach(p=>{
  //注册单击事件处理函数
  p.onclick=function() {
    //改变当前单击的<p>元素背景色
```

① 实践中由于程序员的疏忽可能出现多个元素 id 相同（应避免），此时调用 getElementById(id)方法仅会获得第一个 id 匹配的元素。

```
        //在事件回调函数中,this指向触发事件的元素
        this.style.backgroundColor='yellowgreen'
    }
})
```

注意:在获得元素引用前,该元素必须已创建,即DOM树构建完成。而JavaScript代码的执行时机与其放置位置相关,因此应注意code-7.5.html中引入外部JavaScript文件的代码(<script>),要么放置在所有<p>元素之后(</body>前);要么如代码中所示,在<script>标签中添加defer属性以表示等待DOM树构建完成再执行引入的代码。对于直接嵌入HTML文档的JavaScript代码,defer属性无效。

7.2.2 设置元素样式

通过第3章的学习,已知可以通过使用HTML元素的Style属性嵌入内联样式表,而使用class属性则可设定元素套用的样式类。因此,当取得元素的引用后,通过以上两个属性便可完全掌控元素的样式表,从而动态地改变元素的外观。

对于style属性,直接如前例中演示的那样,操纵相应样式属性即可,如this.style.color='red'。但需要注意的是,CSS中样式属性名通常使用kebab-case命名风格,使用短横线连接单词,如background-color。而在JavaScript代码中应将CSS样式属性名转换为camel-case命名风格,如backgroundColor。此外,所有样式值应统一使用字符串。

对于元素所套用的样式类(class属性),通常使用如下两种方法操控。

- 给元素的className赋值,适用于仅设定一个样式类的情形。
- 调用元素classList属性的add()、remove()方法添加或移除样式类。

下面的例子(code-7.6)结合此前学习的多项知识,实现了如图7.6所示的小游戏:单击Start或Pause按钮,可令小球在方框内跳动或暂停。程序中通过定时更新代表小球的<div>元素的样式属性left和top(小球的坐标),从而实现小球移动的动画效果。

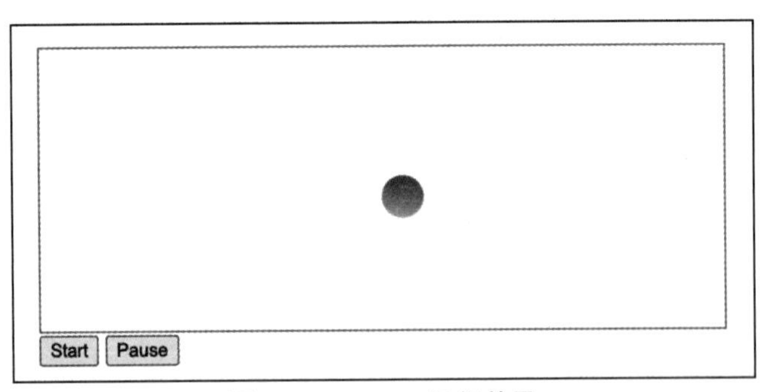

图7.6 code-7.6运行效果

code-7.6.html

```
<!DOCTYPE html>
<html lang="en">
<head>
    <meta charset="UTF-8">
    <title>7.6</title>
    <!--链入外部样式表 -->
```

```
    <link rel="stylesheet" href="./code-7.6.css">
    <!--链入外部 js 文件 -->
    <script defer src="./code-7.6.js"></script>
</head>
<body>
  <!--桌面 -->
  <div id="desk">
    <!--小球 -->
    <div id="ball"></div>
  </div>
  <!--开始/暂停按钮 -->
  <button id="btn-start">Start</button>
  <button id="btn-pause">Pause</button>
</body>
</html>
```

code-7.6.css

```
/* 桌面 */
#desk {
  border: 1px solid grey;
  width: 500px; height: 200px;
  position: relative;
}
/* 小球的样式，注意定位方式 */
#ball {
  width: 30px; height: 30px;
  border-radius: 50%;
  background-image: linear-gradient(pink, red);
  position: absolute;
}
/* 小球滚动的动画 */
#ball.scrolling {
  animation: scrolling 1s linear infinite;
}
/* 滚动动画关键帧 */
@keyframes scrolling {
  from { transform: rotate(0deg); }
  to { transform: rotate(360deg); }
}
```

code-7.6.js

```
const ball=document.querySelector('#ball')     //小球的引用
let x=0, y=0                                   //小球当前 x,y 坐标
let dx=1, dy=1                                 //每帧移动量
let timer                                      //周期触发的定时器

//注册按钮单击事件监听
//注意等号后应为函数名 start,而非 start()
document.querySelector('#btn-start').onclick=start
document.querySelector('#btn-pause').onclick=pause

//开始移动
```

```
function start() {
  //timer 为定时器,若 timer 为 falsy 表明尚未开始移动,此时启动周期性定时器
  //否则说明已开始运动,应忽略 if 语句块中的代码,避免启动多个定时器导致小球移动加速
  if (!timer) {
    ball.className='scrolling'                    //添加小球滚动样式
    timer=setInterval(move, 10)                   //每 10ms 移动 1 帧
  }
}

//小球移动 1 帧
function move() {
  //小球碰到边界时将每帧移动量取相反数,以改变移动方向
  //小球坐标为左上角坐标,因此须扣除小球宽/高
  if (x >470 || x<0) dx=-dx
  if (y >170 || y<0) dy=-dy

  //计算下一帧位置
  x +=dx
  y +=dy

  //更新小球位置
  updateView()
}

//更新样式表以同步小球位置
function updateView() {
    ball.style.left=x +'px'
    ball.style.top  =y +'px'
}

//暂停移动
function pause() {
  //若未启动则忽略
  if (timer) {
    clearInterval(timer)                          //取消定时器
    timer=null
    ball.className=''                             //移除滚动样式类
  }
}
```

7.2.3 创建与移除元素

当需要在程序运行时动态地向网页中添加新的 HTML 元素时,可按如下步骤进行。

(1) 调用 document.createElement()方法创建新的 HTML 元素。

(2) 调用父结点的 appendChild()或 insertBefore()方法将新元素添加到 DOM。

相反,若需从 DOM 中移除 HTML 元素则可使用如下 3 种方法。

- 调用元素的 remove()方法。
- 调用父元素的 removeChild()方法。
- 调用父元素的 replaceChild()方法用新元素替换现有元素。

下面的例子中使用对象封装了 code-7.6 例子中小球的控制逻辑(参见 code-7.7-ball.js),结合上述动态创建新元素的方法,实现了向页面中放置多个小球并同时移动的效果,主控程序为 code-7.7.js,运行效果如图 7.7 所示。为节省篇幅代码中删除了部分注释,请参阅 7.2.2 节代码。

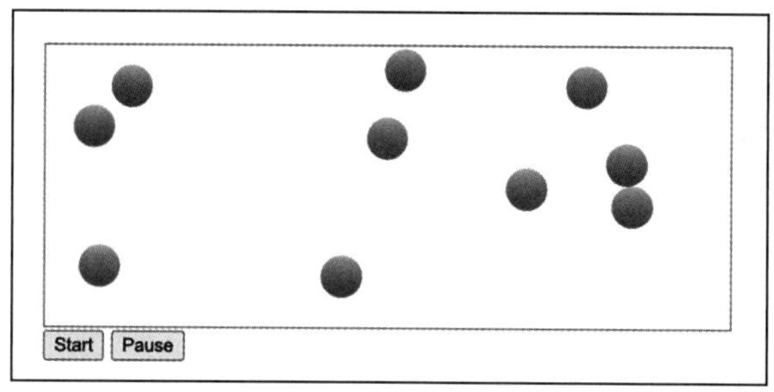

图 7.7　code-7.7 运行效果

code-7.7.html

```
<!DOCTYPE html>
<html lang="en">
<head>
    <meta charset="UTF-8">
    <title>7.7</title>
    <!--链入外部样式表 -->
    <link rel="stylesheet" href="./code-7.7.css">
    <!--链入外部 js 文件 -->
    <script defer src="./code-7.7-ball.js"></script>
    <script defer src="./code-7.7.js"></script>
</head>
<body>
  <!--桌面 -->
  <div id="desk"></div>
  <!--开始/暂停按钮 -->
  <button id="btn-start">Start</button>
  <button id="btn-pause">Pause</button>
</body>
</html>
```

code-7.7.css

```
/*桌面*/
#desk {
  border: 1px solid grey;
  width: 500px; height: 200px;
  position: relative;
}
/*使用类选择器，作用于所有小球*/
.ball {
  width: 30px; height: 30px;
  border-radius: 50%;
  background-image: linear-gradient(pink, red);
  position: absolute;
}
```

code-7.7-ball.js（小球类）

```
class Ball {
  x=0           //实例属性，小球当前 x 坐标
  y=0           //实例属性，小球当前 y 坐标
  ball          //实例属性，小球的 HTML 元素对象

  //构造函数，接收 new Ball() 时传入的 dx,dy
  constructor(dx, dy) {
    this.dx=dx
    this.dy=dy

    //创建小球的 HTML 元素对象
    this.ball=document.createElement('div')
    //添加样式类
    this.ball.classList.add('ball')
    //将小球的 HTML 元素对象作为桌面结点的子结点添加到 DOM 树
    document.getElementById('desk').appendChild(this.ball)
  }

  //小球移动一帧
  move() {
    if (this.x >470 || this.x<0) this.dx=-this.dx
    if (this.y >170 || this.y<0) this.dy=-this.dy

    this.x +=this.dx
    this.y +=this.dy

    //更新界面
    this.updateView()
  }

  //更新当前小球样式表以同步小球位置
  updateView() {
    this.ball.style.left=this.x +'px'
    this.ball.style.top  =this.y +'px'
  }
}
```

code-7.7.js 主控程序

```
//桌面上所有小球组成的数组，初始时为空
const balls=[]
//全局定时器，所有小球使用同一定时器进行控制
let timer

//开始运行
function start() {
  //若尚未创建小球则创建之
  if (!balls.length) {
    createBalls()
  }
  //每 10ms 调用 move 函数一次，让所有小球移动 1 帧
  if (!timer) {
```

```
    timer=setInterval(move, 10)
  }
}

//创建 10 个小球
function createBalls() {
  //依次创建小球
  for (let i=0; i<10; i++) {
    //取随机数作为小球每帧的位移量
    const dx=Math.random(), dy=Math.random()
    //创建小球对象，Ball 类的定义见后
    const ball=new Ball(dx, dy)
    //将新建的小球对象添加到 balls 数组，以便统一控制
    balls.push(ball)
  }
}

//将所有小球移动 1 帧
function move() {
  balls.forEach(ball=>{
    ball.move()
  })
}

//暂停
function pause() {
  //若定时器未启动则忽略
  if (timer) {
    clearInterval(timer)
    timer=null
  }
}

//注册按钮单击事件监听
document.querySelector('#btn-start').onclick=start
document.querySelector('#btn-pause').onclick=pause
```

7.3　事件处理机制

前面的例子中通过监听按钮的单击事件从而触发事件处理函数的执行，可以看到事件是用户与计算机交互的重要桥梁。本节将讨论 DOM 中的事件分发机制，并介绍事件如何通过 DOM 树进行传播，以及事件处理中的一些细节。

7.3.1　事件分发

如下代码片段在页面中放置了一个<a>元素，其父元素为<p>，更上一层为<div>…。

```
<body>
  <div>
    <p>
```

```
            Click the<a href="#">Link</a>.
        </p>
    </div>
</body>
```

若用户单击超链接，浏览器将创建一个事件对象（event object）并进行事件分发，图 7.8 展示了 DOM 树中事件分发的整个流程。本例中<a>元素被称作事件目标结点（event target）。

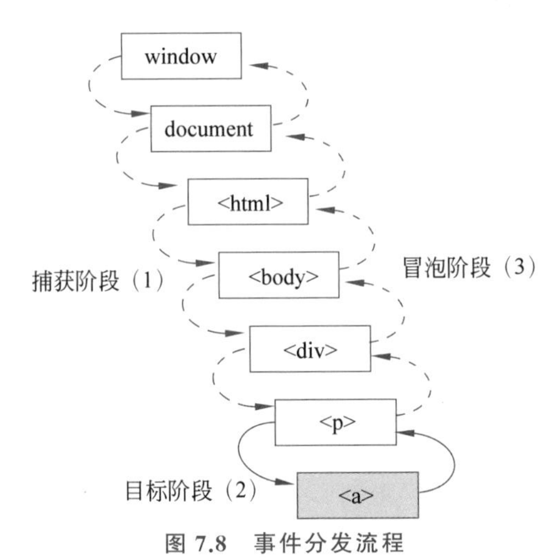

图 7.8 事件分发流程

从图 7.8 中可看到，事件分发过程分为以下 3 个阶段。

（1）捕获阶段：事件对象自 window 起通过目标结点的祖先自上而下（自外而内）地传播到目标结点的父结点。

（2）目标阶段：事件对象到达事件目标结点。若事件类型表明事件不冒泡，则事件在此阶段处理完成后即停止。

（3）冒泡阶段：事件对象自目标结点的父结点开始，以相反的顺序通过目标结点的祖先进行传播，到 window 结束。

在事件传播路径上的每一个结点均可注册事件监听函数，以在事件触发时执行相应代码。但应注意默认情况下事件的响应过程是从目标阶段开始的，即事件处理函数的触发顺序是先由目标结点开始，然后逐级向上。请使用浏览器打开如下网页（code-7.8.html），并在开发者工具的 Console 面板中观察程序的输出。

code-7.8.html

```
<!DOCTYPE html>
<html lang="en">
<head><title>7.8</title></head>
<body>
  <div>
    <p>
      Click the<a href="#">Link</a>.
    </p>
  </div>
```

```
  <script>
    const div=document.querySelector('div')
    const p=document.querySelector('p')
    const a=document.querySelector('a')

    //为事件传播路径上的每个结点注册 click 事件处理函数,请在 Chrome 开发者工具的
    //Console 面板查看输出
    window.addEventListener('click', function(e) { console.log('window') })
    document.addEventListener('click', function(e) { console.log('document') })
    div.addEventListener('click', function(e) { console.log('div') })
    p.addEventListener('click', function(e) { console.log('p') })
    a.addEventListener('click', function(e) { console.log('a') })
</script>
</body>
</html>
```

以上代码为事件传播路径上的每一个结点都注册了 click 事件处理函数,当单击超链接时可看到输出依次是：a→p→div→document→window,与图 7.8 中的事件冒泡过程顺序一致。

事实上,也可以调用目标结点的 dispatchEvent()方法进行事件分发。例如,把如下代码添加到 code-7.8.html 中</script>之前,将在页面打开 1s 后自动分发一个 click 事件,以模拟用户单击超链接的动作。

```
setTimeout(()=>{
  //分发 click 事件
  //bubbles: 是否进行事件冒泡, cancelable: 是否可取消, 参见 7.3.2 节
  a.dispatchEvent(new Event('click', {bubbles: true, cancelable: false}))
}, 1000)
```

虽然上述代码调用的是<a>元素的 dispatchEvent()方法,但事件的分发过程仍如图 7.8 所示。

除预定义的事件类型外,也可分发自定义事件,例如：

```
target.dispatchEvent(new Event('myEvent'))        //'myEvent'为自定义事件名称
target.addEventListener('myEvent', function(){ … })
```

7.3.2 事件监听与处理

一般有 3 种方法可为元素注册事件处理函数(事件监听器,listener)。

(1) 在元素对应的 HTML 标签中添加 onEventType ="listener"属性,其中“EventType”为事件类型,如 click,参见 7.3.3 节 Event 接口的 type 属性。

(2) 将元素的 onEventType 属性赋值为事件处理函数。例如,code-7.7.js 中使用的方式：document.querySelector('#btn-start').onclick= listener。

(3) 调用元素的 addEventListener(eventType, listener[, options])方法添加事件监听器,如 code-7.8.html 中的做法。

以上前两种方法并不适用于自定义事件,且不能为同一元素注册多个事件处理函数,也无法配置更多的事件处理选项,适用于较简单的应用场景。相对而言,前两种方法中更建议

使用第二种方法。

addEventListener(eventType, listener[, options])方法中的可选参数 options 对象可配置的属性如下。

- capture：布尔值，默认为 false，若为 true 则表示 listener 会在事件捕获阶段，事件对象传播到该结点时即触发，可改变事件的默认处理顺序(参看图 7.8)。
- once：布尔值，默认为 false，若为 true 则 listener 会在首次调用后自动移除，即仅触发一次。
- passive：布尔值，默认为 false，若为 true 则表示在 listener 中不会调用 preventDefault() 方法。如果 listener 中仍然调用了 preventDefault()，浏览器将忽略它并抛出警告。通常将此属性设置为 true 用于改善滚屏性能。

当相应事件发生时，事件处理函数 listener 将被调用，同时将事件对象作为第 1 个参数传入。事件处理函数中，this 通常指向注册事件监听的元素，参看 code-7.5。

此外，在事件处理函数中调用事件对象的如下方法可改变事件的处理行为。

- stopPropagation()：阻止事件继续传播。
- preventDefault()：阻止事件的默认行为，例如阻止超链接单击后的页面跳转。

7.3.3 事件对象

浏览器可分发的事件类型非常丰富，在 W3C 推荐规范中各类事件的特性使用接口(interface)进行描述[①]，即事件对象是相应接口的实例。所有事件接口均继承自 Event，因此 Event 接口中定义的属性对于所有类型的事件对象均适用。

下文分别列出了 Event、MouseEvent(鼠标事件)和 KeyboardEvent(键盘事件)接口的常用属性，分别如表 7.9～表 7.11 所示。JavaScript 程序中可通过访问相应属性获取事件对象携带的信息，例如鼠标左键单击事件(click)对象，即包括 Event 和 MouseEvent 接口的所有属性。

表 7.9 Event 接口的常用属性

属　性	描　述
type	事件类型，不区分大小写。常见的事件类型包括： click、dblclick、contextmenu、mousedown、mouseup、mouseenter、mouseleave、mousemove、keydown、keyup、keypress、input、change、focus、blur、select、drag、dragstart、dragenter、dragmove、dragleave、dragend
target	事件的原始目标对象的引用
eventPhase	事件当前所处的阶段，1：捕获阶段；2：目标阶段；3：冒泡阶段
bubbles	布尔值，只读，事件是否冒泡
cancelable	布尔值，事件是否可以被取消
isTrusted	布尔值，若事件由浏览器发起则为 true，否则为 false
timeStamp	事件创建时的时间戳

① JavaScript 中并没有定义接口的机制，WC3 推荐规范仅使用接口来描述事件对象的特性。

表 7.10 MouseEvent 接口的扩展属性

属性	描述
altKey	布尔值,Alt 键是否按下
shiftKey	布尔值,Shift 键是否按下
ctrlKey	布尔值,Ctrl 键是否按下
metaKey	布尔值,meta 键是否按下 macOS 系统 meta 对应 Command 键(⌘) Windows 系统 meta 对应 Windows 徽标键(⊞)
clientX,clientY	事件触发位置相对于文档左上角的坐标
offsetX,offsetY	事件触发位置相对于目标元素左上角的坐标
button	被按下的键。 0:主按键,通常指左键;1:辅助按键,通常指滚轮中键;2:次按键,通常指右键

表 7.11 KeyboardEvent 接口的扩展属性

属性	描述
altKey	布尔值,Alt 键是否按下
shiftKey	布尔值,Shift 键是否按下
ctrlKey	布尔值,Ctrl 键是否按下
metaKey	布尔值,meta 键是否按下。 macOS 系统 meta 对应 Command 键(⌘) Windows 系统 meta 对应 Windows 徽标键(⊞)
code	触发事件的物理按键名。 例如,按主键盘上的 1 为 "Digit1",而按数字键盘上的 1 为 "Numpad1"
key	触发事件的物理按键的值,如 "1""A"

7.4 深入文档对象模型

本节继续深入探讨关于 DOM 的一些细节,读者可在本节看到前文使用过的一些方法和属性的详细解释,完成本节学习后或许会对实践中的一些原理有新的认识。

在 W3C 推荐标准中以接口的形式定义了 DOM 中各类对象的特性,图 7.9 展示了实践中常涉及的主要接口和它们之间的继承关系。文档对象模型的根对象 document 是 HTMLDocument 的实例,网页中所有 HTML 元素均是 HTMLElement 的实例,它们拥有共同的祖先 Node,而 Node 又继承自 EventTarget。因此,无论是 document 对象或是 HTML 元素均可作为事件目标对象(参见 7.3 节)。

以下各节将分别介绍 Node、Document、Element、HTMLElement 接口中的常用属性和方法。读者阅读时应注意,由于继承的关系,子接口同样拥有父接口的特性,因此以 HTMLElement 为例,它将拥有整个继承链上所有祖先的特性。而对于某个具体的 HTML 元素,它所实现的接口均继承自 HTMLElement 并进行扩展。例如,<p> 元素所实现的接

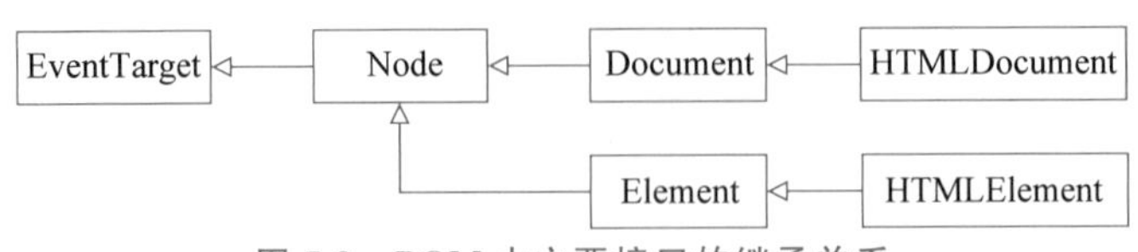

图7.9 DOM中主要接口的继承关系

口HTMLParagraphElement即继承自HTMLElement,因而它拥有EventTarget、Node、Element、HTMLElement接口中定义的所有属性和方法。

7.4.1节~7.4.4节分别列出了上述接口的常用属性和方法,未做举例。读者可粗略浏览,了解各接口所支持的特性,在编程实践中此部分内容可作参考。

7.4.1 Node

Node代表DOM树的结点,DOM中各类对象均是Node的实例。Node和Element(元素)的不同之处在于,DOM中除HTML元素外,还有诸多特别的内容,如文本(text)、注释(comment)、文档对象(document)等,它们并不属于元素(Element),但仍是DOM树中的结点(Node)。Node接口的常用属性和方法分别如表7.12和表7.13所示。

表7.12 Node接口的常用属性

属 性	描 述
nodeName	结点名称,对于普通元素结点名即为标签名,其他结点名称包括 #text(文本)、#comment(注释)、#document(文档对象)等
nodeType	结点类型(整数值),常见类型包括: 1:元素结点(ELEMENT_NODE); 3:文本结点(TEXT_NODE); 8:注释结点(COMMENT_NODE); 9:文档结点(DOCUMENT_NODE)
childNodes	所有子结点组成的NodeList(参见7.4.5节)
firstChild	第一个子结点,若没有子结点则为null
lastChild	最后一个子结点,若没有子结点则为null
previousSibling	前一个兄弟结点,若没有则为null
nextSibling	后一个兄弟结点,若没有则为null
parentNode	父结点,若没有父结点则为null。 当结点还没添加到DOM中时即无父结点,document也没无父结点
parentElement	父结点的Element实例,若无父结点或父结点不是Element实例则为null
textContent	所有子结点及其后代的文本内容

表7.13 Node接口常用方法

方 法	描 述
appendChild()	给当前结点添加子结点
removeChild()	移除指定的子结点

续表

方　法	描　述
replaceChild()	使用新的结点替换现有子结点
insertBefore()	在给定子结点前插入新结点
normalize()	对当前结点下所有文本子结点进行整理，合并相邻的文本结点并清除空文本结点
hasChildNodes()	返回布尔值，表明当前结点是否有子结点
contains()	返回布尔值，表明当前结点是否包含给定的结点

7.4.2 Document

Document 接口的常用属性和方法分别如表 7.14 和表 7.15 所示。

表 7.14　Document 接口的常用属性

属　性	描　述
title	文档的标题，初始值为<title>元素的内容
images	文档中所有<image>元素的集合
links	文档中所有具有 href 属性值的<area>元素与<a>元素的集合

表 7.15　Document 接口的常用方法

方　法	描　述
getElementById()	返回 id 属性值匹配的元素
querySelector()	返回与指定 CSS 选择器或选择器组匹配的第一个子元素
querySelectorAll()	返回与指定 CSS 选择器或选择器组匹配的所有子元素组成的 NodeList
createElement()	创建一个指定标签名的 HTML 元素，若浏览器无法识别指定的标签名将生成一个 HTMLUnknownElement 元素，但可通过传入 options 参数以创建自定义元素
createTextNode()	创建一个文本结点

7.4.3 Element

Element 接口的常用属性和方法分别如表 7.16 和表 7.17 所示。

表 7.16　Element 接口的常用属性

属　性	描　述
id	元素的 id 属性值
tagName	元素的标签名
attributes	元素相关的所有属性集合
className	元素的样式类名，即 class 属性值
classList	元素的样式类集合，使用 add()、remove()方法添加、移除样式类

续表

属　　性	描　　述
innerText	元素的文本内容
innerHTML	使用 HTML 语法表示的元素内容
offsetLeft	元素边框与父元素左边框的距离
offsetTop	元素边框与父元素上边框的距离
clientWidth	元素内容区的宽度
clientHeight	元素内容区的高度
scrollLeft	元素横向滚动条与元素左边的距离
scrollTop	元素垂直滚动条与元素上边的距离
scrollWidth	元素的宽度,包括由于溢出/滚动而在屏幕上不可见的部分
scrollHeight	元素的高度,包括由于溢出/滚动而在屏幕上不可见的部分
children	元素子结点组成的 HTMLCollection

表 7.17　Element 接口的常用方法

方　　法	描　　述
getAttribute()	获得元素指定的属性值
setAttribute()	设置元素指定的属性值
removeAttribute()	移除元素的指定属性
hasAttribute()	返回一个布尔值,表示该元素是否拥有指定属性
querySelector()	返回与指定 CSS 选择器匹配的第一个子元素
querySelectorAll()	返回与指定 CSS 选择器匹配的所有子元素组成的 NodeList
getBoundingClientRect()	返回元素的大小及其相对于视窗的位置
scrollTo()	滚动到指定位置
scrollBy()	让元素滚动指定的距离
scrollIntoView()	滚动父容器以使当前元素可见
remove()	将当前元素从 DOM 中移除

7.4.4　HTMLElement

HTMLElement 接口的常用属性和方法如表 7.18 和表 7.19 所示。

表 7.18　HTMLElement 接口的常用属性

属　　性	描　　述
hidden	元素是否隐藏
style	元素的样式

表 7.19 HTMLElement 接口的常用方法

方 法	描 述
blur()	令元素失去焦点
click()	触发元素的单击事件
focus()	令元素获得焦点

7.4.5 NodeList 和 HTMLCollection

一般而言，由 Node 对象组成的集合会被封装为 NodeList，例如某结点的子结点集合 childNodes 或调用 document.querySelectorAll()方法的返回值。而由 HTMLElement 对象组成的集合则通常被封装为 HTMLCollection，例如某元素的子元素集合 children。

NodeList 和 HTMLCollection 并非数组，但它是类似数组的对象，可以使用与操作数组类似的语法来访问它们，请参看如下示例。

```
//NodeList
const nodes=document.querySelectorAll('p')
for (let i=0; i<nodes.length; i++) {  console.log(nodes[i]) }
for (let node of nodes) {  console.log(node) }
nodes.forEach(node=>console.log(node))

//HTMLCollection
const children  =document.querySelector('body').children
for (let i=0; i<children.length; i++) {  console.log(children[i]) }
for (let child of children) {  console.log(child) }
//HTMLCollection 没有 forEach()方法
```

7.4.6 表单元素

对于表单元素，常见的需求便是访问其 value 属性获得用户的输入或选择，相反，若需设置表单元素值，则对其 value 属性赋值即可。下面的例子演示了如何取得单行文本框内用户输入的值，对于其他表单元素，方法类似。

```
<input id="userName" type="text">
<button onclick="getUserName()">GetUserName</button>

<script>
  function getUserName() {
    //取得文本框 #userName 的输入值
    const userName=document.getElementById('userName').value
    console.log(userName)
  }
</script>
```

当表单内元素较多时，使用以上方法逐个取值稍显麻烦，可使用 FormData 批量取得表单数据，请参看如下示例。

```
<form id="form">
```

```
    <label for="name">姓名</label>
    <input name="name" value="Johnny"><br>
    <label>性别</label>
    <input type="radio" name="gender" value="male" checked>
    <label for="male">男</label>
    <input type="radio" name="gender">
    <label for="female">女</label><br>
    <label for="age">年龄</label>
    <input type="number" name="age" value="18"><br>
    <button type="submit">提交</button>
  </form>
  <script>
    //监听表单提交事件,获取用户的输入和选择
    document.getElementById('form').onsubmit=function() {
      //取得表单中数据并封装为 FormData 对象
      //在表单的提交事件(onsubmit)中 this 指代表单元素
      const formData=new FormData(this)
      //依次输出取得的每个表单元素值
      formData.forEach((v, k)=>{
        console.log(`${k}=${v}`)
      })

      //使用 Object.fromEntries()方法可直接将 FormData 对象转换为普通对象(参看表 5.10)
      const obj=Object.fromEntries(formData)
      console.log(obj)

      //阻止表单提交, 以便查看输出。事件监听函数中 event 为事件对象,参看 7.3.2 节
      event.preventDefault()
    }
  </script>
```

篇幅所限,更多关于文档对象模型的信息请参阅 W3C 推荐标准。

第8章

Vue.js 基础

4.12 节以 Bootstrap 为例简介了前端 UI 框架的功能及一般用法，此类框架主要专注于 UI 元素的修饰和封装，涉及大量预定义样式表。本章将目光转向另一类前端框架，它们被称作前端 JavaScript 框架，更专注于辅助进行前端界面的构建和控制逻辑的实现，大多可归为 MVC/MVVM 框架。当然，也有一些框架为前端开发提供了更加完整的解决方案。

8.1 MVC 与 MVVM

在前面的章节中始终贯穿着一条主线：封装与解耦。例如，通过函数对功能逻辑进行封装，并尽可能地让函数与外界的联系变得简单，以降低程序之间的耦合度；通过对象将模块的数据和功能进行封装，并设法通过各种机制保障封装性不被破坏，实现可控的开放。之所以反复强调这一主线，是因为当程序规模变大时，正确的设计理念往往可以帮助人们保持思路清晰，保证程序的可维护性。许多初学者常只专注于功能实现，不注重规划，最终将程序写成了“大杂烩”，所有代码变成了一锅粥，过段时间可能自己写的代码自己都看不懂。本节将站在更高的视角来思考程序的规划与分层设计。

MVC 是软件工程中的一种软件架构模式，它将软件系统分为 3 部分：模型（Model）、视图（View）和控制器（Controller），也可称作数据模型层、视图层和控制层，如图 8.1 所示。其中，数据模型层是程序中数据及其处理逻辑的封装；视图则是程序中负责最终界面呈现的部分；控制器一方面负责保持视图与数据模型的同步，即当数据模型有变化时更新视图以保持界面呈现与数据模型一致，另一方面当用户在视图层有交互操作时触发数据模型层的处理逻辑，更新数据以响应用户操作。

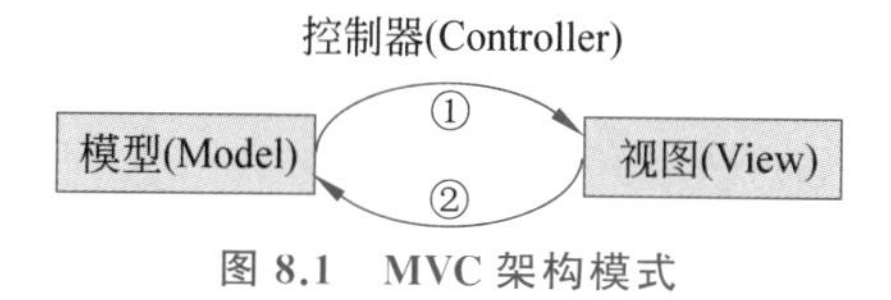

图 8.1 MVC 架构模式

读者不妨对照 7.2.2 节的示例（code-7.6，跳动的小球），在 code-7.6.js 的代码开头的部分声明了一组变量用于表达小球的状态和行为方式，这些就是数据模型层的数据，而 move()函数中的代码实现了每一帧的数据更新；move()函数最后触发了 updateView()函数的执行,在此函数中完成了视图与数据模型的同步,即图 8.1 中箭头①所示,其余代码则多在响应用户操作(单击 Start/Pause 按钮)以触发数据模型层的处理逻辑,即图 8.1 中箭头②所示,这些均属于控制层逻辑;HTML 和 CSS 代码在整个程序中则承担了视图层的角色。

如此分析不禁会发现,若程序按照 MVC 模式进行分层设计不仅条理清晰,同时每个层次功能内聚,有利于关注点分离。以前述例子为例,可首先专注于运用 HTML 和 CSS 实现满意的静态效果(视图层),随后分析界面中哪些部分是会变化的,它们往往就是数据模型层应表达的状态(小球的位置与运动方向),从而建立数据模型,最后再分步实现视图与数据模型的同步,以及响应用户交互以更新数据模型的状态(数据)。如此不知不觉地程序就写完了,即便有 Bug 也可以较轻松地定位到问题的所在。

当然,在编码过程中应尽可能地保持每一层、每一段代码的边界清晰,可考虑使用函数/对象等手段进行必要的封装。此外,还应注意数据是计算机程序处理的核心内容,程序运行时应让图 8.1 中①②两个箭头所形成的循环"旋转"起来,即用户的动作应首先触发数据模型层的更新,然后再驱动控制层代码同步界面。

深入研究 code-7.6.js 中 updateView()函数的代码不难发现,其所谓的更新视图,事实上是在操纵 DOM(文档对象模型)。也就是说,浏览器的内部世界似乎同样存在 MVC,当更新 DOM 时,它的控制层触发了界面同步。相反,当用户单击按钮时,浏览器通过事件机制逆向触发了程序中控制层代码的执行。从某种程度上说,计算机程序是许多 MVC 组成的链,上游程序的视图层紧扣着下游程序的数据模型层。

当程序功能越来越复杂时,MVC 模式中控制层代码的逻辑也将变得复杂,其中大部分工作是在完成视图与数据模型的双向同步。**MVVM** 架构模式在 MVC 基础上抽离出了 VM(ViewModel,视图模型),通常使用双向绑定技术实现 View 与 VM 的同步,如图 8.2 所示。

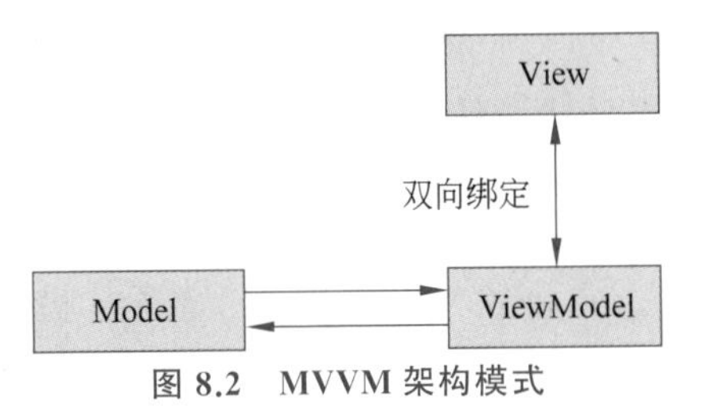

图 8.2 MVVM 架构模式

双向绑定意为视图模型(ViewModel)中的数据有变化时视图(View)中的相应元素将随之更新,而视图层的变化也将被同步到视图模型,通过双向绑定技术 MVVM 完成了 MVC 模式中控制层的大部分工作。通常在 MVVM 模式中,视图层需要使用特定的绑定语法表明视图中的动态部分与视图模型数据项的对应关系。

在 Model 与 ViewModel 的交互过程中,开发者一方面需要将 Model 层的数据转换为 ViewModel 所需的封装格式,另一方面监听 ViewModel 层的事件或数据变化以更新 Model。MVVM 模式中,Model 与 View 相互隔离,ViewModel 是连接 Model 与 View 的核心。

无论是 MVC 还是 MVVM,更多体现的是程序设计的理念,它们之间并无冲突。作为初学者完全理解并熟练应用一时可能会有些困难,但只要在实践过程中有意识地规划程序,多反思和总结,而不仅限于功能的实现,便能逐渐领悟其中蕴含的思想。当把各种程序设计思想融会贯通后,它们会自然融进编写的代码中,那时反而不必过分拘泥于所谓的概念。

8.2　Vue.js 入门

Vue.js 是目前业界常提到的前端 JavaScript 框架之一，除此之外，Angular、React 等也同样知名。本章将着重介绍 Vue.js(基于 Vue.js 3.2.33 版)，有此基础之后可以进一步结合其他框架搭建更丰富的应用程序。

虽然 Vue.js 并未完全遵循 MVVM 模式，但大多数情形下可以按 MVVM 模式理解 Vue.js 的基本架构。下面以一个简单的例子快速入门。

code-8.1.html

```
<!DOCTYPE html>
<html lang="en">
  <head>
    <title>8.1</title>
    <!--引入 Vue.js -->
    <script src="https://cdn.bootcdn.net/ajax/libs
               /vue/3.2.33/vue.global.min.js"></script>
    <script defer src="code-8.1.js"></script>
  </head>
  <body>
    <div id="app">
      <input type="number" v-model="a" />+<input type="number" v-model="b" />
      <button @click="sum()">=</button>
      {{ s }}
    </div>
  </body>
</html>
```

code-8.1.js

```
//Vue 实例
Vue.createApp({
  data() {
    return {
      a: 0, b: 0, s: 0,           //Vue 实例数据
    }
  },
  methods: {
    //当单击 "=" 按钮时触发
    sum() {
      this.s=this.a +this.b
    },
  },
}).mount('#app')                  //将 Vue 实例的渲染结果应用于#app 元素
```

该例子借助 Vue.js 实现了一个加法计算器，输入两个数 a 和 b，单击“=”按钮将呈现 a+b 的结果。在这个例子中演示了 View 与 ViewModel 的双向数据绑定，以及事件的捕获。

code-8.1.js 中，首先，通过 Vue.createApp()方法创建 Vue 实例，该方法接收一个对象作为参数，其中 data()方法返回 Vue 实例的数据属性(a,b,s)，Vue 将通过响应性系统将其包裹起来，因此这里声明的数据项均是“响应式”的，可与 View 层进行双向绑定。

注意,只有事先由data()方法返回的数据属性才是响应性的,因此即使不确定数据属性的取值,也应将其包含在data()方法返回的对象中,可暂时取值为null或undefined。

methods属性中可包含多个自定义方法,上例中sum()方法响应“=”按钮的单击事件,计算a与b的和,并将结果更新到数据属性s,因为code-8.1.html中进行数据绑定,s的值会被自动同步到页面上。

最后,调用Vue实例的mount()方法将Vue实例的渲染结果应用于HTML文档中id属性值为app的元素(#app),可理解为#app容器内的元素由Vue协助管理。

code-8.1.html中引入了Vue.js 3.2.33的CDN开发版,因此实验时须接入Internet,当然也可以将此文件下载到本地使用。Vue.js的开发版未经压缩,包含调试信息,适合于开发环境,项目交付时可使用生产环境构建版本vue.global.prod.js。

code-8.1.html接下来的代码中使用了3种绑定技术:v-model用于将Vue实例中的数据属性与表单元素(本例为文本输入框)进行双向绑定;{{ s }}在Vue中被称作文本插值语法,意为将数据属性s值插入到当前位置,这是一个单向的绑定;<button>元素中的@click="sum()"用于监听单击事件,单击按钮时将触发Vue实例中定义的sum()方法。

从上面的例子可看出,当完成Vue实例数据的定义和绑定后,便可专注于程序功能的实现,即关注点分离。编写代码的过程可大致分为3部分:构建数据模型(定义Vue实例数据)、完成数据绑定、实现业务逻辑。

8.3 模板语法

此处所谓“模板”(template)可直观地理解为code-8.1.html中<div id="app">…</div>标签内的代码,它不是纯粹的HTML代码,其中嵌入了一些特殊语法结构,如{{}}等。Vue将根据模板生成最终供浏览器渲染的HTML代码。

本节将介绍Vue.js所支持的在模板中使用的语法结构,大致可分为两类:使用双大括号“{{ }}”的插值语法和以v-为前缀的指令。

8.3.1 文本绑定

Vue中最常见的数据绑定即是使用双大括号语法插入表达式的计算结果,如下例。

```
//以下为JavaScript文件中的定义Vue实例数据的代码
data() {
  return { name: 'Johnny', age: 18, isBoy: true }
}

<!--以下为HTML文档内容 -->
<p>
  Hi, my name is {{ name }},
  I will be {{ 18 +1 }} years old next year,
  I am a {{ isBoy ? 'boy' : 'girl'}}.
</p>
```

为节省篇幅,本章示例程序均仅保留关键内容,读者实验时请对照8.2节示例(code-8.1)补全代码。

当插值表达式计算结果中含有 HTML 代码时，双大括号语法会直接将其输出为普通文本，此时若需输出原始的 HTML 代码，可使用 v-html，例如：

```
data() {
  return { rawHtml: '<span style="color:red">Red Text</span>' }
}

<p v-html="rawHtml"></p>        <!--使用 v-html 指令将输出红色的文字"Red Text" -->
<p>{{ rawHtml }}</p>            <!--使用双大括号插值语法将输出普通文本 -->
```

使用 v-html 指令时应确保插入的内容是可信任的，否则很可能导致 XSS 攻击(参看 13.1 节)。例如，将上例中 rawHtml 值改作如下内容将导致页面中被嵌入其他网站的页面，其中可能执行恶意脚本。

```
{ rawHtml: '<iframe src="http://example.com">' }
```

8.3.2　表单绑定

对于 HTML 文档中的表单元素，可使用 v-model 指令进行双向绑定，例如：

```
data() {
  return { message: '' }
}

<input type="text" v-model="message">   <!--数据属性 message 与输入框内容双向绑定 -->
<p>{{ message }}</p>                    <!--输入框内容变化时此处输出也将随之改变 -->
```

v-model 指令也适用于其余表单元素，如复选框、单选按钮、下拉列表等，请读者自行实验。

8.3.3　属性绑定

v-bind 指令用于将 Vue 实例的数据属性与 HTML 元素的属性进行绑定。下例演示了对<img>元素的 src 属性值进行绑定。

```
data() {
  return { imgUrl: 'sample.png' }
}

<!--以下为 HTML -->
<img v-bind:src="imgUrl">
```

属性绑定语法也可省略 v-bind，简写作“：”，同时可使用动态参数，请参看下例。

```
data() {
  return { imgUrl: 'sample.png', attr: 'src' }
}

<!--以下 4 种写法运行效果相同 -->
<img v-bind:src="imgUrl">
<img v-bind:[attr]="imgUrl">
<img :src="imgUrl">
<img :[attr]="imgUrl">
```

8.3.4 事件绑定

使用 v-on 指令可指定事件监听函数,常使用@符号简写,请参看下例。

```
methods: {
  clickEventHandler() {
    alert('Button Clicked!')
  }
}

<!--以下两种写法等价 -->
<button @click="clickEventHandler">Click Me</button>
<button v-on:click="clickEventHandler">Click Me</button>
```

v-on 指令可监听常见的所有事件,请参阅 7.3 节。此外,若需要在事件处理函数中引用事件对象,可在调用事件处理函数时将 $event 对象(事件对象)传入,请参看下例。

```
methods: {
  clickEventHandler(event) {
    event.preventDefault()          //阻止浏览器默认行为
  }
}

<!--调用事件处理函数时传入事件对象 $event -->
<button @click="clickEventHandler($event)">Click Me</button>
```

上例中通过调用事件对象的 preventDefault()方法阻止浏览器默认行为,对于此类需求 Vue.js 提供了事件修饰符可用于简化上述代码。表 8.1 是可用的事件修饰符,请参看 7.3.2 节。

表 8.1 可用的事件修饰符

事件修饰符	描述
.stop	等价于 event.stopPropagation()
.prevent	等价于 event.preventDefault()
.capture	等价于为 addEventListener()方法传入 option 参数{capture: true}
.once	等价于为 addEventListener()方法传入 option 参数{once: true}
.passive	等价于为 addEventListener()方法传入 option 参数{passive: true}
.self	仅监听由当前元素触发的事件,即 event.target 为当前元素

以下是上述事件修饰符的举例。

```
<button @click.stop="onClick"></button>      <!--阻止单击事件冒泡 -->
<form @submit.prevent="onSubmit"></form>     <!--阻止表单提交事件的默认行为 -->
<form @submit.prevent></form>        <!--可不指定事件处理函数, 仅阻止默认行为 -->
<a @click.stop.prevent="doSomething"></a>  <!--修饰符可串联 -->
```

对于键盘事件(KeyboardEvent),可将 KeyboardEvent.key 对应的有效按键名转换为 kebab-case 作为事件修饰符,以判定是否指定的键被按下,例如:

```
<input @keyup.Enter="onSubmit" />     <!--只在按 Enter(回车)键时调用事件处理函数 -->
<input @keyup.page-down="onPageDown" />
                                    <!--只在按 PageDown 键时调用事件处理函数 -->
```

对于如下常用按键,Vue.js 提供了按键别名: .enter、.tab、.esc、.space、.up、.down、.left、.right、.delete(同时捕获删除键和退格键)。此外,如下按键别名可同时应用于键盘或鼠标事件: .ctrl、.alt、.shift、.meta,请参看 7.3.3 节。如下代码举例说明按键别名的使用方法。

```
<input @keyup.enter="onSubmit" />      <!--等价于@keyup.Enter -->
<button @click.ctrl="onClick"></button>
                                    <!--仅响应按住 Ctrl 键时的鼠标单击事件 -->
```

.exact 修饰符可用于控制仅当指定键被按下才触发事件,例如@keyup.A.exact 表示仅当 A 键按下触发,若是 Ctrl+A 组合键则不触发。对于鼠标事件,.left、.right、.middle 修饰符用于限定仅响应鼠标左键、右键、中键事件。

8.3.5 样式绑定

Vue.js 中可使用 v-bind 指令绑定 HTML 元素的 class 列表和 style 属性,常简写作: :class 和:style。

当 v-bind 指令用于 class 列表时,表达式计算结果可为字符串、数组或对象,含义各有不同。

- 字符串:绑定字符串所指定的一个或多个样式类。
- 数组:绑定数组元素所指定的一个或多个样式类。
- 对象:当对象属性值为 truthy 时绑定属性名对应的样式类。

举例:

```
//active, text-info 为自定义的样式类名
data() {
  return {
    str: 'active text-info',
    arr: ['active', 'text-info'],
    isActive: true
  }
}

<div :class="str"></div>
<div :class="arr"></div>
<div :class="{active: isActive, 'text-info': true}"></div>
<div :class="[{active: isActive}, 'text-info']"></div>

<!--上述代码的渲染结果均与如下代码相同: -->
<div class="active text-info"></div>
```

当 v-bind 指令应用于 style 时,表达式计算结果也可为字符串、数组或对象,含义如下。

- 字符串:绑定字符串所指定的一个或多个样式声明。
- 数组:绑定数组元素所指定的一个或多个样式声明。
- 对象:对象的属性名对应样式属性名,属性值对应样式属性值。

请参看如下例子。

```
data() {
  return {
    red: 'color: red;',
    bold: 'font-weight: bold;',
    styleObject: {'font-weight': 'bold'}
  }
}

<div :style="red +bold"></div>
<div :style="[red, bold]"></div>
<div :style="[red, styleObject]"></div>

<!--上述代码的渲染结果均与如下代码相同: -->
<div style="color:red; font-weight:bold;"></div>
```

使用对象表达式绑定 style 属性时,样式属性名使用 kebab-case 或 camelCase 均可,即如下两种写法等价。

```
<div :style="{'font-size': '12px'}"></div>
<div :style="{fontSize: '12px'}"></div>
```

8.3.6 条件渲染

Vue.js 的 v-if、v-else、v-else-if 指令可根据指定条件决定是否渲染当前 HTML 元素,相信读者已经猜到它们的用法。下面的例子根据数据属性 score 的值分别输出不同的等级 A/B/C/F。

```
<p v-if="score >=90">A</p>
<p v-else-if="score >=75">B</p>
<p v-else-if="score >=60">C</p>
<p v-else>F</p>
```

8.3.7 列表渲染

Vue.js 的 v-for 指令可基于源数据多次渲染元素或模板,其源数据可以是数组、对象、整数、字符串或其他可迭代对象。

以下代码演示了 v-for 指令的使用方法,其中“item”是为当前遍历到的元素指定的别名,可自定义。

```
<p v-for="item in ['A', 'B']">{{ item }}</p>    <!--渲染为<p>A</p><p>B</p>-->
<p v-for="item in 2">{{ item }}</p>             <!--渲染为<p>1</p><p>2</p>-->
<p v-for="item in {foo: 1, bar: 2}">{{ item }}</p>  <!--渲染为<p>1</p><p>2</p>-->
<p v-for="item in 'AB'">{{ item }}</p>          <!--渲染为<p>A</p><p>B</p>-->
```

另外,也可为数组元素的索引值或对象的属性名指定别名。

```
<!--渲染为<p>0.A</p><p>1.B</p>-->
<p v-for="(item, index) in ['A', 'B']">{{ index }}.{{ item }}</p>

<!--渲染为<p>foo:1</p><p>bar:2</p>-->
```

```
<p v-for="(v, k) in {foo: 1, bar: 2}">{{k}}:{{v}}</p>

<!--渲染为<p>0.foo:1</p><p>1.bar:2</p>-->
<p v-for="(v, k, i) in {foo: 1, bar: 2}">{{i}}.{{k}}:{{v}}</p>
```

v-for 指令默认将尝试“就地更新”元素，若数据项顺序发生变化时并不移动 DOM 元素以匹配数据项的顺序，而是就地更新每一个元素的内容以匹配该位置对应的数据项，这样的方式通常是高效的。但是当列表渲染输出的内容依赖于子组件状态或临时 DOM 状态时，呈现结果可能不如预期。此时可以给每个元素提供一个唯一的 key 属性值，从而提示 Vue 如何跟踪元素的身份。key 属性值通常使用数据项的唯一标识字段，如数据库记录的主键字段，应避免使用数组的索引值，如下。

```
<div v-for="item in items" :key="item.id">        <!--item.id 为记录的主键 -->
  {{ item.text }}
</div>
```

8.4　计算属性与侦听器

虽然 Vue 模板中的表达式使用起来非常便利，但若表达式逻辑过于复杂将令模板难以维护，且有悖于视图层重在数据展现的设计初衷。使用计算属性则可将响应式数据的复杂读写逻辑进行封装。

假设有如下数据属性。

```
Vue.createApp({
  data() {
    return {
      firstName: "John",
      lastName: "Smith",
    }
  }
}
```

模板中输出全名使用如下代码，若有多个位置需要输出全名则将变得烦琐。

```
<span>{{ firstName +' ' +lastName }}</span>
```

下面的代码中定义了计算属性 fullName。

```
Vue.createApp({
  data() {
    return {
      firstName: "John",
      lastName: "Smith",
    }
  },
  computed: {
    //计算属性 fullName 的 getter 方法
    fullName() {
        return this.firstName +" " +this.lastName
    }
```

```
  },
})
```

于是便可在模板中直接使用 fullName:

```
<span>{{ fullName }}</span>
```

当然上述计算属性 fullName 也可使用方法(methods)来实现,例如:

```
Vue.createApp({
  data() {
    return {
      firstName: "John",
      lastName: "Smith",
    }
  },
  methods: {
    getFullName() {
        return this.firstName +" " +this.lastName
    }
  },
})

<span>{{ getFullName() }}</span>
```

但是 Vue 计算属性将基于它们的响应依赖关系进行缓存,计算属性只在相关的响应式依赖发生改变时重新求值,即上例中若 firstName 与 lastName 不发生改变,则多次访问计算属性 fullName 不会导致 fullName()方法被多次调用,而是直接返回缓存的结果,这会比使用 getFullName()方法返回全名的方式效率更高。

若计算属性的 getter 方法中不含有响应式依赖,则计算属性将不会更新,例如下面代码中的计算属性 now 并不会更新

```
computed: {
  now() {
    return Date.now()
  }
}
```

计算属性默认是只读的,若要为其赋值则需要定义 setter 方法。下面的示例中定义了 fullName 的 getter 和 setter 方法,此时若对 fullName 赋值将导致 firstName 和 lastName 同步更新。

```
computed: {
  fullName: {
    //getter
    get() {
      return this.firstName +" " +this.lastName;
    },
    //setter
    set(newValue) {
      const names=newValue.split(" ")
      this.firstName=names[0]
      this.lastName=names[names.length -1]
```

```
      }
    }
  }
```

计算属性分离和封装了响应式数据的读写逻辑，在实践中可有效地简化代码的编写。

有时需要监视数据的变化，以执行相应的响应代码，此时可使用 Vue.js 所提供的侦听器。下面的示例中无论因何原因导致数据属性 question 的值变化都将触发侦听器回调函数 question()的执行。

```
Vue.createApp({
  data() {
    return { question: '' }
  },
  watch: {
    //每当 question 发生变化时，该函数将会执行
    question(newVal, oldVal) {
      //…
    }
  }
})
```

在 Vue 实例或组件的方法内，也可使用实例方法 $watch(source, callback, option)注册侦听器，例如：

```
this.$watch('question', (newVal, oldVal)=>{
  //...
}, { immediate: true })

//也可侦听一个函数, 就像侦听一个计算属性
this.$watch(
  ()=>this.firstName +" " +this.lastName,
  (newVal, oldVal)=>{
    //…
  }
)
```

$watch()方法的 option 参数为一个对象，其中可包含如下 3 个可选属性。

(1) deep：布尔值，若为 true 表示要侦听对象内部属性值的变化。

(2) immediate：布尔值，若为 true 将立即以表达式的当前值触发回调函数(callback)。

(3) flush：可以是 'pre'、'post' 或 'sync'，表示回调函数被触发的时机，默认值 'pre' 表示在渲染前回调，'post' 则表示在渲染后回调，'sync' 则表示侦听的值一旦有变化将同步回调(很少使用)。

8.5 生命周期钩子

有时需要在 Vue 运作过程中的某些特定的生命周期阶段执行一些代码，此时可使用生命周期钩子，它们是一些特定名称的函数。例如，下面代码中的 created()函数将在 Vue 实例创建完成时被自动执行：

```
Vue.createApp({
  created() {
    console.log('Vue Created')
  }
})
```

表 8.2 列出了 Vue.js 的主要生命周期钩子。

表 8.2 Vue.js 的主要生命周期钩子

生命周期钩子	描　述
beforeCreate()	实例初始化之后、进行数据侦听和事件监听的配置之前同步调用
created()	实例创建完成后被立即同步调用,此时侦听器、计算属性、方法、事件监听注册已就绪,但挂载阶段尚未开始
beforeMount()	挂载开始之前被调用,相关的渲染器函数首次被调用
mounted()	实例挂载完成后被调用,此时实例被挂载到 DOM 树对应的元素。对 DOM 的任何操作应在此生命周期事件之后进行
beforeUpdate()	数据发生改变后,DOM 被更新之前被调用
updated()	数据更改导致 DOM 重新渲染和更新完毕之后被调用
beforeUnmount()	卸载实例之前被调用
unmounted()	卸载实例之后被调用

有时需要确保 DOM 更新完成后再执行特定的代码,也可使用 $ nextTick 注册回调函数,它将在 DOM 更新循环结束后执行,例如:

```
methods: {
  exampleMethod() {
    this.message='changed'        //修改数据属性值
    //此时 DOM 尚未更新
    this.$nextTick(function() {
      //此时 DOM 已更新
      this.doSomething()
    })
  }
}
```

8.6 综合示例

本节借助 Vue.js 实现 7.2.3 节“小球跳动”的例子,请对照 code-7.7 的代码学习,运行效果与该例一致。

code-8.2.html

```
<!DOCTYPE html>
<html lang="en">
<head>
    <title>8.2</title>
```

```
    <!--样式表代码与 7.2.3 节示例的样式表(code-7.7.css)相同 -->
    <link rel="stylesheet" href="./code-8.2.css">
    <script src="https://cdn.bootcdn.net/ajax/libs/
                 vue/3.2.33/vue.global.min.js"></script>
    <script defer src="./code-8.2.js"></script>
</head>
<body>
  <div id="app">
    <div id="desk">
      <!--循环渲染所有小球 -->
      <div v-for="ball in balls"
          class="ball"
          :style="{left: ball.x +'px', top: ball.y +'px'}"
      ></div>
    </div>
    <button @click="start()">Start</button>
    <button @click="pause()">Pause</button>
  </div>
</body>
</html>
```

code-8.2.js

```
Vue.createApp({
  data() {
    return {
      timer: null,              //定时器
      balls: [],                //所有小球的数据集合
    }
  },
  //创建 Vue 实例时初始化构建 10 个小球
  created() {
    for (let i=0; i<10; i++) {
      this.balls.push({
        x: 0,
        y: 0,
        dx: Math.random(),
        dy: Math.random(),
      })
    }
  },
  methods: {
    //单击 Start 按钮时启动定时器
    start() {
      if (!this.timer) {
        //每隔 10ms 移动所有小球 1 帧
        this.timer=setInterval(this.move, 10)
      }
    },
    //将所有小球移动一帧
    move() {
      this.balls.forEach((ball)=>{
        if (ball.x >470 || ball.x<0) ball.dx=-ball.dx
```

```
        if (ball.y >170 || ball.y<0) ball.dy=-ball.dy

        ball.x +=ball.dx
        ball.y +=ball.dy
      })
    },
    //暂停移动
    pause() {
      if (this.timer) {
        clearInterval(this.timer)
        this.timer=null
      }
    },
  },
}).mount('#app')
```

对比7.2.3节的代码不难发现，使用Vue.js后代码量减少了不少，且控制逻辑的表达更加自然。

在项目实践中，随着业务逻辑变得越来越复杂，往往需要将业务模块拆分成组件(component)，整个UI界面将由多个组件相互嵌套而成，如图8.3所示。

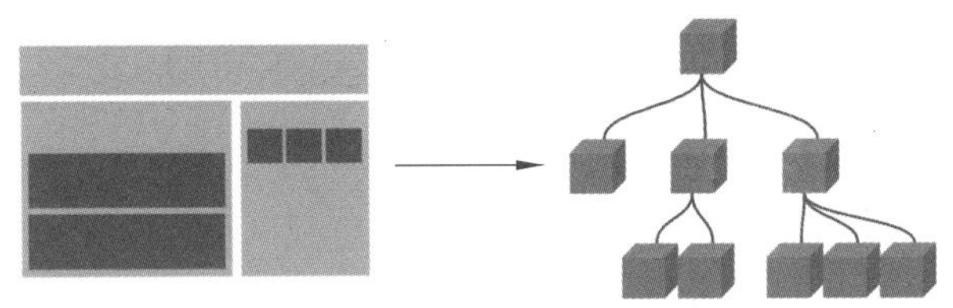

图8.3 组件的组织形式

Vue.js也常被用于单页面应用程序(Single-page Application，SPA)的开发，在此场景下需要使用组件进行模块封装。此外，还可能需要使用路由(Vue-router)、状态管理(Vuex、Pinia)等，此部分内容将在第14章介绍。

服务端技术篇

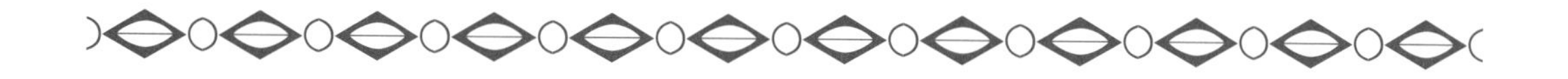

第9章

构建服务端程序

前面的章节中主要学习的是 Web 应用程序客户端(前端)技术,从本章开始将焦点移到服务端(后端)技术。

在开始正式的内容之前,不妨再回到1.1节回顾一下Web应用程序的基本工作原理,从图1.1中可看到,Web服务器端程序的工作主要包含如下三方面。

(1) 接收前端发来的HTTP请求(Request),并解析请求内容。

(2) 根据前端请求内容执行所需的任务。

(3) 将处理结果封装为HTTP回应(Response)返回给前端。

对于以上(1)、(3)两项工作,通常可由Web服务端框架完成,它们负责处理一些底层的工作,我们的编写的程序主要完成以上第(2)项工作。目前主流的Web服务端技术包括ASP、ASP.NET、PHP、J2EE、Node.js等,事实上只要能辅助完成以上三项工作的技术均可称作Web服务端技术,本章将介绍基于Node.js构建服务端程序的方法。

9.1 Node.js 基础

视频讲解

Node.js是一个开源的JavaScript跨平台运行时环境(Runtime Environment)。在Node.js出现之前,JavaScript通常作为客户端程序设计语言使用,使用JavaScript编写的程序常在浏览器环境中执行,但Node.js的出现使得JavaScript也可用于编写桌面端和服务端编程。通俗地说,Node.js让JavaScript程序走出了浏览器的世界,有了更加广阔的应用空间。

Node.js最早于2009年由软件工程师Ryan Dahl写成,目前由OpenJS基金会持有和维护。Node.js中内嵌了Google Chrome的V8 JavaScript引擎用于解释和执行JavaScript程序,并使用事件驱动、非阻塞、异步IO模型等技术来提高性能,对于编写高并发状态下的Web服务端程序有一定优势。

9.1.1 搭建开发环境

访问Node.js官网即可下载Node.js的安装包,建议安装适合自己操作系统的长期维护版(LTS版本),同时此网站也提供了完整、权威的Node.js API文档。

Node.js 的安装过程较简单,此处不再赘述。完成安装后打开命令行界面[①],执行 node -v 命令,若可看到正确回应 Node.js 版本号(如 v16.15.0)则说明安装成功。

此时便可在命令行界面中运行 JavaScript 编写的程序了,例如,编写如下程序,并保存为 index.js 文件。

```
console.log('Hello World')
```

在命令行界面中进入 index.js 所在的文件夹,执行如下命令便可看到输出。按快捷键 Ctrl+C 可终止程序。

```
node index.js
```

随 Node.js 环境一同被安装的还有一个名为 npm 的包管理工具(Node Package Manager),开发 Node.js 项目时所需的第三方模块(module)均可使用 npm 进行安装[②]。

9.1.2 创建 Node.js 项目

在任意位置新建空文件夹,命令行界面中转至该文件夹并执行 npm init -y 即可快速初始化一个 Node.js 项目,文件夹中将生成一个名为 package.json 的文件,其中记录了 Node.js 项目的配置信息。使用 VSCode 可打开此文件夹便可开始编写程序,如图 9.1 所示。

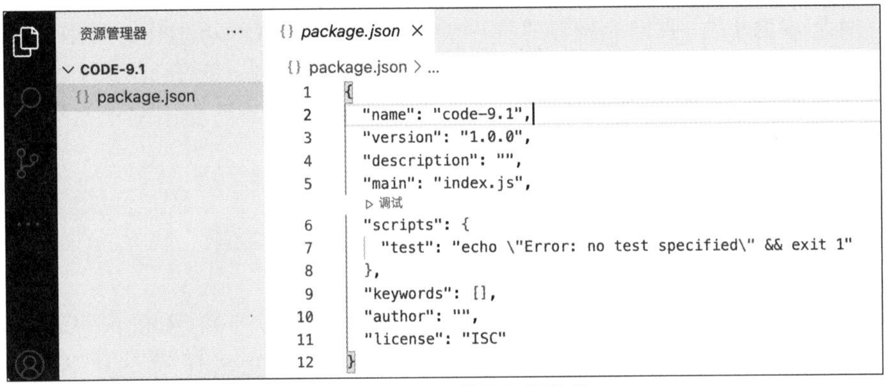

图 9.1 Node.js 项目初始结构

从图 9.1 中可看到,package.json 文件为 JSON 格式(参见 6.6 节),其中,main 属性配置了项目入口文件为 index.js。

接下来,在 package.json 文件中添加启动脚本,并在项目根目录下新建 index.js 文件作为程序入口,便可使用 npm run start 或 npm start 命令启动程序,如图 9.2 所示。

9.1.3 调试服务端程序

无论编写何种程序,学会调试尤为重要。请选中 index.js 文件并在其中添加如下代码,单击代码行号前的空白位置可设置"断点"。

如图 9.3 所示,选择 VSCode 主界面左侧的"运行和调试"标签(②),然后单击"运行和

---

① 命令行界面:Windows 系统中称作命令提示符,macOS 系统中称作终端(Terminal)。可通过系统菜单启动,或在 VSCode 中选择"终端"→"新建终端"菜单。

② 通常将 npm 仓库配置为国内镜像以获得顺畅体验。

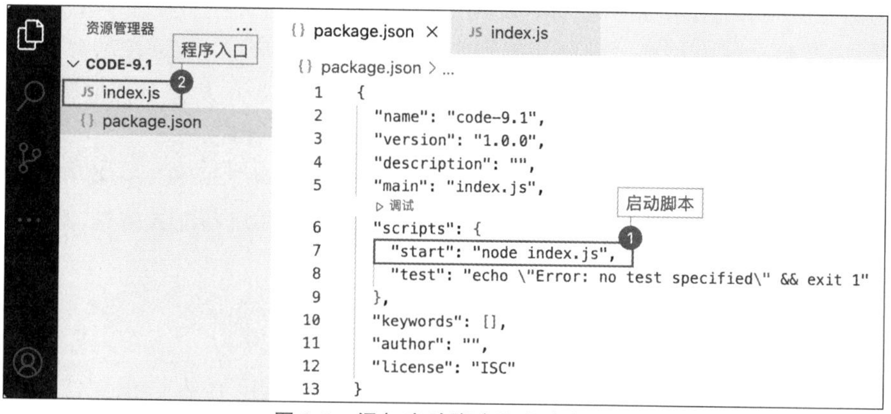

图 9.2　添加启动脚本和程序入口

调试"按钮(③),在弹出的"选择调试器"下拉列表中选择 Node.js(④),这样便可以调试模式启动程序,如图 9.4 所示。

```
function foo() {
  for (let i=0; i<5; i++) {
    console.log(i)
  }
}

foo()
```

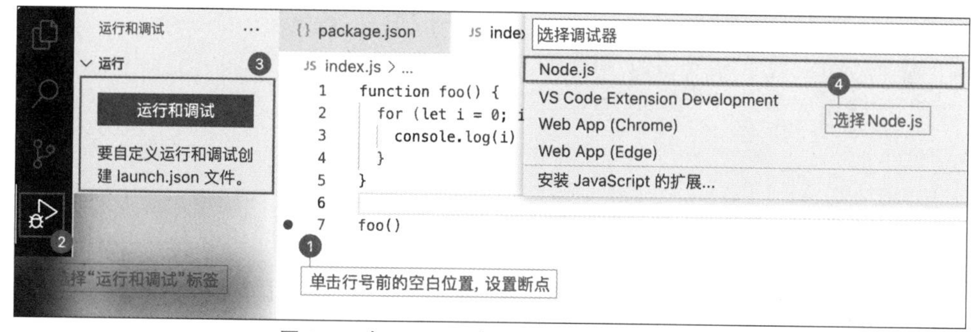

图 9.3　在 VSCode 中以调试模式运行程序

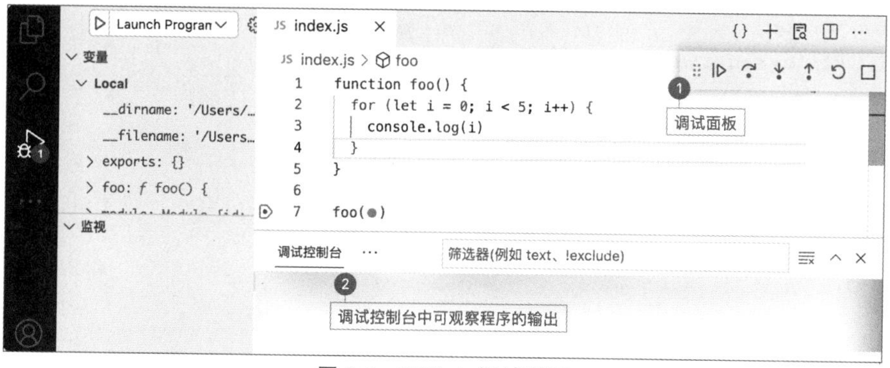

图 9.4　VSCode 调试界面

在如图9.4所示的操作界面中,单击“调试面板”中的按钮可控制程序单步执行、重启或停止,主界面左侧区域中呈现了程序执行到断点时的变量值,下方“调试控制台”区域显示的则为程序的输出。VSCode的调试工具的使用方法与Chrome开发者工具中调试前端程序大同小异,此处不再赘述,读者可借此程序稍加练习便可熟练掌握。

在图9.3中③所示区域中也可选择“创建launch.json文件”,VSCode将在项目根目录下新建.vscode文件夹,并在其中创建launch.json文件以记录启动配置信息,此后便可直接单击“运行和调试”标签页中的“开始调试”按钮(F5)启动调试。

9.1.4 Node.js模块

Node.js环境默认使用CommonJS模块规范,自Node.js v12版本后也支持ECMAScript Module(ES Module)规范,若需使用此规范,在package.json中添加"type":"module"即可。

CommonJS规范关于模块的基本概念与ES Module规范类似,可参阅6.3节。但CommonJS规范的语法与ES Module规范有些许差异,为扫清阅读和编写Node.js程序的障碍,下面简要介绍CommonJS规范语法。

CommonJS规范中每一个JavaScript文件即为一个模块(module),可使用require()导入模块,而在模块内则用module.exports或exports导出接口,请参看下面的例子(注释所述的“等价代码”为ES Module规范语法)。

utils.js(自定义模块)

```
const PI=3.14
function getArea (radius) {
  return PI * radius * radius
}

//等价于 export { PI, getArea }
module.exports={ PI, getArea }

//也可写作: exports.PI=PI; exports.getArea=getArea
//但不可写作: exports={ PI, getArea }
```

index.js(导入模块)

```
//等价于 import * as utils from './utils.js'
const utils=require('./utils')

//等价于 import { PI as π } from './util.js'
const { PI : π }=require('./utils')
```

Node.js环境内置了一些用于执行常见任务的核心模块,表9.1列举了其中常用的部分。

表9.1 Node.js部分常用模块

模块	用途
os	提供操作系统相关的方法和属性,如获取操作系统平台、CPU架构信息等

续表

模 块	用 途
process	提供有关当前 Node.js 进程的信息并可对其进行控制
child_process	提供创建子进程的能力，如运行外部程序
console	提供控制台相关功能
fs	提供与文件系统进行交互的能力，如读写文件、创建/删除文件等
path	用于处理文件和文件夹路径的工具
http、http2、https	分别提供对 HTTP、HTTP/2、HTTPS 的支持
net	提供进行异步网络通信的 API，用于创建基于流的 TCP 或 IPC 服务器或客户端
dgram	提供对 UDP 的支持
crypto	提供加密、解密、签名和验证等功能
zlib	提供使用 Gzip、Deflate/Inflate 和 Brotli 实现的压缩功能

下例简单演示 Node.js 核心模块的使用方法。

```
const os=require('os')
const path=require('path')
const { versions, env }=require('process')

console.log(os.cpus())                          //当前 CPU 信息
console.log(versions)                           //Node.js 版本信息
console.log(env)                                //程序运行时环境信息
console.log(__dirname)                          //当前工作目录
console.log(__filename)                         //当前文件路径
console.log(path.basename(__filename))          //当前文件名
```

9.2 构建 Web 服务端程序

Node.js 的 http 模块可用于构建服务端程序，请在 index.js 文件中编写如下代码。

code-9.1/index.js

```
const http=require('http')              //引入 http 模块
const port=9000                         //服务端程序使用的自定义端口号

//创建 Web 服务，接收客户端请求
const server=http.createServer(function(request, response) {
    //写入 HTTP 响应头，避免乱码
    response.writeHead(200, {'Content-Type': 'text/plain;charset=utf-8'});

    //向客户端发回信息，并结束响应过程
    response.end('你好，世界！');
})

//开始监听客户端请求，port 参数为监听的端口号
server.listen(port, ()=>{
```

```
    //启动成功则输出日志
    console.log(`Server listening on port ${port}`)
});
```

在命令行界面中执行 node index.js 启动程序[①],并在浏览器中访问 http://localhost:9000/便可看到页面中输出“你好,世界!”。该例子虽然功能简单,但它的运作模式却与一个真实的网站无异。

http 模块中的 createServer(callback)方法用于创建 Web 服务器,callback 为回调函数,凡有客户端发来的 HTTP 请求均将调用此函数,并传入两个参数(对象): request、response,分别代表客户端请求与服务端回应(注意参数顺序)。

response.writeHead()方法用于将信息写入 HTTP 回应的头部(Header),其中,200 为 HTTP 状态码,表示一切正常。response.writeHead()方法的第 2 个参数为对象,通常包含需要传递给客户端(浏览器)的信息,如上述代码中的 Content-Type 提示浏览器回应内容为 text/plain(普通文本),所使用的字符集编码为 uft-8,请参看 9.3 节。

代码的最后调用 server.listen()方法启动对客户端请求的监听,该方法的第 1 个参数为服务端程序监听的端口号(9000),第 2 个参数为启动监听成功后的回调函数。至此,若使用 URL http://localhost:9000 向服务端发送 HTTP 请求,便可得到服务端回应。URL 中 localhost 为本地主机,其余各部分的含义,请参看 7.1.4 节。

程序启动过程中若提示端口被占用,请尝试使用其他端口,本书均使用 9000 端口。

虽然 Node.js 的 http 模块帮助我们处理了不少底层的通信问题,可快速地构建 Web 服务端程序,但实践中尚有诸多问题需要面对,通常会借助第三方框架来解决。9.4 节将介绍 Express 框架,此处不再深入探讨关于 http 模块的更多内容。

9.3 HTTP 报文

本章开始大部分内容均涉及客户端与服务端之间的通信,为扫清学习障碍我们暂缓脚步,学习一些关于 HTTP 报文的知识,将有利于理解后续章节的内容。

HTTP 消息(报文)是客户端与服务端之间交换数据的方式,分为客户端向服务端发送的请求(Request)和服务器端给客户端的回应(Response),图 9.5 展示了 HTTP 请求和回应报文的大致结构。

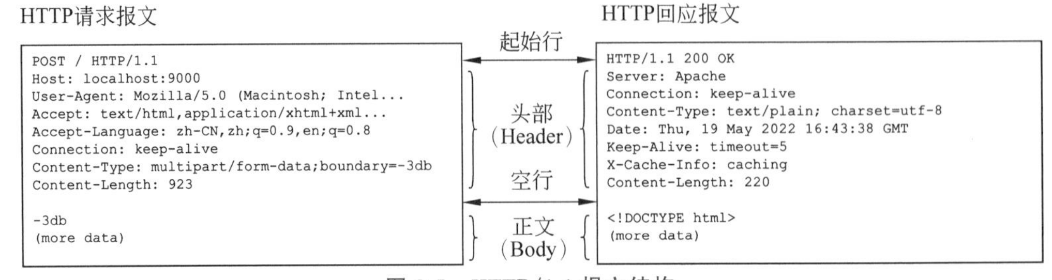

图 9.5 HTTP/1.1 报文结构

① 若已在 package.json 中添加启动脚本,则可执行 npm run start 或 npm start 启动程序,参见 9.1.2 节。

HTTP 报文的第 1 行为起始行，对于 HTTP 请求称作请求行，包含请求方法、URL、协议版本信息；对于 HTTP 回应称作状态行，包含协议版本、状态码、状态码描述。

此后数行为 HTTP 报文头部（HTTP Headers），常称作 HTTP 请求头/回应头，其中包含报文的基本信息，用于客户端与服务端之间进行沟通。虽然请求头与回应头内容并不一致，但每一行均为“字段名：值”组成的键值对。对于后续章节的学习来说，HTTP 报文头部包含的信息尤为重要。

报文头部结束后有一空行，用于分隔头部与正文内容。HTTP 报文的最后是正文部分（Body），长度不限。

图 9.5 所展示的是 HTTP/1.1 报文的结构，HTTP/2 标准为优化性能做了一些改进，结构有些变化，但基本概念差异不大。

9.3.1 HTTP 请求方法

HTTP 标准中定义了多种不同的 HTTP 请求方法，如 GET、HEAD、POST、PUT、DELETE、CONNECT、OPTIONS、TRACE、PATCH 等，每一种方法均有不同的用途和特性。下面介绍较常用的 GET 和 POST 两种方法。

（1）GET 方法：用于请求一个指定资源，若需传递参数，则参数将被编码为 ASCII 字符作为 URL 的一部分发送，如 http://localhost:9000/greet?name=johnny&age=18 中问号（?）后的部分即为参数，称作查询字符串（Query String），不适合传输敏感数据，同时，因为 URL 的长度有限制（最多 2048 字符），所以也不适合传输大量数据。当然，但也正因为数据是 URL 的一部分，用户收藏网址时参数始终会被携带。GET 方法通常不应对服务端数据产生影响。

（2）POST 方法：用于将数据发送到服务端以创建或更新资源，数据可被置于 HTTP 请求正文（body）中，数据类型和长度无限制，数据不会被直接看到，也不会被存储，安全性相对于 GET 方法更高。

虽然上面比较了 GET 与 POST 方法的安全性，但事实上两种请求方法只是携带数据的位置不同而已，数据仍以明文传输，谈不上绝对安全。目前，生产环境中通常使用 HTTPS，数据以密文形式传输，较 HTTP 更加安全。但无论使用 HTTP 或 HTTPS，对编写程序实现业务逻辑而言几乎无影响，通常仅涉及一定的配置，因此本章内容均基于 HTTP 讲解，关于 HTTPS 的更多介绍和使用方法请参看 13.3.5 节。

9.3.2 HTTP 回应状态码

在 HTTP 回应报文的状态行中包含状态码和状态码描述信息，客户端可根据状态码获知请求的处理结果。根据 HTTP/1.1 标准（RFC 7231）HTTP 回应状态码为 3 位整数，分为如表 9.2 所示的 5 类。

表 9.2 HTTP 状态码

状态码	描述	举例
1xx	信息类状态码，表示请求已收到，继续处理	100 Continue

续表

状态码	描述	举例
2xx	成功类状态码,表示请求被成功接收、理解和接受	200 OK 201 Created
3xx	重定向,表示需要采取进一步行动才能完成请求处理	301 Moved Permanently 304 Not Modified
4xx	客户端错误,表示请求包含错误的语法或无法完成	401 Unauthorized 403 Forbidden 404 Not Found
5xx	服务端错误,表示服务端未能完成一个有效的请求	500 Internal Server Error 502 Bad Gateway 503 Service Unavailable

在调试 Web 应用程序时,状态码常可帮助我们定位错误发生的位置和原因。

9.3.3 Content-Type 字段

无论是 HTTP 请求或响应报文的头部均包含 Content-Type 字段,用于表明请求/回应内容的媒体类型,也称作 MIME 类型(Multipurpose Internet Mail Extensions),格式为:类型/子类型[;参数]。

编写服务器端程序时,常需要通过 Content-Type 了解请求报文中的内容类型,以便做相应的处理。虽然多数时候服务端框架可以帮助我们处理大部分的底层问题,但有时也需要从 Content-Type 中寻找答案。例如,有时服务端程序无法正确获取请求中携带的数据,便是因为未正确识别请求中正文的类型,从而使用了错误的方式获取数据。

Content-Type 字段对于 HTTP 回应同样重要,它将提示客户端如何正确理解和处理服务端的回应。例如,多数中文乱码问题便是因为浏览器未能正确识别 HTTP 回应所使用的字符编码,此时只需修改服务端程序,通过 Content-Type 字段明确 HTTP 回应内容所使用的字符编码,保持与服务端实际字符编码一致,即可解决,如 Content-Type: text/html; charset=utf-8。

完整的 MIME 类型较多,表 9.3 列出了较常见的部分。

表 9.3 常见 MIME 类型

MIME 类型	含义
application/x-www-form-urlencoded	一般 HTML 表单数据的 URL 编码格式
application/json	JSON 格式数据,参见 6.6 节
multipart/form-data	通常传输文件时(上传/下载)须指定为此类型
application/xml	XML 格式数据
application/pdf	PDF 文档格式
text/html,text/css,text/javascript,text/plain	HTML,CSS,JavaScript,普通文本
image/bmp,image/jpeg,image/png,image/gif	bmp,jpg,png,gif 格式的图像

续表

MIME 类型	含　义
application/zip,application/rar	zip,rar 压缩文件格式
audio/mpeg	mpeg 音频格式
video/mp4	mp4 视频格式
application/octet-stream	未明确具体子类型的二进制流数据

最初的 HTTP 并没有文件传输方面的功能,但在 1995 年发布的 RFC 1867 标准中添加了此功能,文件的二进制数据与业务数据(参数)被一同混在 HTTP 数据报正文中进行传输,此时应指定 Content-Type: multipart/form-data,并且还应指定 boundary 参数以表明各部分数据之间的分界。

例如,图 9.6 为浏览器端提交如下表单时发送的 HTTP 请求报文。

```
<!--表单除提交普通数据外, 还上传了一个文件 -->
<form action="..." method="POST" enctype="multipart/form-data">
  <input type="text" name="userName" value="Johnny">
  <input type="number" name="userAge" value="18">
  <input type="file" name="userPortrait" value="c:/portrait.jpg">
  <button type="submit">Submit</button>
</form>
```

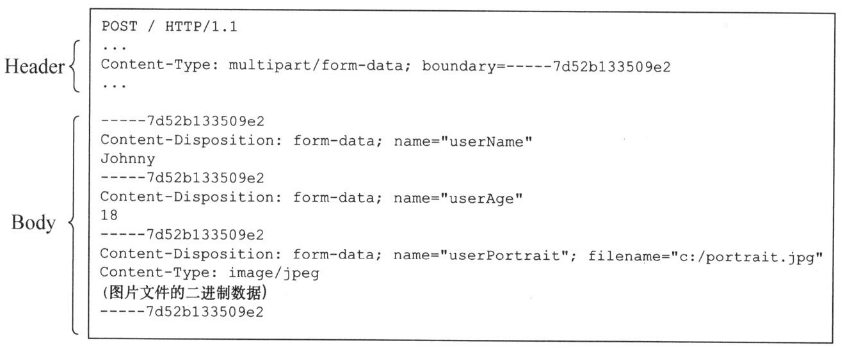

图 9.6 multipart/form-data 类型的 HTTP 请求报文

注意:图 9.6 中 Content-Type 同样出现在图片数据区中,以说明图片的具体类型。

此外,Content-Disposition 中包含文件字段的更多信息,如字段名、原始文件名。

在实现文件下载功能时,可通过 Content-Type 字段提示浏览器所下载文件的类型,若浏览器支持则可直接打开此文件,如图像文件、PDF 格式文件等。当然,若希望浏览器端弹出保存文件对话框,而非直接打开文件,则可设置 Content-Type: application/octet-stream,同时在 Content-Disposition 中指定客户端显示的文件名(filename)。

9.4 Express

Express 是一个基于 Node.js 的 Web 应用程序开发框架,它对 Node.js 的 http 模块进行了封装,可以帮助我们更快捷地构建 Web 服务端程序,本节内容基于 Express 4.18.1 版本介绍其使用方法。虽然各种服务器端技术和框架各有不同,但基本原理却相通,掌握本节内容能帮助我们理解和学习其他技术。

使用 npm init 命令完成项目初始化后,在命令行界面中执行如下命令安装 Express。

```
npm install express --save
```

上述命令可简写作 npm i express -S,完成后可看到项目根目录下新增了 node_modules 文件夹,其中存放着 Express 以及它所依赖的第三方模块的资源文件,将来所有第三方模块的资源均将存储于此文件夹。

同时 package.json 文件中增加了如下配置项。

```
"dependencies": {
      "express": "^4.18.1"
}
```

npm install 命令的选项 --save 或 -S 提示 npm 完成模块的安装后须在 package.json 中记录项目的依赖信息。实践中,当项目开发完成后,可能需要将项目打包部署到服务器上,但因服务器环境可能与开发环境不一致,通常打包前将 node_modules 文件夹删除,待项目文件复制至服务器后,再次在项目根目录下执行 npm install 便可根据 package.json 中记录的依赖信息自动安装适合于服务器环境的依赖模块。

为节省篇幅,本章示例均只展示关键代码,读者可在本书配套的资源包中找到完整项目资源。资源包中后续章节的示例项目解压缩后请在项目根目录下执行 npm install 命令安装依赖模块。

9.4.1 创建服务端程序

请在项目根目录下新建 index.js 文件,并写入如下代码。

code-9.2/index.js

```
const express=require('express')                    //引入 Express 模块
const app=express()                                 //创建 Express 应用实例
const port=9000                                     //端口号

//路由注册
//将访问网站根路径'/'的 HTTP GET 请求将分发至回调函数处理,向客户端返回'你好,世界!'
app.get('/', (request, response)=>{
  response.send('你好,世界!')
})

//启动监听
app.listen(port, ()=>{
  console.log(`Server listening on port ${port}`)     //启动成功则输出日志
})
```

在命令行界面中执行 node index.js 启动程序,并在浏览器中访问 http://localhost:9000/ 便可看到页面中输出"你好,世界!"。

上述代码的结构与 9.2 节的示例(code-9.1)大同小异,关键的不同点在于引入了路由机制,请参看代码中的注释。实践中一个 Web 服务端往往需要处理很多来自客户端的请求,路由分发机制可帮助我们对项目代码进行合理的规划。

9.4.2 中间件

Express是由路由(router)和中间件(middleware)两个核心概念组成的Web框架,Express应用程序本质上是一系列中间件函数的依次调用。每一个中间件就像是流水线上的一环,可对HTTP请求进行加工,然后转交给下一个中间件。Express的路由模块将按挂载顺序依次调用各个路由路径(挂载路径)匹配的中间件函数对HTTP请求进行处理,最终的处理结果将被返回客户端。

1. 中间件函数

Express中间件通常为如下形式的函数,因此也常称作中间件函数(middleware function):

```
function(req, res, next) { … }
```

中间件函数接收如下三个参数。

- req：HTTP请求对象(Request),详见9.4.4节。
- res：HTTP回应对象(Response),详见9.4.5节。
- next：下一个中间件函数的调用入口。

在中间件函数中可执行任何代码,包括更改请求/响应对象、结束请求-响应过程或调用下一个中间件函数。当需要将控制权传递给下一个中间件时则应调用next()函数,否则请求将被挂起。

调用next()函数时若传入参数则意为抛出错误,参数为错误文本,如next('errorMessage')。此时,请求将不再传递给下一个中间件处理,而是由Express内置的错误处理中间件向客户端返回错误信息。

当然,也可使用function(err, req, resp, next) {…}的形式自定义错误处理中间件函数(4个参数),在函数中进行错误日志登记等必要操作后,调用next()继续将请求转交下一个中间件处理。

2. 挂载中间件

若要将中间件挂载到处理HTTP请求的“流水线”上,须调用Express实例的use()方法,请看如下例子。

```
const express=require('express')
const app=express()
const port=9000

//挂载中间件,所示 HTTP 请求均将经过此中间件处理
app.use(function(req, res, next) {
  res.send('你好世界!')
  next()
})

app.listen(port, ()=>{
  console.log(`Server listening on port ${port}`)
})
```

运行上述程序,并在浏览器中访问http://localhost:9000/便可看到与9.4.1节示例相

同的结果。事实上,本例中的 app.use() 和 9.4.1 节示例中的 app.get() 都是 Express 中挂载应用程序级中间件的方法。

调用 app.use()方法的完整语法为:

```
app.use([path], callback[, callback2…])
```

其中,path 为可选参数,表示中间件的路由路径,当 HTTP 请求路径与路由路径匹配时该中间件函数将被调用。callback 为中间件函数,可以是多个函数组成的数组或由逗号分隔的多个函数。

3. 路由路径

挂载中间件时,路由路径 path 为可选参数,若省略则取默认值“/”,即根路径。需要注意的是,使用 app.use()方法挂载中间件时,路由将匹配 path 后紧跟“/”的所有路径,例如,app.use('/a',…) 匹配/a、/a/b、/a/b/c 等。因此,若使用 app.use(callback) 的形式挂载中间件,则所有 HTTP 请求都将经过该中间件处理。

当指定 path 参数时,该参数可采用表 9.4 所列的几种表达方式。

表 9.4 路由路径的表达方式

path	描　述	举　例
路径字符串	匹配指定路径字符串	'/ab'匹配以下路径: /ab、/ab/c 等
路径模式	匹配指定路径模式,可在路径描述中使用?、+、* 通配符 ? 表示前面的字符出现 0 次或 1 次 +表示前面的字符出现 1 次以上 * 表示任意个任意字符	'/ab? '匹配以下路径: /a、/ab、/ab/c 等
正则表达式	匹配指定正则表达式,请参看 6.1 节	/\/ab.+/ 匹配以下路径: /abc、/abcd、/abc/d/ 等
数组	以上表达方式组成的数组,数组中各元素表达的路径均匹配	['/ab', '/ab? ']匹配以下路径: /ab、/ab/c、/a、/a/b 等

下面的例子演示了路由路径的不同表达方式,HTTP 请求在经过每一个中间件时都在 res.result 数组中添加了新的描述文字,并最终向客户端返回累积结果,result 是代码中为 res 对象(Response 对象)添加的自定义属性。

```
const express=require('express')
const app=express()
const port=9000

//所有请求最先经过此中间件
app.use(function(req, res, next) {
  res.result=['START']
  next()
})

//匹配 /a, /a/b, /a/b/c 等
app.use('/a', function(req, res, next) {
```

```
    res.result.push('A')
    next()
  })

  //匹配 /a, /ab, /abc, /a/b, /ab/c 等
  app.use('/a*', function(req, res, next) {
    res.result.push('A*')
    next()
  })

  //所有请求最后经过此中间件
  app.use(function(req, res, next) {
    res.result.push('END')
    res.send(res.result.join('>>'))
    next()
  })

  app.listen(port, () => {
    console.log(`Server listening on port ${port}`)
  })
```

读者可运行上述程序，并在浏览器地址栏中输入不同的 URL 查看结果，以下为执行结果举例(URL→服务端回应内容)。

- http://localhost:9000　→　START>>END
- http://localhost:9000/a　→　START>>A>>A*>>END
- http://localhost:9000/a/b　→　START>>A>>A*>>END
- http://localhost:9000/ab　→　START>>A*>>END
- http://localhost:9000/ab/c　→　START>>A*>>END

4. HTTP 方法路由

如 9.3.1 节所述，HTTP 标准中定义了多种不同的 HTTP 请求方法，Express 由 HTTP 请求方法派生了对应的 HTTP 方法路由(HTTP method routes)并附加到 Express 实例，用于将不同的 HTTP 请求分发至不同的中间件函数，同时也提供了 all()方法用于分发所有 HTTP 请求。以下为使用 HTTP 方法路由的语法格式，其中，METHOD 为方法名，如 all、get、post 等(HTTP 请求方法名小写)：

```
app.METHOD(path, callback[,callback…])
```

虽然上述语法结构与 app.use()类似，但应注意此处 path 参数不可省略，并且不会匹配 path 后紧跟“/”的所有路径，但表 9.4 所列的 path 表述方式均可使用。

下例的两个 HTTP 方法路由虽然匹配相同的 HTTP 请求路径，但可接受的 HTTP 请求方法却不同，并且只会匹配 URL 为 http://localhost:9000/ 的 HTTP 请求。

```
//处理访问网站根路径的 HTTP GET 请求
app.get('/', function(req, res, next) { … })
//处理访问网站根路径的 HTTP POST 请求
app.post('/', function(req, res, next) { … })
```

关于 GET 与 POST 方法的区别请参阅 9.3.1 节。此外，使用不同的请求方式传输数据时，服务端获取数据的方式也并不相同，请参阅 9.4.4 节。

9.4.3 托管静态资源

这里所说的静态资源是指不含有服务端代码，直接回送至客户端的资源，可理解为可由浏览器端直接处理的前端资源，如 HTML、CSS、JavaScript、图像、字体文件等。

Express 的内置中间件函数 express.static(root, [options])可用于处理静态资源，其中，root 为静态资源的根文件夹，请看如下代码。

```
const express=require('express')
const app=express()
const port=9000

//将根目录下的 public 文件夹内容托管为静态资源
app.use(express.static('public'))

app.listen(port, ()=>{
  console.log(`Server listening on port ${port}`)
})
```

对应地，请在项目根目录下新建 public 文件夹，并在其中创建 index.html 文件，重启程序后在浏览器地址栏中输入 http://localhost:9000/便访问服务端的/public/index.html 页面。

一般而言，当 URL 以"/"结尾时表示要访问相应路径下的默认首页，Web 框架会按照一定的优先级顺序寻找默认首页，index.html 通常是优先级最高的默认首页文件。在不引起歧义的情况下，URL 最后的"/"可以省略。对于上述示例，以下三个 URL 等效。

```
http://localhost:9000
http://localhost:9000/
http://localhost:9000/index.html
```

也可指定静态资源中间件的挂载路径，例如下面的代码：

```
//将根目录下的 public 文件夹内容托管为静态资源
app.use('/static', express.static('public'))
```

此时需使用 http://localhost:9000/static 访问 /public/index.html。

托管静态资源时，若请求的文件不存在并不会向客户端回应 404 状态码（参阅 9.3.2 节），而是调用 next()函数转至下一个中间件；若找到匹配的文件则立即向客户端返回此文件内容，不再继续调用后续中间件函数。

实践中也可通过反向代理服务来处理静态资源（如 Nginx，Apache 等），以获得更佳性能，参见 13.3 节。

9.4.4 Request 对象

中间件函数的第一个参数代表 HTTP 请求（Request），通过访问此对象的属性可获得客户端的信息或 HTTP 请求中携带的数据。表 9.5 列出了部分常用的 Request 对象属性。

表 9.5 Request 对象属性

属 性	含 义
hostname	请求 URL 中的 hostname 部分,参看 7.1.4 节
ip	发送请求的主机的 IP 地址
ips	包含在 HTTP 请求头部的 X-Forwarded-For 属性中的 IP 地址数组。X-Forwarded-For 属性通常由客户端或代理服务器设置,当请求被多次代理转发时可取得途径的各结点 IP
originalUrl	请求 URL 中除 origin 部分外的其余内容,参看 7.1.4 节
baseUrl	挂载路由实例的 URL 路径
path	请求 URL 的路径部分
query	查询字符串参数对象
params	命名路由参数对象
body	HTTP 请求正文参数对象
cookies	使用 cookie-parser 中间件时,其中包含请求携带的 cookie。 若请求中不包含 cookie,则默认为空对象“{}”

下面的例子展示了 originalUrl、baseUrl、path 的区别。

```
//GET "http://localhost:9000/admin/new?sort=desc"
app.use('/admin', function(req, res, next) {
  console.log(req.originalUrl)          //>>>/admin/new?sort=desc
  console.log(req.baseUrl)              //>>>/admin
  console.log(req.path)                 //>>>/new
  next()
})
```

有时可能需要登记用户的操作日志或根据客户端 IP 进行权限控制,可利用表 9.5 中的 ip、ips 属性。

在处理客户端请求时,一个关键的步骤便是获取请求中携带的数据,Request 对象的 query、params、body 属性分别对应采用不同参数传递方式时获取数据的途径。

下面的例子(code-9.2)演示了不同参数传递方式下服务端如何获取数据,请在项目根目录下创建 public 文件夹,并放入 /public/index.html 文件,项目根目录下放入 /index.js 文件,项目结构如图 9.7 所示,图中箭头标注了服务端与客户端程序的对接关系。

code-9.2/public/index.html

```
<!DOCTYPE html>
<html lang="en">
<head>
    <meta charset="UTF-8">
    <title>code-9.2</title>
</head>
<body>
    <!--查询字符串,服务端使用 req.query 接收 -->
    <a href="/greet?userName=Peter">Query String</a><br>
```

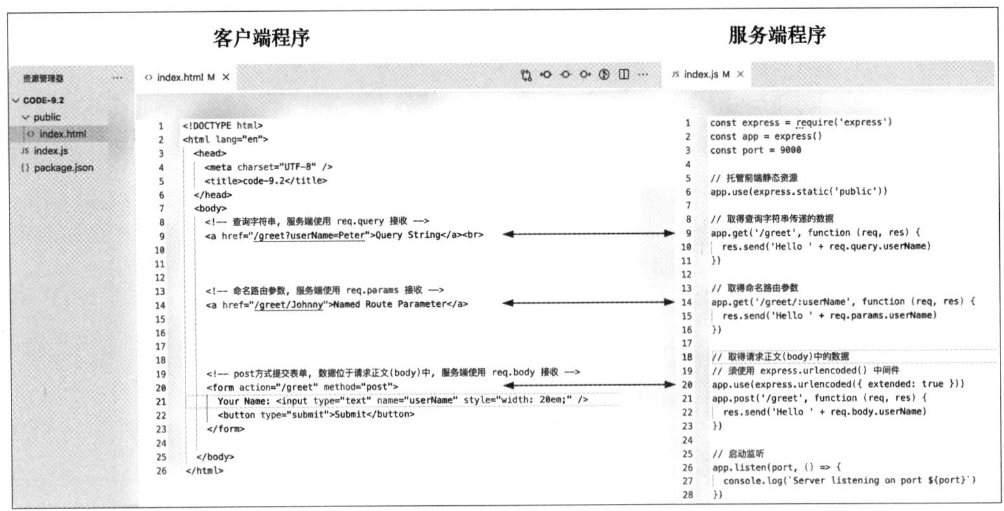

图 9.7 code-9.2 的项目结构

```
    <!--命名路由参数,服务端使用 req.params 接收 -->
    <a href="/greet/Johnny">Named Route Parameter</a>

    <!--post 方式提交表单, 数据位于请求正文(body), 服务端使用 req.body 接收 -->
    <form action="/greet" method="post">
      Your Name:<input type="text" name="userName">
      <button type="submit">Submit</button>
    </form>
</body>
</html>
```

code-9.2/index.js

```
const express=require('express')
const app=express()
const port=9000

//托管前端静态资源
app.use(express.static('public'))

//取得查询字符串传递的数据
app.get('/greet', function(req, res) {
  res.send('Hello ' +req.query.userName)
})

//取得命名路由参数
app.get('/greet/:userName', function(req, res) {
  res.send('Hello ' +req.params.userName)
})

//取得请求正文(body)中的数据,须使用 express.urlencoded() 中间件
app.use(express.urlencoded({ extended: true }))
app.post('/greet', function(req, res) {
```

```
  res.send('Hello ' +req.body.userName)
})

//启动监听
app.listen(port, ()=>{
  console.log(`Server listening on port ${port}`)
})
```

启动程序并在浏览器中访问 http://localhost:9000/便可打开上述示例的主页(/public/index.html),其中包含两个超链接和一个表单,单击超链接或提交表单页面将跳转至 http://localhost:9000/greet,并呈现相应的服务端回应,单击浏览器“后退”按钮可返回主页。

对于初学者而言,上例演示的前/后端通信过程特别容易犯错,也常感到困惑,因其涉及前后两端程序的协同配合,表 9.6 是编程中应注意的细节。

表 9.6　客户端与服务端的对接方式

	客　户　端	服　务　端
HTTP 方法	GET 方式,如:单击超链接、直接打开网页	app.get()
	POST 方式,如:提交表单(method="post")	app.post()
传参/取参方式	查询字符串	req.query
	命名路由参数	req.params
	POST 方式提交,参数位于请求正文部分	req.body

此外请注意,req.body 默认为 undefined,需要使用 body-parser 中间件将数据从 HTTP 请求的正文(body)中解析出来,Express 内置的中间件 express.urlencoded()和 express.json()可分别应对 Content-Type 为 application/x-www-form-urlencoded 和 application/json 的情况,请参阅 9.3.3 节。

9.4.5　Response 对象

中间件函数的第二个参数代表 HTTP 回应(Response),表 9.7 是 Express 中 Response 对象的常用方法(请参阅 9.3 节)。

表 9.7　Response 对象常用方法

方　法	用　途
send([body])	发出 HTTP 回应,body 参数可为字符串、布尔值、数组或 Buffer 类型
json([body])	发出 HTTP 回应,并使用 JSON.stringify()自动转换 body 为 JSON 格式
end()	结束回应过程,等价于 Node.js http 模块中的 response.end()
cookie(name ,value[,options])	设置 cookie 值,其中,value 为字符串或转换为 JSON 格式的字符串(参看 7.1.9 节)

续表

方　法	用　途
sendFile(path[,options][,fn])	传输指定的文件至客户端(文件下载),path为服务端文件路径,fn为文件传输完成或出错时的回调函数。 Express将根据文件扩展名自动设置回应的Content-Type
download(path[,filename][,options][,fn])	与sendFile()方法类似,但可指定浏览器端保存文件的名称(filename)
attachment([filename])	设置HTTP回应的Content-Disposition为attachment,若指定了filename参数将根据文件扩展名设置Content-Type,并且设置Content-Disposition字段中的filename值
status(code)	设置HTTP回应状态码为code
sendStatus(code)	设置HTTP回应状态码为code,同时将状态码对应的描述信息作为回应内容
type(type)	设置HTTP回应的Content-Type为指定的type
set(field[,value])	设置HTTP回应的Header字段值 可为field参数传入对象一次性设置多个Header字段
append(field[,value])	追加HTTP回应的Header字段
redirect([status,]path)	重定向至path指定的URL,status为HTTP回应状态码(默认302) 此方法执行服务端重定向(参看7.1.4节实现客户端重定向的方法)
render(view[,locals][,callback])	使用模板引擎渲染指定的view(详见9.5节)

code-9.3简单演示了附件下载功能的实现,运行效果如图9.8所示。用户须输入正确的验证码方可下载附件,否则返回状态码403,提示禁止访问。

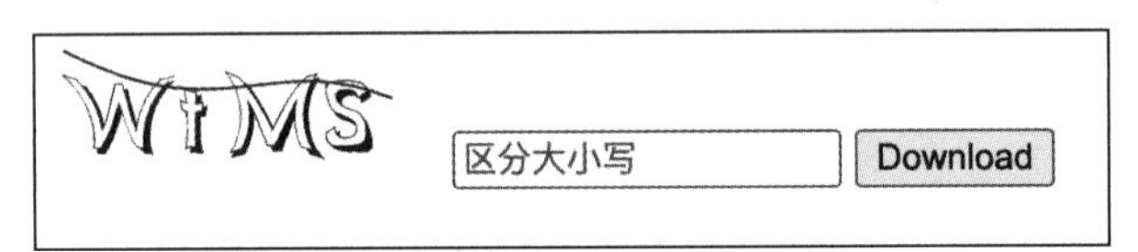

图9.8　code-9.3运行效果

code-9.3/public/index.html(前端静态页面,如图9.8所示表单)

```
<!DOCTYPE html>
<html lang="en">
<head>
    <meta charset="UTF-8">
    <title>code-9.3</title>
</head>
<body>
    <form action="/download" method="post">
      <img src="/captcha">
      <input type="text" name="captchaText" placeholder="区分大小写">
      <button type="submit">Download</button>
    </form>
</body>
</html>
```

以下为服务端程序,使用第三方模块svg-captcha生成svg格式的验证码图像。代码中

/captcha 接口向客户端返回验证码图像，并将验证码文本暂存于变量 captchaText，用于执行下载前核对；/download 接口核对用户输入的验证码正确后将 /public/index.html 文件作为附件回传给客户端，并重命名为 test.html。

code-9.3/index.js(服务端程序)

```
const express=require('express')
const path=require('path')
const app=express()
const port=9000

app.use(express.static('public'))
app.use(express.urlencoded({ extended: true }))

//生成验证码的第三方模块，请执行 npm install svg-captcha --save 安装
const svgCaptcha=require('svg-captcha')
let captchaText                                        //暂存生成的验证码文本

//获取验证码 SVG 图像
app.get('/captcha', function(req, res) {
    const captcha=svgCaptcha.create()
    captchaText=captcha.text                           //暂存验证码文本
    res.type('svg')                                    //将验证码图像返回客户端
    res.status(200).send(captcha.data)
})

//下载文件接口
//若输入的验证码正确则下载 /public/index.html,否则禁止下载(返回 502)
app.post('/download', function(req, res) {
  if (captchaText===req.body.captchaText) {
    res.attachment('test.html')                        //设置附件文件名为 test.html
    //待下载文件的物理路径
    const filePath=path.join(__dirname, 'public/index.html')
    res.sendFile(filePath)                             //将附件文件返回客户端
  } else {
    res.sendStatus(403)                                //验证码不匹配，返回 403 状态码
  }
})

app.listen(port, ()=>{
  console.log(`Server listening on port ${port}`)
})
```

9.4.6　Router 对象

随着项目规模的增长，将所有服务端业务逻辑都放在程序入口文件 index.js 中并不是一个好的方案，应进行适当的功能模块划分和隔离。Express 中的路由对象(Router)也是中间件，但可看作一个独立的小型 Express 应用程序。顶级 express 对象的 Router()方法可用于创建新的路由对象。

下面的例子演示了一个“客户信息管理”模块的封装，模块中将客户信息的查询、更新操作做路由转发，并导出路由对象 router。

/routers/customer.js

```
const express=require('express')
const router=express.Router()              //创建路由对象

//获取客户信息,匹配 GET http://localhost:9000/customer/
router.get('/', function(req, res){ … })
//新增或更新客户信息
router.post('/saveOrUpdate', function(req, res){ … })
//删除客户信息
router.post('/remove', function(req, res){ … })
module.exports=router
```

/index.js(程序主入口文件)

```
const express=require('express')
const app=express()
const port=9000

//挂载路由
app.use('/customer', require('./routers/customer'))

app.listen(port, ()=>{
  console.log(`Server listening on port ${port}`)
})
```

如此规划可有效降低各功能模块代码的耦合度,整个项目的逻辑结构也更加清晰。但应注意,此时各功能接口的访问路径(URL)前应添加路由的挂载路径,例如,需取得客户信息时应访问 http://localhost:9000/customer/。

还可进一步地将实现具体功能逻辑的中间件函数抽离出来形成控制层模块。

/controllers/customer.js(控制层模块)

```
function query(req, res){ … }                    //获取客户信息
function saveOrUpdate(req, res){ … }             //新增或更新客户信息
function remove(req, res){ … }                   //删除客户信息
module.exports={
    query, saveOrUpdate, remove
}
```

然后,修改上例中的路由模块代码,如下。

/routers/customer.js(路由模块)

```
const express=require('express')
const router=express.Router()
const controller=require('../controllers/customer')

router.get('/', controller.query)
router.post('/saveOrUpdate', controller.saveOrUpdate)
router.post('/remove', controller.remove)

module.exports=router
```

如前所述,每个路由对象就像是一个小型的 Express 应用程序,事实上,Express 应用程序实例(app)中本身就内置了一个路由对象,因此可使用 app.get()之类的方法挂载中间

件。当然，也可使用路由对象托管静态资源，请读者自行实验。

9.5　服务端渲染

Web 应用程序最终所呈现的页面可看作由“静态”的模板和“动态”的数据合成。例如，如图 9.9 所示的客户信息列表中客户序号、姓名、Email 可看作是动态的数据，而表头、HTML 容器、样式表等则可看作是静态的模板。

#	Name	Email
1	Johnny	Johnny@foo.com
2	Joanna	Joanna@bar.com

图 9.9　客户信息列表

将模板(template)与数据(data)组装为最终的页面一般有以下两种方案(参见图 9.10)。

(1) 服务端渲染：在服务端便将模板和数据组装为可供浏览器直接呈现的 HTML 页面，然后再将其传输至客户端。许多传统的技术，如 ASP、PHP、JSP 等均使用此方案。

(2) 客户端渲染：将模板和数据先后传输至客户端，在客户端进行组装，此时可使用第三方前端框架协助完成(如 Vue.js 等)，参见 9.8 节。

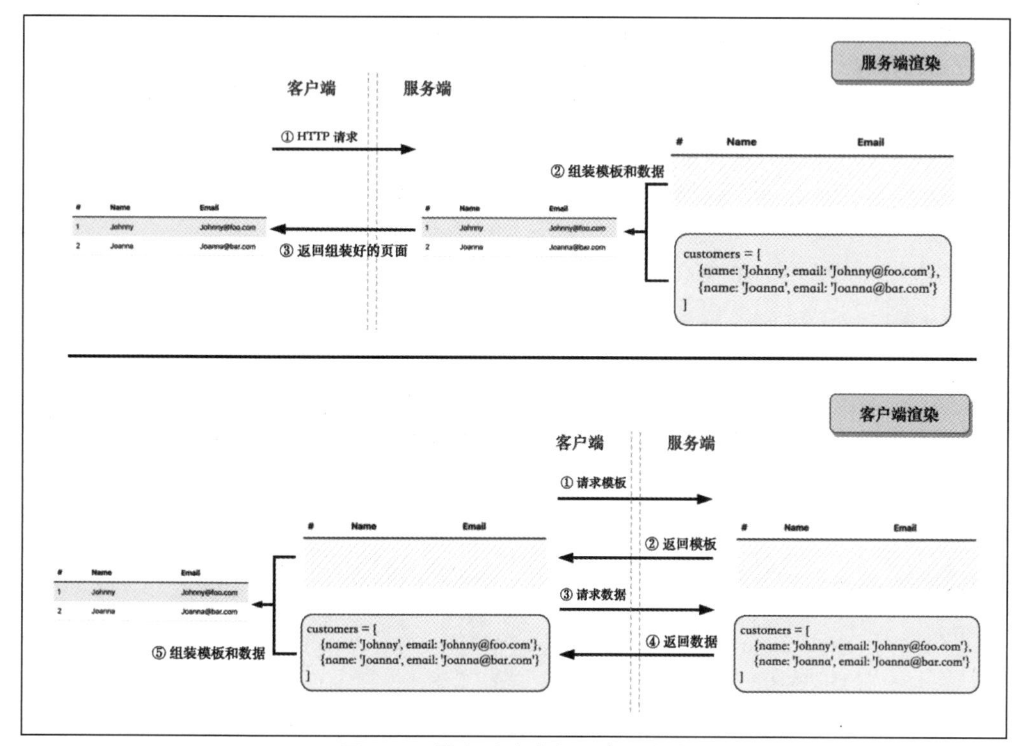

图 9.10　服务端渲染与客户端渲染

相对而言，客户端渲染方案有利于减轻服务端负载，虽然模板文件和数据先后分两次从服务端获取，但客户端与服务端每次交互仅涉及必要的、有变化的信息，因此网络流量的消耗反而更小,配合异步通信技术和适当的加载进度提示,用户可获得相对流畅体验。编写服务端程序时也可更专注于数据处理逻辑的实现,因此更利于进行“前/后端分离设计”。

服务端渲染方案中页面在服务端便组装完成,一定程度上增加了服务端负载,但浏览器端渲染压力较小。因为客户端取得的是完整的页面数据,因此,在 SEO(Search Engine Optimization,搜索引擎优化)方面有一定优势。

下面的例子简要演示使用服务端渲染技术呈现如图 9.9 所示的页面,其中使用了第三方模板引擎 pug,请执行 npm install pug --save 进行安装。

code-9.4/index.js

```
const express=require('express')
const app=express()
const port=9000

app.set('views', 'views')            //指定模板文件夹为 /views
app.set('view engine', 'pug')        //设置模板引擎为 pug

app.get('/', function(req, res) {
  //客户数据
  const customers=[
    {name: 'Johnny', email: 'Johnny@foo.com'},
    {name: 'Joanna', email: 'Joanna@bar.com'}
  ]

  //使用模板引擎进行服务端渲染,模板文件为 /views/index.pug
  res.render('index', { customers })
})

app.listen(port, ()=>{
  console.log(`Server listening on port ${port}`)
})
```

code-9.4/views/index.pug

```
doctype html
html(lang="en")
  head
    title='9.4'
    link(rel="stylesheet", href="https://cdn.bootcdn.net/ajax/libs/
                              twitter-Bootstrap/5.1.3/css/Bootstrap.min.css")
  body
    div(class="container p-3")
      table(class="table table-striped")
        thead
          tr
            th #
            th Name
            th Email
        tbody
          each val, index in customers
            tr
              td=index +1
```

```
        td=val.name
        td=val.email
```

上述 index.js 中调用 res.render()方法使用 pug 引擎将模板文件 index.pug 和 customers 数组中的数据合成为完整的 HTML 代码并回传客户端，读者可运行程序后在浏览器中查看所生成的 HTML 文档源代码验证这一点。

关于 pug 模板引擎的语法本书不做深入介绍，相信读者能大概猜出上述 index.pug 中代码的含义，欲深入了解可查阅 pug 官方文档，此处仅通过本例令读者对服务端渲染技术有感性认识。

9.6　异步通信技术

本节所述的“通信”特指 Web 应用程序中客户端与服务端之间的数据传输过程。在 9.4.4 节的示例(code-9.2)中演示了通过表单将用户输入的数据提交(传输)到服务端，并使用服务端代码进行数据接收和处理的过程，这是一种相对传统的通信方式，称作同步通信。其特点表现为：客户端程序发起 HTTP 请求后程序即进入“挂起”状态，直到服务端收到请求做相应处理并返回结果后，客户端程序才继续执行。同步通信模式下，往往因客户端程序被“挂起”而导致用户无法做任何操作，只能等待整个网络通信过程结束或因超时/出错而终止，才可继续工作。

若采用异步通信方式，客户端程序在发起 HTTP 请求后，并不挂起等待服务端的回应，而是继续执行后续任务，当服务端回应时常以回调方式触发相应的客户端处理逻辑。图 9.11 展示了 Web 应用程序同步通信与异步通信的过程。

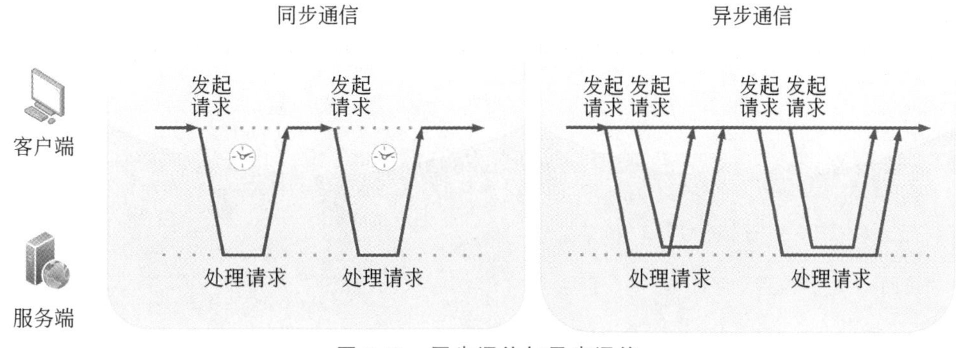

图 9.11　同步通信与异步通信

注意：在异步通信方式下并无法保证客户端收到回应的时序与发起请求的时序一致。

AJAX(Asynchronous JavaScript and XML，异步 JavaScript 与 XML)是 Web 应用程序开发中所使用的前/后端异步通信技术，最早由 Jesse James Garrett 于 2005 年提出，它运用 XMLHttpRequest 或 Fetch API 与 Web 服务端进行异步数据交换，AJAX 请求常简写作 XHR。

下面的代码片段演示了创建 XMLHttpRequest 对象的过程，可以看到不同浏览器对 XMLHttpRequest 的支持方式并不相同。

```
let xmlhttp
if (window.XMLHttpRequest) {
  xmlhttp=new XMLHttpRequest()     //IE7+, Firefox, Chrome, Opera, Safari 浏览器
} else {
  xmlhttp=new ActiveXObject("Microsoft.XMLHTTP")     //IE6, IE5 浏览器
}
```

在实践中，因涉及一些相对繁杂的底层逻辑，通常并不直接使用 XMLHttpRequest 或 Fetch API，而是借助第三方工具发起 AJAX 请求，如 jQuery、Axios 等。本书内容基于 Axios 0.27.2 讲解，它是一个基于 Promise 的 HTTP 库，既可用于浏览器端，也可用于 Node.js 环境。

code-9.5 演示了使用 Axios 与服务端进行异步通信的过程，运行效果如图 9.12 所示。

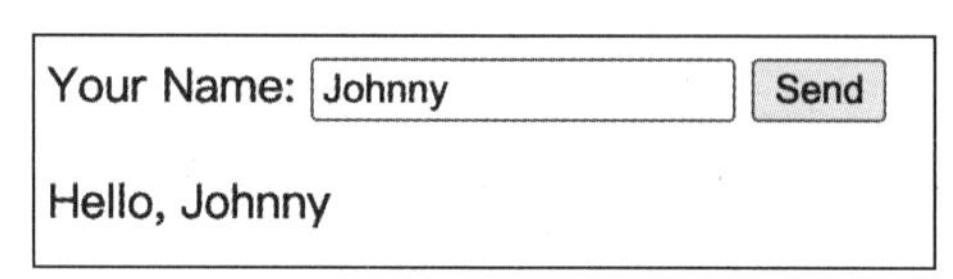

图 9.12　code-9.5 运行效果

如下三段程序中，public 文件夹下的 index.html、index.js 为客户端程序，项目根目录下的 index.js 为服务端程序。

code-9.5/public/index.html（客户端程序）

```
<!DOCTYPE html>
<html lang="en">
<head>
  <title>9.5</title>
  <meta charset="UTF-8">
  <!--引入 Axios -->
  <script src="https://cdn.bootcdn.net/ajax/libs/axios/0.27.2/axios.min.js"></script>
  <script defer src="index.js"></script>
</head>
<body>
  Your Name:<input id="txtUserName" type="text">
  <button id="btnSend">Send</button>
  <p id="respText"></p>
</body>
</html>
```

code-9.5/public/index.js（客户端程序）

```
const txtUserName=document.getElementById('txtUserName')   //输入用户名的文本框
const btnSend=document.getElementById('btnSend')           //Send 按钮
const respText=document.getElementById('respText')      //显示回应内容的<p>元素

//监听 Send 按钮单击事件
btnSend.onclick=async function() {
    const name=txtUserName.value                                    //取得用户输入的姓名
    try {
        btnSend.disabled=true                                       //禁用 Send 按钮
        //向服务端发起 AJAX 请求，并接收异步回应
        const resp=await axios.post('/greet', { userName: name })
```

```
        //resp 的 data 属性值为服务端返回的结果
        respText.innerText=resp.data
    } catch(ex) {
        alert(ex)                          //若出现异常则显示异常消息
    } finally {
        btnSend.disabled=false             //无论是否出现异常都要取消 Send 按钮的禁用状态
    }
}
```

code-9.5/index.js(服务端程序)

```
const express=require('express')
const app=express()
const port=9000

app.use(express.static('public'))

//使用 Axios 发起的 POST 请求默认使用 JSON 格式编码(Content-Type: "application/json")
//使用 Express 内置中间件进行解析
app.use(express.json())

app.post('/greet', function(req, res) {
  const userName=req.body.userName
  res.send('Hello, ' +userName)
})

app.listen(port, ()=>{
  console.log(`Server listening on port ${port}`)
})
```

上例 public/index.js 代码中使用 Axios 向服务端的/greet 接口发起 POST 请求,并携带参数 userName(用户输入的姓名)。调用 axios.post()方法将返回 Promise 对象,因此代码中使用了 await/async 操作符进行异步处理,请参阅 6.2.3 节。

相应地,服务端程序监听路径为 /greet 的 POST 请求,并从请求正文(body)中取得参数 userName。但注意 Axios 发起的 POST 请求默认使用 JSON 格式对数据进行封装,Content-Type:"application/json",因此须使用 express.json()中间件对请求正文中的数据进行解析(参阅 9.4.4 节)。

在客户端与服务器通信过程中,Send 按钮被禁用,直至通信过程结束。这可避免实际应用场景中,因网络延迟或其他原因导致请求长时间无响应时,用户重复单击 Send 按钮发起多次无谓的网络请求。当然,若能在异步通信期间呈现一个进度提示,用户体验将会更好,读者可自行尝试。

关于 Axios 库的详细使用方法,请读者参阅 Axios 官方文档,表 9.8 针对两种常用的 AJAX 请求方法给出客户端与服务端代码的书写要点。

注意,若客户端使用 GET 方法发起请求,axios.get()方法的第 2 个参数并非数据对象 data,而是多了一层包装"{params: data}"。同时,服务端也应监听 HTTP GET 方法,并使用 req.query 获取数据。因此,code-9.5 的示例若换作 GET 方式,则客户端和服务端代码应分别改为如下(仅关键代码)。

表 9.8 客户端与服务端对接方法

请求方法	客户端	服务端
GET	axios.**get**(url, {**params**: **data**})	app.**get**('…', function(req,res) { req.**query**.data })
POST	axios.**post**(url, **data**)	**app.use(express.json())** app.**post**('…', function(req, res) { req.**body**.data })

```
//客户端代码
await axios.get('/greet', {params: {userName: name }})

//服务端代码
app.get('/greet', function(req, res) {
  const userName=req.query.userName
})
```

9.7 文件上传

使用 HTTP 实现文件上传功能时，文件的二进制数据始终被置于 HTTP 请求的正文(body)中，并使用 boundary 分隔。主要涉及以下关键技术。

- 客户端 HTTP 请求须指定 Content-type：multipart/form-data。
- 服务端须从 HTTP 请求正文中读取上传文件的二进制数据并写入服务端文件系统，必要时可从 Content-Disposition 字段中解析出文件信息。

下面的例子演示了用户头像上传功能的实现，请求中同时携带了客户输入的“姓名”参数，运行效果如图 9.13 所示。

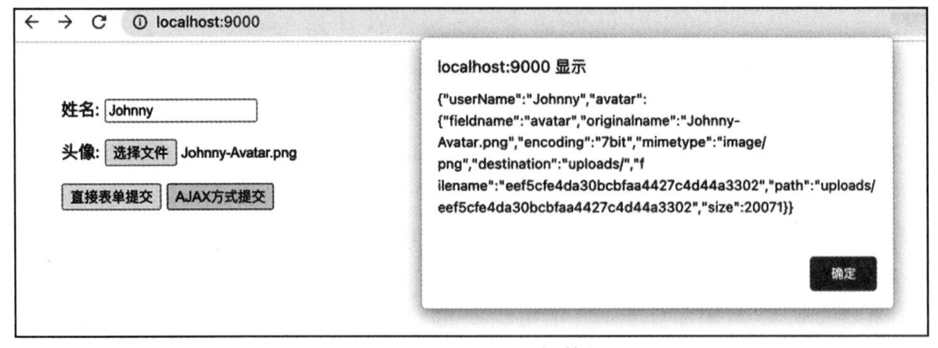

图 9.13 code-9.6 运行效果

以下为服务端程序，使用了第三方式工具 multer 辅助完成文件数据接收、存储等工作，请执行 npm install multer --save 安装此模块。

code-9.6/index.js

```
const express=require("express")
```

```
const app=express()
const port=9000

const multer=require('multer')                    //引入 multer 模块
const upload=multer({ dest: 'uploads/' })         //指定服务端保存文件的位置

app.use(express.static("public"))
//使用 uploader.single()中间件处理单个上传的文件
//若要支持多文件上传则使用 uploader.array()或 uploader.fields()
//注意参数名应与客户端请求中的参数名(avatar)一致
app.post("/", upload.single("avatar"), function(req, res) {
  //向客户端发回表单数据和上传文件的信息
  res.json({
    userName: req.body.userName,
    //上传的文件信息,若多文件上传使用 req.files 取得文件信息
    avatar: req.file,
  })
})

app.listen(port, () =>{
  console.log(`Server listening on port ${port}`)
})
```

以下为客户端程序,分别演示了使用表单直接提交和 AJAX 请求两种方式上传用户头像文件。

code-9.6/public/index.html

```
<!DOCTYPE html>
<html lang="en">
  <head>
    <meta charset="UTF-8" />
    <meta http-equiv="X-UA-Compatible" content="IE=edge" />
    <meta name="viewport" content="width=device-width, initial-scale=1.0" />
    <title>9.6</title>
    <script src="https://cdn.bootcdn.net/ajax/libs/axios/0.27.2/axios.min.js">
</script>
    <script defer src="./index.js"></script>
  </head>
  <body>
    <div id="app">
      <!--注意表单的 method、enctype 属性 -->
      <form action="/" method="post" enctype="multipart/form-data">
        <p>姓名:<input type="text" name="userName" v-model="userName" /></p>
        <p>头像:<input type="file" name="avatar" /></p>
        <p>
          <button type="submit">直接表单提交</button>
          <button type="button" onclick="ajaxUpload()">AJAX 方式提交</button>
        </p>
      </form>
    </div>
  </body>
</html>
```

code-9.6/public/index.js

```
//使用 AJAX 方式提交
async function ajaxUpload() {
    //发送到服务端的数据
    const data={
        userName: document.querySelector('[name="userName"]').value,
        avatar: document.querySelector('[name="avatar"]').files[0]
    }
    //Axios 配置
    const config={
        headers: {'Content-Type': 'multipart/form-data'}
    }

    //发起 AJAX 请求
    try {
        const resp=await axios.post('/', data, config)
        alert(JSON.stringify(resp.data))
    } catch(ex) {
        alert(ex)
    }
}
```

为演示使用 Axios 发起异步请求的细节,以上客户端代码(/public/index.js)进行了拆分。事实上,若仅想要借助 Axios 将整个表单的数据(包含头像文件)发送到服务端,使用如下代码即可。

```
//使用 FormData 封装表单数据
const data=new FormData(document.querySelector('form'))
const resp=await axios.post('/', data)
```

multer 模块还支持多文件上传、错误捕获、存储引擎定制等,具体使用方法请参阅 multer 官方文档。此外,客户端程序可配合使用其他第三方工具以获得更佳的用户体验,如上传进度提示、多文件上传队列支持等。

9.8 综合示例

本节结合第 8 章介绍的 Vue.js 开发一个"在线通讯录"程序,其中涉及 AJAX 通信技术的运用,同时演示了实际项目中常见的 CRUD 操作①的实现,运行效果如图 9.14 所示。读者可从资源包中获取本节示例项目 code-9.7 并尝试运行,有了直观感受再研读下文程序。

9.8.1 服务端程序

从"在线通讯录"客户数据的源头开始逐步完成整个项目。

因目前还未介绍数据库交互相关内容,因此本节示例仅将客户信息存储于服务端程序的数组内(/service/customer.js/customers),待学习第 10 章内容后便可将其移至数据库中,更接近真实场景(参阅 10.5 节)。

① CRUD: Create、Read、Update、Delete。

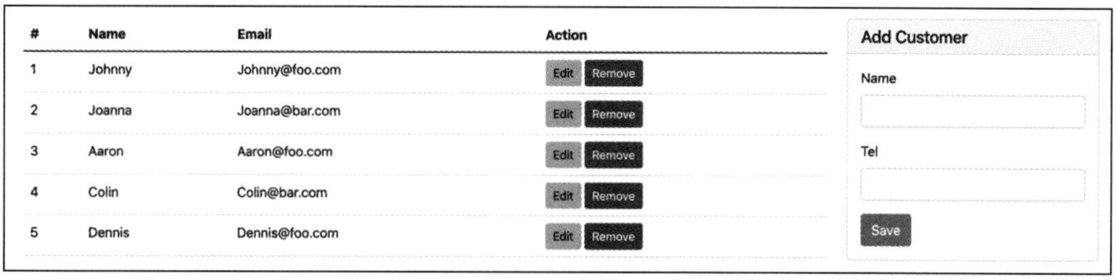

#	Name	Email	Action
1	Johnny	Johnny@foo.com	Edit Remove
2	Joanna	Joanna@bar.com	Edit Remove
3	Aaron	Aaron@foo.com	Edit Remove
4	Colin	Colin@bar.com	Edit Remove
5	Dennis	Dennis@foo.com	Edit Remove

Add Customer

Name

Tel

Save

图 9.14　“在线通讯录”示例运行效果

code-9.7/service/customer.js

```
//nanoid 模块用于生成新客户的 id，请执行 npm install nanoid --save 安装
const { nanoid }=require("nanoid")

//客户信息
const customers=[
    { id: 1, name: "Johnny", email: "Johnny@foo.com" },
    { id: 2, name: "Joanna", email: "Joanna@bar.com" },
]

//返回所有客户信息
function getCustomers() {
  return customers;
}

//删除指定 id 的客户信息
function remove(id) {
  //取得 id 匹配的元素
  const index=customers.findIndex((item)=>item.id===id)
  //若无匹配元素，返回 false，提示删除失败
  if (index<0) return false;
  //从客户信息数组中删除相应元素
  customers.splice(index, 1)
  return true;
}

//新增或修改客户信息
function saveOrUpdate(customerInfo) {
  //若客户 id 不为空则表明该客户为已存在的客户
  if (customerInfo.id) {
    //寻找对应 id 匹配元素，并替换原信息
    const index=customers.findIndex((item)=>item.id===customerInfo.id)
    customers.splice(index, 1, customerInfo)
  } else {
    //对于新客户，取 nanoid 作为此客户的 id
    customerInfo.id=nanoid()
    customers.push(customerInfo)
  }
  //返回最新的客户信息
  return customerInfo
}
```

```
module.exports={ getCustomers, remove, saveOrUpdate }
```

以下为服务端路由模块，用于监听客户端请求，并转发至 service 模块处理。

code-9.7/router/customer.js（服务端路由模块）

```
const express=require("express")
const router=express.Router()
const service=require("../service/customer")

//获取所有客户信息列表
router.get("/getCustomers", function(req, res) {
  res.json(service.getCustomers())
})

//删除客户信息
router.post("/remove", function(req, res) {
  res.send(service.remove(req.body.id))
})

//新增或修改客户信息
router.post("/saveOrUpdate", function(req, res) {
  res.json(service.saveOrUpdate(req.body.customerInfo))
})

module.exports=router
```

最后完成服务端入口程序的编写，如下。

code-9.7/index.js

```
const express=require("express")
const app=express()
const port=9000

app.use(express.static("public"))
app.use(express.json())

//挂载路由模块
app.use("/customer", require("./router/customer"))

app.listen(port, ()=>{
  console.log(`Server listening on port ${port}`)
})
```

9.8.2 客户端程序

为求界面美观，客户端使用了 Bootstrap，若读者不熟悉，忽略 HTML 代码中的样式类声明即可。此外，客户端程序还用到 Vue.js 和 Axios，若有必要请参阅第 8 章及 9.6 节内容。

code-9.7/public/index.html

```
<!DOCTYPE html>
<html lang="en">
```

```
  <head>
    <meta charset="UTF-8" />
    <meta http-equiv="X-UA-Compatible" content="IE=edge" />
    <meta name="viewport" content="width=device-width, initial-scale=1.0" />
    <title>9.7</title>
    <link href="https://cdn.bootcdn.net/ajax/libs/
              twitter-Bootstrap/5.1.3/css/Bootstrap.min.css" rel="stylesheet">
    <script src="https://cdn.bootcdn.net/ajax/libs/
               vue/3.2.33/vue.global.min.js"></script>
    <script src="https://cdn.bootcdn.net/ajax/libs/axios/0.27.2/axios.min.js">
</script>
    <script defer src="./index.js"></script>
  </head>
  <body>
    <div id="app" class="container my-3">
      <div class="row">
        <!--左侧的客户信息列表 -->
        <div class="col-9">
          <table class="table table-strape">
            <!--表头部分 -->
            <thead>
              <tr>
                <th>#</th>
                <th>Name</th>
                <th>Email</th>
                <th>Action</th>
                <th>
                  <!--若正在进行通信则显示进度提示图标 -->
                  <div v-if="isBusy"
                    class="spinner-border spinner-border-sm text-info">
                  </div>
                </th>
              </tr>
            </thead>
            <tbody>
              <!--每客户信息为一行 -->
              <tr v-for="(customer, index) in customers">
                <td>{{index +1}}</td>
                <td>{{customer.name}}</td>
                <td>{{customer.email}}</td>
                <td colspan="2">
                  <!--编辑按钮，若单击则触发 startEdit()方法 -->
                  <button class="btn btn-warning btn-sm me-1"
                    :disabled="isBusy"
                    @click="startEdit(customer)"
                  >Edit</button>
                  <!--编辑按钮，若单击则触发 remove()方法 -->
                  <button class="btn btn-danger btn-sm"
                    :disabled="isBusy"
                    @click="remove(customer.id)"
                  >Remove</button>
                </td>
              </tr>
```

```
        </tbody>
      </table>
    </div>

    <!--右侧的客户信息编辑区 -->
    <!--此区域绑定当前正在编辑的客户信息副本对象 editCopy -->
    <!--若 editCopy.id 为空则表示当前编辑的客户为"新客户" -->
    <div class="col-3">
      <div class="card">
        <!--编辑区标题行 -->
        <h5 class="card-header">
          <span v-if="editCopy.id">Edit Customer</span>
          <span v-else>Add Customer</span>
        </h5>
        <div class="card-body">
          <!--姓名输入框 -->
          <div class="mb-3">
            <label class="form-label">Name</label>
            <input type="text" class="form-control" v-model="editCopy.name" />
          </div>
          <!--Email 输入框 -->
          <div class="mb-3">
            <label class="form-label">Tel</label>
            <input type="email" class="form-control" v-model="editCopy.email" />
          </div>
          <div>
            <!--保存按钮,当正在通信或姓名/Email 为空时禁用,单击则触发客户端
save()方法 -->
            <button class="btn btn-primary me-1"
              :disabled="isBusy || !(editCopy.name && editCopy.email)"
              @click="save()"
            >Save</button>
              <!--取消编辑按钮,仅在编辑已存在的客户信息时显示,单击则触发
cancelEdit()方法 -->
            <button v-if="editCopy.id" class="btn btn-light"
              :disabled="isBusy"
              @click="cancelEdit()"
            >Cancel</button>
          </div>
        </div>
      </div>
    </div>
  </div>
</div>
</body>
</html>
```

code-9.7/public/index.js

```
Vue.createApp({
  data() {
    return {
      customers: [],              //所有客户信息
```

```
      editCopy: {},                //当前正在编辑的客户信息，绑定界面右侧编辑区
      isBusy: false,               //当前是否正在与服务端通信
    };
  },
  //前端程序加载完成后从服务端加载客户信息
  mounted() {
    this.loadCustomers();
  },
  methods: {
    //加载所有客户信息
    async loadCustomers() {
      try {
        this.isBusy=true
        const resp=await axios.get("/customer/getCustomers")
        this.customers=resp.data
      } catch (ex) {
        alert(ex)
      } finally {
        this.isBusy=false
      }
    },
    //删除指定 id 的客户信息
    async remove(id) {
      try {
        this.isBusy=true;
        const resp=await axios.post("/customer/remove", { id })
        //若服务端返回 true 表明服务端的客户记录删除成功
        if (resp.data===true) {
          //移除 Vue 实例数据中相应的客户记录
          const index=this.customers.findIndex((item)=>item.id===id)
          this.customers.splice(index, 1)
        } else {
          alert("Failed to remove customer.")
        }
      } catch (ex) {
        alert(ex)
      } finally {
        this.isBusy=false
      }
    },
    //保存客户信息，此方法实现新增和修改两项功能
    async save() {
      //若编辑副本 id 为空则说明是新增客户
      const isNew=!this.editCopy.id
      try {
        this.isBusy=true
        //将编辑副本信息(编辑区中用户输入的数据)发送到服务端
        const resp=await axios.post("/customer/saveOrUpdate", {
          customerInfo: this.editCopy,
        })
        //服务端返回的最新客户信息
        //对于新增客户，其中包含服务端使用 nanoid 模块生成的客户 id
        const customerInfo=resp.data
```

```
        if (isNew) {
          //对于新增客户将新记录添加到 customers 数组即可
          this.customers.push(customerInfo)
        } else {
          //对于编辑客户信息，使用新信息替换原有信息
          const index=this.customers.findIndex(
            (item)=>item.id===customerInfo.id
          )
          this.customers.splice(index, 1, customerInfo)
        }
        //将编辑副本信息置空，以清空编辑区表单
        this.editCopy={}
      } catch (ex) {
        alert(ex)
      } finally {
        this.isBusy=false
      }
    },
    //开始编辑指定的客户信息
    startEdit(customerInfo) {
      //此处先后使用 JSON.stringify(), JSON.parse()方法
      //对客户信息进行"深拷贝"，避免保存前用户编辑操作影响列表数据
      this.editCopy=JSON.parse(JSON.stringify(customerInfo))
    },
    //取消编辑
    cancelEdit() {
      this.editCopy={}
    }
  }
}).mount("#app")
```

9.8.3 小结

本节示例综合性较强，特别是客户端程序逻辑相对复杂，这也是多数项目的常态，请读者耐心研读。此例使用了客户端渲染技术(参阅 9.5 节)，按“前/后端分离”的思路进行设计，未来可进一步地把客户端和服务端程序分离到不同项目。

本例无论服务端或客户端程序尚有较大优化空间，例如，抽离客户端程序中的异步请求部分的代码，进行适当封装以隔离具体业务逻辑，提高代码复用性，读者可自行尝试。

除 Express 外，如 Koa、Egg.js 等基于 Node.js 环境的企业级服务端框架也多有使用，读者可自学。

本章在全书中处于承上启下的位置，尤为重要。虽然本章内容基于 Node.js 环境并综合使用 Express、Vue.js、Axios 等第三方框架，仅是 Web 应用程序开发的技术栈之一，但借此理解 Web 应用程序基本工作原理和开发方法，对于学习其他技术栈将颇有助益。

第10章

数据库交互技术

Node.js 并未内置数据库交互模块，但 Node.js 生态中有丰富的第三方模块可用，表 10.1 列出了针对常见数据库管理系统可用的模块。

表 10.1　常见数据库的可用模块

	数　据　库	模　　块
关系型数据库	MySQL	mysql，mysql2
	Microsoft SQL Server	tedious
	Oracle	oracledb
	SQLite	sqlite3
非关系型数据库	MongoDB	mongodb
	Redis	redis
	CouchDB	nano
	HBase	hbase

各类关系型数据库涉及的基本概念和操作方式大同小异。

非关系型数据库也常被称作 NoSQL 数据库，种类繁多，大致可分为文档型（如 MongoDB）、键值对型（如 Redis）、列存储型（如 HBase）、图结构存储型（如 Neo4j）。此类数据库因结构各异，操作方式各有不同。

本章将以 MySQL 为例，介绍 Node.js 环境中与关系型数据库交互的一般方法，对于非关系型数据库，实践中若有需要请查阅相关文档。

10.1　创建示例数据库

请读者自行下载安装 MySQL，为方便调试也可选用 Navicat、DBeaver、DataGrip 等图形化数据库管理工具。

MySQL 数据库安装并连接成功后，请执行如下 SQL 命令，创建本章示例所使用的数据库 web_demo，并在其中创建基本表 customer，该表可用于存储 9.8 节综合示例所提到的客户信息。

```
create database web_demo;              --创建 web_demo 数据库
use web_demo;                          --将当前操作的数据库切换为 web_demo

--用户信息表
create table customer (
    id char(21),
    name varchar(50) comment '客户姓名',
    email varchar(50) comment 'Email',
    primary key (id)
);
```

执行以下 SQL 命令向 customer 表中插入两行测试数据。

```
insert into customer(id, name, email) values ('1', 'Johnny', 'Johnny@foo.com');
insert into customer(id, name, email) values ('2', 'Joanna', 'Joanna@bar.com');
```

10.2 数据库交互

Node.js 环境中可使用 mysql 或 mysql2 模块与 MySQL 数据库交互，本例使用 mysql 模块，请执行 npm install mysql --save 命令安装。

创建并初始化 Node.js 项目，并在程序主入口文件 index.js 中编写如下代码，尝试连接本机安装的 MySQL 数据库，并查询 10.1 节所创建的 customer 表中的数据。

```
const mysql=require("mysql")

//创建数据库连接对象，以下连接参数请根据实际情况修改
const conn=mysql.createConnection({
  host: "localhost",                   //MySQL 所在的主机
  port: 3306,                          //MySQL 监听的端口，默认 3306
  user: "root",                        //数据库登录名
  password: "1234",                    //数据库登录密码
  database: "web_demo",                //数据库名称
})

//查询并输出 customer 表的所有记录
conn.query("select * from customer", function(err, result) {
  if (err) {                           //若 SQL 语句执行出错，err 为具体原因
    console.error(err)
  } else {
    console.log(result)                //输出查询结果
  }
});

conn.end()                             //断开数据库连接
```

执行 node index.js 命令启动以上程序应可看到如下输出，说明与数据库连接成功，并可顺利查询到 customer 表中的数据。

```
[
  RowDataPacket { id: '1', name: 'Johnny', email: 'Johnny@foo.com' },
  RowDataPacket { id: '2', name: 'Joanna', email: 'Joanna@bar.com' }
]
```

使用 mysql 模块进行数据库交互时，首先调用 mysql 模块的 createConnection()方法创建连接对象，然后调用连接对象的 query(sql, callback)方法执行 SQL 语句。query()方法可用于执行相应数据库管理系统所支持的所有命令，较常用的是“增、删、改、查”语句：insert、delete、update、select，请读者查阅其他资料了解它们的语法。

query()为异步函数，SQL 语句的执行结果将通过回调函数 callback(err, result)的入口参数返回，此函数接收两个参数 err 和 result。若 SQL 语句执行成功则 err 为 null，否则 err 对象包含出错信息，可访问 err.sqlMessage 属性取得出错原因。当 SQL 语句执行成功时，result 对象包含执行结果，若执行查询语句(select)，则 result 为数组，遍历此数组即可取得查询结果中的每行记录；若执行更新语句(insert、update、delete)，result 对象结构如下。

```
{
  fieldCount: 0,
  affectedRows: 1,                          //执行更新语句影响到的行数
  insertId: 0,
  serverStatus: 2,
  warningCount: 0,
  message: '(Rows matched: 1  Changed: 1  Warnings: 0',
  protocol41: true,
  changedRows: 1
}
```

最后，当不再需要数据库连接时，记得调用连接对象的 end()方法断开连接。

10.3　参数化语句

下面结合 Express 构建一个 Web 服务端程序，监听客户端请求，查询并返回指定 id 的客户信息。

初始化 Node.js 项目后，安装 express 和 mysql 模块，并创建 index.js 文件，代码如下。

```
const express=require("express")
const mysql=require("mysql")

const app=express()
const port=9000

//监听 GET http://localhost:9000/query
app.get("/query", function(req, res) {
  //创建数据库连接对象，以下连接参数请根据实际情况修改
  const conn=mysql.createConnection({
    host: "localhost",
    port: 3306,
    user: "root",
    password: "1234",
    database: "web_demo",
  })

  const id=req.query.id                              //取得 HTTP 请求中的 id 参数值
  const sql='select * from customer where id=' +id //拼接待执行的 SQL 语句
```

```
    conn.query(sql, function(err, result) {      //执行 SQL 语句,并向客户端返回查询结果
        res.json(err || result)                  //若出错返回错误信息,否则返回查询结果
      }
    )

    //断开数据库连接
    conn.end()
  })

  app.listen(port, ()=>{
    console.log(`Server listening on port ${port}`)
  })
```

运行上述程序,并在浏览器中访问 http://localhost:9000/query?id=1,应可看到浏览器的页面中输出如下内容。

```
[{"id":"1","name":"Johnny","email":"Johnny@foo.com"}]
```

至此,便完成了一个简单的 Web 服务端程序,它可根据客户端请求中的 id 参数返回数据库中存储的相应客户信息。

但是上述代码存在安全隐患,请在浏览器地址栏中输入 http://localhost:9000/query?id=1 or true,会发现服务端返回了所有客户的信息,而不仅是 id 为 1 的客户信息。这是因为在上面的代码中,直接使用 HTTP 请求中的参数 id 拼接查询数据库的 SQL 语句:

```
const id=req.query.id
const sql='select * from customer where id=' +id
conn.query(sql, function(err, result) { … })
```

对于上述 URL 的 HTTP 请求,SQL 语句的拼接结果为:

```
select * from customer where id=1 or true
```

若执行此 SQL 语句自然将返回所有客户信息,因为其 where 子句表达式计算结果始终为 true。试想,若使用类似的方法拼接 delete 语句用于删除指定 id 的客户信息,那便可能因为 HTTP 请求中携带的"恶意"参数而导致 customer 表中所有记录均被删除。

上述安全问题被称作 **SQL 注入攻击**(SQL injection attack),是一种常见的数据库攻击手段。上面的例子仅简单演示了 SQL 注入攻击的原理,实际 SQL 注入攻击的手段非常灵活,造成的危害也不仅如上例所示。

为防范 SQL 注入攻击,基本的手段即是对 HTTP 请求中的参数进行校验,避免直接拼接 SQL 语句,防止执行恶意 SQL 命令。在多数技术中,一个简单而有效的做法便是使用参数化语句。请修改上述代码如下。

```
const id=req.query.id
const sql='select * from customer where id=?'
const params=[id]                                    //按占位符(?)顺序将参数组成数组
conn.query(sql, params, function(err, result) { … }        //带参数执行 sql 语句
```

再次发起 URL 为 http://localhost:9000/query?id=1 or true 的 HTTP 请求,此次服务端不再意外地返回所有客户的信息。对于数据库更新操作,也可使用上述方法。

针对其他数据库管理系统，或在其他技术中通常也可使用类似的参数化语句，只是语法细节略有差异。参数化语句(parameterized statement)有时也称作 prepared statement，它是数据库管理系统的特性，不仅可减少或消除 SQL 注入攻击，还因它会被数据库管理系统预编译，所以在重复执行相同语句时将获得更高的效率。

10.4　数据库连接池

建立数据库连接是一个消耗资源的过程，如果每次接收到 HTTP 请求便创建一个新的数据库连接，执行数据库交互后便断开连接不免有些浪费服务器资源。此外，每次进行数据库交互前均须等待建立数据库连接也会导致系统运行效率降低。

实践中，常使用数据库连接池(Connection Pool)技术来提高数据库交互效率，避免频繁创建数据库连接导致的性能损失。

数据库连接池可理解为管理数据库连接的工具，多数技术中的数据库连接池工作机制类似：程序启动时连接池预先建立 min 个数据库连接(min 为最小连接数)，程序中需要数据库连接时向连接池申请，此时连接池中若有空闲连接则返回，否则连接池将创建新连接以供使用，但连接池所管理的总连接数不超过最大连接数 max，若总连接数已达上限 max 则须排队等待。数据库连接在使用完后并不物理断开，而是归还连接池。当空闲连接数超过 min 时，连接池会逐步物理断开多余连接。

连接池技术有效地提高了数据库连接的利用率，尤其对于高并发的 Web 程序应用而言，数据库交互效率可得到较大提升。

mysql 模块提供了对数据库连接池技术的支持，请看如下程序。

```
const mysql=require("mysql")

//创建数据库连接池
const pool=mysql.createPool({
  connectionLimit: 10,              //最大连接数, 默认 10
  host: "localhost",                //MySQL 所在的主机
  port: 3306,                       //MySQL 监听的端口, 默认 3306
  user: "root",                     //数据库登录名
  password: "1234",                 //数据库登录密码
  database: "web_demo",             //数据库名称
})

//从连接池中取得数据库连接
pool.getConnection((err, conn)=>{
  if (err) throw err
  conn.query('select * from customer', (err, result)=>{
    conn.release()                  //释放数据库连接
    if (err) throw err
    console.log(result)             //输出查询结果
  })
})
```

使用 mysql.createPool()方法创建数据库连接池对象时所使用的配置参数基本与 mysql.createConnection()方法相同，仅增加了少量的几项额外配置，如 connectionLimit 为

最大连接数(默认 10),其余配置请参看 mysql 模块官方文档。

调用连接池对象 pool 的 getConnection()方法可获得可用连接,但注意此方法为异步方法,后续的数据库查询操作须写于回调函数内。当完成数据库查询操作后应调用连接对象 conn 的 release()方法将连接归还连接池。

执行上述程序会发现输出查询结果后,程序并未正常终止,因为连接池还处于活跃状态。应在程序退出前调用 pool.end()方法优雅地关闭连接池,物理断开所有数据库连接。

10.5 封装数据库操作

在项目实践中,数据库交互是一项非常频繁的工作,可考虑将相对通用的代码抽离出来,以提高代码复用率。此外,使用 Promise 将 mysql 模块中常用的异步方法做适当封装,可避免编写程序时深陷"回调地狱"。

下面编写一个数据库操作的工具模块(dbUtil.js),其中将数据库连接参数进行统一管理,项目中可直接调用此模块导出的 query(sql, params)方法执行单条 SQL 语句,或调用 queryBatch(commands)方法执行多条 SQL 语句。代码中使用事务(Transaction)以确保批量执行多条 SQL 语句时的 ACID 特性[①]。

/utils/dbUtil.js

```
const mysql=require("mysql")

//创建数据库连接池
const pool=mysql.createPool({
  host: "localhost",                    //MySQL 所在的主机
  port: 3306,                           //MySQL 监听的端口, 默认 3306
  user: "root",                         //数据库登录名
  password: "1234",                     //数据库登录密码
  database: "web_demo",                 //数据库名称
})

//执行单条 SQL 语句
function query(sql, params) {
  return new Promise((resolve, reject)=>{
    //pool.query 等价于 getConnection() ->query() ->release()
    pool.query(sql, params, (err, results)=>{
      err ? reject(err) : resolve(results)
    })
  })
}

//执行多条 SQL 命令,commands 为二维数组, 数组中每个元素为 SQL 语句及参数组成的数组
//如 [ [sql1, params1], [sql2, params2], … ]
function queryBatch(commands) {
  return new Promise(async(resolve, reject)=>{
```

① ACID 是数据库交互过程中为保证事务的正确性所必须具备的四个特性:原子性(Atomicity,不可分割性)、一致性(Consistency)、隔离性(Isolation,独立性)、持久性(Durability)。

```
    pool.getConnection((err, conn)=>{       //取得数据库连接
      if (err) return reject(err)
      conn.beginTransaction(async err=>{ //开始事务
        if (err) return reject(err)
        const results=[]
        try {
          for (let command of commands) {   //依次执行每个命令，并暂存结果
            results.push(await _query(conn, command))
          }
          conn.commit(err=>{                 //所有命令执行完毕，提交事务
                                             //若事务提交失败则回滚事务，否则返回结果
            err ? (conn.rollback(()=>reject(err)))
              : resolve(results)
          })
        } catch (ex) {
          conn.rollback(()=>reject(ex))  //若抛出异常则回滚事务
        } finally {
          conn.release()                     //释放数据库连接
        }
      })
    })
  })
}

//使用给定的连接对象 conn 执行一个 SQL 命令,模块内供上述 queryBatch()调用
function _query(conn, command) {
  return new Promise((resolve, reject)=>{
    conn.query(command[0], command[1], (err, result)=>{
      err ? reject(err) : resolve(result)
    })
  })
}

module.exports={query,  queryBatch }
```

下面的例子演示了如何使用 dbUtil.js 模块。

```
const db=require('./utils/dbUtil')

async function query() {
  try {
    const result=await db.query('select * from customer')
    console.log(result)
  } catch(ex) {
    console.error(ex)
  }
}

query()
```

9.8 节的综合示例所演示的“在线通讯录”程序中仅将客户信息存储于服务端程序的数组内,若服务端程序重启则客户信息将丢失。本章既然学习了数据库交互的相关知识,接下来便可修改 code-9.6/service/customer.js 模块的代码,将客户数据存储到本章所创建的示

例数据库中,请参看如下代码,其中使用了前面编写的 dbUtils.js 模块。本例完整的项目代码见资源包 code-10.1,运行效果如图 9.14 所示。

code-10.1/service/customer.js

```
//nanoid 模块用于生成新客户的 id, 执行 npm install nanoid --save 安装
const { nanoid }=require("nanoid")
const db=require('../utils/dbUtil')

//返回所有客户信息
function getCustomers() {
   return db.query('select * from customer')
}

//删除指定 id 的客户信息
async function remove(id) {
   await db.query('delete from customer where id=?', [ id ])
   return true
}

//新增或修改客户信息
async function saveOrUpdate(customerInfo) {
  if (customerInfo.id) {          //若客户 id 不为空则表明该客户为此前已存在的客户
    const {name, email, id}=customerInfo
    await db.query(
      'update customer set name=?, email=? where id=?',
      [name, email, id]
    )
  } else {                        //对于新客户, 取 nanoid 为此新客户的 id
    customerInfo.id=nanoid()
    const {name, email, id}=customerInfo
    await db.query(
      'insert into customer (id, name, email) values (?, ?, ?)',
      [id, name, email]
    )
  }
  return customerInfo             //返回最新的客户信息
}

module.exports={ getCustomers, remove, saveOrUpdate }
```

相应地,还应修改 code-9.6/router/customer.js 中的代码为以下内容。

code-10.1/router/customer.js

```
const express=require("express")
const router=express.Router()
const service=require("../service/customer")

//获取所有客户信息列表
router.get("/getCustomers", async function(req, res) {
  try {
    res.json(await service.getCustomers())
  } catch(ex) {
```

```
      res.sendStatus(500)
    }
  })

  //删除客户信息
  router.post("/remove", async function(req, res) {
    try {
      res.send(await service.remove(req.body.id))
    } catch(ex) {
      res.sendStatus(500)
    }
  })

  //新增或修改客户信息
  router.post("/saveOrUpdate", async function(req, res) {
    try {
      res.json(await service.saveOrUpdate(req.body.customerInfo))
    } catch(ex) {
      res.sendStatus(500)
    }
  })

  module.exports=router
```

实际项目中的数据库交互远比本章示例繁杂，可借助第三方对象模型框架(持久层框架)简化编码过程，如针对关系型数据库的 Sequelize，针对 Mongodb 的 mongoose 等。

第11章 鉴权机制

HTTP是一种无状态协议，即每次由客户端发送向服务端的HTTP请求均是相互独立的，服务端并无从知道各次收到的HTTP请求是否来自同一客户端，自然也不知道同一用户上次请求做了什么。而Web服务端程序有时却必须知道此请求来自哪一个用户，例如，某些资源或功能只针对特定用户开放，必须确定用户身份方可进行权限控制；再如用户在进行选购、下单等操作时也必须明确用户身份，才能将操作记录关联到特定账户下。

鉴权，即通过一定机制让服务端明确客户端用户的身份，确定用户操作权限，也称作身份认证。目前主要有如下几种鉴权方案。

(1) HTTP基本身份认证：基于HTTP的基本鉴权机制，11.1节详细介绍。

(2) session-cookie：使用cookie存储和传递sessionId，服务端通过sessionId识别用户，11.2节详细介绍。

(3) Token：客户端每次发送HTTP请求时携带服务端颁发的Token，其中包含有效荷载信息，11.3节详细介绍。

(4) OAuth：基于开放授权协议实现的第三方鉴权，11.4节详细介绍。

11.1 HTTP基本身份认证

HTTP基本身份认证(HTTP Basic Authentication)是由HTTP约定的基本鉴权机制，服务端通过读取HTTP请求头部Authorization字段中包含的Base64编码数据[①]，获取用户登录信息。若认证失败向客户端回应401状态码(Unauthorized)，同时在HTTP回应头部添加WWW-Authenticate: Basic realm="YourRealm"字段(YourRealm为网站域名)，浏览器收到此回应后弹出“登录对话框”，要求输入用户名和密码进行登录，然后携带Base64编码的登录信息再次发出HTTP请求；若服务端认证成功则返回所请求的资源。浏览器将根据YourRealm自动保存用户上次输入登录信息，每次发送请求时自动携带登录信息，因此只要鉴权通过则不会再次弹出“登录对话框”。如图11.1所示为HTTP Basic Authentication方案的鉴权流程。

① Base64编码(RFC 4648)是一种使用A～Z、a～z、0～9、+、/共64个可打印字符表示二进制数据的方法，Base64编码并非加密算法。

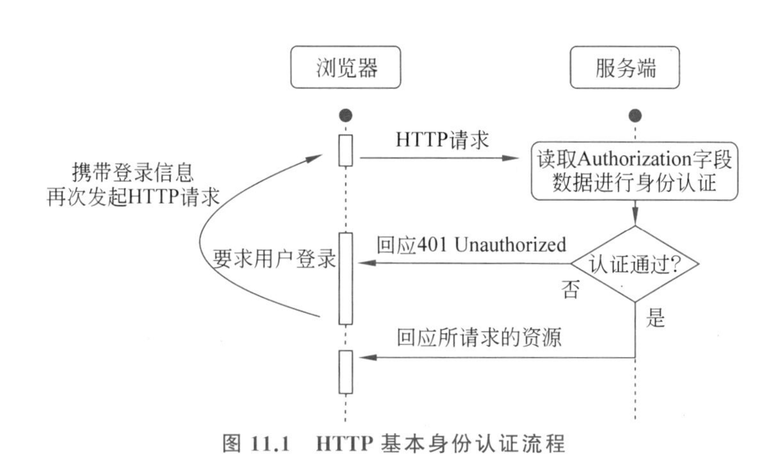

图 11.1　HTTP 基本身份认证流程

以下例子演示了基于 Express 框架的 HTTP 基本身份认证实现方法，可从资源包中获得完整代码(code-11.1)，程序运行后浏览器访问 http://localhost:9000 时若用户已登录则呈现“欢迎界面”，否则显示登录界面要求用户登录(用户名和密码相同则认证通过)，例子中使用了 basic-auth-connect 模块以简化编码过程。

code-11.1/index.js

```
const express=require("express")
const app=express()
const port=9000

//引入 basic-auth-connect 模块
//请执行 npm install basic-auth-connect --save 安装 basic-auth-connect 模块
const basicAuth=require('basic-auth-connect')

//拦截所有 HTTP 请求，进行身份认证
//user, pass 分别为解码后的用户名和密码,函数返回 true 则表示验证通过
//实际项目中 localhost 应改作真实域名(YourRealm)
app.use(basicAuth(function(user, pass) {
    return user===pass          //演示简单验证：若用户名与密码相同则通过验证
}, 'localhost'))

app.get('/', (req, res)=>{
  res.send('Welcome, ' +req.user)
})

app.listen(port, ()=>{
  console.log(`Server listening on port ${port}`)
})
```

以上示例仅作简单演示，若用户名和密码相同则验证通过，实际项目中通常需要核对用户名与密码是否与服务端存储的登录信息一致。

HTTP 基本身份认证方案中用户名和密码较易泄露，一般用于局域网环境或安全性要求不高的场景。并且其要求客户端支持 HTTP 基本鉴权机制，因此通常仅适用于浏览器环境。

11.2 session-cookie

若采用 session-cookie 鉴权方案,当客户端首次请求服务端资源时,服务端为此客户端分配一个唯一的 sessionId 并返回客户端存储于 cookie 中,此后每次客户发起请求均携带 sessionId,据此服务端即可识别此客户,若有必要可提取与此 sessionId 关联的信息。因为 sessionId 的唯一性,所以各客户的信息是相互独立的。

通常服务端在内存中开辟相应空间(session)用于存储客户信息,因此传统技术中不建议在 session 中存储过多信息。可仅存储少量信息(如客户 id)于 session 中,而将更多信息存储于数据库,必要时根据客户 id 从数据库中提取。图 11.2 为基于 session-cookie 的鉴权流程。

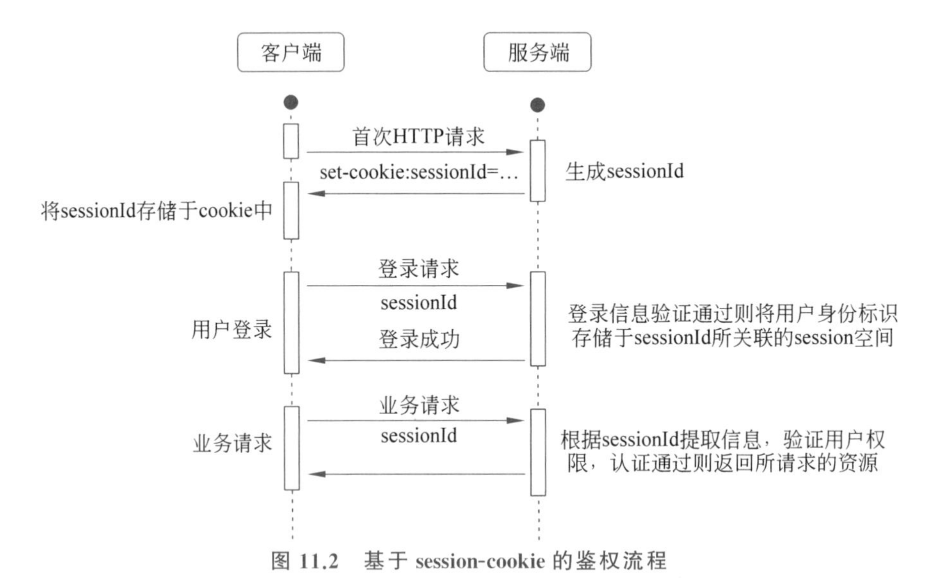

图 11.2 基于 session-cookie 的鉴权流程

下面的例子演示了基于 Express 框架的 session-cookie 鉴权实现方法,可从资源包中获得完整代码(code-11.2),程序运行后浏览器访问 http://localhost:9000 时若用户已登录则呈现“默认首页”,否则显示登录界面要求用户登录(用户名和密码相同则认证通过)。例子中使用了 express-session 模块以简化编码过程。

code-11.2/index.js

```
const express=require("express")
const app=express()
const port=9000

//启用 express-session 中间件
//请执行 npm install express-session --save 安装 express-session 模块
const session=require('express-session')
app.use(
  session({
    secret: 'YourSecret',                    //用于签署 cookie 的密钥,自行设置
```

```
    resave: false,                      //session 无变化时不保存
    saveUninitialized: false,           //session 未初始化时不保存
    cookie: { maxAge: 1800000 },        //cookie 30 分钟有效
  })
)

//鉴权中间件函数
function isAuthenticated(req, res, next) {
  if(req.session.user) {                //若 session 中有用户信息则认定为认证通过
    next()
  } else {                              //认证不通过，跳转至再下一个中间件(登录表单)
    next('route')
  }
}

//默认首页
//此页面须经上述鉴权函数认证通过方可访问
app.get('/', isAuthenticated, function(req, res) {
  //req.session.user 取得存储于 session 中的用户名
  res.send(`Welcome, ${req.session.user} !<a href="/logout">Logout</a>`)
})

//返回登录表单
app.get('/', function(req, res) {
  res.send('<form action="/login" method="post">' +
    'Username:<input name="user"><br>' +
    'Password:<input name="pass" type="password"><br>' +
    '<input type="submit" text="Login"></form>')
})

//登录
app.post('/login', express.urlencoded({ extended: true }), (req, res)=>{
  const {user, pass}=req.body
    if (user===pass) {                  //演示简单验证：若用户名与密码相同则通过验证
    req.session.user=user               //将用户名存储于 session 中
  }
  res.redirect('/')                     //重定向至默认首页
})

//退出登录
app.get('/logout', (req, res)=>{
  req.session.user=null                 //将 session 中用户名置空
  res.redirect('/')
})

app.listen(port, ()=>{
  console.log(`Server listening on port ${port}`)
})
```

上例中的鉴权中间件函数(isAuthenticated)可置于任何中间件之前以进行身份认证。当然,也可将此中间件挂载到特定的路由路径上,如 app.use('/auth', isAuthenticated),过滤所有 DRL 以/auth 开头的 HTTP 请求。通常应设定 session 的有效期,若 session 失效则服务端的 session 空间应同步释放。express-session 模块尚有更多实用的配置选项,请读者

自行查阅。

session-cookie 鉴权方案事实上是通过 cookie 传递 sessionId,若客户端不支持 cookie 或 cookie 被禁用则此方案将无法正常工作。不同技术中 sessionId 的名称不尽相同,express-session 默认名称为 connect.sid,可在 chrome 浏览器开发者工具的 Network 页查看请求头(Request Headers)的 cookie 字段即可找到。

服务端仅根据 sessionId 即认定请求来自某一用户,存在一定安全隐患,利用此机制发起的网络攻击被称作 **session 劫持**,可通过设置 cookie 的 HttpOnly 属性避免 sessionId 被 JavaScript 脚本访问。

服务器集群环境中,同一客户端发来的 HTTP 请求不一定总是被同一服务端接收和处理,因此向 session 中存储数据时(如登录时)需要进行 session 广播,即让集群中的所有服务端程序均持有相同的 session 副本。为减轻 Web 服务器压力,或解决集群环境下的 session 广播问题,也可将 session 数据存储于独立运行的数据库中,以便集群结点共享。此时为兼顾并发效率,可选用如 Redis 之类的内存型 NoSQL 数据库。

当然,也可在负载均衡配置时使用特定算法,确保同一客户端的请求总是被同一服务端接收和处理,从而避免上述问题(参阅 13.3.4 节)。

11.3 Token

Token 即为令牌,基于 Token 的鉴权方案中令牌直接携带有效荷载在客户端与服务端之间流转,无须像 session-cookie 方案那样在服务端开辟专门 session 空间,集群环境中也无须进行 session 广播。

本节介绍较常用的 JSON Web Token(JWT),它是一种基于开放行业标准 RFC 7519 的 Web 令牌。如图 11.3 所示,JWT 由“.”分隔的三部分组成。

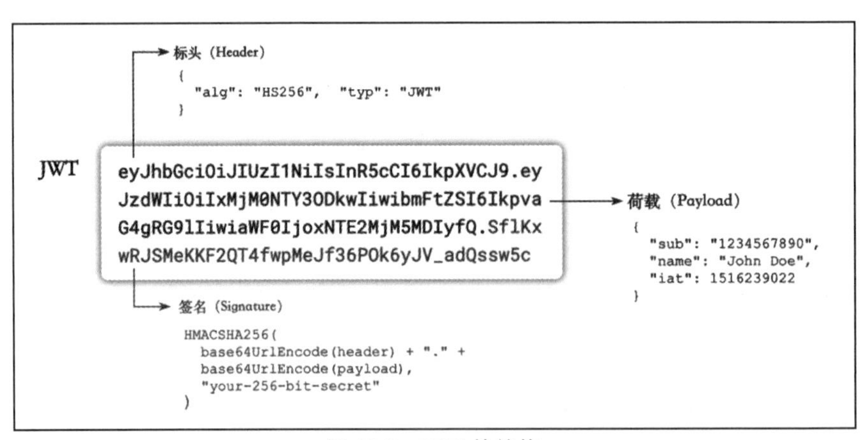

图 11.3 JWT 的结构

- 标头(Header):说明所采用的签名算法和 Token 类型。
- 荷载(Payload):包含用户数据和附加说明。
- 签名(Signature):前述内容的数字签名,可使用密钥(HMAC 算法)或公钥/私钥对(RSA 或 ECDSA 算法)进行签名。

其中，标头和荷载使用 JSON 格式序列化后转为 Base64Url 编码[①]。签名可用于验证信息是否被篡改，若使用私钥签名还可验证 JWT 是否来自特定用户。JWT 仅是用于通信双方安全地传递信息的令牌，并不涉及使用场景、存储和传输方式等问题。

Web 应用程序开发中一种典型的做法是将令牌置于 HTTP 请求头的 Authorization 字段，如 Authorization: Bearer<token>，此方法不依赖 cookie，可轻松地实现跨域资源共享(CORS)。当然，将令牌作为请求参数传递也未尝不可。若客户端支持 cookie，使用其传递令牌则可在每次发送请求时自动携带至服务端。图 11.4 为基于 Token 的鉴权流程。

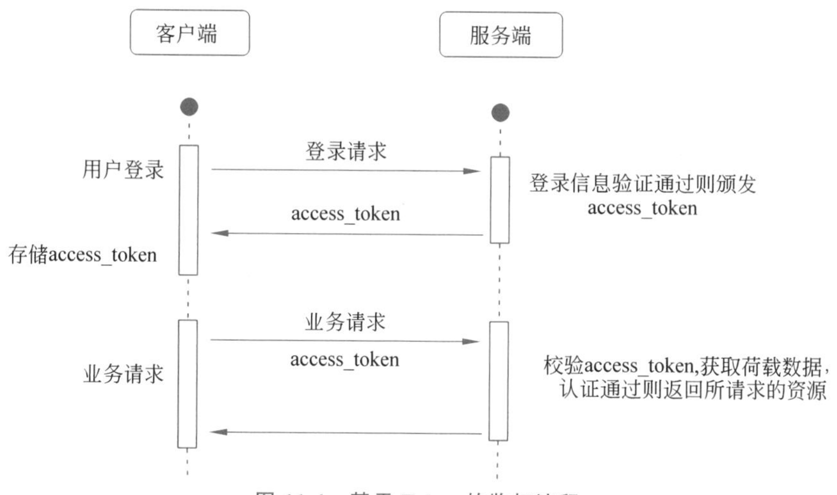

图 11.4　基于 Token 的鉴权流程

code-11.3 演示了 Express 框架中基于 Token 的鉴权方法，运行效果如图 11.5 所示，单击 Get Message 按钮可从服务端取得受保护资源[②]，但若无有效的访问令牌(未登录)，则提示错误。示例中的 JWT(access_token)有效期为 10s，超时则要求重新登录。

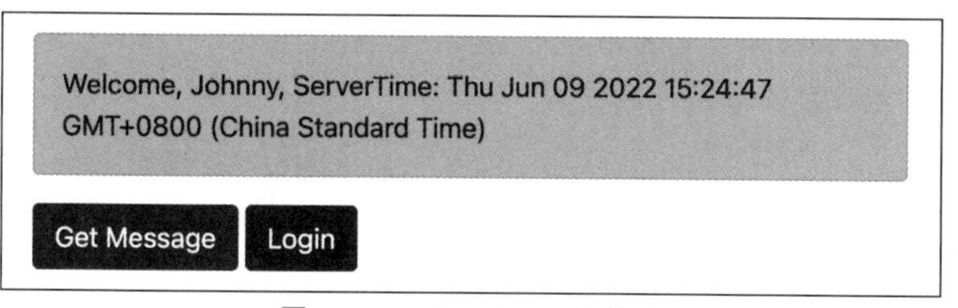

图 11.5　code-11.3 运行效果

为简化编码过程，示例中使用了 express-jwt 模块，它提供一个基于 Express 的鉴权中间件，并将解码后的有效荷载挂载于请求对象的 auth 属性(req.auth)，同时通过 jsonwebtoken 模块实现 JWT 的签署，详见/auth.js。

code-11.3/index.js(服务端主入口程序)

```
const express=require('express')
const app=express()
```

① Base64Url 在 Base64 的基础上将符号 + 和 / 换作 -(减号)和 _(下画线)。

② 本例中服务端将返回当前系统时间，以模拟受保护资源。

```
const port=9000

//参见下文 code-11.3/auth.js
const { generateAccessToken, authentication, unauthorizedHandler }=require('./auth')

app.use(express.static('public'))
app.use(express.json())
app.use(authentication)                    //鉴权中间件

//登录接口
app.post('/login', (req, res)=>{
  const { user, pass }=req.body            //获取用户名和登录密码
  if (user===pass) {                       //简单验证：用户名与密码相同则认证通过
    //生成访问令牌并返回客户端
    const accessToken=generateAccessToken({ user })
    res.json({ message: 'Success', access_token: accessToken })
  } else {
    res.sendStatus(403)                    //认证失败，返回 403(Forbidden)
  }
})

//获取服务端消息的接口
app.post('/getMessage', function(req, res) {
  //返回登录用户名和当前服务端时间(模拟服务端受保护资源)
  res.send(`Welcome, ${req.auth.user}, ServerTime: ${new Date()}`)
})

app.use(unauthorizedHandler)              //错误处理

app.listen(port, ()=>{
  console.log(`Server listening on port ${port}`)
})
```

下面的 auth.js 模块封装了鉴权相关功能，供上述 code-11.3/index.js 使用。

code-11.3/auth.js(服务端鉴权模块)

```
//执行 npm install express-jwt --save,安装 express-jwt 模块
const jwt=require('jsonwebtoken')
const { expressjwt }=require('express-jwt')

const ACCESS_TOKEN_SECRET='YourSecret'      //用于签署访问令牌(JWT)的密钥，自行设置
const TOKEN_EXPIRE='10s'                    //JWT 有效期 10s，单位 ms/s/m/h/d
const WHITE_LIST=['/login']                 //鉴权白名单，其中的 URL 不鉴权

//生成访问令牌，默认使用 HS256(HMAC SHA256)算法
function generateAccessToken(payload) {
  return jwt.sign(payload, ACCESS_TOKEN_SECRET, { expiresIn: TOKEN_EXPIRE })
}

//鉴权中间件，除白名单中的 URL 外，均需鉴权。鉴权失败将抛出错误
const authentication=expressjwt({
  secret: ACCESS_TOKEN_SECRET,
  algorithms: ['HS256'],
```

```
}).unless({ path: WHITE_LIST })

//鉴权失败处理中间件,若 JWT 校验失败, err.name 为 'UnauthorizedError'
function unauthorizedHandler(err, req, res, next) {
  if (err.name==='UnauthorizedError') {
    res.status(401).send('Invalid Token')
  } else {
    next(err)
  }
}

module.exports={ generateAccessToken, authentication, unauthorizedHandler }
```

以下为客户端程序,其中使用 Axios 与服务端通信,并为 Axios 添加了拦截器,任何经 Axios 发送的请求或收到的回应都将经过请求/回应拦截器,其中的代码对 access_token 的存储和传递做集中处理(详见 /public/interceptors.js)。

code-11.3/public/index.html(客户端主页面)

```
<!DOCTYPE html>
<html lang="en">
  <head>
    <title>11.3</title>
    <meta charset="UTF-8" />
    <meta http-equiv="X-UA-Compatible" content="IE=edge" />
    <meta name="viewport" content="width=device-width, initial-scale=1.0" />
    <link href="https://cdn.bootcdn.net/ajax/libs/
              twitter-Bootstrap/5.1.3/css/Bootstrap.min.css" rel="stylesheet">
    <script src="https://cdn.bootcdn.net/ajax/libs/
              vue/3.2.33/vue.global.min.js"></script>
    <script src="https://cdn.bootcdn.net/ajax/libs/axios/0.27.2/axios.min.js">
</script>
    <!--引入自定义的 Axios 拦截器, 应放在使用到 Axios 的代码前 -->
    <script src="./interceptors.js"></script>
    <script defer src="./index.js"></script>
  </head>
  <body>
    <div id="app" class="container m-3">
      <div class="alert alert-primary text-break">{{ serverResponse }}</div>
      <div class="mt">
        <button class="btn btn-secondary me-1" @click="getMessage()">
          Get Message
        </button>
        <button class="btn btn-primary" @click="login()">Login</button>
      </div>
    </div>
  </body>
</html>
```

code-11.3/public/index.js(客户端主控程序)

```
Vue.createApp({
  data() {
    return {
```

```
      serverResponse: '',              //服务端的回应数据
    }
  },
  methods: {
    //从服务端获取信息
    async getMessage() {
      try {
        this.serverResponse=(await axios.post('/getMessage')).data
      } catch (ex) {
        this.serverResponse=ex.message
      }
    },
    //发送登录请求
    async login() {
      try {
        const loginInfo={ user: 'Johnny', pass: 'Johnny' }
        this.serverResponse=(await axios.post('/login', loginInfo)).data
      } catch (ex) {
        this.serverResponse=ex.message
      }
    },
  },
}).mount('#app')
```

code-11.3/public/interceptors.js(客户端 Axios 拦截器)

```
//请求拦截器,每次发送请求时执行
axios.interceptors.request.use(function (config) {
  const accessToken=sessionStorage.getItem('access_token')     //取得访问令牌
  if (accessToken) {
    //将访问令牌置于请求头部的 Authorization 字段
    config.headers.authorization=`Bearer ${accessToken}`
  }
  return config
})

//回应拦截器,每次收到服务端回应时执行
axios.interceptors.response.use(
  //正常回应的回调函数
  function (res) {
    //若回应中存在 access_token 则将其存储于 sessionStorage,也可使用其他存储方法
    if (res.data.access_token) {
      sessionStorage.setItem('access_token', res.data.access_token)
    }
    return res
  },
  //出错时的回调函数
  function(err) {
    //可在此处添加统一的错误处理逻辑
    return Promise.reject(err)
  }
)
```

上例中鉴权中间件置于“静态资源托管”之后(见服务端主程序/index.js),因此并未对

静态资源请求鉴权，项目中根据实际需求，也可将其置于静态资源托管前。但若浏览器端请求静态资源时未使用 Axios 发起 HTTP 请求则无法通过请求头的 Authorization 字段传递 access_token，此时可考虑使用 cookie，请参看如下做法。

在服务端登录接口中，登录信息验证通过时将 access_token 添加到 cookie 中。

```
//在 /index.js 中添加此行代码, maxAge 为有效期, 单位为 ms
res.cookie('access_token', accessToken, { maxAge: 10000 })
```

同时修改服务端鉴权中间件代码，增加从 cookie 中获取 access_token 的途径。

```
///auth.js
const authentication=expressjwt({
  secret: ACCESS_TOKEN_SECRET,
  algorithms: ['HS256'],
  //expressjwt 模块中默认从请求头的 Authorization 字段获取 JWT
  //覆盖 getToken 方法增加从 cookie 中获取令牌的方式
  getToken: function(req){
    if (
      req.headers.authorization &&
      req.headers.authorization.split(" ")[0]==="Bearer"
    ) {
      return req.headers.authorization.split(" ")[1];
    } else if(req.cookies.access_token) {
      return req.cookies.access_token
    }
    return null
  }
}).unless({ path: WHITE_LIST })
```

Express 4.x 中移除了解析 cookie 的内置中间件，因此还需要安装 cookie-parse 模块，并在服务端主程序中挂载此中间件。

```
//执行 npm i cookie-parser --save 安装 cookie-parser 模块
app.use(require('cookie-parser')())
```

使用 JWT 时应注意，令牌的有效期并未记录于服务端，而是在令牌内。因此在令牌所记录的失效时间前它始终有效，无法主动注销。为降低风险，可将令牌有效期设置得短些。但若短时间内让用户重复登录不免影响用户体验，此时可增加刷新令牌(refresh_token)，访问令牌失效前客户端程序可持刷新令牌向服务端申请新的访问令牌。刷新令牌一般无时效限制，但被服务端存储。当用户“退出登录”时，将刷新令牌从服务端存储中移除(刷新令牌失效)，这样当客户端试图获取新的访问令牌时，因刷新令牌失效而无法取得，从而实现“退出登录”效果。

基于 Token 的鉴权机制应用广泛，因其自身携带有效荷载，不会对服务端造成额外存储压力；可采用灵活的方式存储或传递 Token，因此不仅适用于计算机端浏览器环境，也适用于移动端浏览器或移动 App 等环境。此外，无论是同一应用程序的集群部署，或是实现多应用系统的单点登录(Single Sign On，SSO)均有优势。

11.4 OAuth

OAuth(Open Authorization)是一种开放授权协议,允许第三方应用程序使用资源所有者的凭据获得对资源的有限访问权限。

相信读者在生活中常遇到使用QQ、微信、微博等身份登录某一网站的情景,这就是OAuth的应用。例如,当用户选择使用微信登录某网站时,该网站的服务端程序首先联系微信OAuth服务器,微信方确认用户授权后,将该用户的授权资源返回此网站,其中通常包含用户微信账号的openid、用户昵称、头像等资源,据此该网站便可创建此用户的账户或对用户放行(等同于成功登录)。

OAuth 2.0标准(RFC 6749)是目前的主流版本,它率先被Google,Yahoo,Microsoft等公司使用,并不兼容OAuth 1.0,事实上,由于易用性差、存在安全漏洞等原因,OAuth 1.0也并未得到普及,下文中OAuth均指OAuth 2.0。

使用OAuth服务时,第三方应用首先须在OAuth服务提供方备案(注册),获得客户端凭证,其中通常包含第三方应用的AppID和AppSecret,第三方应用以此向服务提供方证明自己的身份。此处"第三方应用程序"指的是我们自己编写的程序,在OAuth授权流程中被称作客户端(Client)。

OAuth 2.0标准规定了如下4种授权模式。

(1) 授权码(authorization_code):第三方应用先向服务提供方申请授权码,用户确认后返回授权码,凭授权码获取访问令牌。此模式最为安全也最常用,多数OAuth服务提供商支持此授权模式。

(2) 隐藏式(implicit):第三方应用直接向服务提供方申请访问令牌,用户确认后返回访问令牌。此方式适用于安全性要求不高的场景。

(3) 密码式(password):第三方应用要求客户直接提供其在服务提供方登录时使用的用户名和密码,并凭此登录信息向服务提供方申请访问令牌。该方式对服务提供方而言风险极大。

(4) 客户端凭证(client_credentials):第三方应用凭自己的客户端凭证直接向服务提供方申请访问令牌。

上述4种授权模式中,第三方应用最终得到的均是访问用户资源的访问令牌(access_token),若要真正取得用户授权资源还须凭此访问令牌向服务提供方发起请求。因此,以授权码模式为例,总计须向OAuth服务提供方发起三次HTTP请求,图11.6展示了授权码模式的工作流程。

不同平台支持OAuth鉴权的接口各有不同,通常须先注册账号、创建应用、提交材料,审核通过后方可使用。

微信公众平台提供的OAuth鉴权测试接口(授权码模式),可免去注册、审核等流程。因此,本节使用微信公众平台测试号介绍开发过程,实际项目中仅须将代码中的AppID、AppSecret、BASE_URL做相应修改即可,完整程序见资源包code-11.5。

OAuth鉴权过程中服务提供方须通过预设的回调接口访问我们的服务端程序,因此若读者要依本节内容进行实验,请确保服务端程序可从公网(外网)访问,即Internet用户可直

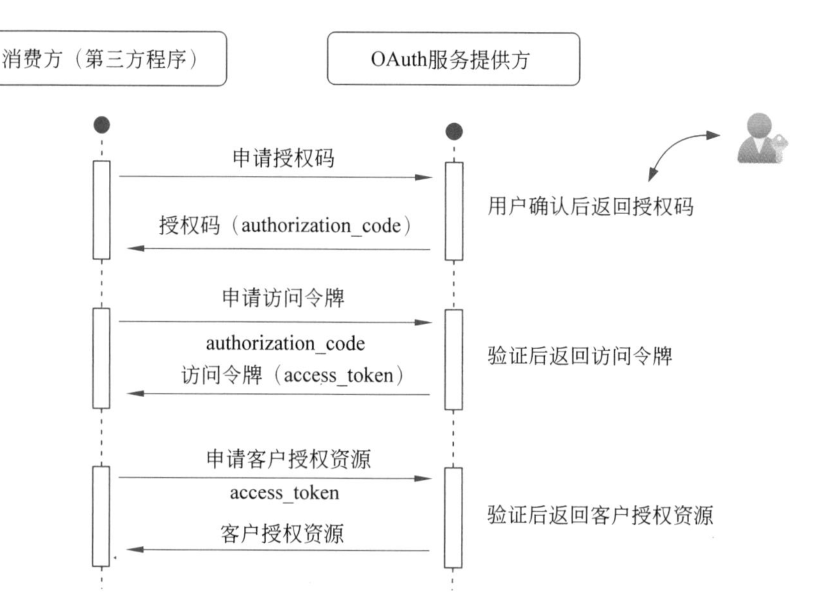

图 11.6 OAuth 2.0（授权码模式）鉴权流程

接访问实验计算机上运行的服务端程序。

编写如下程序准备接入微信公众平台测试接口，其中，YOUR_ORIGIN 为外网访问的域名，可使用 IP 地址和端口，请根据实际情况设置。

```
const express=require('express')
const app=express()
const port=9000
const BASE_URL='http://YOUR_ORIGIN'                    //外网访问首页的 URL

app.get('/', (req, res)=>{                             //首页
    res.send("It's OK. " +BASE_URL)
})

app.get('/wx/api', (req, res)=>{                       //微信接口
    res.send(req.query.echostr)
})

app.listen(port, ()=>{
  console.log(`Server listening on ${BASE_URL}`)
})
```

运行上述程序后，首先测试是否可从外网访问，可使用位于外网的计算机或手机浏览器访问代码中 BASE_URL 地址。确认可正常访问后保持程序处于运行状态，便可着手申请微信公众平台测试账号并做配置，流程如下①。

访问微信公众平台测试账号申请页面②，然后使用自己的手机端微信扫描二维码登录（手机端授权），如此我们便拥有了使用自己微信号创建的测试号。登录后的主界面中可看

① 操作流程可能因微信公众平台调整而改变，若有必要请参阅微信官方文档。

② https://mp.weixin.qq.com/debug/cgi-bin/sandbox?t=sandbox/login.

到测试号的 appID 和 appsecret，即客户端凭证。接下来，在“测试号管理界面”进行如下三项操作。

(1) 填写接口配置信息，URL 为上述代码中定义的“微信接口”访问路径，即 BASE_URL/wx/api，Token 可随意填写，单击“提交”按钮，微信方将回调上述“微信接口”并传入验证消息。真实项目中应校验消息有效性后返回 echostr 值(参阅消息接口使用指南)。上述示例程序为简单起见，并未验证消息有效性，而是直接返回 echostr。若一切正常，测试号管理界面中将提示配置成功。

(2) 使用手机端微信扫描“测试号二维码”，关注测试公众号。

(3) 在“体验接口权限表”中找到“网页服务/网页账号/网页授权获取用户基本信息”，单击其后的“修改”链接，将程序中的 BASE_URL 填入“授权回调页面域名”，并确认。

接下来修改前述程序如 code-11.4/index.js 所示，其中使用了 qr-image 模块用于生成二维码图像，axios 模块用于从服务端向微信公众平台接口发送 HTTP 请求。

code-11.4/index.js

```
const express=require("express")
const app=express()
const port=9000

//请执行 npm install qr-image --save 安装 qr-image 模块
const QRCode=require("qr-image")
//请执行 npm install axios --save 安装 axios 模块
const axios=require("axios")

const BASE_URL="http://YOUR_ORIGIN"              //外网访问首页的 URL
const REDIRECT_PATH="/wx/redirect"               //微信扫码登录重定向路径

//客户端凭证，修改为实际值(在"测试号管理界面"中获取)
const APP_ID='YOUR_APP_ID'
const APP_SECRET='YOUR_APP_SECRET'

//① 登录入口，呈现微信扫码登录二维码图像
app.get("/login", (req, res)=>{
  //微信端扫码后的回调地址
  const redirectUrl=BASE_URL +REDIRECT_PATH
  //手机微信扫码后将自动打开如下页面
  const url="https://open.weixin.qq.com/connect/oauth2/authorize"
              +`?appid=${APP_ID}&redirect_uri=${redirectUrl}`
              +"&response_type=code&scope=snsapi_userinfo&state=STATE#wechat_
redirect"
  //生成二维码
  const imgBase64=QRCode.imageSync(url, { type: "png" }).toString("base64")
  //在浏览器中呈现二维码
  res.send(`<img src="data:image/png;base64,${imgBase64}">`)
})

//② 用户扫码授权后微信平台回调此接口
app.get(REDIRECT_PATH, async(req, res)=>{
  try {
```

```
    const authorization_code=req.query.code                //授权码
    const token=await getAccessToken(authorization_code)//访问令牌
    const userInfo=await getUserInfo(token)                //用户的微信开放信息
    console.log(userInfo)        //项目中可在此创建用户账户、绑定微信或执行登录流程
    res.send("<h1>Success</h1>")
  } catch (ex) {
    console.error(ex);
    res.send("<h1>Failure</h1>")
  }
})

//③ 获取访问令牌(access_token)
async function getAccessToken(code) {
  const url="https://api.weixin.qq.com/sns/oauth2/access_token"
            +`?appid=${APP_ID}&secret=${APP_SECRET}&code=${code}`
            +"&grant_type=authorization_code"
  return (await axios.get(url)).data
}

//④ 获取用户的微信开放信息
async function getUserInfo(token) {
  const url="https://api.weixin.qq.com/sns/userinfo"
            +`?access_token=${token.access_token}&openid=${token.openid}`
            +"&lang=zh_CN"
  return (await axios.get(url)).data
}

app.listen(port, ()=>{
  console.log(`Server listening on ${BASE_URL}`)
})
```

运行上述程序并在浏览器中访问 BASE_URL/login,页面中将呈现微信扫码登录二维码(参见代码段①),接下来的流程如下。

(1) 使用手机端微信扫描页面中的登录二维码(须先关注测试公众号),此操作相当于“申请授权码”(参看图 11.6)。

(2) 微信服务器发送 HTTP GET 请求并携带授权码至回调地址(参见代码段②)。

(3) 凭授权码向微信服务器发送 HTTP GET 请求获取访问令牌(参见代码段③)。

(4) 凭访问令牌向微信服务器发送 HTTP GET 请求获取用户的微信开放信息(参见代码段④)。

若一切正常,手机端微信扫描二维码后将跳转至新页面,并显示“Success”,而服务端控制台则输出你的微信开放信息,包含 openid(微信账号在微信公众平台对应的 id)、nickname(昵称)、sex(性别)、headimgurl(头像图像 URL)等信息。使用这些信息可继续进行如下操作。

(1) 若用户此前未注册,则创建用户初始账号,同时绑定 openid。

(2) 若用户此前已注册但未绑定微信账号,则绑定微信(在数据库中的用户账号记录中补充 openid 值)。

(3) 若用户已注册且已绑定微信账号,则执行登录:根据 openid 查询数据库,取得用户在本系统中的账户信息,汇入登录流程。此时可使用服务端推送技术向客户端程序推送用户成功登录的消息,令客户端由扫码登录页面自动跳转至登录后可访问的主页面,参见第 12 章。

其他平台的 OAuth 服务接入原理与本节所述类似,但具体操作方法有一定差异,实践中可查阅相应平台的接入文档。

第12章

服务端推送技术

HTTP决定了Web应用程序的基本工作流程总是先由客户端发起HTTP请求，再由服务端回应，至此客户端与服务端的连接便断开了，此时若服务端有消息需要主动通知客户端则无法做到。但实际应用中又常有此类需求，如11.4节示例中用户微信扫码授权登录后须由服务端主动通知客户端程序进行页面跳转，再如新闻网站中可能需要主动向客户端推送最新消息。为解决此类问题，本章将介绍Web应用程序的服务端推送技术，内容涉及：轮询(polling)、长轮询(long polling)、SSE(Server-Sent Events)、WebSocket。除此四种方式外，尚有更多实现服务端推送的技术，篇幅所限，本章不做讨论。

12.1 轮询

轮询(polling)即客户端程序周期性地向服务端发送请求，服务端有新消息则带回，即便无新消息也立即回应，此后即断开连接，如图12.1所示。

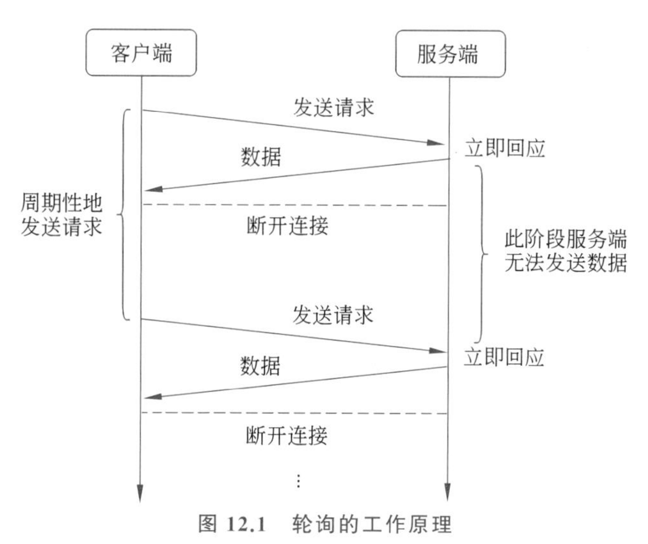

图12.1 轮询的工作原理

以下示例简单演示了轮询的实现原理，客户端代码每隔一秒向服务端发送一次轮询请求，服务端收到请求后回应当前系统时间(模拟推送数据)。为节省篇幅以下仅给出关键代码，完整源代码可从资源包中获取(code-12.1)。

code-12.1/public/index.html(客户端程序)

```
const interval=1000                              //轮询周期 1s
setInterval(async()=>{
  const res=await axios.post('/poll')            //发送轮询请求
  console.log(res.data)                          //处理回应数据
}, interval)
```

code-12.1/index.js(服务端程序)

```
app.post('/poll', (req, res)=>{
  const data=getData() || ''   //返回客户端的数据,即使没有数据需要发回, 也应正常回应
  res.send(data)
})

//此函数用于模拟生成向客户端回送的数据
function getData() {
  return new Date().toLocaleTimeString()
}
```

轮询机制的优点是实现简单,缺点也同样明显。

(1) 若轮询周期过长,服务端信息不能即时回送;若轮询周期过短,则给服务端造成无谓的负担。

(2) 即便无有效数据需要传送,也会无谓地耗费网络流量,造成服务端资源浪费。

12.2 长 轮 询

长轮询(long polling)的工作原理如图 12.2 所示。服务端在收到客户端请求后,将会暂时挂起,保持连接打开状态。在此期间若有数据需要推送客户端则返回数据,并结束此次“请求-回应”过程,断开连接。当然,若连接被长时间挂起,通常会因超时而被浏览器主动断开。但无论何种原因导致连接断开,客户端均立即再次发出新的 HTTP 请求,然后重复上述过程。

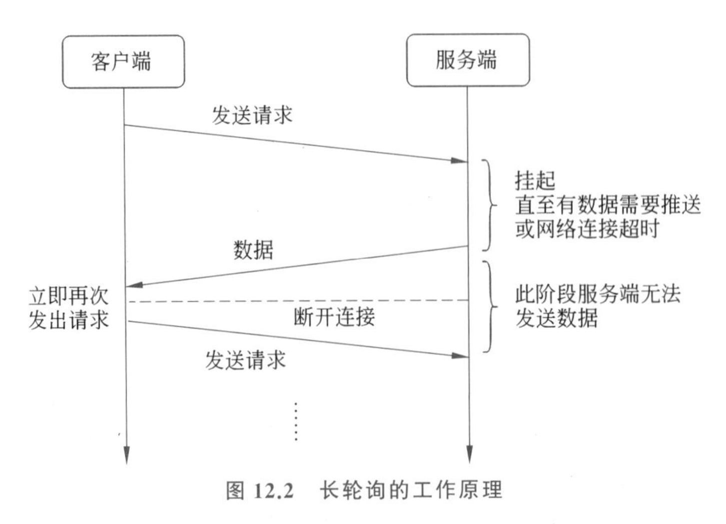

图 12.2 长轮询的工作原理

长轮询相较于 12.1 节所述的轮询而言,不同之处在于服务端接收到请求时,若无数据

返回，连接将被挂起，而非立即回应；而客户端在每次连接断开后立即再次发出请求。如此一来，服务端可相对即时地将消息送到客户端，同时也减少了无谓的请求次数。缺点则是：服务端需要一直保持连接不能释放，会消耗一定资源，而当活跃连接数达到处理上限时，服务端将无法响应新的请求。

以下示例简单演示了长轮询的实现原理，服务端每隔一秒向客户端推送一次当前系统时间。为节省篇幅以下仅给出关键代码，完整源代码可从资源包中获取（code-12.2）。

code-12.2/public/index.html（客户端程序）

```
async function startLongPoll() {
  while (true) {
    try {
      const res=await axios.post('/long-poll')
      console.log(res.data)                //在此处处理服务端回应数据
    } catch {
      //处理异常，但应避免退出循环
    }
  }
}
startLongPoll()
```

code-12.2/index.js（服务端程序）

```
const responses=[]
app.post('/long-poll', (req, res)=>{
  responses.push(res)                        //暂存 HTTP 回应对象
  //注意：此处无 res.send 或 res.end，暂不回应
})

//调用此函数将数据推送至客户端
//需要将数据推送至哪个客户端则从 responses 数组中取得相应的回应对象传入，data 为需要
//推送的数据
function serverPush(res, data) {
  res.send(data)
  //回送数据后此回应对象已失效（连接断开），此时应将其从 responses 数组中移除
  responses.splice(responses.indexOf(res), 1)
}

//以下代码使用定时器模拟服务端推送数据，每隔 1s 向客户端推送当前服务端时间
setInterval(()=>{
  responses.forEach(res=>{
    serverPush(res, new Date().toLocaleTimeString())
  })
}, 1000)
```

12.3　SSE

除 IE 浏览器外，其余主流浏览器均支持 EventSource 网络事件接口，EventSource 的实例可开启一个的 HTTP 长连接，直到主动关闭，在此期间服务端可以事件流形式向客户端发送数据，这些事件被称作 Server-Sent Events（SSE）。SSE 的工作原理如图 12.3 所示。

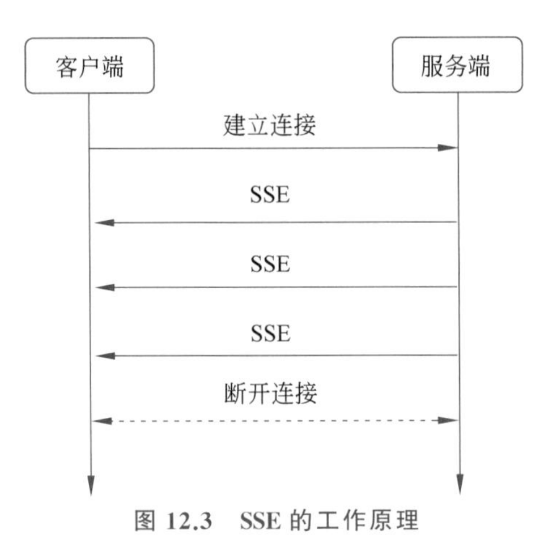

图 12.3 SSE 的工作原理

以下示例简单演示 SSE 的实现原理,服务端每隔一秒向客户端推送一次当前系统时间。为节省篇幅以下仅给出关键代码,完整源代码可从资源包中获取(code-12.3)。

code-12.3/public/index.html(客户端程序)

```
const source=new EventSource('/sse')      //创建 EventSource 对象

//成功建立连接时触发
source.onopen=function() {}

//收到消息时触发
source.onmessage=function(evt) {
  const data=evt.data                     //服务器返回的数据在 event.data 属性中
  console.log(data)                       //在此处处理服务端回应数据...
}

//连接异常时触发
source.onerror=function() {}

//调用 source.close()方法则断开连接
```

code-12.3/index.js(服务端程序)

```
const responses=[]                              //暂存 SSE 连接回应对象

//建立 SSE 通信的接口
app.get('/sse', function(req, res) {
  res.writeHead(200, {
    'Content-Type': 'text/event-stream',       //设定回应内容为 event-stream
    'Cache-Control': 'no-cache',
    'Connection': 'keep-alive',
  })

  responses.push(res)                           //暂存 SSE 连接回应对象
})

//调用此函数将数据推送至客户端
```

```
//需要将数据推送至哪个客户端则从 responses 数组中取得相应的回应对象传入,data 为需要
//推送的数据
function serverPush(res, data) {
  res.write('data: ' +data +'\n\n')          //将数据写回客户端(必须使用此格式)
}

//以下代码使用定时器模拟服务端推送数据,每隔 1s 向客户端推送当前服务端时间
setInterval(()=>{
  responses.forEach(res=>{
    serverPush(res, new Date().toLocaleTimeString())
  })
}, 1000)
```

SSE 是 HTML 5 标准的一部分,它实现了服务端至客户端的单向通信,仅可传递字符串数据,对于其他类型数据可做序列化处理。此外,基于 SSE 的推送技术需要客户端支持 EventSource 接口,对于客户端为 IE 浏览器或非浏览器环境通常不适用。除以上示例中演示的功能外,EventSource 尚有其他可定制的内容,请读者参阅其他资料。

12.4　WebSocket

前文介绍的服务端推送技术底层均使用 HTTP 进行通信,而 WebSocket 则不同,它是建立在 TCP 之上的一套全新的应用层通信协议(ws/wss),可实现客户端与服务端之间的全双工通信,既可以传输文本数据,也可以传输二进制数据。其中,wss 是应用了传输层安全协定(TLS)的 ws。

WebSocket 与 HTTP 有着良好的兼容性,握手阶段使用 HTTP,不容易被屏蔽,能通过各种 HTTP 代理服务器,实际项目中更建议使用 WebSocket 协议。图 12.4 展示了使用 WebSocket 协议通信的工作原理。

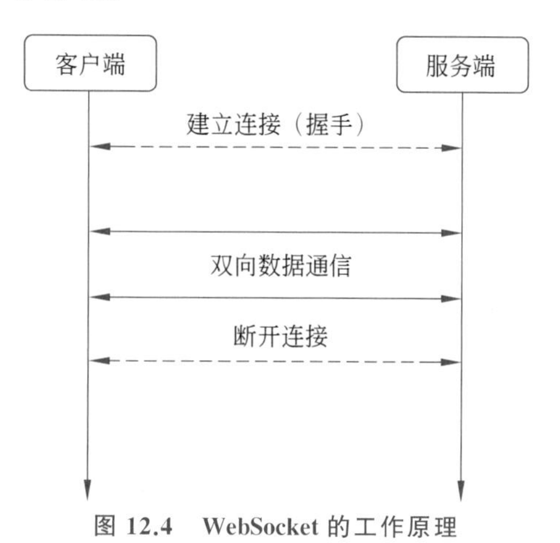

图 12.4　WebSocket 的工作原理

12.4.1　浏览器端 WebSocket

目前主流浏览器均支持 WebSocket 对象,用于管理 WebSocket 连接,表 12.1 和表 12.2 分别列出了 WebSocket 对象的属性和方法。

表 12.1 WebSocket 对象的属性

属　性	描　述
binaryType	连接所使用的二进制数据类型：blob 或 arraybuffer
bufferedAmount	只读，尚未发送到服务端的字节数
extensions	只读，服务端选择的扩展
onclose	指定连接关闭事件的回调函数
onerror	指定连接失败(出错)时的回调函数
onmessage	指定接收到服务端信息时的回调函数
onopen	指定成功建立连接后的回调函数
protocol	只读，服务端选择的下属协议
readyState	只读，当前连接的状态
url	只读，WebSocket 的 URL

表 12.2 WebSocket 对象的方法

方　法	描　述
close([code[,reason]])	关闭当前连接
send(data)	发送数据(数据将被排队发送)

以下例子演示了浏览器中 WebSocket 对象的使用方法，可直接在浏览器中打开此 HTML 文档，无须运行于服务器环境，但应与 12.4.2 节的服务端代码(code-12.4/index.js)配合。为节省篇幅以下仅给出关键代码，完整源代码可从资源包中获取(code-12.4)。

code-12.4/index.html

```
//创建 WebSocket 对象，连接服务端
const ws=new WebSocket('ws://localhost:9000')

//WebSocket 连接成功
ws.onopen=function(evt) {
  ws.send('Hello WebSockets!')                    //向服务端发送信息
}

//收到服务端信息
ws.onmessage=function(evt) {
  console.log('Received Message: ' +evt.data)
}

//WebSocket 连接断开
ws.onclose=function(evt) {
  console.log('Connection Closed.')
}
```

12.4.2 μWebSockets.js

WebSocket 服务端实现相对复杂，一般借助第三方库/框架创建 WebSocket 服务，其中

常用的有 μWebSockets、ws 等。μWebSockets 是使用 C/C++编写的跨平台 Web 服务端框架,同时支持 WebSocket 和 HTTP,性能优异,读者可下载其源代码进行编译。

本节所介绍的 μWebSockets.js 是 μWebSockets 针对 Node.js 的实现,下面举例说明其使用方法,可配合 12.4.1 节示例的客户端代码,实现每隔 1s 推送一次服务端系统时间。

code-12.4/index.js

```
//请执行如下命令安装 uWebSockets 模块
//npm install uWebSockets.js@uNetworking/uWebSockets.js#v20.10.0 --save
const { App }=require('uWebSockets.js')
const app=App()
const port=9000

//监听器特定 URL 模式的 WebSocket 连接
app.ws('/*', {
  //建立连接时的回调函数
  open: (ws)=>{
    ws.send('Welcome!')                              //向当前建立连接的客户端发送信息
    ws.subscribe('Tick')                             //订阅'Tick'主题
  },
  //收到客户端消息时的回调函数
  message: (ws, message, isBinary)=>{
    console.log(Buffer.from(message).toString()) //输出从客户端发来的信息
  },
})

//每隔 1s 向客户端推送当前时间(发布'Tick'主题的消息)
setInterval(()=>{
  app.publish('Tick', new Date().toLocaleTimeString())
}, 1000)

//启动监听
app.listen(port, (listenSocket)=>{
  if (listenSocket) {
    console.log(`Listening to port ${port}`)
  } else {
    console.error(`Failed to listen to port ${port}`)
  }
})
```

从例子中可看到,μWebSockets 可通过 app.ws()方法监听多个 WebSocket 路由的连接,同时实现了发布/订阅(publish/subscribe)消息范式,客户端可订阅指定主题(topic)的消息,服务端则在特定主题下推送消息,从而实现消息发送方与接收方的解耦,另一方面也实现了消息的"广播"。

JavaScript 中并没有二进制数据类型,但通过诸如 TCP 流或文件流获取的数据为原始二进制数据,因此 Node.js 中定义了 Buffer 类,其实例为存储二进制数据的缓存区,类似一个整型数组。上例中通过 WebSocket 接收到的客户端数据即为二进制数据,而 μWebSockets 并未对此类数据做处理,因此需要使用 Buffer.from()方法复制输入流中的数据后再转为字符串。

μWebSockets 也支持创建 HTTP 服务端程序,可在上例中加入如下代码接收客户端

HTTP 请求并回应。

```
app.get('/*', (res, req)=>{
  res.end('Hello μWebSockets!')
})
```

12.4.3 Express-ws

Express-ws 可用于在 Express 应用程序中创建 WebSocket 服务,能与 Express 较好地整合,其底层使用 ws(Node.js 环境的 WebSocket 库)。

下面的例子演示了 express-ws 在 Express 应用程序中的使用方法,所实现的功能与 12.4.2 节的例子相同(定时推送服务器时间),可结合 12.4.1 节的客户端程序进行测试。

code-12.5/index.js

```
const express=require('express')
const app=express()
const port=9000
//请执行 npm install express-ws --save 安装 express-ws 模块
const expressWs=require('express-ws')(app)

app.ws('/', (ws, req)=>{
  ws.on('message', function(msg) {
    console.log(msg)
    ws.send('Welcome!')
  })
})

//每隔 1s 向所有 Websocket 客户端发送服务器时间
setInterval(()=>{
  //expressWs.getWss()方法可取得所有连接的 Websocket 客户端,以此方式发送全局广播
  expressWs.getWss().clients.forEach(ws=>{
    ws.send(new Date().toLocaleTimeString())
  })
}, 1000)

app.listen(port, ()=>{
  console.log(`Listening to port ${port}`)
})
```

12.4.4 Socket.IO

实践中 Socket.IO 框架也多有使用,但它不仅是 WebSocket 协议的实现,框架中还为 WebSocket 数据包添加了额外的元数据,因此无法使用 12.4.1 节介绍的标准浏览器 WebSocket 对象连接 Socket.IO 服务端,必须使用框架中的客户端模块,但其拓展出了一些实用的机制。

Socket.IO 底层通信使用长轮询和 WebSocket 两种方式实现,若环境支持则优先使用 WebSocket,具体采用何种方式通信对程序员而言是透明的,编写代码的方法并不受影响。

Socket.IO 框架包含服务端和客户端两部分,如图 12.5 所示。

Socket.IO 服务端可划分为多个命名空间(namespace),服务端程序启动时将创建一个

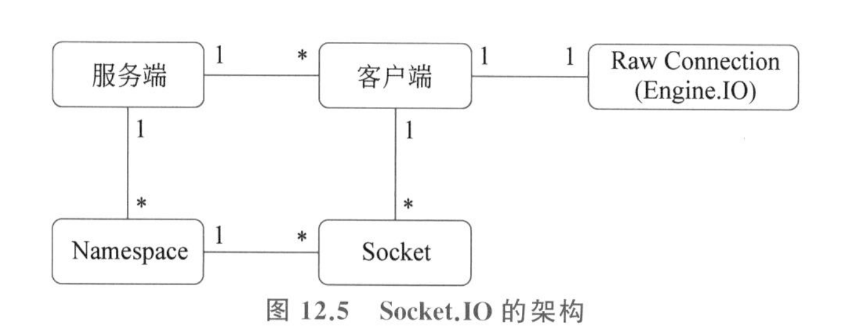

图 12.5　Socket.IO 的架构

默认命名空间“*/*”。每个命名空间可包含多个 Socket 与客户端通信，而最底层的通信则使用 Engine.IO 进行。Socket.IO 客户端则可创建一个或多个 Socket 实例连接到指定命名空间的服务端。

为便于管理，命名空间之下可划分多个一个房间(room)，一个房间可包含多个 Socket，而一个 Socket 也可归属多个房间。Socket 实例创建时即被自动加入以自己的 id 命名的“专属房间”，该房间中只有唯一的 Socket 实例，因此，当需要向特定的 Socket 发送消息时，实际上是向该 Socket 的专属房间发送消息。

Socket 是 Socket.IO 服务端与客户端交互的基础类，它继承了 Node.js 环境中 EventEmitter 类的所有方法，例如 emit()、on()、once()、removeListener()等，因此 Socket.IO 是基于事件机制进行通信。

下面的例子演示了 Socket.IO 的使用方法(与 Express 集成)。

code-12.6/index.js(服务端程序)

```
const express=require('express')
//请执行 npm install socket.io --save 安装 socket.io 模块
const { Server }=require('socket.io')
const { createServer }=require('http')

const app=express()
const port=9000
app.use(express.static('public'))

const httpServer=createServer(app)
const io=new Server(httpServer)                //Socket.IO 服务端

//有客户端连接时触发 connection 事件
io.on('connection', (socket)=>{
  socket.emit('message', 'Welcome!')           //向当前建立连接的客户端发送信息
  socket.join('Room1')                         //加入房间
  socket.on('message', (data)=>{               //收到客户端消息
    console.log(data)
  })
})

//每隔 1s 向 Room1 房间的所有 Socket 推送服务器时间
setInterval(()=>{
  io.in('Room1').emit('RoomTick', new Date().toLocaleTimeString())
}, 1000)

//每隔 5s 向所有 Socket 推送服务器时间
```

```
setInterval(()=>{
  io.emit('GlobalTick', new Date().toLocaleTimeString())
}, 5000)

//启动监听
httpServer.listen(port, ()=>{
  console.log(`Listening to port ${port}`)
})
```

code-12.6/public/index.html(客户端程序)

```
<!DOCTYPE html>
<html lang="en">
  <head>
    <meta charset="UTF-8" />
    <title>12.6</title>
    <!--引入 Socket.IO 客户端模块, Socket.IO 服务端默认提供此模块 -->
    <script src="/socket.io/socket.io.js"></script>
  </head>
  <body>
    <script>
      //默认连接同域(http://localhost:9000)的 Socket.IO 服务端
      const socket=io()

      //连接成功
      socket.on('connect', ()=>{
        console.log('Connected, SocketId:', socket.id)
        socket.emit('message', 'Hello Socket.IO')
      })

      //收到针对当前客户端的"私信"
      socket.on('message', (data)=>{
        console.log(data)
      })

      //收到房间消息
      socket.on('RoomTick', (data)=>{
        console.log('RoomTick', data)
      })

      //收到全局广播
      socket.on('GlobalTick', (data)=>{
        console.log('GlobalTick', data)
      })

      //连接断开
      socket.on('disconnect', ()=>{
        console.log('Disconnect')
      })
    </script>
  </body>
</html>
```

从上例可看到，使用 Socket.IO 时，服务端与客户端之间以事件方式进行交流，如

图 12.6 所示。

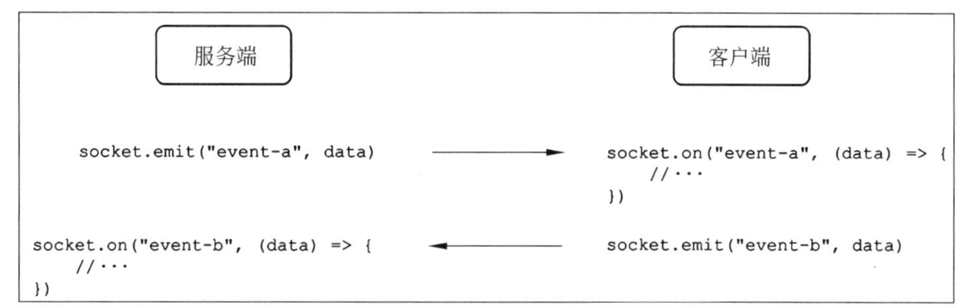

图 12.6　Socket.IO 服务端与客户端的通信方式

当连接建立后，Socket.IO 客户端与服务端之间将定时同步心跳信号(ping-pong)以保持链路活跃，同时感知对方状态。若因任何原因导致心跳信号中断，将触发 connect_error 事件，并自动尝试重新连接。默认情况下，若因连接未就绪而导致事件无法送达则事件将被缓存，并在建立连接后发送。

表 12.3 列出了 Socket.IO 中发送消息的常用方法，可供参考。

表 12.3　Socket.IO 中发送消息的常用方法

	方　法	描　述
服务端	socket.emit()	向特定客户端发送消息
	socket.broadcast.emit()	向当前命名空间所有客户端发送消息(发送方除外)
	socket.to("room1").emit()	向 room1 房间所有客户端发送消息(发送方除外)
	socket.to(["room1", "room2"]).emit()	向 room1、room2 房间所有客户端发送消息(发送方除外)
	io.in("room1").emit()	向 room1 房间所有客户端发送消息
	io.to(["room1", "room2"]) .except("room3").emit()	向 room1、room2 房间所有客户端发送消息(同时在 room3 房间中的客户端除外)
	io.of("ns").emit()	向 ns 命名空间所有客户端发送消息
	io.of("ns ").to("room1").emit()	向 ns 命名空间 room1 房间所有客户端发送消息
	io.to(socketId).emit()	向指定 socketId 的特定客户端发送消息
	io.emit()	向所有连接的客户端发送消息
	socket.emit("question", (answer)=> {…})	向特定客户端发送消息并在客户端回应时回调
	socket.compress(false).emit()	向特定客户端发送消息(不压缩)
	socket.volatile.emit()	若底层连接未就绪，信息将被丢弃
客户端	socket.emit()	向服务端发送消息
	socket.emit("question", (answer)=> {…})	向服务端发送消息并在服务端回应时回调
	socket.compress(false).emit()	向服务端发送消息(不压缩)
	socket.volatile.emit()	若底层连接未就绪，信息将被丢弃

至此,读者不妨回到 11.4 节,考虑微信扫码登录后如何使用服务端推送技术将用户登录状态推送至客户端,从而触发客户端页面自动跳转。

在移动端,当浏览器窗口被切换至后台或用户锁屏时将导致 WebSocket 连接断开,若使用 12.4.1 节介绍的 WebSocket 客户端实现方式,应注意连接意外断开时的重连问题。虽然 Socket.IO 框架实现了自动重连机制,但 JavaScript 程序终究是运行于浏览器环境中,若浏览器进程被挂起,服务端推送的消息依然无法即时送达。

因此,如果需要在第 15 章介绍的 Hybrid App 中实现服务端消息即时推送,应采用移动端推送方案,例如,iOS 平台可使用 Apple 公司自己的推送服务,Android 平台则可使用 Google 推送服务或其他公司自主研发的推送服务。

第13章

Web服务端进阶话题

本章将进一步深入探讨Web应用程序开发和部署过程中可能涉及的现实问题，包括跨站脚本攻击（XSS）、跨域资源共享（CORS）、反向代理（Reverse Proxy）等内容。

13.1 跨站脚本攻击

跨站脚本（Cross-site scripting，XSS）攻击是针对Web应用程序最常见的攻击形式之一，攻击者通常利用Web应用程序开发中留下的漏洞，注入并执行恶意代码，以影响用户浏览体验、读取敏感信息、获取更高权限、伪造用户操作等。跨站脚本攻击是一类攻击形式的统称，并非单一技术，造成的危害也多种多样。

不妨运行9.4.4节的示例code-9.2，在输入框中填入如下内容，并单击Submit按钮提交表单。

```
<script>alert('XSS Attack')</script>
```

表单提交后可看到如图13.1所示的效果，新页面中意外地弹出了消息框。

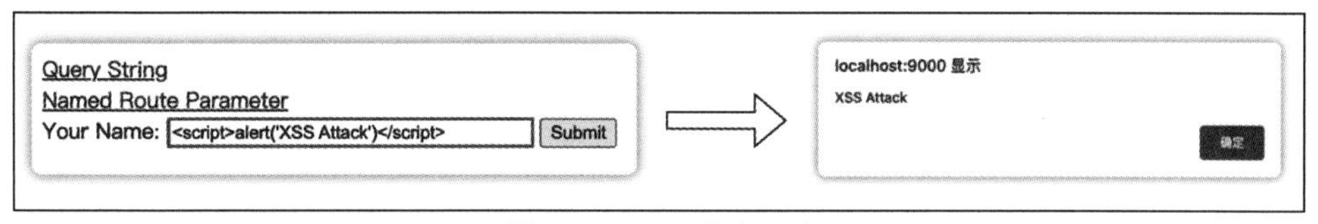

图13.1 XSS攻击示意

以上示例演示了一种简易的XSS攻击，攻击者在表单中填入恶意脚本并提交，若服务端代码不对用户的输入数据进行验证和转义即作为内容输出，那么恶意脚本便会在用户的浏览器中执行。试想，若提交的内容不只是弹出一个对话框那么简单，而是一段危害性更强的代码，如读取并发送用户私密数据、注入非法广告，或直接将页面跳转至钓鱼网站，那么后果将更严重。

为防范此类XSS攻击，服务端程序须对客户端传来的数据进行严格验证和转义，例如，将“<script>”转义为“<script>”，程序员可参阅OWASP（开放式Web应用程序安全项目组织）发布的跨站点脚本预防备忘单（Cross Site Scripting Prevention Cheat Sheet）检视自己的项目是否有效规避了此类XSS攻击风险。

在主流的第三方框架中通常会对以上 XSS 攻击进行防范,例如,Vue.js 中的双大括号插值语法默认即会对输出内容做必要的转义,请参阅 8.3.1 节。

以上讨论的仅是跨站脚本攻击的一种类型,被归为反射型 XSS 攻击(Reflected XSS),除此之外,还有存储型 XSS(Stored XSS)、基于 DOM 的 XSS(DOM XSS),攻击手段、目的和恶意程度也各有不同,其中,存储型 XSS 常被认为是高风险的跨站攻击。

就像计算机病毒一样,跨站脚本攻击的方式总是层出不穷,防范手段也应与时俱进,项目实践中程序员不能仅专注于业务功能的实现,更应检视代码中可能存在的漏洞,随时警醒自己构建更加健壮的程序,这也是程序员的职业素养之一。

13.2 跨域资源共享

出于安全考量,浏览器通常会限制"脚本内"发起的跨域 HTTP 请求,即遵循同源策略(Same-origin Policy),它有助于阻隔恶意攻击。所谓"同源",指的是两个 URL 的协议、主机名、端口均相同。以 http://shop.example.com/index.html 为例,表 13.1 列举了与不同 URL 对比的结果。

表 13.1 与不同 URL 的同源对比

URL	是否同源	原因
http://shop.example.com/other.html	是	仅路径不同
http://shop.example.com/inner/index.html	是	仅路径不同
https://shop.example.com/index.html	否	协议不同
http://shop.example.com:81/index.html	否	端口不同(HTTP 默认端口为 80)
http://news.example.com/index.html	否	主机名不同

同源策略意味着只能从加载客户端程序的同一个域请求 HTTP 资源,即运行于 http://domain-a.com 的程序中无法使用 JavaScript 代码发起到 https://domain-b.com 的请求。这便是自第 9 章起,大部分示例程序都必须访问类似 http://localhost:9000 的 URL 才可正常运行的原因。若直接在浏览器中打开本地 HTML 文件,此时浏览器地址栏中显示的通常为 HTML 文件的物理路径(域为 null),其中的 JavaScript 脚本若向服务端发起 HTTP 请求则违反了同源策略,浏览器控制台将输出相应错误信息。

但现实中却有跨域请求的需求,例如,在前后端分离设计方案中,客户端程序与服务端程序并不运行于同一个域,但客户端程序却需要跨域请求服务端资源。跨域资源共享(Cross-Origin Resource Sharing,CORS)机制中,服务端通过在 HTTP 回应报文中包含 CORS 回应头以标示允许其他域访问其资源。

以下示例分别在 9000 和 9001 端口启动客户端和服务端程序,并从客户端程序中发起跨域 AJAX 请求,该例模拟了因违反同源策略而导致请求失败的情形。运行程序后在浏览器中访问 http://localhost:9000 并打开浏览器控制台,便可看到输出的错误信息。

code-13.1/index.js

```
//引入 Express 模块
const express=require('express')

//服务端程序，监听 9001 端口
const serverApp=express()
const serverPort=9001

//监听 HTTP GET http://localhost:9001/getMessage
serverApp.get('/getMessage', (req, res)=>{
  res.send('Some message …')
})
serverApp.listen(serverPort, ()=>{
  console.log(`Server: http://localhost:${serverPort}`)
})

//客户端程序，监听 9000 端口
const clientApp=express()
const clientPort=9000
clientApp.get('/', (req, res)=>{
  res.send(`
    <html><head>
    <script src="https://cdn.bootcdn.net/ajax/libs/axios/0.27.2/axios.min.js">
</script>
    <script>
      //使用 Axios 发送跨域请求
      axios.get('http://localhost:9001/getMessage').then(
        res=>console.log(res.data),
        err=>console.log(err)
      ).catch(
        ex=>console.log(ex.message)
      )
    </script>
    </head></html>
  `)
})
clientApp.listen(clientPort, ()=>{
  console.log(`Client: http://localhost:${clientPort}`)
})
```

对于上述程序，若需允许客户端程序发起跨域请求，可安装 cors 模块并添加如下代码挂载 cors()中间件以允许跨域请求。

```
//请执行 npm install cors --save 安装 cors 模块
const cors=require('cors')
//若不使用任何参数，如 serverApp.use(cors())将允许所有跨域请求
serverApp.use(cors({
  origin: 'http://localhost:9000'
}))
```

使用 cors()中间件时若不传入配置参数将允许来自所有域的跨域请求，实际项目中应谨慎使用，通常应指定允许跨域资源共享的白名单。

13.3 反向代理

本节所述的代理(Proxy)是一种特殊的网络服务,允许一个终端通过此服务与另一个终端进行非直接的连接,提供代理服务的终端或程序称作代理服务器(Proxy Server)。代理可分为以下两种类型(参见图13.2)。

(1) 正向代理:代理客户端请求,通常应用于客户端程序无法直接连接目标服务器的场景,或隐藏客户端信息。代理服务器收到客户端请求后将其中转至目标服务器,并在收到目标服务器回应时转发回客户端。

(2) 反向代理:代理服务端程序,常用于负载均衡、请求分发、静态内容缓存、数据压缩等场景。例如,欲在同一服务器上运行多个Web应用程序,便可配置反向代理服务器,将来自客户端的请求根据URL转发至相应程序。

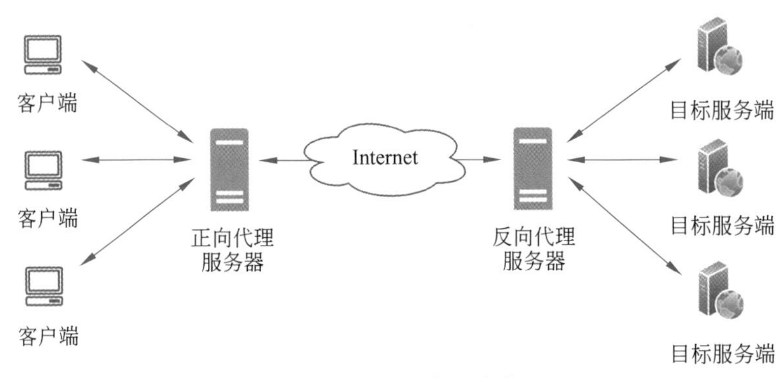

图13.2 正向代理与反向代理

在Web应用程序部署中常需要使用反向代理,目前常见的反向代理服务器包括Apache HTTP Server、IIS、Nginx等,本节以Nginx为例简介反向代理的用途与配置方法。

13.3.1 Nginx基础

Nginx是一个高性能的HTTP和反向代理服务器,同时也可用作IMAP/POP3/SMTP代理服务器,最早由俄罗斯人Igor Sysoev开发,其源代码以BSD许可证形式发布。因其稳定性、丰富的模块库、灵活的配置和低系统资源消耗而闻名。

请读者自行下载Nginx稳定版,解压后在命令行界面中进入解压缩目录运行nginx即可(Windows系统执行start nginx),随后在浏览器中访问http://localhost便可看到Nginx的欢迎页面。表13.2列出了Nginx常用命令。

表13.2 Nginx常用命令

命　令	描　述
nginx -s stop	快速关闭Nginx,可能不保存相关信息,并迅速终止Web服务
nginx -s quit	优雅地关闭Nginx,保存相关信息,有安排地结束Web服务
nginx -s reload	用于更改Nginx配置后,使用新配置重新启动Nginx

续表

命　令	描　述
nginx -t	仅测试配置文件，不运行 Nginx
nginx -v	显示 Nginx 版本

Nginx 解压目录下的 conf/nginx.conf 文件为其主配置文件，可使用 VSCode 或任意文本编辑器打开此文件，如图 13.3 所示为 Nginx 默认配置的大致结构。

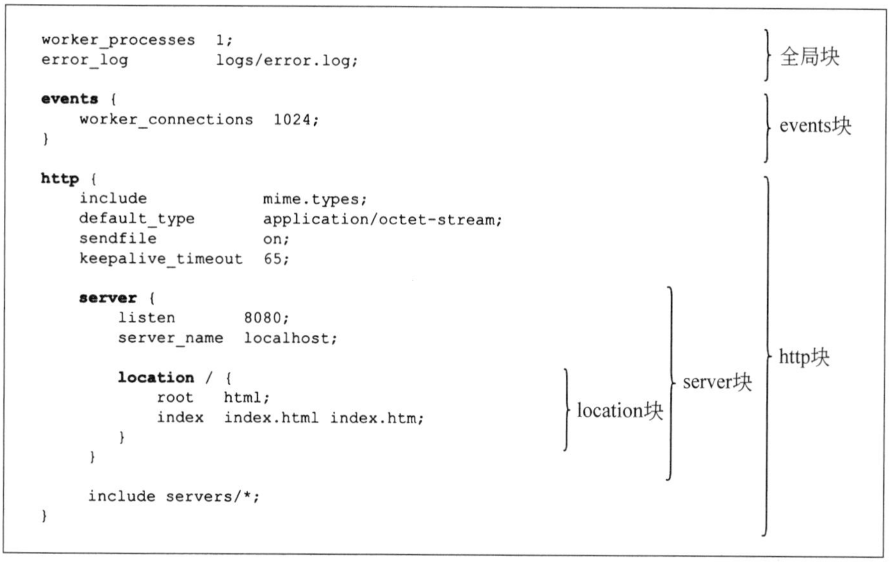

```
worker_processes  1;                                           } 全局块
error_log         logs/error.log;

events {                                                       } events块
    worker_connections  1024;
}

http {                                                         } http块
    include            mime.types;
    default_type       application/octet-stream;
    sendfile           on;
    keepalive_timeout  65;

    server {                                                   } server块
        listen       8080;
        server_name  localhost;

        location / {                                           } location块
            root   html;
            index  index.html index.htm;
        }
    }

    include servers/*;
}
```

图 13.3　nginx.conf 文件的结构

配置文件由指令及其参数组成，每个简单（单行）指令都以分号结尾。其他指令充当容器，将相关指令组合在一起，并将它们置于大括号中，这些指令通常被称为块。Nginx 的顶级指令块包括：events（网络连接处理方式的通用配置）、http（HTTP 服务配置）、mail（邮件服务配置）、stream（TCP 和 UDP 配置）。

Nginx 配置指令相当丰富，而本书篇幅有限，无法详述每个配置指令的含义，因此下文以几个典型应用场景为例介绍其配置方法，以期能让读者理解反向代理服务器的实际用途和 Nginx 的配置方法。请读者先备份 nginx.conf 文件，再依本节内容进行实验，若因错误配置导致 Nginx 无法启动时可使用备份恢复默认配置。

13.3.2　Web 服务配置

对于 Web 应用程序部署而言，http、server、location 指令块最为常用。http 指令块可包含多个 server 块，而每一个 server 块又可包含多个 location 块，每一级的全局配置都将影响其中所包含的下级指令块。

每个 server 块对应于一个虚拟服务器，http 块中的 server 可理解为处理 HTTP(S) 请求的接口，Nginx 监听指定端口的 HTTP 请求，并将其转发至相应虚拟服务器。

下面不妨运行 9.2 节构建的简单 Web 应用程序（code-9.1），配置 Nginx 将本机 80 端口（HTTP 默认端口）的请求转发至该程序。以下配置代码仅包含有改动的关键内容，其余均为 Nginx 默认配置,下文其余示例均如此。

```
server {
    listen          80;
    server_name    localhost;
    location / {
        proxy_pass http://localhost:9000;
    }
}
```

listen 指令指定 Nginx 监听的本机端口,本示例配置监听来自 80 端口的所有请求。

server_name 指令用于匹配请求的域名。默认值为 "",表示匹配任意域名,也可指定一个或多个域名,或使用通配符/正则表达式。

proxy_pass 指令将符合条件的 HTTP 请求代理至 http://localhost:9000。

在命令行界面中执行 nginx -s reload 命令,使用新的配置重启 Nginx 便可在浏览器中访问 http://localhost,应可看到 code-9.1 服务端代码的回应。

若有多个服务使用同一端口,可使用 server_name 来区分它们,将不同域名的请求代理至相应的接口。例如,服务器上运行了多个网站,可使用如下配置。

```
server {
    listen          80;
    server_name     foo.example.com;
    ...
}
server {
    listen          80;
    server_name     bar.example.com  *.example2.com;
    ...
}
```

location 指令修饰符用于指定请求路径 URI[①] 的匹配模式,见表 13.3(优先级从高到低)。

表 13.3　location 指令修饰符

修饰符	描　述
=	置于标准 URI 前,精确匹配给定的 URI,如 location= /index.html 仅匹配 /index.html
^~	置于标准 URI 前,匹配给定的 URI 前缀,如 location ^~ /abc 匹配以 /abc 开头的 URI
~、~*	置于正则表达式前,匹配给定的正则表达式,如 location ~ \.php$ 匹配以 .php 结尾的 URI。 在大小写敏感的操作系统中,~* 表示不区分大小写匹配。 若二者同时出现,根据书写顺序优先匹配
/abc	匹配以 /abc 开头的 URI
/	匹配所有 URI

在 server 块中还常用 error_page 指令指定错误页面,可根据 HTTP 错误码统一向客户

① URI 是 URL 的超集,如 /index.html 的路径不可称作 URL,仅可称 URI。

端回送相应的错误页面，例如：

```
server {
    …
    error_page   404                    /404.html;
    error_page   500 502 503 504        /50x.html;
    location=/50x.html {
        root   html;
    }
}
```

配置反向代理时，Nginx 以自己的身份向目标服务器转发请求，因此原始请求 Headers 中的信息可能会丢失。例如，发送原始请求的远程主机 IP 地址将被替换为 Nginx 所在的服务器地址，此时可使用 proxy_set_header 指令将原始请求中的信息添加到新的请求中，以便目标程序获取，例如：

```
server {
    …
    location / {
        proxy_pass http://localhost:9000;

        #Proxy headers
        proxy_set_header Upgrade                $http_upgrade;
        proxy_set_header Host                   $host;
        proxy_set_header X-Real-IP              $remote_addr;
        proxy_set_header X-Forwarded-For        $proxy_add_x_forwarded_for;
        proxy_set_header X-Forwarded-Proto      $scheme;
        proxy_set_header X-Forwarded-Host       $host;
        proxy_set_header X-Forwarded-Port       $server_port;
    }
}
```

上述配置中“$”开头的变量为 Nginx 内置变量，如 $remote_addr 为远程主机地址。经上述配置后，目标程序便可读取请求头中的 X-Real-IP 字段取得发送原始请求的客户端真实 IP 地址：req.headers["x-real-ip"]。

13.3.3 托管静态资源

Web 应用程序中的静态资源，如 HTML、CSS、JavaScript、图像、字体等，并不含有服务端代码，可直接回送至客户端。但在此之前仍需要服务端程序从文件系统中读取数据并回送客户端，参见 9.4.3 节。

Nginx 支持静态资源托管，可省去服务端程序专门对静态资源进行处理。因此，Nginx 可用于搭建静态资源服务器，如资源下载网站。在前后端分离的架构中，前端程序也可由 Nginx 代为处理。实践中直接使用 Nginx 托管静态资源效率更高，并可进行丰富的配置。

下面的配置可用于运行一个静态网站，其中，root 指令指定了网站文件存放的根目录，Windows 系统中为 Nginx 解压目录下的 html 文件夹，也可指定为物理路径；index 指令指定默认首页文件。

```
location / {
    root   html;
    index  index.html index.htm;
}
```

对于其他静态资源托管,可使用类似如下配置。

```
server {
    listen         80;
    server_name    www.example.com;
    location /public/ {
        root /www;                          #物理路径
        index index.html;
    }
    location ~\.(gif|jpg|png)$ {
        root /www/images;                   #物理路径
    }
}
```

这样,当客户端访问 http://www.example.com/public/ 时将返回 /www/public/index.html,而访问 http://www.example.com/…/avater.jpg 时,则返回 /www/images/…/avater.jpg。

默认情况下,Nginx 在将静态资源发送到客户端前会将文件复制到缓冲区中,以提高复用效率。启动 sendfile 指令可避免 Nginx 将数据复制到缓冲区,使用 sendfile_max_chunk 指令则可限制单个 sendfile()调用传输的数据量。

```
location /mp3 {
    sendfile           on;
    sendfile_max_chunk  1m;
}
```

13.3.4 负载均衡

负载均衡(Load Balancing)可优化资源利用率、最大化吞吐量、减少延迟、提高系统整体容错能力。例如,若一台服务器的性能已无法支撑应用系统的高并发请求,则可同时在多台后端服务器上启动应用程序实例,使用负载均衡技术将客户端请求分发至不同的后端服务器。当然,有时也可能在一台服务器上启动多个应用程序实例,配合负载均衡技术以提高系统的可用性。

在 http 块中,可使用 upstream 指令定义一组后端服务接口,并使用 proxy_pass 指令将请求转至后端服务器。

```
http {
    upstream backend {
        server bk1.example.com        weight=3;
        server bk2.example.com        weigth=2;
        server localhost:9001         weight=1;
    }

    server {
```

```
        location / {
            proxy_pass http://backend;
        }
    }
}
```

如上配置后，当收到前端请求时 Nginx 将根据权重值(weight)将请求转至不同的后端服务接口，其中，weight 值越大获得请求的概率越高，默认值为 1。

负载均衡配置后，往往无法保证来自同一客户端的请求总是被转发至相同的后端服务接口，这便可能导致基于 session-cookie 的鉴权机制失效，11.2 节简介了 session 广播和使用 NoSQL 数据库存储 session 的方案，此处可以通过指定 IP Hash 负载均衡算法，以确保同一客户端的请求总是被转发至同一后端服务接口，例如：

```
upstream backend {
    ip_hash;
    …
}
```

13.3.5　HTTPS 配置

目前，越来越多的场景使用 HTTPS，它可通过 TLS/SSL 为数据传输提供如下三项关键保护。

- 加密：对所交换的数据进行加密，使其免受窥探。
- 数据完整性：只要数据在传输期间被修改或损坏(有意或无意)，均会被检测出来。
- 身份验证：证明用户是在与目标网站进行通信，从而保护用户免遭中间人攻击。

若需要为网站启动 HTTPS，首先必须取得由 CA(证书授权机构)颁发的安全证书。CA 证书中包含域名、签发机构、有效期、公钥等信息，此外，CA 证书的持有者还拥有一份私钥(申请证书时生成)。图 13.4 展示了使用 HTTPS 通信的过程。

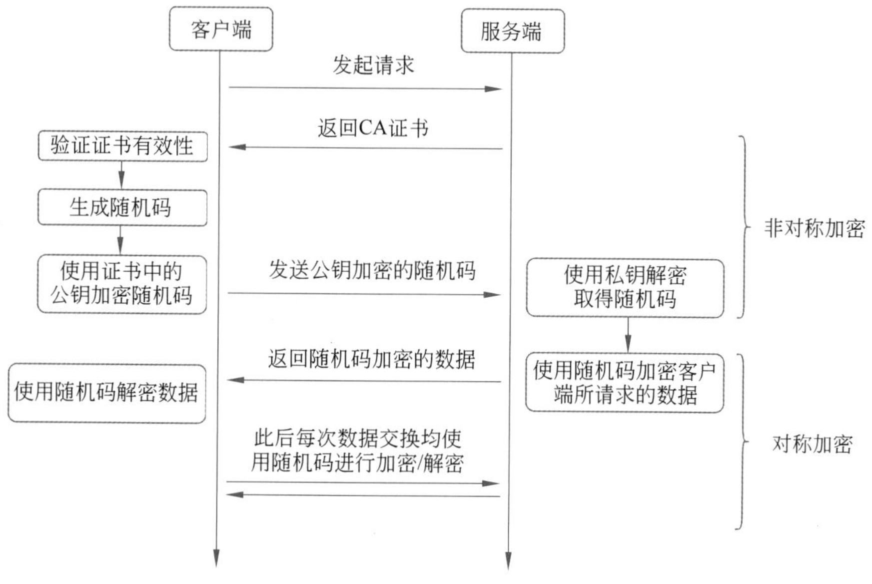

图 13.4　使用 HTTPS 的通信过程

使用 HTTPS 通信时,服务端首先返回 CA 证书向客户端证明自己的合法性,随后客户端生成“随机码”并使用证书中的公钥加密后发送给服务端,服务端使用私钥解密取得随机码,此阶段使用的是非对称加密算法,至此服务端与客户端取得了相互的信任。此后每次交换数据均使用随机码加密/解密,以确保信息不被窃取,后续阶段使用的是对称加密算法,可获得更高的加密/解密效率。

有多种途径可取得 CA 证书(付费/免费),读者可自行上网搜索申请方法。申请过程中 CA 机构会采取措施确认你是域名的合法拥有者,从而保护访问者免受中间人攻击。

下面的配置可用于启用 HTTPS 。

```
#若用户使用 HTTP 访问,重定向至 HTTPS
server {
    listen       80;
    server_name  www.example.com;
    return 301 https://$server_name$request_uri;
}

#HTTPS
server {
    listen                  443 ssl;                        #监听 HTTPS 默认端口 443
    server_name             www.example.com;                #域名
    ssl_certificate         /../../certificate;             #证书文件存放物理路径
    ssl_certificate_key     /../../certificate-key;         #私钥文件存放物理路径

    location / {
        ...
    }
}
```

虽然多数 Web 服务端框架中(如 Express)也可通过配置以支持 HTTPS,但若项目部署时使用了诸如 Nginx 之类的代理服务器,则以上配置方案最为简洁。

以上介绍了几种常见应用场景下的 Nginx 配置方法,尚有更多优化选项限于篇幅未做介绍。此外,Nginx 的功能也不止前文所述,例如,CORS 的实现也可由 Nginx 完成,通过使用更多的 Nginx 插件可拓展其功能,读者若有兴趣可参阅 Nginx 官方文档。

在实际应用中,为便于维护,建议按逻辑关系将配置拆分为多个文件,并在主配置文件 nginx.conf 中使用 include 指令引入。

13.4 Node.js 进程管理

前面的示例中一般在命令行界面中执行 node index.js 命令启动 Node.js 程序,这样的方式一旦关闭命令行窗口 Node.js 进程便随之终止。实践中读者可能也已发现,Node.js 程序抛出异常时若未被正确捕获和处理,同样将导致程序退出。Web 应用程序中,虽然 Express 之类的服务端框架可对业务代码中抛出的异常进行捕获和处理,以免引起服务端程序崩溃,但也难免一些意外情况的发生,这对于一个网站而言常难以接受。

为解决以上问题,可使用 Node.js 生态中第三方进程管理工具,如 nodemon、forever、PM2 等,它们均可以让 Node.js 程序运行于后台,不会因命令行窗口关闭而导致程序退出。

其中，PM2 功能最为丰富且性能不俗，常被用于企业级部署，本节将简要介绍其主要功能和使用方法（基于 PM2 5.2.0 版本），请执行 npm install pm2@latest -g 全局安装 PM2。

若要使用 PM2 启动 Node.js 程序可在命令行界面中执行如下命令。（读者可使用本书提供的任意一个 Node.js 程序进行测试，第 12 章中的示例因会定时推送消息至客户端，可能更加适合）。

```
pm2 start index.js
```

由 PM2 守护的应用程序进程在遭遇异常而意外退出时会被自动重启，可在命令行界面中执行如下命令查看当前由 PM2 管理的所有应用程序的运行状态，如图 13.5 所示。

```
pm2 list        #或 pm2 ls,或 pm2 status
```

id	name	namespace	version	mode	pid	uptime	↺	status	cpu	mem	user	watching
0	index	default	1.0.0	fork	71099	0s	0	online	0%	3.0mb	bailey	disabled

图 13.5　使用 pm2 启动 code-12.1 示例

图 13.5 中 id 为进程编号，name 为应用程序名称（app_name），默认使用入口文件名，也可在启动程序时指定。此外，图中还显示了操作系统分配的进程 id（pid）、进程状态（status）、CPU 和内存占用情况等信息。

上述内容并非实时信息，若需实时监控应用程序运行状态，可使用 pm2 提供的如下两个工具。

```
#基于终端的仪表板(仅监视运行状态)
pm2 monit

#用于监控与诊断的 Web 界面,可查看应用程序的运行状况,也可进行控制(部分高级功能需要收费)
pm2 plus
```

使用 PM2 启动应用程序时可为 pm2 start 命令指定更多参数，表 13.4 为常用可选参数。

表 13.4　PM2 的常用可选参数

可选参数	描　述
--name<app_name>	指定应用程序名称
--watch	监视源代码文件，若有变化则自动重启程序
--no-autorestart	不自动重启程序
--max-memory-restart<200MB>	指定程序重启的内存阈值。 若应用程序消耗内存数超过阈值则自动重启
--restart-delay<delay in ms>	重启前的延迟时间（ms），默认为立即重启
--cron<cron_pattern>	指定一个 cron 格式的时间描述，以强制程序重启 如启动程序并在每天凌晨 2:00 重启：pm2 start --cron 0 0 2 * *
--log<log_path>	指定日志文件存储位置
--time	为日志添加时间前缀
-- arg1 arg2 arg3	为应用程序传递额外的启动参数

对于Node.js应用程序，PM2包含一个自动负载均衡器，它将在每个衍生进程之间共享所有的HTTP/HTTPS/WebSocket/TCP/UDP连接，也就是说，可以集群模式启动应用程序：

```
pm2 start index.js -i max
```

上述命令中，max表示将应用程序运行于所有CPU，即若服务器CPU核心数为16，则将同时启动16个进程。也可将max替换为0(等价于max)、-1(CPU核心数减1)或具体数值。

一般而言，集群部署指在多台服务器上运行同一应用程序，以提高系统的整体性能和可靠性。上述PM2以集群模式启动程序时将调用Node.js的集群模块在同一服务器上启动多个进程(并非多服务器)，但这对Node.js应用程序而言仍然可提高其性能和可靠性。并且PM2集群模式可自动进行负载均衡，多进程之间共享同一服务器端口，对于已经开发完成的程序而言，无需烦琐的编码/配置即可获得更高性能和可靠性。

对于PM2所启动的进程，可使用表13.5中的命令进行管理。

表13.5 PM2常用命令

命令	描述
pm2 restart app_name	重新启动程序(停止所有进程并重新启动)
pm2 reload app_name	重新加载程序(0s停机)
pm2 stop app_name	停止程序
pm2 delete app_name	从PM2进程列表中删除指定程序

表13.5中app_name为应用程序名称(参见图13.5中的name列)，也可换作id值以管理特定的进程，或换作all以管理所有进程。

除以上介绍的内容外，PM2还提供了更多实用的功能，如设置开机自动运行程序、作为静态服务器运行、优雅地启动和停止应用程序等，请参阅PM2官方文档。

技术拓展篇

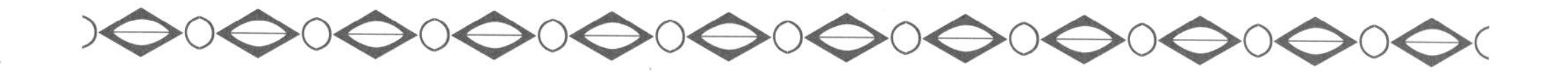

第14章 使用 Vue.js 开发单页面应用

在传统的 Web 应用程序开发中，每一个页面承担特定的业务功能，用户通常在站内的多个页面间切换。从技术层面上讲，这种方式一般大多地依赖于服务端渲染技术（参阅 9.5 节），页面切换或内容刷新时需要从服务端加载整个页面。在许多业务系统中，用户的操作往往只需对页面局部进行刷新而非整个页面，在此情形下若从服务端加载整个页面，一方面会造成服务端的压力，另一方面也会无谓地加重网络负载。

随着前端技术的发展，实现前端页面的局部刷新已不是难事，许多前端框架均可轻松地应对此类问题，而 AJAX、WebSocket 等通信技术较好地解决了数据传输的问题。因此，许多 Web 应用程序使用客户端渲染技术，服务端仅提供静态资源和数据，功能界面的组装在客户端完成，并将业务功能置于一个页面中，此类应用称作单页面应用（Single Page Application，SPA），本书前面章节的示例基本上都属于 SPA。若项目规模较大，要将所有业务功能集中在单个页面中非常困难，此时可借助前端框架实现。

本章将以 Vue 单页面应用程序开发为主线，深入探讨 Vue 组件、组合式 API、响应性原理等话题，也会谈及实际项目开发中常会用到的 Vue 前端路由（Vue Router）、状态管理（Pinia）等内容。

14.1 创建脚手架项目

若读者有使用其他技术开发项目的经验，应该对创建项目的过程并不陌生，通常集成开发环境会依照模板创建一个初始项目，并配置好必要的环境，这样的项目常被称作脚手架项目（脚手架工程，scaffold project）。

本书前面的例子中，为了让读者明了每个模块的作用、熟悉编程步骤，我们均从创建一个空文件夹开始，然后安装必需的模块/插件，做相应配置，此类繁杂的工作不免耗费精力，且易犯错。Node.js 生态中一些成熟的框架通常会提供命令行工具（Command Line Interface，CLI），以帮助程序员快速创建脚手架项目，免去烦琐的开发环境搭建工作。

本章内容基于 Vue CLI 5.0.8，请执行 npm install -g @vue/cli 全局安装，它是由 Vue.js 官方提供的快速搭建 SPA 脚手架项目的工具。

完成 Vue CLI 安装后，在命令行界面中执行 vue create code-14.1 命令便可在

code-14.1 文件夹下创建 Vue SPA 脚手架项目。创建项目过程中可能会询问需要使用的 Vue.js 版本,本章内容均基于 Vue 3 版本。

项目创建完成后,根据提示进入 code-14.1 文件夹并执行 yarn serve 命令便可启动项目,命令行界面中将输出项目的访问地址,如 http://localhost:8080,在浏览器中访问此 URL 可看到程序运行效果。对于本书配套资源包中所提供的本章示例项目,请执行 yarn && yarn serve 即可安装依赖并启动。

使用 VSCode 打开项目文件夹,请关注 package.json 文件的内容,Vue CLI 在其中写入了较多配置,其中,scripts 部分包含的 serve 脚本即是上述启动脚本,可使用 npm run serve 或 yarn serve 命令执行。Vue CLI 创建的脚手架项目中默认使用 ES Module 规范,请参看 6.3 节。

14.2 Vue.js 单文件组件

Vue 脚手架项目有着自己的组织结构,如图 14.1 所示。

图 14.1 Vue 脚手架项目结构

其中,public 文件夹中为静态资源,public/index.html 文件是唯一的前端页面,即所谓单页面,内容大致如下。

code-14.1/public/index.html

```
<!DOCTYPE html>
<html lang="">
  <head>...</head>
  <body>
    <div id="app"></div>
  </body>
</html>
```

项目打包后其余程序和相关资源会被自动构建并注入 index.html 中,一般而言,无须手动修改其中内容。

Vue 单页面应用程序的入口为 src/main.js,与第 8 章介绍的 Vue 应用程序类似,但其中使用 App.vue 作为程序的顶级组件(容器),它最终会被转译并装载到前述 index.html 文件内的<div id="app"></div>元素中,内容如下。

code-14.1/src/main.js

```
import { createApp } from 'vue'
import App from './App.vue'
//创建 Vue 应用程序,以 App.vue 为顶级组件
createApp(App).mount('#app')
```

项目中扩展名为 .vue 的文件称作 Vue 单文件组件(Single-File Component,SFC),它是用来描述 Vue 组件的自定义文件格式。Vue 单页面应用程序由 Vue 组件(component)组装而成,每一个 Vue SFC 文件都由以下几种类型的顶层语法块组成。

(1)<template>:模板,每个 SFC 文件最多包含一个顶层<template>块,其中的内容会被预转译为 JavaScript 的渲染函数。

(2)<script>:JavaScript 脚本,每个 SFC 文件最多包含一个<script>块,其中的代码将被作为 ES 模块执行,默认导出的内容要么是一个普通的对象,要么是 defineComponent()函数的返回值。当给<script>添加 setup 属性时该脚本会被预处理并作为组件的 setup()函数使用(参见 14.5 节)。

(3)<style>:样式表,每个 SFC 文件最多包含多个<style>块,可使用 scoped 或 module 属性将样式封装在当前组件内。

(4) 自定义块:为了满足项目特定的需求,SFC 文件中可包含额外的自定义块,例如,vue-i18n 的自定义块。

请对照以下内容,分别修改脚手架项目中的 HelloWorld.vue 和 App.vue 文件。

code-14.1/src/components/HelloWorld.vue

```
<template>
  <p class="greeting">{{ greeting }}</p>
  <p>{{ msg }}</p>
  <button @click="showChinese()">Chinese</button>
</template>

<script>
export default {
  name: 'HelloWorld',
  //组件属性, msg 为属性名, String 表明该属性仅可接收字符型数据
  //写作 props: ['msg'] 则不限定参数类型
  props: { msg: String },
  data() {
    return {
      greeting: 'Hello!'
    }
  },
  methods: {
    showChinese() {
      this.greeting='你好!'
    }
  }
}
</script>

<style>
```

```
.greeting {
  color: red;
  font-weight: bold;
}
</style>
```

结合第8章所学知识,稍加研读便可知上述代码的含义,但需注意如下两点。

- 虽然<script>块的代码与第8章创建Vue应用程序的代码颇为相似,但单文件组件中的这些代码用于定义组件的业务逻辑,创建应用程序的代码在main.js文件中。
- 代码中props定义组件属性(properties),用于绑定父组件传入的参数(参见App.vue)。

code-14.1/src/App.vue

```
<template>
  <img alt="Vue logo" src="./assets/logo.png" />
  <HelloWorld :msg="msg"/>
</template>

<script>
import HelloWorld from './components/HelloWorld.vue'

export default {
  name: 'App',
  components: {
    HelloWorld
  },
  data() {
    return {
      msg: 'Welcome'
    }
  }
}
</script>

<style>
#app {
  text-align: center;
  margin-top: 60px;
}
</style>
```

App.vue是构成用户界面的顶级组件,即所有子组件的顶层容器,其中的代码分为三步嵌入子组件HelloWorld.vue。

(1) 导入HelloWorld组件:

```
import HelloWorld from './components/HelloWorld.vue'
```

(2) 声明当前组件需要使用HelloWorld组件:

```
components: { HelloWorld }
```

(3) 模板定义部分将HelloWorld组件嵌入:<HelloWorld msg="Welcome">,其中,msg属性的值“Welcome”将传递给子组件的msg属性(参见HellowWorld.vue中props

部分的定义）。

按照 Vue.js 官方建议，父/子组件之间的数据传递应自上而下单向传递，如上例中传递 msg 属性值的方式。若确需由子组件传递数据到父组件，应使用事件冒泡的方式向上单向传递，例如：

```
//App.vue (父组件)
//模板中监听 change-msg 事件
<HelloWorld :msg="msg" @change-msg="changeMsg"/>
//父组件的事件回调函数中更新 msg 值
methods: {
  changeMsg(msg) {
    this.msg=msg
  }
}

//HelloWorld.vue (子组件)
this.$emit('change-msg', '欢迎')
```

对于上述需求，也可使用如下方式。

```
//App.vue(父组件)
<HelloWorld v-model="msg"/>

//HelloWorld.vue(子组件)
this.$emit('update:msg', '欢迎')
```

逻辑上 msg 归属于父组件，应避免在子组件中直接对其进行更改，例如：

```
//子组件中不应该使用如下代码更改 msg 值，应通过事件通知父组件进行更新
this.msg='欢迎'
```

项目中若组件嵌套层次过深或结构复杂，如上例这般逐层传递参数不免过于麻烦，特别是多个组件共享数据状态时，单向数据流的简洁性很容易被破坏，为解决此类问题可使用状态管理模式（14.8 节详述）。

除少部分语法和父/子组件间数据传递的方式有差异外，大部分时候均可将组件看作一个独立的 Vue 应用程序进行编写。因 Vue 应用程序与组件在许多概念和语法上相似，本章介绍的大部分内容既适用于 Vue 组件，也适用于独立的 Vue 应用程序，若不做特别声明，书中均称作“组件”。

14.3 项目构建与部署

Vue SPA 项目开发完成后，执行 yarn build 或 npm run build 命令便可构建项目，输出的文件位于项目的 dist 文件夹中，可供生产环境使用。

经构建工具处理后项目被转换为数个文件，其中的代码更加优化、兼容性更好，尺寸也更小，有利于被浏览器快速加载。当然，更重要的是，程序员可放心地使用新的语法特性编写程序，更多地专注于程序功能的实现，繁重的构建工作则由自动化工具完成。

不知读者是否注意到，至此我们事实上基于 Node.js 环境构建了一个 Web 前端项目，这与前面章节介绍的开发方法完全不同。该项目并未涉及服务端程序，若未来需要与服务

端通信，安装并使用 Axios 等通信模块即可，也就是说，该项目实现了前文多次提到的“前后端分离”设计。

打包生成的代码和相关资源可部署到静态服务器环境中，例如，使用 Nginx 托管静态资源（参见 13.3.3 节）。但应注意，此时客户端程序与服务端程序可能并未运行于同一个“域”，因此存在跨域资源共享问题，可参考 13.2 节解决。

14.4 第三方工具

Vue CLI 创建脚手架项目的过程中自动安装并使用了一些第三方工具，本节对主要工具稍做介绍，以便读者了解它们的用途。即便不是基于 Vue CLI 创建的项目进行开发，在其他类型的项目中此类工具也极为有用，可有效提高开发效率。

14.4.1 Yarn

Yarn 是由 Facebook 贡献的 Node.js 环境下的包管理工具，功能与 npm 类似，但在性能和安全性方面较 npm 有一定优势。在已安装 npm 的情况下，可执行 npm install yarn -g 命令全局安装 yarn。

使用 npm 或 yarn 安装的第三方模块也常称作依赖，有以下两种安装模式。

（1）全局依赖：安装时使用 -g 标识，可在本机所有位置使用。

（2）项目依赖：安装于项目的 node_modules 文件夹下，仅用于当前项目。通常同时记录依赖信息于 package.json 文件的 dependencies 结点，以便构建项目时一同打包。若模块仅用于开发环境，则可将依赖信息记录于 devDependencies 结点。

实践中多数时候 yarn 均可替代 npm，表 14.1 是常用 npm 与 yarn 命令的对比，本书后续章节的示例中常会用到 yarn，请读者对照熟悉。

表 14.1 npm 与 yarn 命令对比

npm	yarn	说　明
npm init	yarn init	初始化项目
npm install	yarn [install]	根据 package.json 中记录的信息，安装项目的所有依赖
npm install＜package＞ --save 或 npm install＜package＞ -S	yarn add＜package＞	安装指定依赖，并更新 dependencies 结点的依赖记录
npm install＜package＞ --save-dev 或 npm install＜package＞ -D	yarn add＜package＞ --dev 或 yarn add＜package＞ -D	安装指定依赖，并更新 devDependencies 结点的依赖记录
npm uninstall＜package＞ --save	yarn remove＜package＞	移除指定依赖，同时删除依赖记录
npm upgrade --save	yarn upgrade	更新所有依赖
npm run＜script＞	yarn[run]＜script＞	运行指定脚本

14.4.2 Babel

Babel 是一个 JavaScript 编译器，用于将使用 ECMAScript 2015＋（ES6＋）语法编写的

代码转译为向后兼容的语法，以便其能在旧版本的浏览器或其他环境中运行，对于目标环境缺失的特性，Babel 将引入相应的 polyfill 模块予以支持。

ECMAScript 标准更新较快，虽然主流浏览器和其他 JavaScript 运行环境（如 Node.js）都尽可能地兼容最新语法标准，但若用户使用的 JavaScript 运行环境版本较旧，可能导致使用最新语法编写的程序无法正常运行，此时便可使用 Babel 将代码转换为兼容语法。除 JavaScript 代码外，Babel 也可对 CSS 代码进行转译，或为 CSS 属性添加必要的浏览器供应商前缀。

借助 Babel 可提高代码的兼容性，让程序员享用最新的语法特性，但也意味着需要交付转译和 polyfill 后的代码，它们通常都比原生的 ES2015＋ 代码更冗长，运行更慢。若运行环境支持新的语法特性，可在 babel.config.js 文件中添加配置，以提示 Babel 不必进行转译或 polyfill。当然，也可在最终打包时加入 --modern 选项以启用 Vue CLI 的“现代模式”（修改 package.json 文件中 build 脚本为：vue-cli-service build --modern）。

14.4.3　ESLint

ESLint 是 JavaScript 和 JSX（JavaScript 语法扩展）检查工具，可对代码进行静态分析以快速发现问题并给出提示，也可用于检查代码编写风格是否符合团队标准。在项目中使用 ESLint 有利于发现代码中隐藏的问题，编写高质量、一致性的代码。ESLint 的命令行工具或开发工具扩展（插件）可自动修复部分 ESLint 规则所报告的问题。

Vue CLI 创建脚手架项目时自动引入了 ESLint，若需定制 ESLint 规则可编辑项目根目录下的 .eslintrc.js 文件，也可将特定文件或文件夹添加到 .eslintignore 文件中以提示 ESLint 进行语法检查时忽略这些文件或文件夹。

14.4.4　Webpack

Webpack 是一个用于现代 JavaScript 应用程序的静态模块打包工具，它将从一个或多个入口点构建一个依赖图，然后将项目中所需的模块组合成一个或多个静态资源的 bundles。此外，Webpack 生态中丰富的 loaders 可对模块的源代码进行转译，例如，将 Scss 代码转换为 CSS，对 Vue 单文件组件进行编译等，图 14.2 直观地示意了 Webpack 的用途。

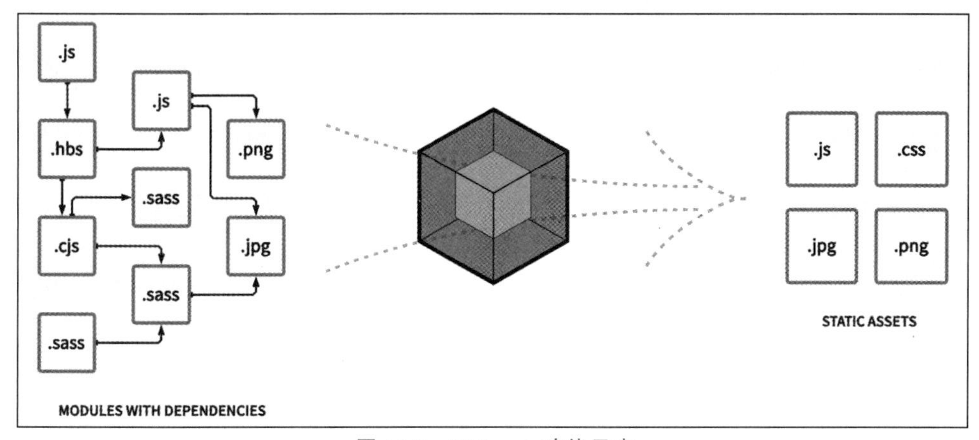

图 14.2　Webpack 功能示意

因此,可放心地在 Vue 单文件组件(SFC)中使用最新的 JavaScript 语法或 CSS 预处理器语法,只要安装相应处理模块即可,打包时 Webpack 自会将代码转译为浏览器支持的语法。以使用 Scss 为例,操作步骤如下。

```
① 安装 Scss 处理模块
yarn add node-sass sass-loader --dev

② 在 Vue 单文件组件中声明使用 Scss 语法
<style lang="scss">
  nav {
    margin: 1em;
      a {
        text-decoration: none;
      }
  }
</style>
```

此外,Vue CLI 创建的脚手架项目中同时嵌入了 webpack-dev-server,当使用 vue-cli-service serve 命令运行程序时将启动一个开发服务器,其附带了模块热重载功能(Hot Module Replacement,HMR),编辑代码并保存后无须手动重启程序便可在浏览器中看到更新效果。前述启动项目的命令 yarn serve 即使用了此工具(参看 package.json 中的启动脚本)。

Vue CLI 是基于 Webpack 构建的命令行工具,因此多数 Vue CLI 的配置问题均可在 Webpack 官方文档中找到答案。若需调整脚手架项目中的 Webpack 配置,可编辑项目根目录下的 vue.config.js 文件,它将被合并到最终的 Webpack 配置中。

除 Webpack 外,Parcel、Rollup、Snowpack、Vite 等均是目前流行的构建工具,其中,Vite 以其构建迅速、配置容易、输出文件小等优势脱颖而出,执行如下命令可使用 Vite 创建 Vue 单页面应用脚手架项目。

```
#npm 7 以上版本
npm init vite@latest<project-name>
#或使用 yarn
yarn create vite<project-name>
```

完成后进入项目文件夹,安装依赖模块并启动项目。

```
#npm
npm install
npm run dev
#yarn
yarn
yarn dev
```

使用 Vite 创建的脚手架项目中默认使用 Vue 的组合式 API(参阅 14.5 节),但这并不妨碍我们使用传统方式(选项式 API)定义组件或构建应用,Vite 均可正常编译。相对而言,使用 Vite 创建的项目在冷启动和模块热重载时响应更加迅速,同时也引入了一些新特性,读者不妨尝试使用。

14.5 组合式 API

前面的例子中，无论是创建 Vue 应用程序或是组件，均使用 data、computed、methods、watch 等组织程序，这种方式使用的是 Vue.js 提供的选项式 **API**(Options API)，对于一般的小型项目而言通常很有效。

然而，实践中组件功能变得复杂后，往往会令程序变得冗长，其中混杂了实现不同功能的代码，给维护代码带来不小的挑战。为解决此类问题，Vue.js 2.7 之后内置了组合式 **API** (Composition API)，虽然它并非构建 Vue 组件的必选项，但为便于读者阅读 Vue 生态工具链的相关文档，也为迎接更具挑战性的项目做准备，本节简要介绍组合式 API 的基础知识。

在定义 Vue 组件时，可在配置选项中添加一个名为 setup 的函数，该函数在组件被创建之前执行，一旦 props 被解析完成，它就将被作为组合式 API 的入口调用，而 setup()函数最终的返回内容将暴露给组件的其余部分(计算属性、方法、生命周期钩子、模板等)使用。请参看如下代码。

```
<template>…</template>
export default {
  //…
  setup(props, context) {
    //…
    return {…}          //这里返回的内容可用于组件其余部分
  }
  //…
}
<style>…</style>
```

setup()函数中可使用组合式 API 以调用函数的形式创建响应式对象、计算属性，注册生命周期钩子，使用 provide 和 inject 注入依赖等。

从形式上看，setup()函数看上去像是一个生命周期钩子，事实上它确实是围绕 beforeCreate()和 created()生命周期钩子运行的，换句话说，若使用组合式 API，原先写于 beforeCreate()和 created()中的代码都应该直接写在 setup()函数中。

但若仅将 setup()函数当作生命周期钩子使用，则完全失去了它的意义，通常使用组合式 API 是为了分离复杂程序的逻辑关注点。

假设项目中有一个单文件组件(UserOrders.vue)需要实现如下两个业务需求：①查询并显示客户订单；②根据关键字筛选查询到的订单。

若使用此前的做法，该组件的代码大致如下。

```
<template>
  <div>
    <!--筛选条件输入框，绑定筛选关键字 filter -->
    Filter:<input type="text" v-model="filter">
    <!--刷新按钮，单击则重新获取当前客户订单数据 -->
    <button @click="getOrders()">Refresh</button>
    <!--展示客户所有订单 -->
    <h3>All Orders:</h3>
```

```
    <div v-for="order in orders" :key="order.id">{{ order }}</div>
    <!--展示满足筛选条件的订单 -->
    <h3>Filtered Orders:</h3>
    <div v-for="order in filteredOrders" :key="order.id">{{ order }}</div>
  </div>
</template>

<script>
export default {
  props: ['user'],              //当前客户，由父组件传入
  data() {
    return {
      orders: [],               //客户订单数据
      filter: '',               //筛选条件(筛选关键字)
    }
  },
  computed: {
    //计算属性，满足筛选条件的订单
    filteredOrders() {
      return this.orders.filter(
        order=>order.title.includes(this.filter)  //返回标题含有指定关键字的订单
      )
    }
  },
  watch: {
    user: 'getOrders'           //若当前客户改变，则调用 getOrders()取得该客户订单
  },
  methods:{
    //向服务端发送请求，获取当前客户所有订单
    async getOrders() {
      this.orders=await fetchOrders(this.user)
                                //此处 fetchOrders()模拟异步请求客户订单
    }
  },
  mounted() {
    this.getOrders()            //vue 实例装载就绪则获取客户订单
  }
}
</script>
```

上述代码中混杂了两类业务逻辑：查询订单和筛选订单，对于如此简单的业务需求来说，此段代码并无不妥。但若组件中加入更多功能，代码将变得越来越长，且逻辑复杂，不易维护，主要原因是程序员的注意力很容易被分散到不同的关注点上，不利于“在一个时段专注做好一件事”。

若使用组合式 API，则可将查询客户订单的功能点分离出来，形成如下代码。

code-14.2/src/composables/useUserOrders.js

```
import { ref, onMounted, watch } from 'vue'
//封装查询客户订单相关的逻辑，形参 user 为订单所属的客户
export default function useUserOrders(user) {
  //客户订单(响应式数据)，ref()函数将普通数据封装为响应式数据，参看 14.6 节
```

```
  let orders=ref([])
  //向服务端发送请求，获取当前客户所有订单
  const getOrders=async ()=>{
    //以下使用静态数据模拟，真实场景可发送异步请求从服务端获取数据
    orders.value=[
      { id: '1', title: 'Apple' },
      { id: '2', title: 'Banana' },
    ]
  }
  onMounted(getOrders)                //vue 实例装载就绪则获取客户订单
  watch(user, getOrders)              //若当前客户改变，取得该客户订单
  return { orders, getOrders }        //向外暴露订单数据和获取订单的方法
}
```

上述模块默认导出了一个函数 useUserOrders(){…}，但在其内部使用 Vue 提供的组合式 API 定义了响应式数据和计算属性，最后该函数返回向外暴露的数据和方法。

同理，将过滤订单的功能点分离，形成如下代码。

code-14.2/src/composables/useOrderFilter.js

```
import { ref, computed } from 'vue'
//封装筛选订单相关的逻辑，形参 orders 为所有客户订单（响应式数据）
export default function useOrderFilters(orders) {
  //筛选关键字（响应式数据，参看 14.6 节）
  const filter=ref('')
  //计算属性，满足筛选条件的订单
  const filteredOrders=computed(()=>{
    //返回标题含有指定关键字的订单，取得 ref 对象的内部值须访问其 value 属性，参看 14.6 节
    return orders.value.filter(
      order=>order.title.includes(filter.value)
    )
  })

  //向外暴露订单过滤条件和满足条件的订单
  return { filter, filteredOrders }
}
```

最后，将上述两个模块应用到 UserOrders.vue 组件中。

code-14.2/src/components/UserOrders.vue

```
<!--模板部分的代码与前文 UserOrders.vue 相同，此处省略 -->
<template>…</template>
<script>
import useUserOrders from '../composables/useUserOrders'
import useOrderFilter from '../composables/useOrderFilter'
import { toRefs } from 'vue'
export default {
  props: ['user'],                 //客户信息
  setup(props) {
    //解构响应式对象时，使用 toRefs()函数保持其属性的响应性，参看 14.6 节
    const { user }=toRefs(props)
    const { orders, getOrders }=useUserOrders(user)
    const { filter, filteredOrders }=useOrderFilter(orders)
```

```
    //供组件其余部分使用
    return {
      getOrders, orders,
      filter, filteredOrders
    }
  }
}
</script>
```

若使用<script setup>则上述 UserOrders.vue 组件的代码可变得更加简洁。

```
<!--code-14.2/src/components/UserOrders.vue -->
<template>…</template>
<!--带 setup 属性的<script>块内的代码将被编译为 setup()函数的内容 -->
<script setup>
  import useUserOrders from '../composables/useUserOrders'
  import useOrderFilter from '../composables/useOrderFilter'
  import { toRefs, defineProps } from 'vue'

  //使用 defineProps()函数定义组件属性
  const props=defineProps(['user'])
  const { user }=toRefs(props)
  const { orders, getOrders }=useUserOrders(user)
  const { filter, filteredOrders }=useOrderFilter(orders)
</script>
```

使用<script setup>时,任何在其中声明的顶层绑定:变量、函数,如 orders、getOrders()等,以及 import 引入的内容,都能在模板中直接使用。

引入组合式 API 分离关注点后代码在形式上的关联性被降低,这往往令初学者或从 Vue.js 2.x 迁移而来的程序员难以适应。但熟练掌握后,面对更复杂的业务逻辑,这种做法却可帮助我们保持条理清晰、头脑清醒。相对而言,项目中使用组合式 API 较使用选项式 API 在诸多方面更有优劣。

14.6 响应性 API

第 8 章提到,MVVM 模式使用绑定技术实现视图与数据的同步,但这是如何做到的呢?在 Vue.js 中,响应式对象便是实现这一技术的关键。为感知一个对象的变化,继而触发视图更新,首先得拦截针对该对象的交互操作,ES6 中的 Proxy 正好派上用场(参看 6.5 节)。

Vue.js 3.0 之后的版本中提供的 reactive()函数用于返回原始对象的响应式副本(Proxy 对象),并且这种转换是"深层"的,它会作用于原始对象中嵌套的所有对象类型的属性,请参看如下代码。

```
//isProxy()函数用于判定是否为 Proxy 对象
import { reactive, isProxy } from 'vue'
const origObj={ val: 1, nested: { val : 2 } }
const copy=reactive(origObj)
console.log(isProxy(copy))                //true
console.log(isProxy(copy.nested))         //true
console.log(isProxy(copy.val))            //false
```

上述代码中，原始对象 origObj 经 reactive()函数处理后得到的响应式副本即为 Proxy 对象，并且内嵌对象 nested 也转换成了 Proxy 对象。事实上，此前创建 Vue 应用程序或组件时，配置选项中 data()方法返回的对象即被 reactive()函数转换为响应式副本，并存储为 this.$data，模板中所绑定的即是前述响应式副本，请参看如下代码。

```
//isReactive()用于判定是否由 reative()创建
import { isProxy, isReactive } from 'vue'
const app=createApp({
  data() {
    return { val: 1, nested: { val : 2 } }
  },
  created() {
    console.log(isProxy(this.$data))                //true
    //this.nested是 this.$data.nested 的别名
    console.log(isProxy(this.nested))               //true
    console.log(isReactive(this.nested))            //true
    console.log(isReactive(this.nested))            //true
  }
}).mount('#app')
```

reactive()函数可将普通对象转换为 Proxy 对象，但对于基本数据类型（如数值、字符串等）则无能为力，因为 Proxy 也只能“代理”对象。因此，Vue.js 提供了 ref()函数，它可将任意类型的值转换为响应式 **ref** 对象。也就是说，ref()函数既可接收基本数据类型参数，也可接收对象类型参数，参数中若内嵌了对象类型属性，底层将调用 reactive()函数处理。ref()函数的返回值并非 Proxy，而是 ref 对象，该 ref 对象的内部值（value 属性）指向原始值。

ref()函数创建的 ref 对象和 reactive()函数创建的 Proxy 对象关系紧密，但很容易混淆，下面的代码提示了它们的区别和使用时应注意的问题。

```
import { ref, reactive, isReactive } from 'vue'

const n=ref(1)
const m=reactive(1)                    //错误，reactive()不可应用于基本数据类型
console.log(n.value)                   //>>>1  (通过 value 属性访问 ref 对象原始值)

const obj={ val: 1, nested: { val : 2 } }
const copy1=ref(obj)                              //ref 对象
const copy2=reactive(obj)                         //Proxy 对象

//输出 obj.val
console.log(copy1.value.val)                      //>>>1
console.log(copy2.val)                            //>>>1

//内嵌的对象类型属性由 reactive()函数处理
console.log(isReactive(copy1.value.nested))       //>>>true

//输出 obj.nested.val
console.log(copy1.value.nested.val)               //>>>2
console.log(copy2.nested.val)                     //>>>2
```

```
//若欲在模板中绑定,ref 对象无须添加 .value
//例如: {{ copy1.val }} {{ copy1.nested.val }}
```

此外,Proxy对象解构得到的变量并非响应性的,若需保持响应性,应使用toRef()或toRefs()函数进行处理,请参看如下代码。

```
import { reactive, toRef, toRefs } from 'vue'
const data=reactive({ count: 0 })

//n 和 m 与源响应性属性断开了连接
let n=data.count
let { count: m }=data
n++; m++
console.log(data.count)                    //>>>0

//使用 toRef()或 toRefs()保持响应性
let x=toRef(data, 'count')
let { count: y }=toRefs(data)
x.value++; y.value++
console.log(data.count)                    //>>>2
```

表14.2整理了响应性API中常用的函数,供读者参考。

表 14.2 响应性 API 常用函数

函数	描述
ref()	将值转换为响应式ref对象,输入参数可以是基本数据类型或对象,ref对象的value属性指向原始值
reactive()	返回对象的响应式副本,输入参数仅可以是对象
readonly()	返回对象(普通对象、响应式对象或ref对象)的原始对象的只读代理
toRef()	为源响应式对象的某个属性创建一个新的ref对象,该ref对象可被传递且保持与源属性的响应式连接
toRefs()	将响应式对象转换为普通对象(其每个属性都是指向原始对象属性的ref对象)
toRaw()	返回reactive()或readonly()代理的原始对象
unref()	若参数为ref对象则返回其value属性值,否则返回参数本身 该函数是isRef(val) ? val.value: val的语法糖
isRef()	判定值是否为一个ref对象
isProxy()	判定对象是否为reactive()或readonly()创建的Proxy对象
isReactive()	判定对象是否为reactive()创建的响应式代理
isReadonly()	判定对象是否为readonly()创建的只读代理

当然,仅依靠本节介绍的响应性对象并不足以完全实现Vue.js的响应性机制,例如,组件渲染和计算属性还依赖effect()函数追踪数据变化,但是了解上述内容基本可对响应性原理有初步认识,可以帮助我们理解和掌握关于Vue.js的进阶知识。现在读者不妨回到14.5节,再次阅读其中的示例代码,也许会有更多收获。

14.7　Vue Router

9.4.6 节介绍了 Express 中的路由(Router)机制,它将客户端发来的 HTTP 请求分发到相应的模块处理,有效地降低了代码的耦合度。Express 中的路由属于服务端路由,而本节将介绍的 Vue Router 为客户端路由,由 Vue.js 官方提供,与 Vue.js 核心深度集成,可让使用 Vue.js 构建单页面应用变得更加简单。

14.7.1　路由基础

先通过一个简单的例子来体会一下路由在单页面应用开发中的作用。假设需要制作如图 14.3 所示的功能页面,单击图中导航栏按钮时内容区切换呈现相应内容。

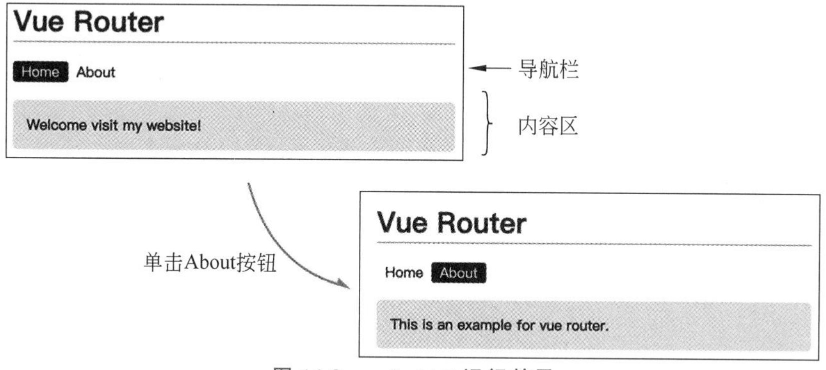

图 14.3　code-14.3 运行效果

将如图 14.3 所示的页面规划为 Vue 单页面应用,App.vue 为顶层容器组件,HomePanel.vue 和 AboutPane.vue 为嵌套在容器中的两个子组件,根据用户在导航栏的选择,某一时刻仅呈现其中一个子组件,如图 14.4 所示。

图 14.4　code-14.3 组件嵌套关系

若要实现上述功能,仅使用前面章节介绍的方法,可能需要声明一个响应式变量 state 以记录当前用户在导航栏的选择,然后根据 state 的值确定要呈现哪个组件,以下伪代码大致描述了前述逻辑。

```
<App>
  <!--导航栏 -->
  <nav>
```

```
    <a @click="state='HOME'">Home</a>
    <a @click="state='About'">About</a>
  </nav>

  <!--内容区组件 -->
  <div id="content">
    <HomePanel v-if="state==='HOME'"></HomePanel>
    <AboutPanel v-else-if="state==='About'"></AboutPanel>
  </div>
</App>
```

试想,若页面中组件更多,嵌套更复杂,那么以上方式将变得越来越难以维护。而使用 Vue Router 则可将上述需求实现得更加优雅,请跟随如下步骤逐步实验,本例完整代码见资源包 code-14.3,可作参考。

(1) 执行 vue create code-14.3 命令,创建 Vue SPA 项目。在 /src/components 文件夹中创建两个单页面组件文件:HomePanel.vue 和 AboutPanel.vue,代码分别如下。

code-14.3/src/components/HomePanel.vue

```
<template>
  <div>Welcome visit my website!</div>
</template>
```

code-14.3/src/components/AboutPanel.vue

```
<template>
  <div>This is an example for vue router.</div>
</template>
```

(2) 执行 yarn add vue-router@4 命令,安装 Vue Router 模块。

(3) 在 /src 目录下新建 router.js 文件,并在其中创建路由实例。

code-14.3/src/router.js

```
import { createRouter, createWebHashHistory } from 'vue-router'

//分别引入两个子组件
import HomePanel from './components/HomePanel'
import AboutPanel from './components/AboutPanel'

//定义路由配置, 每个路由映射到一个组件
const routes=[
  { path: '/', component: HomePanel },
  { path: '/about', component: AboutPanel },
]

//创建路由实例
const router=createRouter({
  history: createWebHashHistory(),   //使用 hash 模式记录访问历史
  routes,                            //routes 为前面定义的数组,其中存储了路由配置
})

export { router }
```

(4) 修改 /src/App.vue 为如下内容。

code-14.3/src/App.vue

```
<!--代码省略了 CSS 部分 -->
<template>
  <h1>Vue Router Example</h1>
  <nav>
    <!--使用 router-link 组件生成导航按钮,其中 to 属性指向路由中定义的 path -->
    <!--<router-link>将转换为一个带有正确 href 属性的<a>元素 -->
    <router-link to="/">Home</router-link>
    <router-link to="/about">About</router-link>
  </nav>

  <div id="content">
    <!--路由出口,路由匹配到的组件将渲染在这里 -->
    <router-view></router-view>
  </div>
</template>

<script>
export default {
  name: 'App',
}
</script>
```

以上 App.vue 组件的代码中,<router-link>为 Vue Router 内置组件,其 to 属性指向路由路径 path。也可为路由指定名称,这样 to 属性便可指向命名路由,例如:

```
//路由配置中指定 name 属性
const routes=[{ path: '/', name: 'home', component: HomePanel }]

//模板中
<router-link to="home">Home</router-link>
```

(5) 打开 src 目录下的程序入口文件 main.js,修改其中代码,装载路由。

code-14.3/src/main.js

```
import { createApp } from 'vue'
import App from './App.vue'
import { router } from './router.js'        //引入 router.js 中定义的路由实例

const app=createApp(App)
app.use(router)                             //装载路由
app.mount('#app')
```

(6) 在命令行界面中执行 yarn serve 命令启动程序便可在浏览器中查看最终运行效果(如图 14.3 所示)。

上述示例中 router.js 文件定义了路由与组件的映射关系,将组装前端页面的任务转交给了 Vue Router,这样做有利于专注点分离,即可先专注于实现每个组件的业务功能,然后再通过路由将各个组件组装起来形成最终的页面。

若项目中组件较多,静态导入组件的方式可能导致最终打包的 JavaScript 文件很大,影响加载速度。可考虑使用 Vue Router 提供的动态导入机制,把不同路由对应的组件分割成不同的代码块,当路由被访问时才加载对应组件,参看如下代码。

```
//替换 import HomePanel from './components/HomePanel'
const HomePanel=()=>import('./components/HomePanel')
```

此外,在一个组件中也可嵌入多个子组件,只需要在父组件中放入多个<router-view>即可,但此时需要在路由配置中明确子组件应渲染到具体的哪个<router-view>,请参看如下伪代码。

```
const routes=[{
  path: '/',
  //属性名与<router-view>的 name 对应,<router-view>未指定 name 则匹配 default
  components: {
    default: DefaultComponent,
    leftSide: LeftSideComponent,
    rightSide: RightSideComponent,
  }
}]

<router-view name="leftSide"></router-view>
<router-view></router-view>
<router-view name="rightSide"></router-view>
```

创建路由实例时,history 配置允许我们选择如下不同的历史记录模式。

(1) Hash 模式:使用 createWebHashHistory()创建,在路由路径(path)前添加"#",此部分内容并不会发送至服务器,因此不需要在服务端做任何特殊处理。本节示例即使用了这种方式,所形成的 URL 格式如 http://localhost:8080/#/about。Hash 模式对 SEO(搜索引擎优化)并不友好,若担心此问题可选用 HTML 5 模式。但对于内部使用的业务系统而言,一般无须关心 SEO 问题。

(2) HTML 5 模式:使用 createWebHistory()创建,路由路径前无"#"。所形成的 URL 形如 http://localhost:8080/about,可能导致浏览器向服务端请求并不存在的 about 页面而返回 404 错误,因此需要在服务端做额外处理,将所有服务端无法匹配的请求都转至 index.html,即单页面应用的默认首页。

(3) Memory 模式:使用 createMemoryHistory()创建,不将浏览历史信息记录到 URL 中,无论如何切换路由,URL 始终是 http://localhost:8080。此模式下当用户刷新页面时将跳转回默认首页,一般用于服务端渲染。

14.7.2 嵌套路由

实际项目中,前端界面通常由许多组件构成,并且组件之间会形成嵌套关系,如图 14.5 所示。本节在 14.7.1 节示例(code-14.3)的基础上增加一个用于展示客户信息的组件 CustomerInfo.vue,其左侧为客户名称组成的导航链接,右侧嵌入更下一级的子组件 CustomerProfile.vue 用于显示客户详细信息。

为节省篇幅,本节示例仅给出关键代码,读者可复制 code-14.3 项目为 code-14.4,并跟随如下步骤进行实验,也可从资源包中获取完整代码以供参考(code-14.4)。

(1) 创建/src/components/customer 文件夹用于存储客户相关的组件,在其中新建组件文件:CustomerInfo.vue 和 CustomerProfile.vue,代码分别如下。

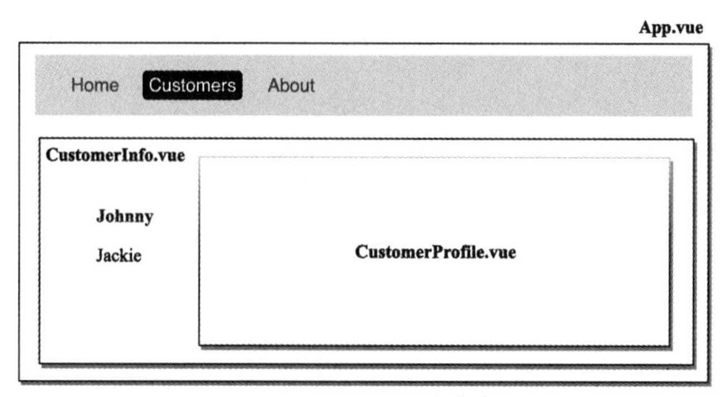

图 14.5　code-14.4 组件嵌套关系

code-14.4/src/components/customer/CustomerInfo.vue

```
<!--省略了 CSS 代码 -->
<template>
  <div class="container">
    <nav>
      <!--johnny,jackie 为路径参数，参看下文 router.js -->
      <router-link to="/profile/johnny">Johnny</router-link>
      <router-link to="/profile/jackie">Jackie</router-link>
    </nav>
    <!--CustomerInfo 的子组件渲染在这里 -->
    <router-view></router-view>
  </div>
</template>
```

code-14.4/src/components/customer/CustomerProfile.vue

```
<template>
  <div>Profile</div>
</template>
```

（2）修改 router.js 文件添加路由配置。

code-14.4/src/router.js

```
//…
import CustomerInfo from './components/customer/CustomerInfo'
import CustomerProfile from './components/customer/CustomerProfile'

const routes=[
  { path: '/', component: HomePanel },
  //以下为新增内容
  {
    path: '/customer',
    component: CustomerInfo,
    //嵌套路由
    children: [{
        //:name 为路由参数，参看 14.7.3 节
        path: '/profile/:name',
        component: CustomerProfile,
      }],
  },
```

```
  { path: '/about', component: AboutPanel },
]
//…
```

(3) 修改 App.vue 文件在导航栏中增加指向 /customer 路径的链接。

code-14.4/src/App.vue

```
<nav>
  <router-link to="/">Home</router-link>
  <!--指向 /customer 的链接 -->
  <router-link to="/customer">Customers</router-link>
  <router-link to="/about">About</router-link>
</nav>
```

完成后运行效果如图 14.6 所示。

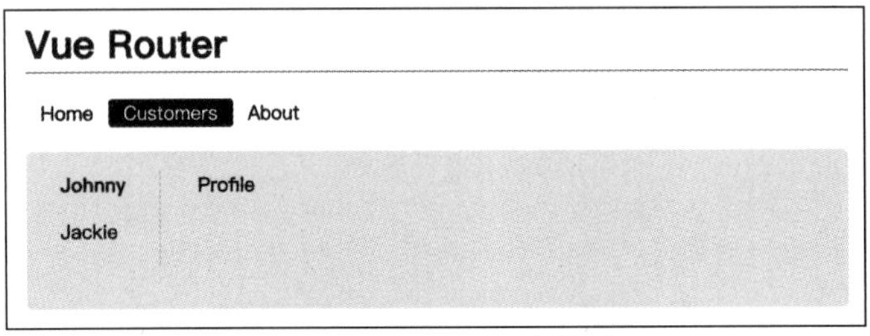

图 14.6　code-14.4 运行效果

本节 router.js 文件中新增了 /customer 和 /customer/profile/:name 两个路由，其中后者为更下一级的子路由，映射到 CustomerProfile.vue 组件，该组件最终将被组装到 CustomerInfo.vue 中的<router-view>位置。

路由配置中，children 属性(数组)可包含多个下级路由，每个下级路由又可包含其自己的子路由，如此便可组成整个界面的“立体”结构。

路由的 path 属性中可使用冒号定义路由参数，该参数值可被子组件接收和处理，具体做法将在 14.7.3 节详述。

此外，path 属性值中还可使用正则表达式或 Vue Router 自定义的匹配语法以匹配多个路径，请读者参看 Vue Router 官方文档中关于路由匹配语法的阐述。

本节所述的路由、路由参数等概念均属于客户端，它们由 Vue Router 处理，与服务端无关，切不可与 9.4 节介绍的 Express 中的 Router 混淆，后者为服务端路由。

14.7.3　路由组件传参

由路由加载的组件可称作路由组件，本节介绍如何给路由组件传递参数。14.7.2 节中使用形如 /customer/profile/:name 的路径所注册的路由在 Vue Router 中称作动态路由，冒号开头的:name 字段为路由参数(路径参数)。

路由参数值由 Vue Router 自动解析后存储于路由对象的 params 属性，在子组件中可通过多种方式取得路由参数值，这对于组件的复用来说尤为重要。例如，14.7.2 节示例中 CustomerProfile.vue 组件便需要根据传入的路由参数值呈现不同客户的详细信息，换言之，CustomerProfile.vue 组件被复用于呈现多个客户的详细信息。

获取路由参数值最简单的方式是在子组件中访问 $route.params 属性。请替换 14.7.2 节示例中 CustomerProfile.vue 的代码为如下内容,完整代码可从资源包中获取(code-14.5),其中也展示了本节所述的其他传参方式。

code-14.5/src/components/customer/CustomerProfile.vue

```
<template>
  <!--注意不是$router -->
  <div>{{ $route.params.name }}</div>
</template>
```

修改后运行效果如图 14.7 所示,单击左侧客户名称,右侧区域便显示相应客户的信息。

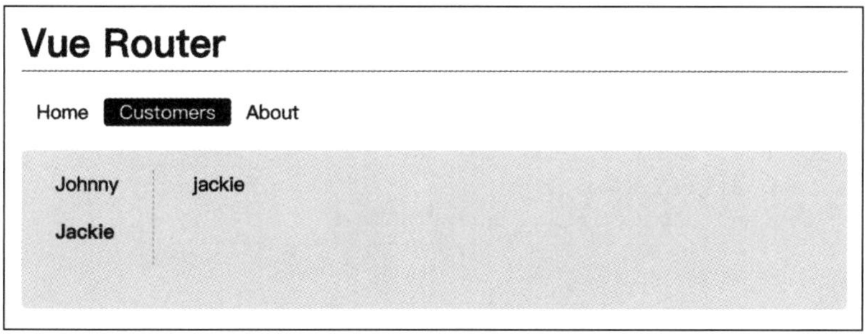

图 14.7　code-14.5 运行效果

若既要将组件用作路由组件,又要用作普通组件嵌入其他父组件内,使用 $route 则可能导致后一情形下无法正确获取参数,因为父组件通常通过绑定子组件属性传递参数(参看 14.2 节),此时可在路由中添加 props 配置,将所有路由参数注入子组件的属性(props)。例如:

```
const routes=[
  //…
  {
    path: '/profile/:name',
    component: CustomerProfile,
    props: true                          //将所有路由参数注入组件的 props
  },
  //…
]
```

接下来便可在子组件 CustomerProfile.vue 中定义相同名称的属性来接收路由参数,如此子组件便完全与 $route 解耦,复用性更高。请参看如下代码。

```
<script>
export default ({
  //属性名必须与路径参数名相同,也可写作 props: { name: String } 限定仅接收字符串
  props: ['name']
})
</script>
```

当然,路由配置中也可将特定参数值注入组件属性,有如下两种模式。

```
//模式 1: props 赋值为对象,此时对象属性将注入对应的组件属性
const routes=[
```

```
  //…
  {
    path: '/profile',
    component: CustomerProfile,
    props: { name: 'Perter' }
  },
  //…
]

//模式 2: props 赋值为函数
const routes=[
  //…
  {
    path: '/profile',
    component: CustomerProfile,
    //此处演示取得 URL 查询字符串中的参数并注入组件属性
    //也可在函数中实现更复杂的逻辑
    //注意该函数返回值为对象
    props: route=>({ name: route.query.name })
  },
  //…
]
```

有时可能希望将信息附加到路由对象上,可在路由配置中添加元信息(meta),例如:

```
const routes=[
  //…
  {
    path: '/profile',
    component: CustomerProfile,
    //添加路由元信息, 组件中使用 this.$route.meta 访问
    meta: { isPrivate: true }
  },
  //…
]
```

14.7.4 从服务端获取数据

为简单起见,14.7.3 节示例仅在 CustomerProfile.vue 组件中直接显示了客户名称,实际项目中可能需要向服务端请求客户详细信息以供展示,当然这便需要编写 JavaScript 代码向服务端请求数据,而请求数据的最佳时机便是路由参数变化时,请参看如下代码。

```
<script>
export default ({
  data() {
    return { profile: null }
  },
  created() {
    //组件创建完成立刻开始监听路由参数变化
    this.$watch(
      ()=>this.$route.params,
      ()=>this.fetchData(this.$route.params),
```

```
      { immediate: true }
    )
  },
  methods: {
    //获取客户信息
    async fetchData(params) {
      //以下代码须配合服务端程序，且安装 Axios 模块，参看 9.6 节
      this.profile=(await axios.post('/getCustomerProfile', {
        name: params.name
      })).data
    }
  }
})
</script>
```

代码中使用了 Vue.js 侦听器（$watch）来感知路由参数的变化（参看 8.4 节），继而从服务端获取客户详细信息。当然，若路由配置中已将路由参数注入到组件的属性，则侦听组件属性值变化亦可。

Vue Router 中还提供了导航守卫机制用于在导航触发的各个阶段注入控制逻辑，有三个级别的导航守卫：全局、路由、组件。上例也可使用组件级导航守卫，请参看如下代码。

```
export default ({
  //…
  created() {
    this.fetchData(this.$route.params)
  },
  //仅在路由变化组件被复用时触发
  beforeRouteUpdate(to) {
    this.fetchData(to.params)
  },
  methods: {
    async fetchData(params) {
      //… 从服务端获取数据
    }
  }
})
```

注意，对于本例的场景，不可以仅在组件 CustomerProfile.vue 的 create()函数中加载客户信息。因为该组件被复用了，create()方法仅会在创建组件时调用，路由变化时并不会触发 create()方法的执行，所以必须使用侦听器或导航守卫感知路由参数变化，继而加载客户信息。

14.7.5　编程式导航

除使用<router-link>创建<a>元素定义导航链接外，也可以调用路由对象的实例方法导航至不同位置，这在切换业务界面时尤为有用。

调用 Vue 路由对象的如下三个方法可实现导航（路由切换）。

- push()：相当于用户单击了<router-link：to="…">。
- replace()：与 push()类似但不记录历史，相当于单击了<router-link：to="…" replace>。

• go():接收一个整数参数,转至相应的历史位置。

请参看如下示例。

```
//转到 /about
router.push('/about')

//转到 /about#team
router.push({ path: '/about', hash: '#team' })

//转到 /customer/profile?name=johnny
router.push({ path: '/customer/profile', query: { name: 'johnny' } })

//注意:以下为错误用法, params 不能与 path 一起使用
//router.push({ path: '/customer/profile', params: { name: 'johnny' } })
//应使用命名路由
router.push({ name: 'profile', params: { name: 'johnny' } })

//转到 /home,不记录浏览历史
router.replace({ path: '/home' })

//前进, 等价于 router.forward()
router.go(1)

//后退, 等价于 router.back()
router.go(-1)
```

14.8 状态管理

在14.2节曾提到,父/子组件之间的数据传递应是单向的,同时应避免组件内的代码随意更改不属于它的数据(状态),这有利于保证组件的封装性。但是当应用程序中多个视图依赖于同一个状态,或不同视图的行为需要变更同一个状态时,单向数据流的简洁性很容易遭到破坏,同时,在多个视图间共享状态也不方便。

状态管理模式以集中、统一的方式存储和管理整个应用程序的共享状态,可通俗地理解为应用程序级的全局变量。但毫无约束地读写全局状态无疑会破坏程序的封装性,使编程逻辑变得混乱,最终导致程序难以维护。因此,状态管理模式中应遵守相应的规则,从而确保状态以一种可预测的方式发生变化。

Vuex曾是专为Vue.js设计的状态管理库,但2019年出现的Pinia已成为Vue.js官方认可的状态管理解决方案。在许多概念上,Pinia与Vuex是相通的,但Pinia更易于理解,使用更方便。如果历史项目中已在使用Vuex,并不意味着要立即弃用它,但若是新项目,Pinia无疑是最佳选择。

14.8.1 引例

本节通过一个简单的例子快速入门Pinia,该例实现了计算长方形面积的功能,完整代码见资源包中的code-14.6,运行效果如图14.8所示。

其中,ComponentLength.vue和ComponentWidth.vue为子组件,分别用于设置长方形

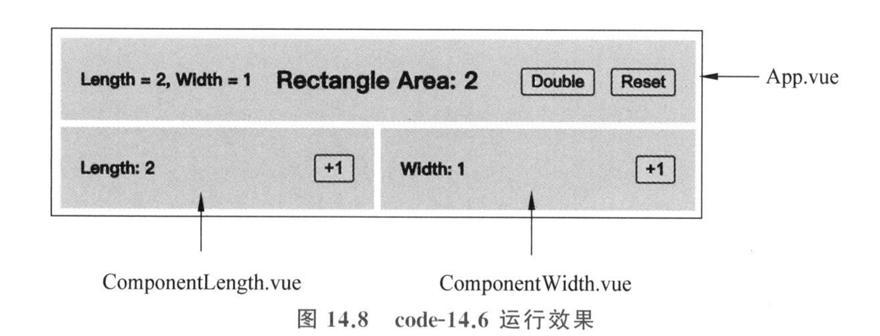

图 14.8　code-14.6 运行效果

的长和宽，它们被嵌入到顶级组件 App.vue 内。单击“+1”按钮可令长/宽加 1，Double 则令长宽同时翻倍，单击 Reset 按钮重置程序为初始状态。

本例演示如何使用 Pinia 管理全局共享状态长和宽（length/width），以及如何在组件中访问和操作共享状态。下面分步构建此程序。

（1）执行如下命令创建 Vue 脚手架项目并安装 Pinia 模块。

```
#创建项目
vue create code-14.6
#进入项目文件夹
cd code-14.6
#安装 Pinia
yarn add pinia
```

（2）在项目的 src 文件夹下创建 stores 文件夹，并在其中新建 index.js 文件，代码如下。

code-14.6/src/stores/index.js

```
import { defineStore } from 'pinia'

//创建 Store 实例, 'rectangle'为 store 的 id
export const useRectangleStore=defineStore('rectangle', {
  state: ()=>{                                //全局状态, 类似于组件的 data
    return { length: 2, width: 1 }            //长和宽
  },
  getters: {                                  //getter 类似于组件的 computed
    area() {
      return this.length * this.width         //返回矩形面积
    },
  },
  actions: {                                  //action 类似于组件的 method
    double() {                                //长、宽变成原先的 2 倍
      this.length *=2
      this.width *=2
    },
  },
})
```

Store 是 Pinia 的实体，它持有可被绑定到组件的状态和业务逻辑，换句话说，它托管了全局状态。Pinia 包含三个概念：state、getter 和 action，可以等同于组件中的 data、computed 和 method。

（3）修改程序入口文件 main.js 的代码以装载 Pinia。

code-14.6/src/main.js

```
import { createApp } from 'vue'
import { createPinia } from 'pinia'
import App from './App.vue'

const pinia=createPinia()          //创建 Pinia 实例
const app=createApp(App)

app.use(pinia)                     //装载 Pinia
app.mount('#app')
```

(4) 编辑 App.vue 代码为以下内容(省略了<style>块)。

code-14.6/src/App.vue

```
<template>
  <div class="panel">
    <h5>Length={{ length }}, Width={{ width }}</h5>
    <h3>Rectangle Area: {{ area }}</h3>
    <div>
      <button @click="double()">Double</button>
      <button @click="reset()">Reset</button>
    </div>
  </div>
  <div class="container">
    <ComponentLength />
    <ComponentWidth />
  </div>
</template>

<script>
//ComponentLength, ComponentWidth 组件在下文创建
import ComponentLength from './components/ComponentLength.vue'
import ComponentWidth from './components/ComponentWidth.vue'
//关于以下三个方法的使用,请参看 14.8.2 节
import { mapStores, mapState, mapActions } from 'pinia'

//引入 /src/stores/index.js 中导出的 useRectangleStore
import { useRectangleStore } from '@/stores'

export default {
  name: 'App',
  components: {
    ComponentLength, ComponentWidth
  },
  computed: {
    //mapStores 用于将 Store 映射为组件实例的属性
    //此处将 useRectangleStore 映射为 this.rectangleStore, 默认名称为 Store 的 id +
    //'Store'
    ...mapStores(useRectangleStore),

    //mapState 用于映射 Store 中定义的 state/getter
```

```
    ...mapState(useRectangleStore, ['length', 'width', 'area'])
  },
  methods: {
    //mapActions 用于映射 Store 中定义的 action，此处映射为 this.double()
    ...mapActions(useRectangleStore, ['double']),
    reset() {
      this.rectangleStore.$reset()          //重置状态
    }
  }
}
</script>
```

（5）在 /src/components 文件夹中创建单文件组件 ComponentLength.vue，内容如下。

code-14.6/src/components/ComponentLength.vue

```
<template>
  <div class="panel">
    <h5>Length: {{ length }}</h5>
    <button @click="increase()">+1</button>
  </div>
</template>

<script>
import { mapWritableState } from 'pinia'
import { useRectangleStore } from '@/stores'

export default {
  name: 'ComponentLength',
  computed: {
    //mapWritableState 用于映射 Store 中定义的 state，此处映射为 this.length
    ...mapWritableState(useRectangleStore, ['length'])
  },
  methods: {
    increase() {
      this.length++
    }
  }
}
</script>
```

请读者模仿 ComponentLength.vue 的代码自行编写 ComponentWidth.vue，完成后在命令行界面中执行 yarn serve 即可启动程序，运行效果如图 14.8 所示。

14.8.2　Pinia 核心概念

通过学习 14.8.1 节的例子读者应对 Pinia 所实现的状态管理有了感性认识，也体会到了使用 Pinia 的便捷性，可能会想将程序中所有的数据都交由 Pinia 管理，切勿这样做！状态管理模式解决的是全局共享状态，对于组件内部使用的局部状态还是使用 data、computed 为妙，父/子组件间的参数传递则使用 props，以免污染全局空间。

下面是 Pinia 的几个重要概念，稍做小结。

- store：Pinia 的实体，包含全局状态和业务逻辑。

- state：程序共享的全局状态，等同于 Vue 组件的 data。
- getter：state 的 getter 方法，封装 state 的取值逻辑，等同于 Vue 组件的计算属性。
- action：封装对 state 的操作逻辑，等同于 Vue 组件的 method。

除 14.8.1 节示例中演示的用法外，getter 也可接收输入参数，但此时 getter 方法须返回一个函数，例如：

```
defineStore('rectangle', {
  //…
  getters: {
    //vulume 返回值为函数,因此访问时应按函数方式调用,例如: store.volume(10)
    volume() {
      //可直接引用其他 getter, 例如下面的 this.area
      return ( height )=>this.area * height
    }
  }
}
```

为便于在组件中的程序编写，Pinia 提供了多个 map 函数(辅助函数)。

- mapStores()：用于映射 store。
- mapState()：用于映射 state 和 getter，状态为只读①。
- mapWritableState()：与 mapState() 类似，但状态可写(writable)。
- mapActions()：用于映射 action。

14.8.1 节的示例中使用了对象展开语法将映射结果添加到组件的计算属性或方法集合中。上述 map 函数做映射时默认使用 store 中定义的名称，若有必要也可在组件中使用别名，给 map 函数传入对象参数即可。

```
//组件中使用 this.len
...mapState(useRectangleStore, { len: 'length' })
//组件中使用 this.dbl()
...mapActions(useRectangleStore, { dbl: 'double' })
```

若使用组合式 API 构建组件，则可直接使用 store 实例，例如：

```
<template>…</template>
<script>
import { useRectangleStore } from '@/stores/rectangle'
export default {
  setup() {
    const store=useRectangleStore()
    return {
      //可返回整个 store 实例, 供组件其余部分使用
      store
    }
  }
}
</script>
```

除了直接修改状态值外，还可以调用 $patch()方法，它可以同时变更多个状态。

① 早期 Pinia 版本中还提供了 mapGetters()方法用于映射 getter，但现已废弃。

```
store.$patch({ length: 200, width: 100 })
//也可传入函数，以加入更多逻辑
store.$patch((state)=>{
  Object.assign(state, { length: 200, width: 100 })
})
```

状态有任何变化时，若需同步触发更多操作，可调用 $subcribe()方法订阅状态变化事件，例如：

```
//语法为:store.$subscribe(callback, [options])
store.$subscribe((mutation, state)=>{
  //将整个状态存储于 localStorage
  localStorage.setItem('AppState', JSON.stringify(state))
})
```

若需要在 action 触发后或出错时进行控制，可调用 $onAction()方法注入更多逻辑。

```
//store.$onAction(callback, [detached])
store.$onAction(
  ({
    name,          //action 名称
    args,          //传递给 action 的参数组成的数组
    after,         //return 或 resolve 前的回调钩子
    onError,       //抛出异常或 reject 时的回调钩子
  })=>{
    after((result)=>{…})
    onError((error)=>{…})
  }
)
```

第15章 移动端应用开发

通过前面章节的学习，相信读者已对 Web 应用开发技术有所掌握，随着项目经验的积累定能驾轻就熟。本章将探索 Web 应用开发技术更多的应用场景。

由于底层操作系统差异，针对某一平台（操作系统）开发的程序无法直接复制到其他平台运行，例如，Windows 版的可执行程序无法直接运行于 macOS 平台，而 Android 版的 App 也无法直接运行于 iOS 平台。这便是众多主流软件提供多个平台版本的原因，例如，微信同时提供了 Android、iOS、Windows、macOS 等版本。

不同平台的应用程序开发往往需使用不同的原生技术，以移动端应用为例，开发 Android App 时需要使用 Android SDK，常选用 Android Studio 为集成开发环境，编程语言选用 Java、Kotlin 或 C++ 等；而 iOS App 开发则须使用 Xcode，编程语言使用 Object-C 或 Swift。这无疑给需要支持多平台的应用程序开发增加了不少成本，而对于多数移动端应用程序（移动 App）而言，至少支持 Android 和 iOS 平台却是基本需求。

Web 前端程序运行于浏览器环境，并不直接与底层操作系统交互，因此具有先天的跨平台优势。换言之，只要提供可呈现 Web 页面的浏览器，使用 Web 技术所构建的程序便可正常运行。当然，此类运行于移动端浏览器的网页须针对移动端屏幕做适配，必要时还须模仿原生 UI 组件的外观，适配移动端操作习惯，通常将此类程序称作 Web App。受限于运行环境，Web App 并不能访问底层系统资源，如打开摄像头拍照，多数时候仅用于展示信息或收集表单数据。

Hybrid App（混合/混生 App）是 Native App（原生 App）与 Web App 的结合，Hybrid App 容器一方面通过 WebView 为 Web 页面提供运行环境，另一方面通过 API 桥向上提供编程接口，以便 Web 程序可间接地使用原生功能。相较于 Native App 而言，Hybrid App 开发成本更低，对于熟悉 Web 程序开发的程序员来说，稍加学习便可上手，项目开发完成后借助第三方工具便可轻松地构建出支持多平台的 App，本章将着重讨论 Hybrid App 的开发方法。

业界许多主流的 Hybrid App 开发框架均源于 PhoneGap/Cordova，PhoneGap 最早创建于 2008 年，但在 PhoneGap 的开发商被 Adobe 收购后，PhoneGap 的代码被捐赠给 Apache 基金会，PhoneGap 随之更名为 Apache Cordova（简称 Cordova），目前该项目仍在持续更新。

本章所使用的 Capacitor 由 Ionic 团队维护，是一个跨平台的 Web 应用程序运行时环境，它提供了一组一致的、以 Web 为中心的 API，使 Web 应用程序能够以接近 Web 标准方式访问丰富的原生设备资源。Capacitor 同样脱胎于 Cordova，可兼容许多现有的 Cordova 插件。相对而言，学习和使用 Capacitor 更为轻松，本章内容基 Capacitor 4.0.1，读者可同步参阅 Capacitor 官方文档。

15.1　开发环境搭建

Capacitor 依赖于 Node.js 环境（Node.js 12 LTS 或更高版本），相信读者的计算机已具备此条件，否则，请参阅 9.1.1 节安装。针对不同平台的 App 开发，Capacitor 还依赖于一些工具，下文分别详述。

15.1.1　Android App 开发环境

搭建基于 Capacitor 的 Android App 开发环境，最简便的方式便是先安装 Android Studio，再借助 Android Studio 安装其他必需工具，可根据你所使用的操作系统（Windows、Mac、Linux、Chrome OS）下载最新版的 Android Studio 安装程序，此处安装过程从略。

启动 Android Studio 后选择 Tools→SDK Manager 菜单，在如图 15.1 所示的 SDK Platforms 标签页中勾选用于调试的 Android SDK，Capacitor 要求 Android SDK API Level 高于 21。

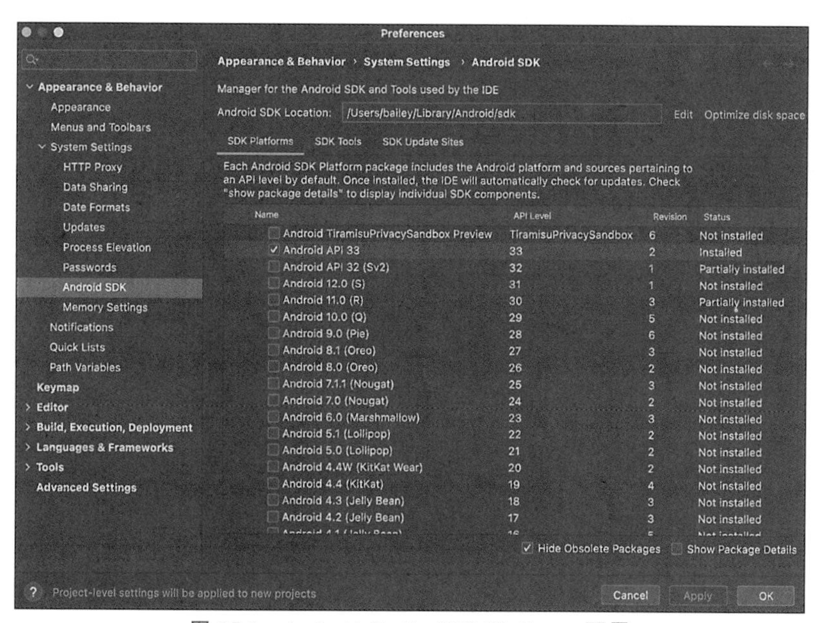

图 15.1　Android Studio SDK Platforms 配置

切换至 SDK Tools 标签页，确认勾选以下项目（见图 15.2）。

- Android SDK Build-Tools
- Android SDK Command-line Tools
- Android Emulator
- Android SDK Platform-Tools

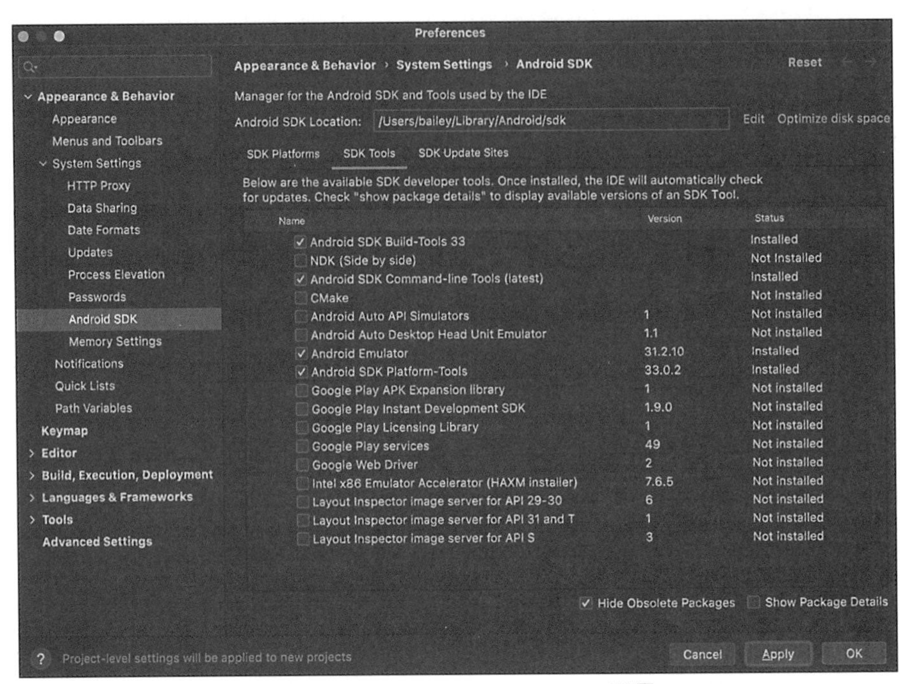

图 15.2 Android Studio SDK Tools 配置

15.1.2 iOS App 开发环境

为构建 iOS App,首先需要在 macOS 系统中安装 Xcode,可在 App Store 中搜索 Xcode 下载安装,也可注册为 Apple Developer,在 Apple Developer 网站下载。

启动 Xcode 后,打开 Preferences→Locations 设置,选择最新版本的 Command Line Tools(如图 15.3 所示)。

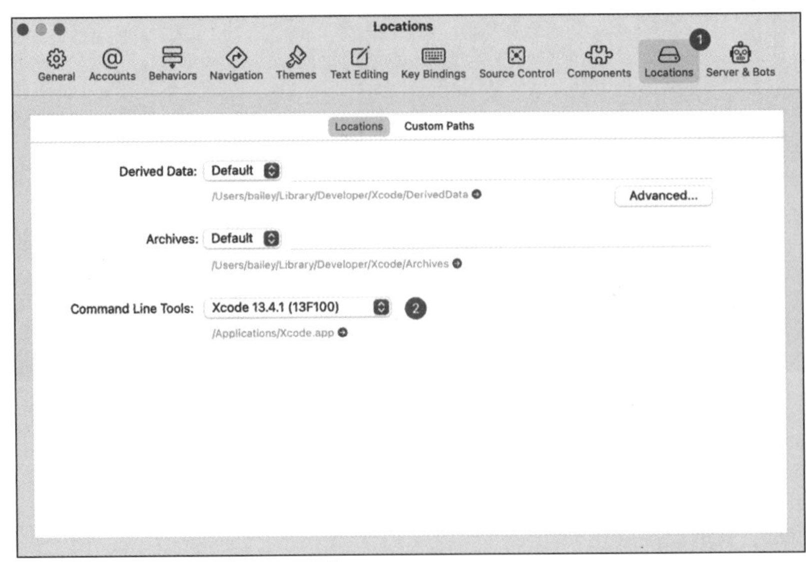

图 15.3 安装 Xcode Command Line Tools

Capacitor 将使用 CocoaPods(iOS 依赖管理工具)安装和管理 iOS 项目的原生依赖,可在命令行界面中执行如下命令安装 CocoaPods:

```
brew install cocoapods
```

以上命令使用了 Homebrew(macOS 平台的包管理工具),它可方便地为使用 Intel 或 Apple Silicon CPU 的 Mac 计算机安装 CocoaPods,若此前未安装 Homebrew 可在终端中执行如下命令进行安装。

```
/bin/bash -c "$(curl -fsSL
    https://raw.githubusercontent.com/Homebrew/install/HEAD/install.sh)"
```

15.2　创建与配置 Capacitor 项目

Capacitor 可直接嵌入到任何已有的 Web 前端项目,但应满足如下条件。

• 项目根目录下应有 package.json 文件。

• 项目中的 Web 前端资源应存储于独立的文件夹中,并存在带有<head>元素的 index.html 文件,用作 App 的首页。

上述条件并不苛刻,事实上第 9 章之后的大部分示例项目均满足上述条件,本节以 Vue SPA 脚手架项目为例,演示如何将 Capacitor 整合到 Web 前端项目中。

(1) 创建 Vue SPA 脚手架项目,并构建项目。

```
#需要先安装 Vue CLI, 参看 14.1 节
#创建 Vue 单页面应用程序项目
vue create code-15.1
#进入项目文件夹
cd code-15.1
#构建项目, 参看 14.3 节
yarn build
```

(2) 安装 Capacitor 必要依赖:运行时环境(Core JavaScript Runtime)和命令行工具(CLI)。

```
npm install @capacitor/core
#构建项目时无须包含命令行工具, 使用 -D 选项安装为 devDependencies
npm install -D @capacitor/cli
```

(3) 初始化 Capacitor 项目配置文件。

```
#命令格式: npx cap init [name] [id] --web-dir=dist
npx cap init Code1501 com.example.code1501 --web-dir=dist
```

上述命令参数中 name 为 App 名称;id 为 App id,一般由公司/组织的域名倒序 + 项目名称构成,该 id 在 App 发布、对接第三方平台等环节均会用到;--web-dir 选项指定 Web 前端项目的存放位置,本例为 dist 文件夹。配置参数记录于根目录下的 capacitor.config.json 文件中,该文件为 Capacitor 项目的主配置文件。

在步骤(1)中 yarn build 命令将 Vue SPA 项目代码编译后打包到了 dist 文件夹(默认构建路径),Capacitor 将以其中内容构建 Hybrid App。

(4) 根据需要安装目标平台的支持。

```
#Android
npm install @capacitor/android
npx cap add android

#iOS
npm install @capacitor/ios
npx cap add ios
```

执行上述命令后,项目根目录下将分别创建 android 和 ios 文件夹,其中存放了自动生成的原生项目,一般情况下无须手动编辑其中内容。

执行下述命令,选择在模拟器或 USB 连接的手机中启动 App,运行效果如图 15.4 所示。

```
#Android
npx cap run android

#iOS
npx cap run ios
```

图 15.4 code-15.1 运行效果

也可执行如下命令在原生 IDE(Android Studio/Xcode)中打开步骤(4)所生成的原生项目,进行更精细的调试。

```
#使用 Android Studio 打开 Android 项目
npx cap open android

#使用 Xcode 打开 iOS 项目
npx cap open ios
```

使用手机调试 iOS App 前须将项目添加到某个团队(Team),可执行上述命令使用 Xcode 打开原生项目,并在 Xcode 中选中项目根结点,单击 Signing & Capabilities→Signing→Team 选择所属团队(如图 15.5 所示)。Apple 公司允许以个人身份(Personal Team)调试项目,但若正式发布产品,则须加入 Apple Developer Program 或 Apple Developer Enterprise Program。

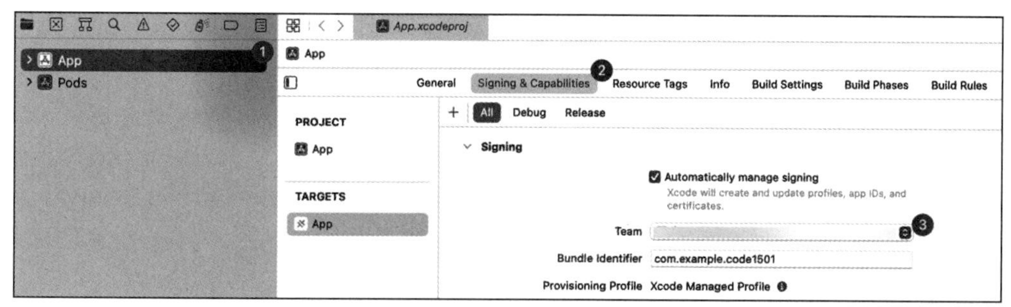

图 15.5　在 Xcode 中设置项目所属的 Team

(5) 同步项目:若 Web 代码有更新或配置变化均须执行如下命令同步 Capacitor 项目。

```
npx cap sync
```

(6) 配置 Live Reload:在开发阶段,每次修改 Web 程序代码后均需重新启动 App 才能看到运行效果,这不免有些麻烦。可以配置 Live Reload,以便在检测到变更时自动重新加载页面。

若 Web 项目已配置模块热重载(HMR),可在 capacitor.config.json 文件中添加如下配置,其中,http://192.168.1.1:8080 为开发服务器的访问地址,应根据实际情况修改,请参看 14.4.4 节。

```
"server": {
  "url": "http://192.168.1.1:8080",
  "cleartext": true
}
```

Vue CLI 所创建的脚手架项目中已配置了 HMR,因此对于本例而言,可先执行 yarn serve 启动开发服务器,使用命令行界面输出的 URL(Network URL)替换上述配置中的 url,执行 npx cap sync 同步项目后重启 App。此后若 Web 程序代码有更改均可立即看到更新效果。但应注意,每次安装插件或更改配置后须执行 npx cap sync 同步项目。

15.3　使用插件与原生 API 交互

基于 Capacitor 的项目中,Web 程序通过插件(Plugin)与 Capacitor 运行时环境通信,从而间接地访问原生 API,如获取设备的地理位置、访问文件系统、开启摄像头进行拍摄等。

Capacitor 各类插件的使用方法大同小异,下面以使用 Geolocation 插件获取设备地理位置为例,简介 Capacitor 插件的使用方法,读者可在 code-15.1 的基础上修改。

(1) 安装@capacitor/geolocation 插件,并同步项目。

```
npm install @capacitor/geolocation
npx cap sync
```

（2）添加许可请求：无论Android或iOS平台，访问涉及用户隐私的资源前均需要获得必要的许可，当程序调用API时系统将提示用户进行授权，若用户同意便可正常调用API访问相应资源。下面以使用Geolocation插件获取设备地理位置为例。

Android平台：在AndroidManifest.xml文件中添加如下声明。

```
<!--/android/app/src/main/AndroidManifest.xml -->
<manifest>
  <uses-permission android:name="android.permission.ACCESS_COARSE_LOCATION" />
  <uses-permission android:name="android.permission.ACCESS_FINE_LOCATION" />
  <uses-feature android:name="android.hardware.location.gps" />
</manifest>
```

iOS平台：在Info.plist文件中添加如下声明，并说明访问用户隐私资源的具体原因。

```
<!--/ios/App/App/Info.plist -->
<plist>
  <dict>
    <key>NSLocationAlwaysUsageDescription</key>
    <!--说明访问用户隐私资源的具体原因 -->
    <string>需要获取地理位置用于演示 Geolocation API</string>
    <key>NSLocationWhenInUseUsageDescription</key>
    <!--说明访问用户隐私资源的具体原因 -->
    <string>需要获取地理位置用于演示 Geolocation API</string>
    <key>UIViewControllerBasedStatusBarAppearance</key>
    <true/>
  </dict>
</plist>
```

（3）编写程序，调用API获取设备地理位置信息。

```
<!--/src/App.vue -->
<template>
  <div>
    <h1>Geolocation</h1>
    <p>Your location is:</p>
    <p>Latitude: {{ location.lat }}</p>
    <p>Longitude: {{ location.long }}</p>
    <!--单击此按钮则获取当前经纬度坐标 -->
    <button @click="getCurrentPosition">Get Current Location</button>
  </div>
</template>

<script>
import { Geolocation } from '@capacitor/geolocation';
export default {
  name: 'App',
  data() {
    return { location: {} }
  },
  methods: {
```

```
    async getCurrentPosition() {
      const pos=await Geolocation.getCurrentPosition();
      this.location={
        lat: pos.coords.latitude,
        long: pos.coords.longitude,
      }
    }
  }
}
</script>
```

最后，执行如下命令同步项目并重新启动 App，程序运行效果如图 15.6 所示，单击 Get Current Location 按钮便可显示设备当前所处的地理位置。

```
#同步项目
npx cap sync

#启动 App
npx cap run android
npx cap run ios
```

图 15.6　使用 Geolocation 插件获取设备地理位置

本节简要演示了 Capacitor 插件的使用方法，读者可查阅 Capacitor 官方文档了解更多 Capacitor 插件的功能和用法。除 Capacitor 官方提供的插件外，Capacitor 交流社区 (Capacitor Community)可搜索到更多由社区维护的 Capacitor 插件。Capacitor 项目中也可使用 Cordova 插件，但少部分插件存在兼容性问题。若现有插件均无法满足项目需求，也可以自行开发 Capacitor 插件以供项目使用。

15.4　构建与签名 App

将基于 Capacitor 的 Hybrid App 项目构建为可供发布的 App 安装包，一般步骤如下。

(1) 构建 Web 项目，例如，Vue 项目执行 yarn build 或 npm run build 命令。

(2) 执行 npx cap sync 命令将构建完成的 Web 项目同步到相应平台的原生项目中。

(3) 使用 Android Studio/Xcode 打开原生项目构建 App 安装包。

(4) 无论 Android 或 iOS App，分发给用户的安装包都需要签名，否则仅可安装于模拟器或授权设备，通常用于程序调试或测试。

Capacitor 并未提供构建与签名 App 的功能，而是建议程序员使用原生工具或其他第三方工具。为使读者了解 Hybrid App 开发与发布的完整流程，下面两节做简要介绍。在

命令行界面中执行 npx cap open [android | ios] 命令使用 Android Studio/Xcode 打开 Capacitor 生成的原生项目，然后依下文所述进行实践。

15.4.1 使用 Android Studio 构建与签名 Android App

使用 Android Studio 打开位于/android 文件夹中的原生项目后，选择 Build→Build Bundle(s)/APK(s)→Build APK(s) 菜单可便将项目构建为 APK 格式安装包，也可选择 Build→Build Bundle(s)/APK(s)→Build Bundle(s) 菜单构建 AAB 格式分发包，生成的文件位于/android/app/build/outputs 文件夹。使用上述方法构建的文件均未签名，仅可安装于模拟器用于调试。

若需要生成可供发布的 APK 格式安装包，可选择 Build→Generate Signed Bundle/APK 菜单，在如图 15.7 所示的对话框中选择 APK，并单击 Next 按钮。

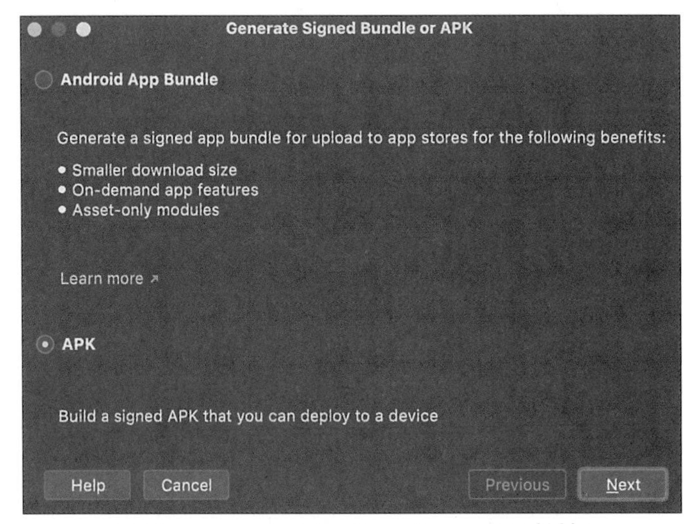

图 15.7 Generate Signed Bundle or APK 对话框

接下来，在如图 15.8 所示的对话框中单击 Create new 按钮，创建新的签名密钥，如图 15.9 所示。

在如图 15.9 所示的对话框中填写密钥文件存储路径(Key strore path，密钥文件扩展名为 jks)，Password、Key-Alias、Key-Password 输入框中分别填写访问密钥文件的密码、私钥 id 和私钥密码(此三项内容今后签名将会用到)。Certificate 部分填写密钥持有者姓名、组织机构名称等信息。最后，单击 OK 按钮返回如图 15.8 所示对话框，继续单击 Next 按钮，选择 Build Variants 为 release，单击 Finish 按钮即可生成签名后的 APK 文件，位于/android/app/release 文件夹。至此，便可将签名后的 Android App 安装包通过网站或 Android 应用市场等途径分发给用户。

2021 年 8 月后 Android App 开发商可将项目构建为 Android App Bundle(AAB)格式的分发文件，并将该文件和签名密钥上传至 Google Play(Android 官方应用商店)或其他支持 AAB 的应用商店，由应用商店完成打包和签名，最终生成 APK 格式安装包并上架。使用此方式生成的 APK 安装包经优化处理，体积更小，运行速度更快。

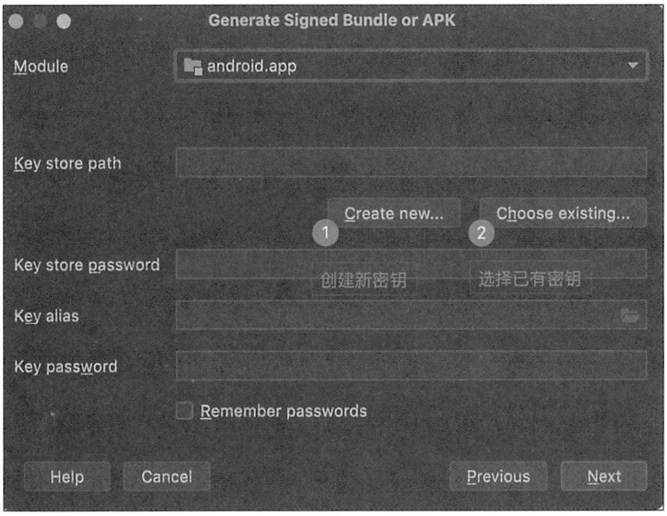

图 15.8　创建新密钥或选择已有密钥

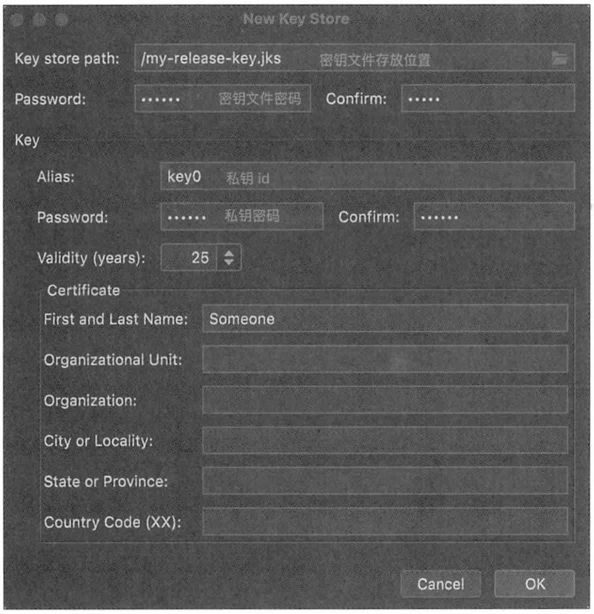

图 15.9　创建签名密钥

15.4.2　使用 Xcode 构建与签名 iOS App

使用 Xcode 打开由位于 ios 文件夹的原生项目后，在 Project Navigator 中选中 App 结点，并在 Signing & Capabilities 中选择项目所属的 Team，最后选择 Product→Build 菜单即可完成项目构建，如图 15.10 所示。

iOS App 签名前须获得 iOS 分发证书，开发人员需要首先加入 Apple 开发者计划(Apple Developer Program)或 Apple 开发者企业计划(Apple Developer Enterprise Program)，具体流程请参阅 Apple 官方文档。在如图 15.10 所示的界面中选择正确的 Team(非 Personal Team)，并勾选 Automatically manage signing 复选框即可在构建项目时

图 15.10 使用 Xcode 构建 iOS App

自动完成签名。

若需要上架 App Store,可在 Xcode 中完成,也可访问 App Store Connect 网站进行提交。

本章简要介绍了使用 Capacitor 开发 Hybrid App 的流程,希望能抛砖引玉,引发读者更多的钻研兴趣。但由于篇幅所限,关于通知推送、应用内购买、本地存储、启动界面(Splash Screens)与 App 图标定制等话题不再详述,请读者参阅 Capacitor 官方文档。

客观来说,Hybrid App 因运行于容器所提供的运行时环境中,与底层设备的交互依赖于插件,某些场景下甚至需要结合原生技术自定义插件方能充分利用设备资源,在运行效率方面也稍逊于 Native App。但对于大多数的应用场景来说,现有插件已可满足开发需要,Web 技术强大而灵活的构建能力更能适应产品的快速迭代需求。

Hybrid App 中用户界面和多数交互功能均由 Web 页面承载,可综合应用本书客户端技术篇所介绍的各项技术实现,但应注意适配移动端平台的视觉风格及操作习惯。许多优秀的框架为 Hybrid App 开发提供了完整的解决方案,如 Ionic、Quasar 等,它们不仅提供了丰富的 UI 组件,可与主流 MVC/MVVM 框架(如 Vue.js、Angular、React 等)完美配合,同时内嵌了对 Cordova/Capacitor 的支持,在实际开发中颇有助益。国内公司 DCloud 推出的集成开发环境 HBuilder 也可帮助我们构建多端应用。

第16章

微信小程序开发

2015年年初，微信发布了一套网页开发工具包(JS-SDK)，开放了拍摄、录音、支付等数十个API，以令开发者可利用微信原生能力完成传统网页难以实现的任务，获得了业界极大的关注。JS-SDK虽然拓展了网页的能力，但此类程序仅可算是运行于微信环境中的"增强版"网页，交互体验明显逊于原生App，同时受限于设备性能和网络速度，页面加载时会出现白屏和卡顿。此后，微信团队为JS-SDK添加了"微信Web资源离线存储"等众多功能以改善用户体验，可算是微信小程序平台的雏形。

2017年1月，微信小程序开放平台正式发布，随后国内众多互联网公司纷纷跟进，目前除微信外，支付宝、百度、京东、字节跳动等公司均提供了小程序平台。小程序的引入一方面丰富了宿主的生态，另一方面小程序也可以利用宿主平台引流客户资源，提高用户黏性。

从本质上来说，各类小程序应用均属于Hybrid App，主要使用Web前端技术开发，但与第15章所述的Hybrid App相比有如下不同。

(1) 小程序开发完成后并不构建为独立的安装包进行发布，而是将项目上传至宿主所提供的开放平台。用户无须刻意地安装或更新小程序，仅通过搜索、扫码等方式即可打开小程序应用。当然，在小程序首次加载或更新时仍须下载项目资源，只是小程序体积通常较小(各平台多有限制)，并且下载过程自动完成，对于用户而言几乎无感。

(2) 除可通过API调用设备功能外，小程序还可充分利用宿主所提供的开放能力，例如，微信小程序可以进行授权登录、获取用户信息、订阅消息等。

(3) 虽然小程序主要使用Web技术开发，但小程序并不完全运行于浏览器或WebView环境，小程序的渲染层与逻辑层通常是分离的，以微信小程序为例，渲染层使用WebView和原生控件混合渲染，而逻辑层代码则由JsCore线程执行，因此JavaScript代码中无法直接使用DOM API或BOM API。

虽然各家公司所提供的小程序平台在编程细节方面各有不同，但主要概念、原理及开发流程却类似，本章将以微信小程序开发为例，带领读者初步领略小程序开发的流程，了解小程序开发中的一些关键概念，开辟Web应用程序开发技术的新"战场"。

若无特别说明，下文中提到的"小程序"均特指微信小程序。本章内容多点到为止，读者可同步参阅微信小程序开发官方文档。

16.1 创建微信小程序项目

每一个微信小程序归属于一个独立的小程序账号,通过此账号开发人员可在线管理小程序。因此,开发微信小程序的第一步便是注册小程序账号,可访问"微信小程序开放平台"进行注册①。登录后便可在"开发管理"→"开发设置"中看到小程序 ID(AppID),这是小程序的唯一标识,将在后续开发中用到。若仅出于学习目的,也可免去注册流程,直接创建测试号。测试号关联的小程序不能正式发布,但默认开通了大部分功能,更便于学习。

接下来请读者自行下载、安装"微信开发者工具",启动后创建微信小程序项目,如图 16.1 所示。

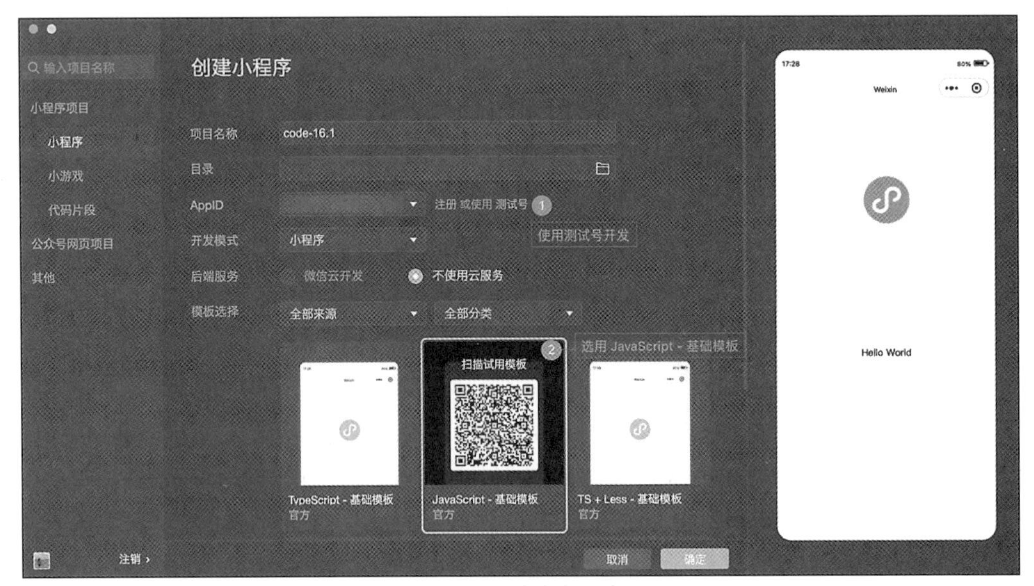

图 16.1 创建微信小程序项目

在如图 16.1 所示的对话框中填写项目名称、项目存储目录和小程序的 AppID。若使用测试号开发,则可直接单击图中①所示链接。

微信小程序的后端(服务端)程序可使用 Web 服务端技术开发,并部署于自己的公网服务器,也可基于微信云开发,部署于微信云服务器,本例选择"不使用云服务"。

微信官方和其他第三方团队提供了一些项目模板,此处选择"JavaScript - 基础模板",以便于我们熟悉微信小程序项目的基本形态。

单击"确定"按钮完成项目创建,将出现如图 16.2 所示的开发界面。左侧的模拟器中呈现了使用"基础模板"创建小程序运行效果。单击"预览"或"真机调试"按钮,则可使用手机端微信扫描二维码,在真机环境中查看运行效果。

① https://mp.weixin.qq.com/cgi-bin/wx.

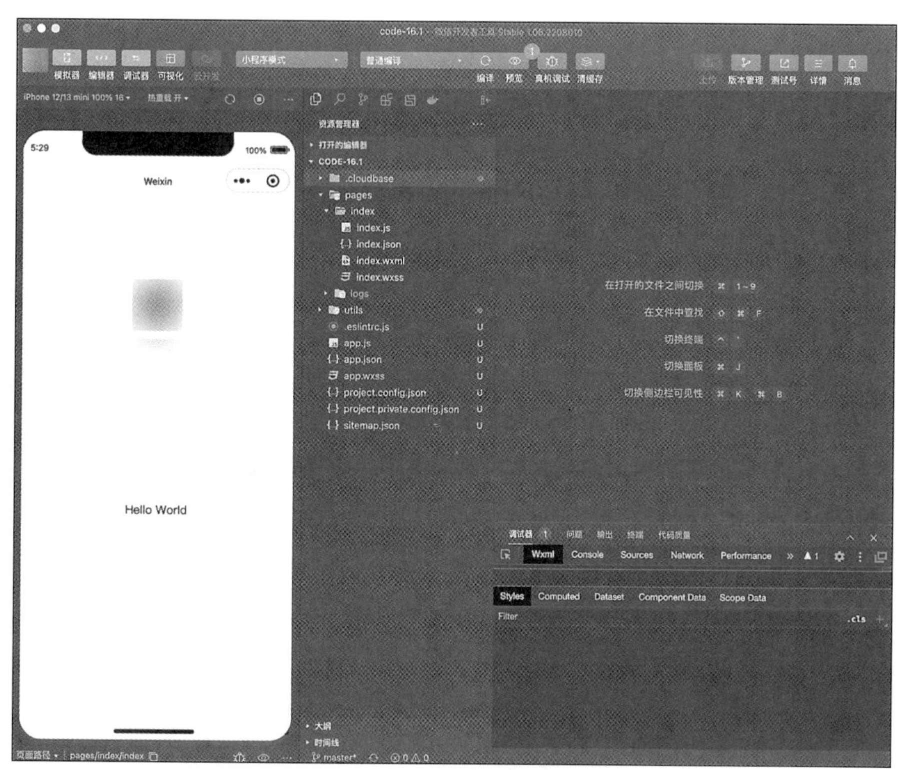

图 16.2　微信小程序开发界面

16.2　微信小程序项目结构

微信小程序项目的结构与第 8 章介绍的 Vue 项目非常相似，诸多概念甚至是相通的，但应注意小程序项目并非 Vue 项目。

项目中主要有 4 种类型的文件：.json、.wxml、.wxss、.js，小程序中的每一个页面通常由这 4 类文件组成，默认存储于/pages 目录下的独立文件夹。如图 16.2 所示的/pages/index 即对应当前示例程序的首页，即图中左侧模拟器中呈现的页面。下面分别详述这 4 类文件的用途。

1. .json 文件

.json 文件为 JSON 格式的**配置文件**，对于页面而言其中通常包含该页面所使用的组件声明。

2. .wxml 文件

.wxml 文件为微信小程序**模板文件**。打开上述示例中的 index.wxml 文件，可看到其中代码结构与 HTML 文档极为相似(如下)，事实上也可以在其中使用标准的 HTML 元素。

```
<!--index.wxml 节选 -->
<view class="container">
<view class="userinfo">
  <block wx:if="{{canIUseOpenData}}">...</block>
```

```
    <image bindtap="bindViewTap" src="{{userInfo.avatarUrl}}" mode="cover"></
image>
    <text class="userinfo-nickname">{{userInfo.nickName}}</text>
  </view>
  <view class="usermotto">
    <text class="user-motto">{{motto}}</text>
  </view>
</view>
```

微信官方定义了丰富的组件,其中一部分是对 HTML 元素的封装和扩展,例如,小程序的<button>组件将最终被转换为 HTML 的<button>元素。但小程序的<button>组件可使用 type、size 等属性定义其外观,使用 open-type 属性指定该按钮被单击时触发的微信开放能力;另一部分组件则为原生组件(native-component),例如,<camera>组件使用原生技术渲染并嵌入到相应位置,可直接捕获摄像头数据进行实时显示。

组件是微信小程序开发中的一项重要内容,建议读者通读官方开发文档的"组件"部分,粗略了解各组件功能,以及可自定义的特性和支持的事件,以便在今后开发中可灵活应用。

上述代码中出现了类似 Vue.js 的模板绑定语法 "{{…}}",可嵌入到模板的任何位置,实现数据的单向绑定,例如:

```
<input type="text" value="{{motto}}"/>
<text class="user-motto">{{motto}}</text>
```

若需实现双向绑定,可在表单元素属性中添加 model: 前缀,如下。

```
<input type="text" model:value="{{motto}}"/>
```

但应注意微信小程序中仅实现了"简易"的双向绑定,并不可绑定数据项的子属性,如下代码并不合法。

```
<!--错误:-->
<input type="text" model:value="{{userInfo.nickName}}"/>
```

模板文件中的 wx:if、wx:else、wx:elif 为条件渲染,与 Vue.js 中的条件渲染含义相同。

除此之外,也可使用 wx:for 进行列表渲染,例如:

```
<text wx:for="{{ [ 'foo', 'bar' ]}}">{{index}}. {{item}}</text>
```

其中,index 和 item 分别为当前遍历到的数组元素索引值和元素,可使用 wx:for-index 和 wx:for-item 重新指定,例如:

```
<text wx:for="{{ [ 'foo', 'bar' ]}}" wx:for-index="idx" wx:for-item="text">
  {{idx}}. {{text}}
</text>
```

为提高渲染效率,可使用 wx:key 指定元素的唯一标识字段,例如:

```
<text wx:for="{{ [ {id: 1, name: 'Johnny'}, {id: 2, name:'Jackie'} ]}}" wx:key="id">
  {{item.name}}
</text>
```

在上述 index.wxml 模板文件中也出现了事件绑定语法,与 Vue.js 中的 v-on:click 或

@click 指令类似。

```
<!--bindViewTap 为 .js 文件中定义的回调函数名 -->
<image bindtap="bindViewTap" …></image>
```

在移动端一般不使用 click 事件监听用户单击(有延迟)，而是换用 tap(轻触)事件。

小程序中各个组件所支持的事件有所不同，但均以类似上述 bindtap 的方式进行监听。

3. .wxss 文件

.wxss 文件为微信小程序样式文件，类似于 CSS，具有 CSS 的大部分特性。

为避免移动端物理设备屏幕密度不一致带来的困扰，wxss 中增加了新的长度单位：rpx(responsive pixel)，并规定无论何种设备屏幕宽度均为 750rpx，程序运行时会根据设备的实际屏幕密度将 rpx 转换为 px。开发微信小程序时可以用 iPhone 6 作为视觉稿的标准。

此外，.wxss 文件中可使用 @import 语句导入外联样式表，例如：

```
/** 外部样式表使用相对路径引入，以 ";" 表示语句结束 **/
@import "common.wxss";
```

4. .js 文件

.js 文件为 **JavaScript** 代码，用于实现小程序的业务逻辑，以下代码节选自 index.js。

```
//获取小程序应用实例，参见 app.js
const app=getApp()

//创建页面实例
Page({
  data: {
    motto: 'Hello World',
    userInfo: {}
  },
  //事件处理函数
  bindViewTap() {
    //跳转至'../logs/logs'页面，也可用 this.router.navigateTo({ url: '../logs/logs' })
    wx.navigateTo({ url: '../logs/logs' })
  },
  //生命周期回调函数，页面加载时自动调用
  onLoad() {
    //…
  },
  //获取当前微信用户信息
  getUserProfile(e) {
    wx.getUserProfile({
      desc: '展示用户信息',              //需要声明获取用户个人信息的用途
      success: (res)=>{
        this.setData({ userInfo: res.userInfo })
      }
    })
  }
})
```

纵观上述 JavaScript 代码的结构，与第 8 章介绍的定义 Vue 实例的代码相似，其中：

(1) data：{…}部分定义了页面的实例数据，可用于模板文件中的数据绑定，请参看 index.wxml。但应注意，data 中定义的数据属性并非如 Vue 中是响应性的，若需实现视图

层的同步更新，应调用页面实例对象的 setData()方法，例如，this.setData({motto: 'foo'})，而非 this.motto='foo'。此外，微信小程序框架也未实现完备的双向绑定，有一定限制，请参见前文介绍。

(2) 页面实例(Page)拥有许多生命周期回调函数，均以 on 开头，如上述代码中的 onLoad()。读者可查阅官方开发文档了解微信小程序框架所支持的生命周期回调函数。

(3) 除生命周期回调函数外，Page({…}) 中的其余函数均为自定义函数，可在模板文件中用作事件绑定，或在 .js 文件中调用。

(4) 页面实例中预置了路由对象，可通过 this.router 或 this.pageRouter 引用，当需要进行页面导航（跳转）时可调用 navigateTo()等方法，它们与 wx 对象的同名方法对应。小程序中前后两个页面之间可通过 eventChannel 进行通信，请参阅官方开发文档关于路由的说明。

(5) 微信小程序框架通过 wx 对象暴露了大量 API，用于获取环境参数、调用微信接口或原生功能。例如，上述 index.js 代码中通过 wx.getUserProfile()方法获取用户个人信息。建议读者浏览官方开发文档中关于 API 部分的内容，粗略了解可使用的编程接口。

微信小程序项目中也可以使用 npm 或 yarn 安装 Node.js 生态中的第三方模块，完成后选择"工具"→"构建 npm"菜单将其转换为小程序可用的模块，然后在 .js 文件中导入使用即可。但应注意小程序中的 JavaScript 代码运行于 JsCore 线程，因此依赖于特定环境的第三方模块无法使用，例如，9.8.1 节使用的 nanoid 模块因依赖于 Node.js 环境的 Crypto 模块而无法在小程序项目中直接使用。

微信小程序中渲染层与逻辑层分离，因此不可以在 JavaScript 代码中直接访问 DOM API 或 BOM API，代码中访问 document 对象将返回 undefined。也不可以在模板文件中直接使用<script>标签引入 .js 文件或嵌入 JavaScript 代码，若确实需要在模板文件中执行脚本，必须使用微信小程序自己的一套脚本语言(WeiXin Script，WXS)来定义 WXS 模块，以供模板文件中使用，请看如下示例。

WXS 模块文件：

```
///pages/tools.wxs
var add=function(a, b) {
  return a +b;
}
module.exports={ add: add }
```

WXML 模板文件：

```
<!--/page/index/index.wxml  -->
<wxs src="../tools.wxs" module="tools" />
<view>{{ tools.add(3, 5) }}</view>
```

WXS 和 JavaScript 是不同的语言，虽然二者看上去很相似，但 WXS 有较多限制，可查阅官方文档了解具体差异。

当然，在 .js 文件中引入其他 JavaScript 模块并不受上述限制，例如：

```
//pages/logs/logs.js
const util=require('../../utils/util.js')
```

项目的根目录下还有几个重要的文件。

（1）project.config.json：项目配置文件，可对编译参数、开发工具外观等进行配置。

（2）app.json：小程序的全局配置文件，包括页面路径、界面表现、网络超时时间、底部 Tab 等。每一个小程序页面均需要在此文件中注册方可令路由生效。

（3）app.js：小程序主入口，其中的代码与创建 Page 实例类似，支持生命周期事件的监听，例如，onLaunch() 为小程序初始化完成时的回调函数。小程序中可调用 getApp()函数获得全局唯一的应用实例。

16.3　综合示例——个人相册

本节通过一个综合示例演示微信小程序项目的开发过程，该示例是一个本地使用的"个人相册"，未涉及服务端程序，但下文会简要介绍与服务端程序对接的方法。

本示例运行效果如图 16.3 所示，图 16.3(a)为小程序首页，展示了个人相册中的所有图片，单击底部的"+"按钮可通过拍照或从手机系统相册中选择的方式添加新图片，并可为新图片添加标题、拍摄地点和日期(见图 16.3(b))。

读者可注册小程序账号后，在微信开发者工具中创建项目，并按如图 16.4 所示的结构创建必要的项目文件，然后依下文所述进行实验，本例完整代码见资源包中的 code-16.1。

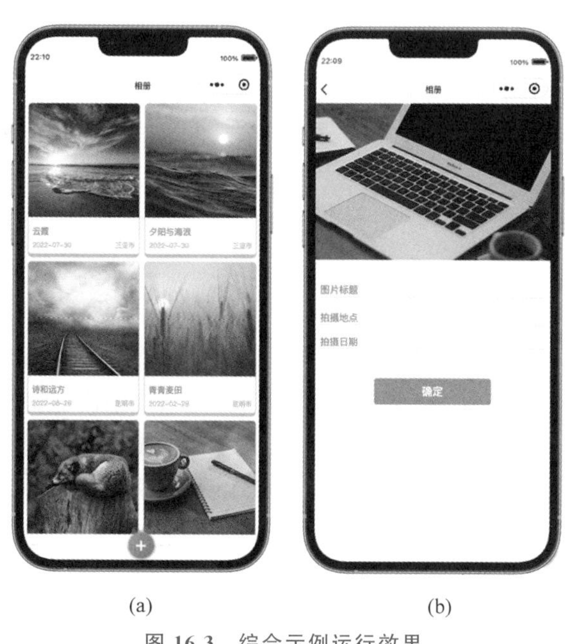

(a)　(b)

图 16.3　综合示例运行效果

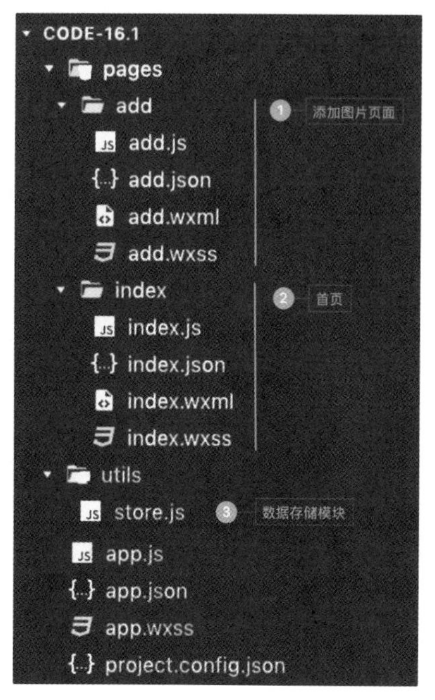

图 16.4　综合示例项目结构

16.3.1 数据存储模块

与普通网站类似,小程序也需要有服务端程序配合,将用户数据存储于服务端,但本例主要演示小程序端(客户端)功能的实现,因此并未编写服务端程序,仅使用"本地存储"保存相册数据,读者可参考第9、10章内容编写服务端程序,并修改下述store.js文件中的代码对接服务端。

code-16.1/utils/store.js

```
/*
  本例使用本地存储保存相册数据,真实项目中应将数据存储于公网服务器上的数据库中
  数据结构为:[{ id: 1, title: '', src: '', location: '', date: '' }, ... ]
  其中: title -图片标题, src -图片 url, location -拍摄地点, date -拍摄日期
*/
const photos=wx.getStorageSync('photos') || []

//获得相册中所有图片数据,实际项目中可使用 wx.request()方法向服务端发起 HTTPS 请求获
//取数据
function getPhotos() {
    return photos;
}

//添加新图片,实际项目中可使用 wx.uploadFile()方法上传图片文件(携带表单数据)
function addPhoto(photo) {
    photo.id=new Date().getTime()              //使用当前时间戳作为图片记录的 id
    photos.unshift(photo)                      //插入至数组开头位置
    wx.setStorageSync('photos', photos)        //保存数据至本地存储
}

module.exports={
    getPhotos, addPhoto
}
```

微信小程序框架中可使用wx.setStorageSync(key, value)方法将数据以"键-值对"的形式存储于本地,单个数据项最多1MB,所有数据存储上限为10MB,除非用户主动删除或因存储空间被系统清理,否则数据一直可用。

使用wx.request()方法可向服务端发起HTTPS请求进行数据传输,开发阶段可单击开发工具右上角的"详情"按钮,在"本地设置"中勾选"不校验合法域名、web-view(业务域名)、TLS版本以及HTTPS证书",这样便可使用HTTP进行通信,以本地计算机为服务器进行调试。但应注意,若使用真机调试,小程序运行于手机,而服务端程序运行于计算机,小程序中发起HTTP请求时URL中的主机地址并非localhost,而应是计算机端的IP地址。同时应确保手机可访问本地计算机,例如,处于同一局域网内。此外,真机调试还存在跨域问题,可参考13.2节解决。

小程序正式发布后必须使用HTTPS,并应使用小程序账号登录在线管理平台,在"开发管理"→"开发设置"中配置服务器域名。

16.3.2 相册首页

小程序首页以列表方式展示相册中的所有图片，页面底部的“+”按钮用于添加新图片，如图 16.3(a)所示。为节省篇幅以下省略了样式文件 index.wxss。

code-16.1/pages/index/index.wxml

```
<view>
    <view class="photo-list">
        <block wx:if="{{ photos.length }}">
            <view wx:for="{{ photos }}" wx:key="id" class="photo-card">
                <image src="{{ item.src }}" mode="aspectFill"></image>
                <view class="photo-desc">
                    <text class="title">{{ item.title }}</text>
                    <view class="sub-title">
                        <text class="time">{{ item.date }}</text>
                        <text class="location">{{ item.location }}</text>
                    </view>
                </view>
            </view>
        </block>
        <view wx:else class="empty-hint">
            <text>单击 "+" 添加图片...</text>
        </view>
    </view>
    <view class="bottom-bar">
        <button class="btn-add" bindtap="addPhoto">+</button>
    </view>
</view>
```

code-16.1/pages/index/index.js

```
const store=require('../../utils/store')  //引入数据存储模块
Page({
    data: {
        photos: []                              //图片数据, 在 loadPhotos()方法中填充
    },
    //页面显示时自动加载图片数据
    onShow() {
        this.loadPhotos()
    },
    //下拉重新加载图片数据
    onPullDownRefresh() {
        this.loadPhotos()
    },
    //加载图片数据
    loadPhotos() {
        //显示加载提示
        wx.showLoading({
            title: '刷新中...'
        })
```

```
        //获取相册图片数据，本例从本地存储获取数据，实际项目此处应是异步请求
        const photos=store.getPhotos()
        this.setData({ photos })
        wx.hideLoading()                            //取得数据后隐藏加载提示
        wx.stopPullDownRefresh()                    //取得数据后恢复下拉状态
    },
    //添加新图片
    addPhoto() {
        //调用微信 API 选取图片,该接口可从系统相册选取或使用摄像头拍摄图片或视频
        wx.chooseMedia({
            count: 1,                               //最多选取 1 张图片
            mediaType: ['image'],                   //仅选取图片
            sourceType: ['album', 'camera'],        //图片来源于系统相册或摄像头
            camera: 'back',                         //使用后置摄像头
            success(res) {                          //成功取得图片时的回调函数
                //图片文件信息以数组形式返回: res.tempFiles
                if (res.tempFiles.length) {
                    //携带图片的临时存储路径，转至'add'页面
                    wx.navigateTo({
                        url: '../add/add?photoPath=' +res.tempFiles[0].tempFilePath,
                    })
                }
            }
        })
    }
})
```

上述 addPhoto()方法中调用微信小程序框架提供 wx.chooseMedia()接口获得新图片,若成功则携带图片的临时存储路径参数转至“添加新图片”页面,补充图片标题等信息。真机环境下调用 wx.chooseMedia()方法将在屏幕底部弹出选择“拍摄或从手机相册选择”的对话框,若使用模拟器调试则不会弹出此对话框,而是直接从计算机文件系统中选择图片。

使用“下拉刷新”功能时须添加 "enablePullDownRefresh": true,可在 index.json 文件中添加此声明(仅该页面有效),也可在项目根目录下 app.json 文件的 window 结点中添加(全局生效)。

code-16.1/pages/index/index.json

```
{
  "usingComponents": {},
  "enablePullDownRefresh": true
}
```

16.3.3 添加新图片

在“添加新图片”页面中,用户可补充图片标题、拍摄地点、拍摄日期,单击“确定”按钮则完成添加并退回至首页,如图 16.3(b)所示。为节省篇幅以下省略了样式表代码 add.wxss。

code-16.1/pages/add/add.wxml

```
<view>
    <image style="width: 100%;" mode="aspectFill" src="{{src}}"></image>
    <view class="desc">
        <input class="item" type="text" model:value="{{title}}"
               placeholder="图片标题" placeholder-style="color:#90A4AE" />
        <text class="item" bindtap="chooseLocation">{{ location || '拍摄地点'}}
  </text>
        <!--日期选择器 -->
        <picker class="item" mode="date" value="{{date}}" bindchange=
 "dateChange">
            <view>{{date || '拍摄日期'}}</view>
        </picker>
    </view>
    <button type="primary" bindtap="save">确定</button>
</view>
```

code-16.1/pages/add/add.js

```
const store=require('../../utils/store')

Page({
    data: { src: '', title: '', location: '', date: '' },
    onLoad(options) {
        this.setData({ src: options.photoPath })
    },
    //选择拍摄地点
    chooseLocation() {
        wx.chooseLocation({
            success: (res)=>{
                this.setData({ location: res.name || res.address })
            }
        })
    },
    //选择拍摄日期后的回调函数
    dateChange(e) {
        this.setData({ date: e.detail.value })
    },
    //单击"确定"按钮时保存图片数据
    save() {
        store.addPhoto(this.data)
                              //调用 store.js 模块中定义的 addPhoto()方法保存图片数据
        wx.navigateBack({ delta: 1 })        //保存成功后退回上一页
    }
})
```

用户选择拍摄地点时，调用 wx.chooseLocation()方法将转至如图 16.5 所示的“选择位置”页面，该页面功能由微信框架实现，用户选择位置后单击“确定”按钮则返回前一页面，并调用 success()回调函数带回位置信息。

图 16.5　选择位置页面

16.4　发布微信小程序

小程序开发完成后单击开发工具右上角的“上传”按钮即可将项目提交至微信小程序在线平台,小程序账号管理员登录平台后可在“版本管理”页面中查看所提交的版本(体验版),并可邀请最多15个用户参与测试/体验(在“成员管理”页面添加体验成员)。若测试正常便可将此版本提交审核,人工审核通过后即正式上线。

使用测试号开发时无法提交项目,可注册正式账号后,单击开发工具右上角的“详情”按钮,修改AppID为正式账号下的AppID再提交即可。

微信小程序框架提供了丰富的API,仅需要简单的编程即可实现较复杂的功能。但篇幅所限,如微信登录、支付、消息订阅与推送等常用API亦不能尽述。读者可对照官方开发文档加以实践,了解微信小程序生态的能力,逐步积累经验,以备未来项目开发之用。

第17章

桌面端应用开发

使用 Web 技术开发桌面端应用的原理与 Hybrid App 类似：使用 Web 前端技术构建用户界面、实现主要业务逻辑，借助 API 桥与底层操作系统交互。采用此技术路线开发的桌面端应用最知名的莫过于我们一直在使用的 VSCode。

Electron（原名为 Atom Shell）是一个支持使用 JavaScript、HTML 和 CSS 构建桌面应用的开源框架，它通过将 Node.js 和 Chromium 的渲染引擎整合到 Electron 应用程序中，实现跨平台（Windows、macOS、Linux）的桌面端应用开发。目前，VSCode、WhatsApp 等知名应用的桌面端程序均使用此框架开发，本章将简介 Electron 的使用方法。

17.1 创建 Electron 项目

Electron 依赖于 Node.js 环境，请参阅 9.1.1 节安装最新版本的 Node.js。

开发环境准备就绪后，新建项目文件夹，并执行 npm init 命令初始化 Node.js 项目。

```
#创建并进入项目文件夹(code-17.1)
mkdir code-17.1 && cd code-17.1

#初始化 Node.js 项目
npm init
```

初始化完成后的 package.json 文件的内容大致如下。

```
{
  "name": "code-17.1",
  "version": "1.0.0",
  "description": "Example 17.1",
  "author": "Someone",
  "main": "main.js",
  "scripts": {
    "start": "electron ."
  }
}
```

其中，Electron 要求程序的主入口为 main.js，请注意对照上述代码修改。author 和 description 字段可为任意值，但最终构建应用程序时不能为空。在 package.json 中添加 "start"："electron ." 脚本以便于后续调试中启动程序。

接下来,在项目根目录下执行 npm install electron --save-dev 命令安装 Electron。

Electron 应用程序由主进程和渲染进程组成,其中主进程运行于 Node.js 环境,负责控制应用程序的生命周期、显示原生界面,与底层操作系统交互并管理渲染进程;渲染进程运行于 Chromium 环境,负责渲染网页内容。

主进程和渲染进程具有不同职责,二者之间相互隔离。若网页代码需要调用原生 API 或从原生菜单触发网页内容变更,则涉及进程间通信,需要借助 IPC 通道进行(参见 17.2 节)。

17.1.1 创建程序首页

以下代码创建一个简单的 HTML 页面,该页面运行于渲染进程,用作应用程序的主界面。

code-17.1/index.html(首页)

```
<!DOCTYPE html>
<html>
  <head>
    <meta charset="UTF-8" />
    <title>Code-17.1</title>
  </head>
  <body>
    <h1>Hello World!</h1>
  </body>
</html>
```

17.1.2 启动主进程

Electron 程序的主入口为 main.js,请在项目根目录下创建该文件,并编写如下 JavaScript 代码。

code-17.1/main.js

```
const { app, BrowserWindow }=require('electron')

//创建窗口(下方应用程序启动就绪后调用)
function createWindow() {
  const win=new BrowserWindow({
    width: 800, height: 600          //窗口尺寸
  })
  win.loadFile('index.html')        //加载首页
}

//应用程序启动就绪后创建窗口
app.whenReady().then(()=>{
  createWindow()
  //应用程序进入激活状态时, 如果没有窗口则创建一个窗口(兼容 macOS)
  app.on('activate', ()=>{
    if (BrowserWindow.getAllWindows().length===0) {
      createWindow()
    }
```

```
    })
  })

  //所有窗口关闭时退出应用程序(Windows/Linux 操作惯例)
  app.on('window-all-closed', ()=>{
    if (process.platform !=='darwin') {     //若为 macOS 平台(darwin 架构)则忽略
      app.quit()
    }
  })
```

上述代码在应用程序启动就绪后创建浏览器窗口 BrowserWindow，用于呈现 Web 页面 index.html。

执行 npm start 或 npx electron . 命令便可启动我们的第一个 Electron 桌面应用程序，运行效果如图 17.1 所示。

图 17.1　code-17.1 运行效果

17.2　主进程与渲染进程间通信

Electron 的主进程运行于 Node.js 环境，拥有访问操作系统功能的能力。出于安全考虑，Electron 12 之后默认启用了上下文隔离(Context Isolation)，从而阻止运行于渲染进程的 Web 页面代码直接访问 Electron 内部组件或主进程可访问的高权限级别 API。但若 Web 页面代码无法与主进程通信，则意味着无法通过主进程访问操作系统功能，与运行于普通浏览器环境的 Web 页面无异。

进程间通信(Inter-Process Communication，IPC)是基于 Electron 构建功能丰富的桌面应用程序的关键技术之一，以下两小节将详述此技术。

17.2.1　ContextBridge

ContextBridge 模块可在隔离的上下文中创建一个安全的、双向的、同步的桥梁，可用于在预加载脚本中暴露 API 给渲染进程。Electron 主进程创建 BrowserWindow 时可配置预加载脚本，它将在渲染进程加载前执行，既可访问 Node.js 环境，也可访问渲染器中的全局变量，如 window 和 document。请参看如下代码，本节示例完整代码见资源包 code-17.2。

code-17.2/preload.js(预加载脚本)

```
const { contextBridge }=require('electron')

//以下将 Node.js 环境(主进程)的变量和函数"暴露"给渲染进程
//versions 为向渲染进程暴露的 API 的自定义名称
```

```
contextBridge.exposeInMainWorld('versions', {
  //变量(数据)
  nodeVersion: process.versions.node,
  chromeVersion: process.versions.chrome,
  //函数
  getElectronVersion: ()=>process.versions.electron,
})
```

主进程创建 BrowserWindow 时使用 webPreferences.preload 配置预加载脚本。

code-17.2/main.js

```
const { app, BrowserWindow }=require('electron')
const path=require('path')

function createWindow() {
  const win=new BrowserWindow({
    width: 800, height: 600,
    //配置预加载脚本
    webPreferences: {
      preload: path.join(__dirname, 'preload.js')
    }
  })
  win.loadFile('index.html')
}
//(此处省略其余代码, 请参看 17.1.2 节 code-17.1/main.js)
```

以下 index.html 为应用程序首页,运行于渲染进程。

code-17.2/index.html

```
<!DOCTYPE html>
<html>
  <head>
    <meta charset="UTF-8" />
    <title>Code-17.2</title>
    <!--加载渲染进程脚本, renderer.js 见下文 -->
    <script defer src="./renderer.js"></script>
  </head>
  <body>
    <p>
      We are using Node.js<span id="node-version"></span>,
      Chromium<span id="chrome-version"></span>,
      and Electron<span id="electron-version"></span>.
    </p>
  </body>
</html>
```

code-17.2/renderer.js

```
//contextBridge 暴露的 API 挂载于 window 对象, 参见前文 preload.js
const { nodeVersion, chromeVersion, getElectronVersion }=window.versions

//将从主进程取得的 Node.js 环境参数输出到 index.html
document.getElementById('node-version').innerText=nodeVersion
document.getElementById('chrome-version').innerText=chromeVersion
```

```
document.getElementById('electron-version').innerText=getElectronVersion()
```

上述 code-17.2 示例的运行效果如图 17.2 所示。

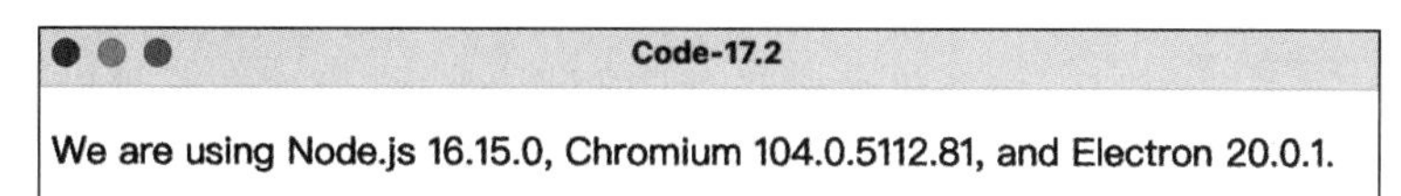

图 17.2　code-17.2 运行效果

请注意，虽然预加载脚本中可访问渲染进程中的全局变量，但预加载脚本与渲染进程运行于两个不同的上下文隔离环境中，因此如下 renderer.js 中无法取得 preload.js 中代码挂载到 window 对象的 foo 属性，两段代码中的 window 对象并非同一个。

```
//preload.js
window.foo='bar'

//renderer.js
console.log(window.foo)                    //>>>undefined
```

此外，ContextBridge 属于渲染进程模块，不可以在主进程代码中使用，如下代码若书写于 main.js 中，并不能取得 contextBridge 对象。

```
//main.js
const { contextBridge }=require('electron')
console.log(contextBridge)               //>>>undefined
```

17.2.2　使用 IPC 通道

Electron 中使用 ipcMain 和 ipcRenderer 模块来构建主进程与渲染进程之间的通信通道，其中，ipcMain 用于主进程，而 ipcRenderer 用于渲染进程，注意不要将它们用错地方，例如，不能在 main.js 中使用 ipcRenderer。

ipcMain 和 ipcRenderer 均是 EventEmitter 的实例，它们分属主进程与渲染进程，以发送和接收事件的方式进行同步或异步通信。二者所支持的方法相似，表 17.1 和表 17.2 列出它们的常用方法，后文再做举例。表中各方法的形参 channel 为事件（通道）名称，字符串类型；listener 均为回调函数。

表 17.1　ipcMain 常用方法

方　法	描　述
on(channel, listener)	监听指定 channel 的事件
once(channel, listener)	仅监听一次指定 channel 的事件，之后便自动移除监听
removeListeners(channel, listener)	移除指定 channel 的指定监听器
removeAllListeners([channel])	移除指定 channel 的所有监听器，若未提供 channel 参数则移除所有 channel 的所有监听器
handle(channel, listener)	当渲染进程调用 ipcRenderer.invoke(channel, …args) 时触发。若 listener 返回 Promise，则以该 Promise 的最终结果为调用结果，否则以 listener 的返回值为调用结果

续表

方　法	描　述
handleOnce(channel, listener)	与 handle() 类似但仅触发一次
removeHandler(channel)	移除指定 channel 的所有处理函数(Handler)

表 17.2　ipcRenderer 常用方法

方　法	描　述
on(channel, listener)	监听指定 channel 的事件
once(channel, listener)	仅监听一次指定 channel 的事件,之后便自动移除监听
removeListeners(channel, listener)	移除指定 channel 的指定监听器
removeAllListeners([channel])	移除指定 channel 的所有监听器,若未提供 channel 参数则移除所有 channel 的所有监听器
invoke(channel, …args)	通过指定 channel 向主进程发送消息,主进程使用 handle()或 handleOnce()处理。 此函数为异步调用,返回值为 Promise
send(channel, …args)	通过指定 channel 向主进程发送消息,主进程使用 on()或 once()监听。此函数为异步调用,无返回值,若需获得主进程返回的结果应使用 invoke()
sendSync(channel, …args)	通过指定 channel 向主进程发送消息,主进程使用 on()或 once()监听。此函数为同步调用,返回值为主进程返回的结果

下面的示例演示了使用 IPC 通道进行主进程与渲染进程通信的方法,运行效果如图 17.3 所示,其中,"Time"显示由主进程发来的当前时间,演示主进程主动发送消息到渲染进程;单击 Commit 按钮将由渲染进程发送用户输入的姓名到主进程,主进程回应消息并由渲染进程输出在页面底部。本例完整代码见资源包 code-17.3。

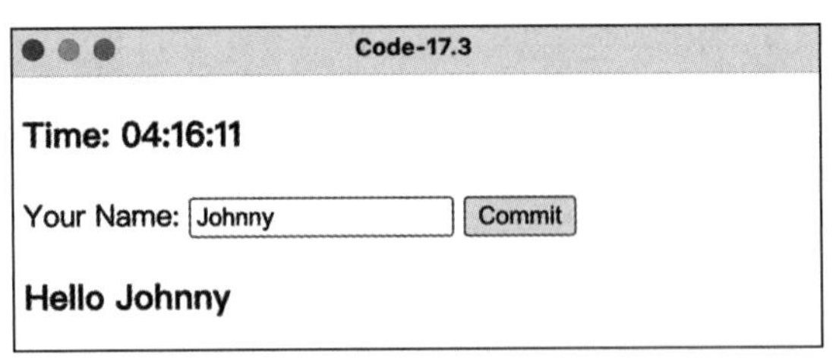

图 17.3　code-17.3 运行效果

code-17.3/index.html

```
<!DOCTYPE html>
<html>
  <head>
    <meta charset="UTF-8" />
    <title>code-17.3</title>
    <script defer src="./renderer.js"></script>
  </head>
  <body>
```

```
    <!--显示主进程发来的当前时间 -->
    <h3>Time:<span id="time"></span></h3>

    <form>
      Your Name:<input id="inputUserName" type="text" />
      <button id="btnCommit" type="button">Commit</button>
      <!--显示主进程发来的回应 -->
      <h3 id="echo"></h3>
    </form>
  </body>
</html>
```

code-17.3/renderer.js(渲染进程代码)

```
const { sayHello, onTick }=myApi

//监听 Commit 按钮单击事件, 将输入的姓名发送到主进程, 并接收回应更新到页面底部
document.getElementById('btnCommit').onclick=async function () {
  const userName=document.getElementById('inputUserName').value
  const echo=await sayHello(userName)
  document.getElementById('echo').innerText=echo
}

//接收主进程主动发来的时间并显示, 回调函数的第 1 个参数为事件对象
onTick((_event, time)=>{
  document.getElementById('time').innerText=time
})
```

code-17.3/preload.js(预加载代码)

```
const { contextBridge, ipcRenderer }=require('electron')

//向渲染进程暴露 API
contextBridge.exposeInMainWorld('myApi', {
  //渲染进程调用 sayHello()函数时通过 IPC 通道调用主进程的 sayHello()函数
  sayHello: (name)=>ipcRenderer.invoke('sayHello', name),
  //监听到主进程的 tick 事件时, 转递给渲染进程
  //callback 为渲染进程中注册的回调函数(参见 renderer.js)
  onTick: (callback)=>ipcRenderer.on('tick', callback)
})
```

code-17.3/main.js(程序入口,主进程代码)

```
const { app, BrowserWindow }=require('electron')
const { registerIpc }=require('./ipc')
const path=require('path')

function createWindow() {
  const win=new BrowserWindow({
    width: 800, height: 600,
    webPreferences: {
      preload: path.join(__dirname, 'preload.js'),
    },
  })
```

```
    win.loadFile('index.html')
    //注册 IPC 相关功能,具体实现见下文 ipc.js
    registerIpc(win)
  }
  //(以下省略其余代码,请参看 17.1.2 节 code-17.1/main.js)
```

code-17.3/ipc.js(主进程 ipc 功能演示模块,由 main.js 加载)

```
const { ipcMain }=require('electron')
function registerIpc(win) {
  //响应渲染进程 sayHello 调用
  ipcMain.handle('sayHello', (channel, name)=>{
    return 'Hello ' +name
  })

  //每隔 1s 主动向渲染进程发送 1 次当前时间
  setInterval(()=>{
    win.webContents.send('tick', new Date().toLocaleTimeString())
  }, 1000)
}
module.exports={ registerIpc }
```

使用 ipcMain 和 ipcRenderer 模块进行 IPC 通信时应注意,上述 send()、sendSync()、invoke()方法将使用结构化克隆算法(Structured Clone Algorithm)对参数进行序列化处理,发送一些特殊类型的数据将抛出异常。

基于 Electron 开发桌面应用程序时,一般在渲染进程中可完成的工作则直接使用 Web 前端技术在网页中实现即可,可配合使用前端框架,如 Vue.js、Bootstrap 等。

对于网页中无法完成的任务,如读写本地文件,可通过 IPC 通道借由主进程来完成。主进程运行于 Node.js 环境,可充分利用 Node.js 生态实现更多高级功能。

当然,Electron 框架也提供了一些与底层操作系统交互的模块,如定制应用程序菜单、读写系统剪贴板、打开系统对话框(用于打开/保存文件)等,建议读者通读官方文档以了解 Electron 内置模块的功能,以便实践中灵活应用。

17.3 调试 Electron 项目

对运行于渲染进程中的程序(Web 页面)可启用 Chromium 的开发者工具进行调试,可修改上述示例的 main.js 文件如下。

```
//main.js
function createWindow() {
  const win=new BrowserWindow({
    //…
  })
  win.loadFile('index.html')

  if (process.env.DEBUGGING) {
    //若以调试模式启动程序则打开"开发者工具"
    win.webContents.openDevTools()
```

```
    } else {
      //非调试模式避免打开"开发者工具"
      win.webContents.on('devtools-opened', ()=>{
        mainWindow.webContents.closeDevTools()
      })
    }
    //…
  }
```

对于运行于主进程中的程序，则可在启动程序时启用 --inspect 开关，然后使用 Chrome 浏览器调试，操作流程如下。

（1）在 package.json 文件中添加如下脚本，然后执行 npm run dev 启动程序，此时 Electron 将监听指定端口（5858，默认值）上的 V8 调试协议消息，外部调试器便可连接到此端口上。

```
"scripts": {
  "start": "electron .",
  "dev": "electron --inspect=5858 ."
}
```

（2）在 Chrome 浏览器中访问 chrome://inspect，单击 Configure 按钮，在弹出的 Target discovery settings 对话框中添加配置项（localhost:5858），最后单击 inspect 即可打开调试窗口，如图 17.4 所示。

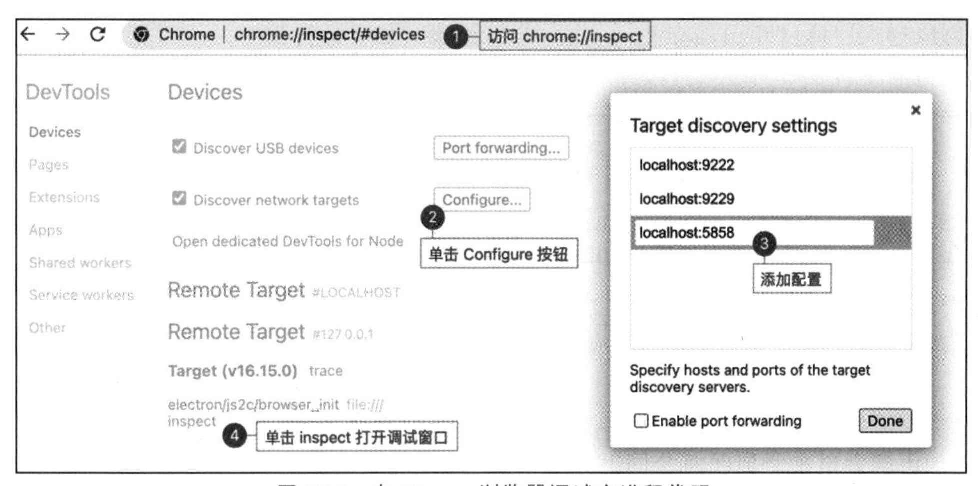

图 17.4　在 Chrome 浏览器调试主进程代码

上述无论调试渲染进程或主进程代码，若需添加调试断点，均需要在 JavaScript 代码中插入 debugger 指令。

若使用 VSCode 开发，也可单击"运行和调试"按钮创建 launch.json 文件，并在其中写入如下内容（参看 9.1.3 节）。

```
{
  "version": "0.2.0",
  "configurations": [
    {
```

```
      "name": "Debug Main Process",
      "type": "node",
      "request": "launch",
      "cwd": "${workspaceFolder}",
      "runtimeExecutable": "${workspaceFolder}/node_modules/.bin/electron",
      "windows": {
        "runtimeExecutable": "${workspaceFolder}/node_modules/.bin/electron.cmd"
      },
      "args" : ["."]
    }
  ]
}
```

单击“开始调试”按钮(F5)便以调试模式启动项目，在VSCode的“调试视图”中调试主进程代码，此时可通过单击JavaScript代码行号前的空白位置设置断点。

17.4 构建Electron项目

有多种方式可将Electron项目构建为可分发文件，其中最简单的做法即是使用Electron Forge，可执行如下命令安装Electron Forge并将现有项目导入。

```
npm install --save-dev @electron-forge/cli
npx electron-forge import
```

完成导入后项目的package.json文件中将被添入如下运行脚本。

```
"scripts": {
  "start": "electron-forge start",
  "package": "electron-forge package",
  "make": "electron-forge make"
}
```

执行npm run make命令即可生成针对当前操作系统平台的可分发文件，其间需要用到Git，请自行下载安装。

为将桌面应用程序分发给最终用户，建议对应用程序进行代码签名，若已拥有适用于Windows和macOS的代码签名证书，可配置Electron Forge完成签名。关于获取签名证书、上架应用程序等流程此处不再赘述，读者可查阅其他文档。

17.5 综合示例——计时器

本节使用Electron框架开发一个简单的计时程序，运行效果如图17.5所示。可通过滚动鼠标滚轮设置计时时长，按空格键便可启动/暂停计时器，计时暂停或倒计时结束将通过系统通知提示用户，按Esc键则退出程序。

本例演示了进程间通信(IPC)、使用Electron模块发送系统通知等内容，完整代码见资源包code-17.4。下面分别对Web程序和主进程程序进行介绍，请读者创建并初始化项目后跟随下文实验。

图 17.5　计时器运行效果

17.5.1　Web 程序部分

Web 程序即运行于渲染进程的程序，负责呈现计时器界面（见图 17.5 左图）、响应用户鼠标滚轮事件设置计时时长，实现计时逻辑。为便于厘清进程边界，本例将 Web 程序置于/pages 文件夹中，使用了第三方框架/库 Vue.js 和 Lodash。

/pages/index.html

```
<!DOCTYPE html>
<html>
  <head>
    <meta charset="UTF-8" />
    <title>Timer</title>
    <!--引入 vue.js -->
    <script src="./vender/vue.3.2.33.js"></script>
    <!--引入 Lodash 库, 详见 pages/index.js 注释 -->
    <script src="./vender/lodash.4.17.21.js"></script>
    <script defer src="./index.js"></script>
    <link rel="stylesheet" href="./index.css">
  </head>
  <body>
    <div id="app">
      <div id="container" :class="running ? 'running': 'pause'">
        <!--在小时数值上方滚动鼠标滚轮时每次增减 3600s(1h)-->
        <div class="card" @mousewheel="onMousewheel($event, 3600)">{{ hours }}</div>
        <span class="point">:</span>
        <!--在分钟数值上方滚动鼠标滚轮时每次增减 60s(1min)-->
        <div class="card" @mousewheel="onMousewheel($event, 60)">{{ minutes }}</div>
        <span class="point">:</span>
        <div class="card" @mousewheel="onMousewheel($event, 1)">{{ seconds }}</div>
      </div>
    </div>
  </body>
</html>
```

/pages/index.js

```
//监听 "start/pause" 事件的 API, 参见 preload.js
const { onStartOrPause }=myApi

//辅助函数: 将数值补足 2 位, 例如: 1=>01
function padDigits(n) {
```

```
    return n<10 ? '0' +n : n
  }

  //创建 Vue 应用程序
  Vue.createApp({
    data() {
      return {
        time: 0,                    //计时时长(s)
        running: false,             //是否正在倒计时
      }
    },
    //计算属性，将时长分解为小时、分钟、秒，并补足 2 位，用于前端呈现
    computed: {
      hours() {
        return padDigits(Math.floor(this.time / 3600))
      },
      minutes() {
        return padDigits(Math.floor((this.time -this.hours * 3600) / 60))
      },
      seconds() {
        return padDigits(this.time -this.hours * 3600 -this.minutes * 60)
      },
    },
    methods: {
      //在计时器数值(时/分/秒)上方滚动鼠标滚轮时，调整计时时长
      //evt.deltaY 为滚轮滚动的步长，正数为向上滚动(数值增加)
      //sec 为每次滚轮事件增减的时长 3600/60/1(1h/min/s, 参见 index.html)
      onMousewheel(evt, sec) {
        if (this.running) return               //若正在倒计时不做响应(禁用计时调整)
        this.setTime(this, evt.deltaY >0 ? 1 : -1, sec)     //调用 setTime()函数更新时长
      },
      //设置计时时长
      //借助 lodash 库实现节流(throttle)，避免滚轮事件过快触发(用户操作不便)
      //100ms 内多次触发滚轮事件时仅响应一次
      //delta:数值调整方向，-1/1(减少/增加)
      //sec:增减的秒数(3600/60/1)
      setTime: _.throttle((vm, delta, sec)=>{
        //避免调整时长越界
        if (delta >0) {
          if ((sec===3600 && vm.hours===23)
              || (sec===60 && vm.minutes===59)
              || (sec===1 && vm.seconds===59))
            return
        } else {
          if ((sec===3600 && vm.hours<1)
              || (sec===60 && vm.minutes<1)
              || (sec===1 && vm.seconds<1))
            return
        }
        //更新时长
        vm.time +=Math.floor(delta * sec)
      }, 100),
      //开始倒计时
```

```
    start() {
      if (this.time<=0) return
      this.running=true
      this.timer=setInterval(()=>{
        this.time--
        if (this.time<1) this.timeout()
      }, 1000)
    },
    //暂停倒计时
    pause() {
      clearInterval(this.timer)
      this.running=false
      //使用 Electron 的 Notification 模块发送系统通知，用户单击通知则继续倒计时
      new Notification('计时器', { body: '计时暂停，单击继续计时... ' }).onclick=()=>{
        this.start()
      }
    },
    //倒计时结束
    timeout() {
      clearInterval(this.timer)
      this.running=false
      new Notification('计时器', { body: '时间到了！' })
    },
  },
  created() {
    //程序启动时监听主进程发送的 "start/pause" 事件,启动/暂停倒计时
    onStartOrPause(()=>{
      this.running ? this.pause() : this.start() //若正在倒计时则暂停，反之启动倒计时
    })
  },
}).mount('#app')
```

为节省篇幅，省略样式表部分代码，请参阅资源包 code-17.4。

17.5.2 主进程程序部分

code-17.4/main.js（主程序入口）

```
const { app, BrowserWindow, Menu, dialog }=require('electron')
const path=require('path')

//创建窗口
function createWindow() {
  const win=new BrowserWindow({
    width: 240, height: 80,                //窗口尺寸
    resizable: false,                      //不可改变窗口大小
    frame: false,                          //无边界窗口
    alwaysOnTop: true,                     //置顶显示
    webPreferences: {
      preload: path.join(__dirname, 'preload.js'),
    },
  })
```

```
  //程序主菜单,因是无边界窗口 Windows 系统下并不显示主菜单,但快捷键注册仍有效
  const menu=Menu.buildFromTemplate([{
      label: app.name,
      submenu: [{
          id: 'menu-run',
          label: '启动/暂停',
          accelerator: 'Space',                 //快捷键:空格
          //触发时主动发送消息至渲染进程
          click: ()=>{
            win.webContents.send('start/pause')
          },
        },
        { type: 'separator' },
        { role: 'minimize', label: '最小化' },
        { role: 'hide', label: '隐藏' },
        { role: 'quit', label: '退出', accelerator: 'Esc' },
      ],
    }, {
      role: 'help',
      submenu: [{
          label: '关于...',
          click: ()=>{
            //使用 dialog 模块弹出"关于"对话框
            dialog.showMessageBox({
              message: '计时器 -Electron 示例', type: 'info', title: '关于...'
            })
          },
        }]
    }])
  Menu.setApplicationMenu(menu)
  win.loadFile('pages/index.html')
}

//应用程序启动就绪后创建窗口
app.whenReady().then(()=>{
  createWindow()
  //应用程序进入激活状态时,如果没有窗口则创建一个窗口(兼容 macOS)
  app.on('activate', ()=>{
    if (BrowserWindow.getAllWindows().length===0) {
      createWindow()
    }
  })
})

app.on('window-all-closed', ()=>{
  if (process.platform !=='darwin') {
    app.quit()
  }
})
```

code-17.4/preload.js（预加载脚本）

```
const { contextBridge, ipcRenderer }=require('electron')
//向渲染进程暴露 API
contextBridge.exposeInMainWorld('myApi', {
  //按空格键时主进程发送 "start/pause" 事件
  //此方法向渲染进程提供事件监听注册接口
  onStartOrPause: (callback)=>ipcRenderer.on('start/pause', callback)
})
```

图书资源支持

感谢您一直以来对清华版图书的支持和爱护。为了配合本书的使用，本书提供配套的资源，有需求的读者请扫描下方的“书圈”微信公众号二维码，在图书专区下载，也可以拨打电话或发送电子邮件咨询。

如果您在使用本书的过程中遇到了什么问题，或者有相关图书出版计划，也请您发邮件告诉我们，以便我们更好地为您服务。

我们的联系方式：

清华大学出版社计算机与信息分社网站：https://www.shuimushuhui.com/

地　　址：北京市海淀区双清路学研大厦 A 座 714

邮　　编：100084

电　　话：010-83470236　010-83470237

客服邮箱：2301891038@qq.com

QQ：2301891038（请写明您的单位和姓名）

资源下载：关注公众号“书圈”下载配套资源。

资源下载、样书申请

书圈

图书案例

清华计算机学堂

观看课程直播